全国职业技术院校工程机械运用与维修专业教材

工程机械（汽车起重机）维修

人力资源社会保障部教材办公室组织编写

中国劳动社会保障出版社

简介

本书主要内容有：汽车起重机专用底盘维修、汽车起重机液压系统维修、汽车起重机电气系统维修、汽车起重机工作装置维修。

本书由张明军主编，赵海燕、杨扬副主编，陈传辉、吴红、伍思思、黄成磊参编；苏永平主审，李泽昆参审。

图书在版编目（CIP）数据

工程机械（汽车起重机）维修 / 张明军主编. —北京：中国劳动社会保障出版社，2018
全国职业技术院校工程机械运用与维修专业教材
ISBN 978-7-5167-3376-9

Ⅰ. ①工…　Ⅱ. ①张…　Ⅲ. ①汽车起重机-机械维修-高等职业教育-教材
Ⅳ. ①TH213.607

中国版本图书馆CIP数据核字（2018）第088571号

中国劳动社会保障出版社出版发行

（北京市惠新东街 1 号　邮政编码：100029）

*

北京谊兴印刷有限公司印刷装订　　新华书店经销

787 毫米 ×1092 毫米　16 开本　25.5 印张　498 千字

2018 年 5 月第 1 版　　2022 年12月第 2 次印刷

定价：47.00 元

营销中心电话：400-606-6496

出版社网址：http://www.class.com.cn

http://jg.class.com.cn

前　言

为了更好地适应全国职业技术院校工程机械运用与维修专业的教学要求，全面提升教学质量，人力资源社会保障部教材办公室组织有关学校的骨干教师、行业和企业专家，依据《技工院校工程机械运用与维修专业教学计划和教学大纲（2016）》，在充分调研企业生产和学校教学情况，并吸收和借鉴各地职业技术院校教学改革成功经验的基础上，编写了本套专业教材。

教材体系

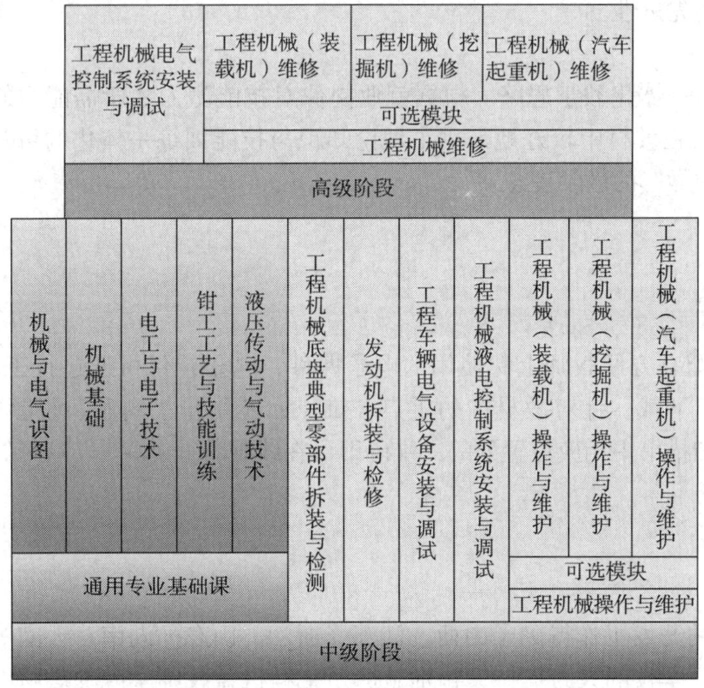

注：通用专业基础课可从机械类、电类通用教材中选用。

适用对象

工程机械运用与维修专业中级、高级两个层次和以下 3 种学制：

- 初中毕业生 3 年学制培养中级工
- 高中毕业生 3 年学制培养高级工
- 初中毕业生 5 年学制培养高级工

编写特色

■ 体现国家标准要求　以国家职业标准为依据，涵盖相关国家职业标准（中级、高级）的知识和技能要求；以最新的国家技术标准为参照，使教材更加科学和规范。

■ 体现企业需求　广泛听取包括徐州工程机械集团有限公司等知名企业专家意见，根据企业岗位和教学实践的需求，确定学生应具备的能力与知识结构，并注重教材内容的深度、广度与实际需求相匹配。

■ 体现行业技术发展　根据工程机械相关领域技术的最新发展，确定新知识、新技术、新设备、新材料等方面的内容，如挖掘机中斗杆和动臂的回转优先与合流控制技术、汽车起重机中的双变量新型节能液压系统、压路机中的基于 CAN-BUS 总线通信系统技术等，保证教材的先进性。

■ 体现理实一体化教学思路　根据就业岗位对技能型人才所需能力的要求，加强实践性教学内容，在教材中较好地采用了理论知识与技能训练一体化的编写模式，以体现“做中学”“学中做”的教学理念。

教学服务

本套教材配有方便教师上课使用的电子课件，电子课件可通过技工教育网（http://jg.class.com.cn）下载。针对教材中的重点、难点，还制作了动画、视频等多媒体素材，使用移动终端扫描书中相应位置处的二维码即可在线观看。

致谢

本次教材的开发工作得到了山西、江苏、浙江、山东、湖南、云南等省人力资源社会保障厅及有关学校的大力支持，特别是徐州工程机械技师学院在教材编写中做了大量的工作，在此我们表示诚挚的谢意。

人力资源社会保障部教材办公室

2017 年 4 月

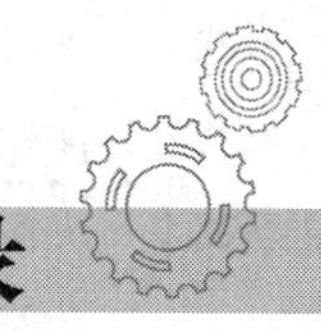

目 录

模块一　汽车起重机专用底盘维修 ……………………… 1

课题 1　汽车起重机专用底盘基础知识 ……………… 2

课题 2　中、小吨位汽车起重机专用底盘典型故障分析与排除 ……………………………… 7

子课题 1　动力系统典型故障分析与排除 ……… 7

子课题 2　传动系统典型故障分析与排除 …… 15

子课题 3　行驶系统典型故障分析与排除 …… 41

子课题 4　转向系统典型故障分析与排除 …… 57

子课题 5　制动系统典型故障分析与排除 …… 70

课题 3　大吨位汽车起重机专用底盘典型故障分析与排除 ……………………………… 84

模块二　汽车起重机液压系统维修 ……………………… 104

课题 1　中、小吨位汽车起重机液压系统维修 …… 105

子课题 1　中、小吨位汽车起重机液压元件及液压系统认知 ……………………… 105

子课题 2　12 t 汽车起重机液压系统常见故障分析与排除 …………………………… 137

子课题 3　16 t 汽车起重机液压系统常见故障分析与排除 …………………………… 142

子课题 4　20 t 汽车起重机液压系统常见故障分析与排除 …………………………… 151

子课题 5　25～50 t 汽车起重机液压系统常见故障分析与排除 ……………………… 162

子课题 6　60～70 t 汽车起重机液压系统常见故障分析与排除 ……………………… 189

课题 2　大吨位汽车起重机液压系统维修 ………… 212

子课题 1　大吨位汽车起重机液压元件及液压系统认知 ……212
子课题 2　大吨位汽车起重机液压系统常见故障分析与排除 ……239

模块三　汽车起重机电气系统维修 ……259

课题 1　中、小吨位汽车起重机电气系统维修 ……260
子课题 1　中、小吨位汽车起重机电气系统认知 ……260
子课题 2　中、小吨位汽车起重机电气系统常见故障分析与排除 ……286
课题 2　大吨位汽车起重机电气系统维修 ……349
子课题 1　大吨位汽车起重机电气系统组成及元件认知 ……349
子课题 2　大吨位汽车起重机电气系统常见故障分析与排除 ……353

模块四　汽车起重机工作装置维修 ……370

课题 1　支腿机构常见故障分析与排除 ……371
课题 2　中、小吨位汽车起重机伸缩机构常见故障分析与排除 ……375
课题 3　大吨位汽车起重机伸缩机构常见故障分析与排除 ……392

模块一 汽车起重机专用底盘维修

汽车起重机主要包括上车和底盘两大部分。底盘是汽车起重机的核心部分。它不仅承担着起重的负荷要求，而且承担着运输作用。汽车起重机性能良好与否，很大程度上取决于底盘的性能质量。本模块介绍汽车起重机专用底盘五大系统的结构组成及工作原理、汽车起重机专用底盘典型故障原因与排除方法，使学习者实现熟练掌握工程机械专用底盘故障排除的目标。

课题 1　汽车起重机专用底盘基础知识

学习目标

1. 了解汽车起重机专用底盘型号。
2. 掌握汽车起重机专用底盘的结构组成。
3. 熟悉汽车起重机专用底盘的主要技术参数。

一、汽车起重机专用底盘型号

汽车起重机专用底盘型号由企业名称代号、车辆类别代号、主参数代号、产品序号、专用汽车分类代号组成，必要时可附加企业自定代号，如图 1—1—1 所示。例如，某公司 160 t 汽车起重机专用底盘的型号为 XZJ 5 55 8 J QZ 160K，该型号与整机型号相同，由六个字符段组成。

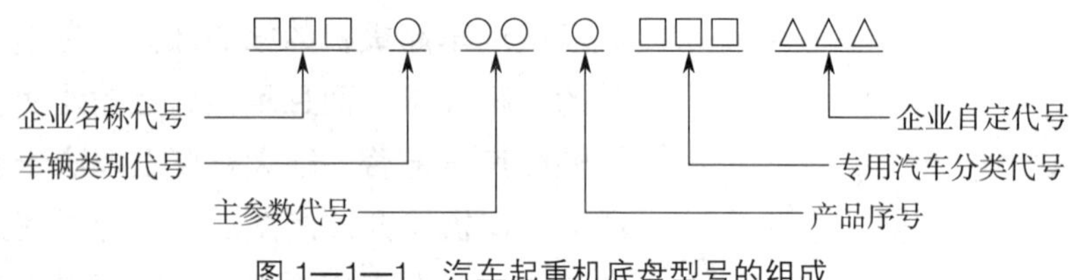

图 1—1—1　汽车起重机底盘型号的组成

1. 企业名称代号

它是识别车辆制造企业的代号，一般为汽车起重机制造厂的汉语拼音缩写。例如，XZJ 表示徐重机（或徐工集团）。

2. 车辆类别代号

国家标准将车辆类别分为九类，分别用数字 1 ~ 9 表示。例如，5 表示汽车类中的专用汽车。

3. 主参数代号

专用汽车的主参数代号为总质量（t）。例如，55 表示整车总质量为 55 t。

4. 产品序号

它表示主参数代号相同的车辆的投产顺序。企业可用汉语拼音字母或阿拉伯数字表

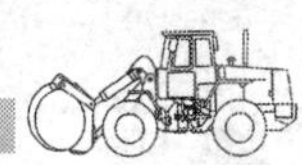

示，位数由企业自定。例如，8 表示企业生产该专用底盘的顺序为 8。

5. 专用汽车分类代号

专用汽车分类代号用三个汉语拼音字母表示，第一个字母表示车辆结构特征，后两个字母表示用途特征。例如，J 表示专用汽车中的举升类汽车，QZ 表示为起重机组。

6. 企业自定义代号

它是企业按需要自行规定的企业内部管理活动中使用的补充代号。例如，160 K 表示最大起重量为 160 t 的 K 系列产品，该公司将企业自定义代号用于表示配置额定起重量的吨位数。

二、汽车起重机专用底盘的结构组成

汽车起重机专用底盘是根据起重机性能要求设计的，它包含汽车底盘的所有特征，同时还能满足起重作业部分功能的需要。汽车起重机专用底盘主要包含了以下几部分：

1. 发动机

发动机包含曲柄连杆机构、配气机构、燃油供给系统、润滑系统、冷却系统和起动系统，统称“两大机构、四大系统”。

2. 底盘

底盘包含传动系统、行驶系统、转向系统和制动系统。其行驶系统中的车架为起重机专用车架。

3. 车身

车身包含驾驶室、发动机罩、围板、走台板、护栏、支腿罩板等。

4. 电气部分

电气部分包含电气设备和电子设备。

5. 起重部分

起重部分包含液压系统动力源、液压油箱、液压支腿、支腿操纵机构、中心回转体等。

三、汽车起重机专用底盘的主要技术参数

汽车起重机专用底盘的主要技术参数如图 1—1—2 所示。

1. 整机全长（L_Σ）

这是指在垂直于整机纵向轴线，并分别贴靠在整机前、后最外端突出部位的两个垂直面之间的距离，单位为毫米（mm）。

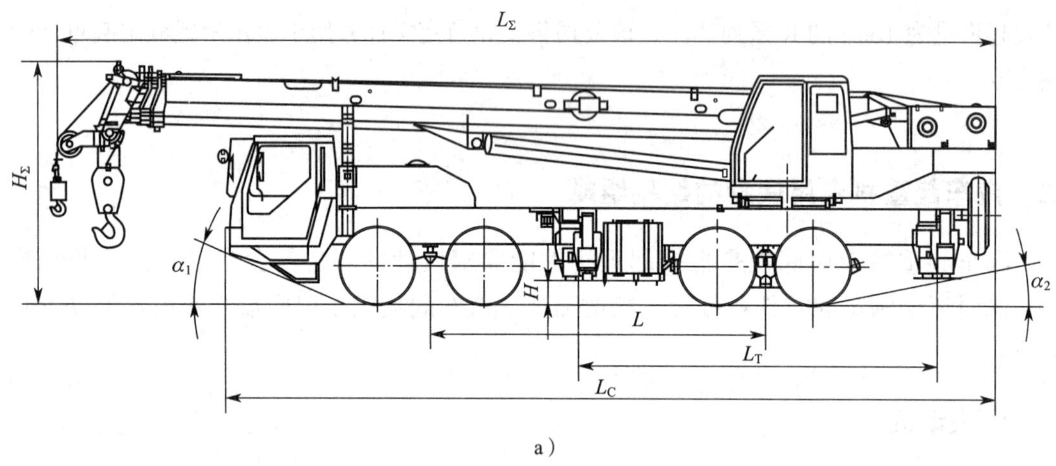

a）

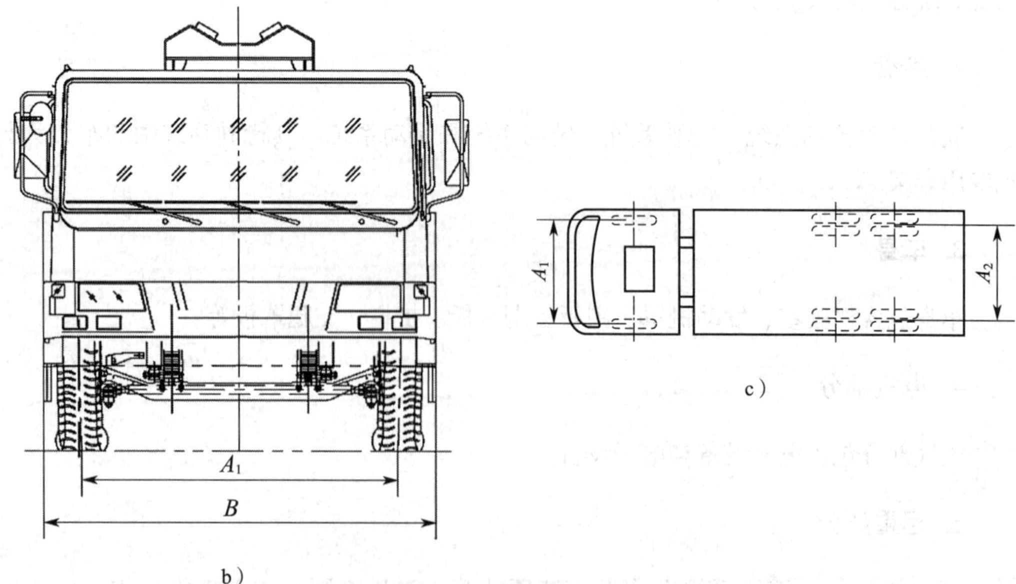

b）

c）

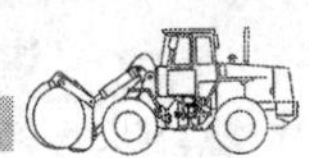

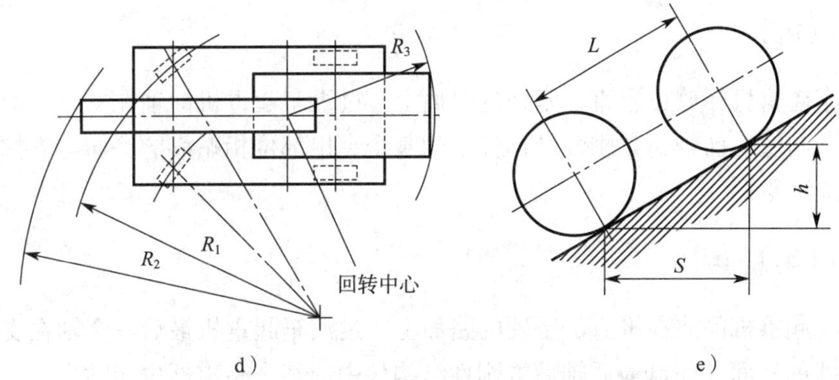

图 1—1—2　汽车起重机专用底盘的主要技术参数

L_C——车身长度　L_T——支腿纵向跨距

R_1——外转向轮转弯半径　R_2——臂头最小转弯半径　R_3——尾部回转半径

h——两轴间的高度差　S——两轴间的水平距离　L——起重机的轴距

2. 整机全宽（B）

这是指在平行于整机纵向轴线，并分别贴靠在整机两侧固定突出部位的两个垂直面之间的距离，单位为毫米（mm）。

3. 整机全高（H_{Σ}）

这是指自支撑地面到与整机最高的突出部位相贴靠的水平面之间的距离，单位为毫米（mm）。

4. 轴距（L）

这是指分别通过起重机前、后轮的中心，并垂直于起重机纵向轴线的两个平面之间的距离，单位为毫米（mm）。对于三轴起重机，前轴和中轴的距离称为第一轴距；中轴和后轴的距离称为第二轴距。多轴的底盘还有第三轴距、第四轴距等。总轴距为各轴距之和。

5. 轮距（A_1、A_2）

当轴两端是单轮时，轮距是指同一轴上左右两轮的轮胎在支撑地面上留下的轮迹中心线之间的距离 A_1，单位为毫米（mm）。当轴两端为双轮时，轮距 A_2 是指左、右轮双轨迹中间的距离。

6. 最小离地间隙（H）

这是指除了与支撑地面相接触的轮胎外，固定在底盘下部刚性部件的最低点到支撑地面的距离，单位为毫米（mm）。

7. 接近角（α_1）

这是指汽车起重机停放在平直、坚硬的路面上，过汽车起重机前轴在支撑地面上水平投影线的平面与底盘前轴前方刚性结构件中的某个突出部位相贴靠的平面与支撑地面间的夹角，单位为度（°）。

8. 离去角（α_2）

这是指汽车起重机停放在平直、坚硬的路面上，过汽车起重机最后一个轴在支撑地面上水平投影线的平面与底盘最后轴后方刚性结构件中的某个突出部位相贴靠的平面与支撑地面间的夹角，单位为度（°）。

9. 最小转弯半径（R_{min}）

汽车起重机转弯行驶时，转向器处于极限位置，前外转向轮的中心平面与支撑地面接触点的轨迹到转向中心的距离，单位为米（m）。

10. 最高行驶速度（v_{max}）

这是指汽车起重机在水平良好的路面（如沥青或混凝土路面）上能够达到的最高行驶车速，单位为千米每小时（km/h）。

11. 最大爬坡度（I_{max}）

这是指处于行驶状态的汽车起重机在规定的坡道上以最低的行驶速度所能通过的最大坡度。爬坡度用 $I=h/S$ 的百分数表示，或者用坡度的角度值表示，单位为度（°）。

12. 平均燃料消耗量

这是指汽车起重机在道路上行驶时每百公里的平均燃料消耗量，单位为升每百千米（L/100 km）。

13. 行驶状态整机总质量（行驶状态整机自重）

这是指处于行驶状态的汽车起重机和配备的随机工具、备件、乘员及按规定加注的工作油液等质量之和，单位为吨或千克（t 或 kg）。

14. 整机整备质量（整机自重）

这是指在停驶状态下去除乘员以后汽车起重机的质量之和（即包括随机工具、备件、按规定加注的工作油液等质量之和），单位为吨或千克（t 或 kg）。

15. 轴荷

这是指整机整备质量分配在底盘轮轴上的载荷，单位为吨或千克（t 或 kg）。

16. 发动机额定功率（P_e）

这是指汽车起重机的发动机在额定转速范围内所能输出的最大功率，又称为发动机标定功率，单位为千瓦（kW）。

17. 发动机额定转矩（M_e）

这是指汽车起重机的发动机在额定转速范围区间所能输出的最大转矩，单位为牛米（N·m）。

复习思考题

1. 汽车起重机专用底盘产品型号主要由哪几部分组成？
2. 汽车起重机专用底盘型号 XZJ5558JQZ160K 所代表的含义是什么？
3. 简述汽车起重机专用底盘的结构组成。
4. 汽车起重机主要技术参数有哪些？
5. 简述整机全长（L_Σ）的含义。
6. 简述接近角（α_1）的含义。

课题 2　中、小吨位汽车起重机专用底盘典型故障分析与排除

子课题 1　动力系统典型故障分析与排除

学习目标

1. 熟悉动力系统的结构组成及功用。
2. 熟悉动力系统的典型故障及其现象。
3. 掌握动力系统典型故障的产生原因与排除方法。

一、结构组成及功用

1. 发动机

（1）发动机的两大机构

发动机的两大机构是曲柄连杆机构和配气机构。曲柄连杆机构（图 1—2—1）的作用是将活塞的往复运动转变为曲轴的旋转运动，同时将作用于活塞上的力转变为曲轴对外输出的转矩，以驱动车轮转动。它为车辆提供燃烧场所，并把燃料燃烧后产生的气体作用在活塞顶上的膨胀压力转变为曲轴旋转的转矩，从而不断输出动力。

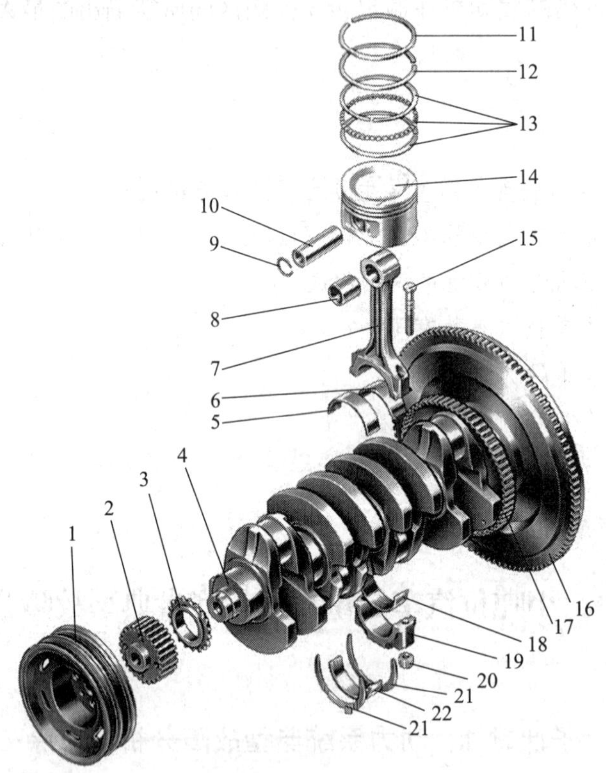

图 1—2—1　曲柄连杆机构

1—曲轴带轮　2—曲轴正时齿形带轮　3—曲轴链轮　4—曲轴　5—主轴承上轴瓦　6—连杆大头上轴瓦　7—连杆　8—连杆小头轴瓦　9—卡环　10—活塞销　11—第一道气环　12—第二道气环　13—油环　14—活塞　15—连杆螺栓　16—飞轮　17—转速传感器脉冲轮　18—连杆大头下轴瓦　19—连杆盖　20—连杆螺母　21—止推片　22—主轴承下轴瓦

配气机构（图 1—2—2）的作用是按照发动机工作循环和点火顺序的要求，定时打开和关闭每个气缸的进气门和排气门，使混合气或新鲜空气及时进入发动机气缸，同时使燃烧后的废气及时排出气缸。

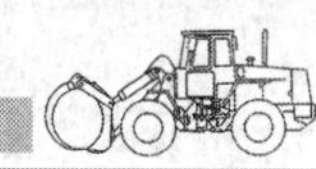

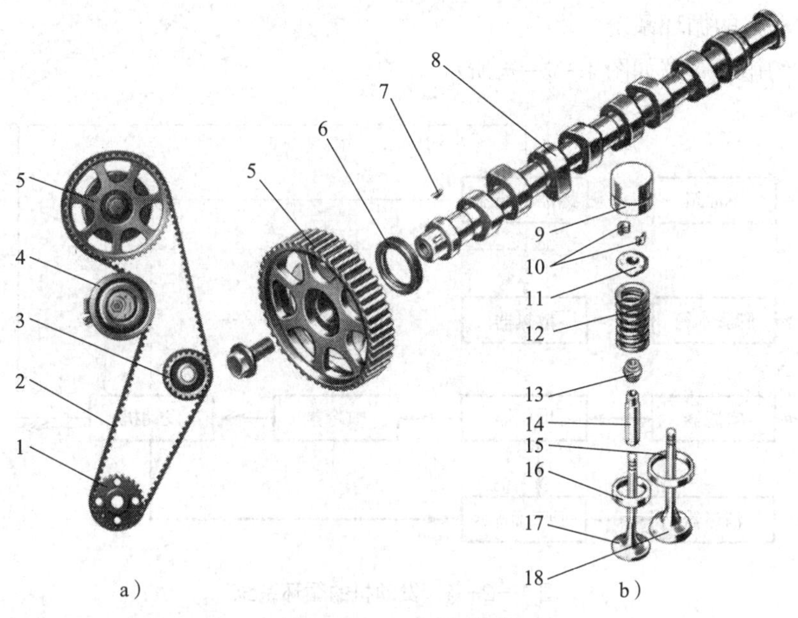

图 1—2—2　配气机构

a）正时传动　b）配气机构

1—曲轴正时齿形带轮　2—正时齿形带　3—水泵齿形带轮　4—张紧轮　5—凸轮轴正时齿形带轮　6—凸轮轴油封　7—半圆键　8—凸轮轴　9—液压挺柱　10—气门锁片　11—上气门弹簧座　12—气门弹簧　13—气门油封　14—气门导管　15—进气门座　16—排气门座　17—排气门　18—进气门

（2）发动机的四大系统

发动机的四大系统包括燃料供给系统、润滑系统、冷却系统和起动系统。

（3）发动机的附件系统

发动机的附件系统主要由散热器、中冷器、空滤器、燃油箱和消声器组成，如图 1—2—3 所示。

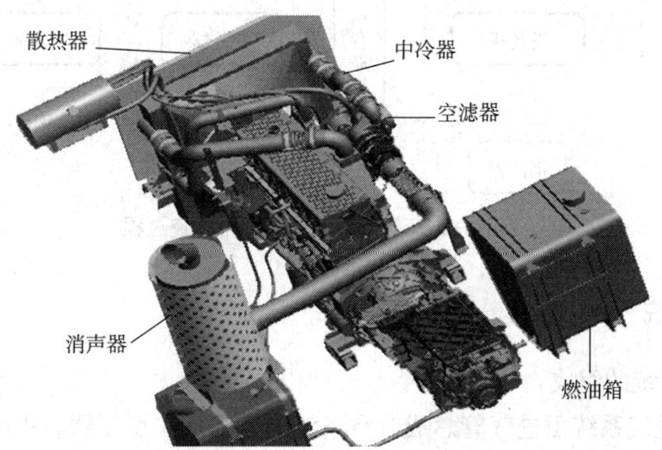

图 1—2—3　发动机的附件系统

（4）发动机的循环系统

发动机的循环系统如图 1—2—4 所示。

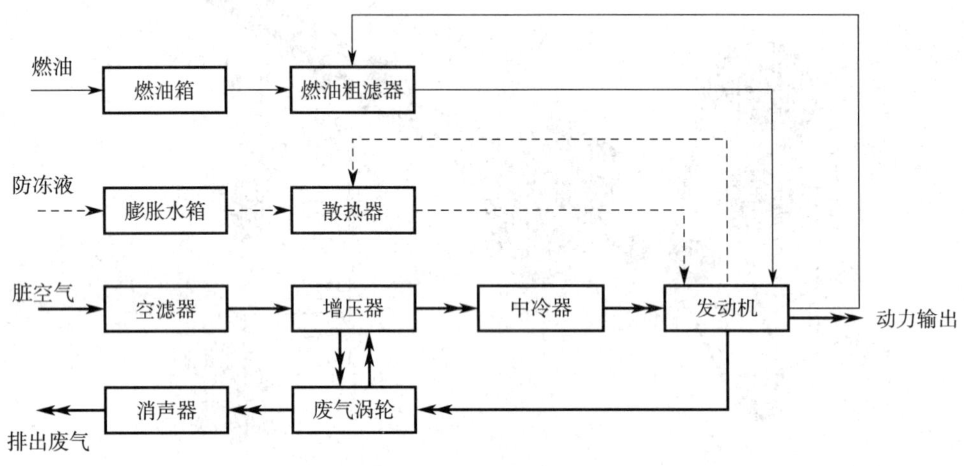

图 1—2—4　发动机的循环系统

（5）发动机的作用

汽车起重机动力系统的动力传递过程如图 1—2—5 所示。发动机输出动力，动力经过离合器，由变速器变扭和变速后，经传动轴把动力传递到驱动桥主减速器上，最后通过差速器和半轴把动力传递到驱动轮上。发动机是为汽车提供动力的装置，相当于车辆的心脏，属于能量转换装置。发动机的作用是在密封气缸中将汽油（或者柴油）点燃，通过产生的膨胀气体推动活塞做功，从而将燃烧释放的热能转变为机械能。

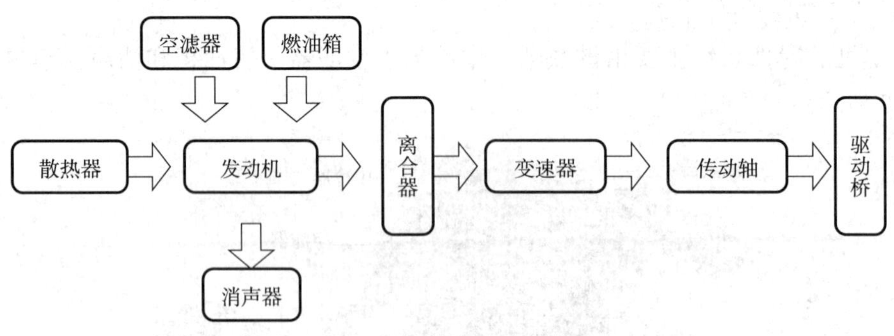

图 1—2—5　动力系统的动力传递过程

2. 进气系统

（1）进气系统的组成

发动机的进气系统由进气管总成、空气滤清器总成、增压器、中冷器、进气歧管和进气阀等组成。

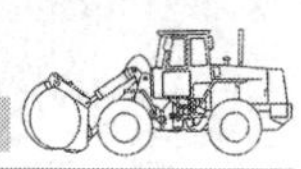

（2）进气系统的作用

发动机燃烧汽油（或者柴油）时，需要大量消耗空气中的氧气。空气中的杂质、灰尘会造成严重的发动机早期磨损，进而引发发动机的其他质量问题。进气系统的作用是向发动机提供清洁、干燥、温度适当的空气用于燃烧，从而最大限度地降低发动机的磨损，并保持最佳的发动机性能。

3. 空气滤清器

空气滤清器的主要作用是在空气进入气缸前过滤掉其中的灰尘，以减少气缸和活塞的磨损。实践证明，发动机不安装空气滤清器，其使用寿命将缩短 2/3。另外，灰尘还能堵塞喷油器孔，使喷油器不能正常工作。同时，空气滤清器还有消减进气噪声的作用。

4. 排气系统

将气缸内燃烧废气导出的零部件集合体称为排气系统。排气系统主要由排气管路及支架、消声器、排气尾管组和蝶阀组成。

发动机燃料燃烧后排出高温、有害气体，并产生很大的噪声。故其排气系统的作用如下：

（1）将燃烧后产生的高温、有害废气（包含可吸入微粒物、CO、CO_2、NO_x 等）排到远离发动机进气口和冷却、通风系统的地方，以保证发动机工作温度及其性能。

（2）将发动机排气产生的噪声降低到符合相关法规的要求。

5. 冷却系统

（1）冷却系统的组成

发动机的冷却方式分为空气冷却和液体冷却两种。汽车起重机一般使用柴油发动机，多采用液体冷却方式。冷却系统主要由膨胀水箱、水泵、散热器、风扇、冷却液温度表和放水开关组成。

（2）冷却系统的作用

在发动机工作期间，燃烧温度最高可达 2 500℃，即使在怠速或中等转速下，燃烧室的平均温度也在 1 000℃以上。因此，与高温燃气接触的发动机零件受到强烈的加热。在这种情况下，如果不进行适当的冷却，发动机将会过热，导致气缸内空气温度过高，易发生早燃或爆燃，使润滑条件恶化，功率下降，金属材料力学性能下降，发动机变形甚至开裂。

因此，发动机必须进行冷却。但是冷却过度也是有害的。过度冷却或使发动机长时间在低温下工作，均会使摩擦损失增加，零件磨损加剧，发动机功率下降及耗油量增加。

综上所述，发动机的温度过高或过低都会影响其动力性、经济性和使用寿命。实验证明，当冷却系统温度在 80 ~ 90℃时，发动机的工况处于最佳状态。因此，冷却系统的作用就是将零件所吸收的热量及时地散发出去，以保证它们在 80 ~ 90℃范围内正常、有效地工作。

（3）冷却液

冷却液是由一定比例的水和乙二醇组成的混合溶液，根据使用的环境温度而使用不同的配比。汽车起重机底盘的冷却液是含有50%的水和50%的乙二醇的溶液。除进行热交换外，冷却液还具有防冻、防沸、防腐蚀等功能。使用这种长效防冻冷却液，可以防止冷却器内腔结垢，减少水箱穴蚀和锈蚀。

汽车起重机装配与维修人员加注冷却液时，应注意以下三点：

1）乙二醇有毒，切勿直接吸入口鼻，应戴防护面具。

2）乙二醇对橡胶有腐蚀作用。

3）易渗漏，要求冷却系统密封性好。

（4）散热器

散热器的作用是将循环的冷却液从发动机中吸收的热量散布到空气中，降低冷却液的温度，以便其再次循环时对柴油机进行冷却。

散热器由上储水室、下储水室和散热器芯组成。上储水室的上部有加水口并装有水箱盖，后侧有进水管，通过橡胶管与发动机上的出水管相连。下储水室的下部有放水开关，后侧有出水管，通过橡胶管与水泵的进水管相连。

（5）膨胀水箱

因为闭式冷却系统中水、气不能分离，造成冷却系统的零部件被氧化、腐蚀，降低冷却效果。所以，为解决这个问题，冷却系统中增设了膨胀水箱。

汽车起重机专用底盘动力系统的膨胀水箱一般安装在起重臂支架上，如图1—2—6所示。膨胀水箱的上部一般有三根细管，两根细管分别与最易产生蒸汽的两个部位相连：气缸的出水管处和散热器上储水室盖蒸汽阀，第三条细管与发动机的排气口相连；膨胀水箱底部用一根细管与发动机水泵进水口相连，如图1—2—6所示。当温度达到一定程度时，多处的空气和蒸汽都将被引至膨胀水箱里，进行水气分离。

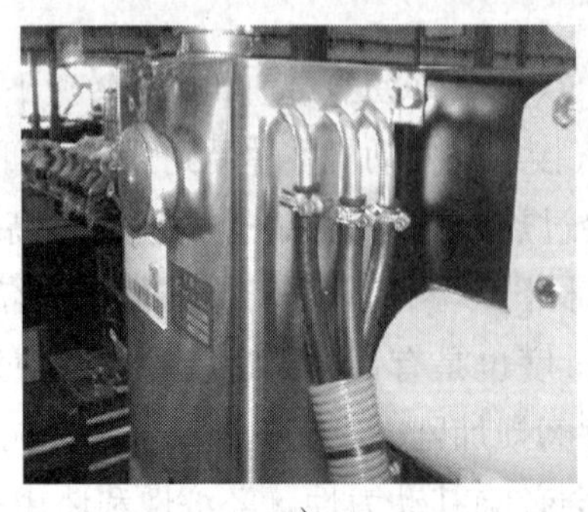
a）

b）

图1—2—6 膨胀水箱的水管连接及安装位置

a）膨胀水箱上部水管连接 b）膨胀水箱底部水管连接

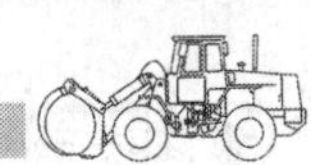

二、典型故障分析与排除

1. 发动机排黑烟

（1）故障描述

发动机正常运转时，排气管向外排黑烟。

（2）故障原因

1）柴油质量有问题。

2）空气滤清器的滤芯有问题。

3）气门间隙有问题。

4）气缸压缩压力不足。

5）喷油泵供油量太大。

6）喷油提前角调整不当。

7）柱塞出油阀磨损。

8）喷油嘴故障，如雾化不良或滴油。

9）调速器故障。

（3）故障排除方法

1）更换高品质的柴油。

2）拆掉空气滤清器的滤芯，起动发动机并保持工作状态，观察带负荷作业时柴油机排出的烟色。如果黑烟减小，则说明需要保养或更换空气滤芯。

3）打开气门室盖，通过手感或用塞尺检查气门间隙并调整。

4）调整活塞顶间隙；检查气门密封是否良好；观察气门座圈是否凹入太深；检查活塞环或缸套磨损情况。

5）检查喷油器的喷油压力；确定标准高压油管的内径尺寸。

6）检查供油提前角，并调整。

7）拆掉柴油机的排气管，起动柴油机并使其低速运转，仔细观察柴油机各个排气口的排烟情况。找出排烟大的气缸，更换该气缸的喷油器。起动柴油机并使其低速运转，逐缸断油，并观察排气管出口黑烟的变化情况。如果某气缸断油后，柴油机排黑烟程度减弱，则说明该气缸供油系统存在问题。互换喷油器后，如果该气缸不再排黑烟，而另外一气缸排黑烟，则说明故障点在该喷油器上。

8）调速器调速弹簧弹力不足时，调速器与油门控制机构之间会产生不平衡，从而导致柴油机自起动开始就严重冒黑烟。

2. 发动机排蓝烟

（1）故障描述

发动机正常运转时，排气管向外排蓝烟。

（2）故障原因

1）缸套、活塞环磨损严重。

2）呼吸器故障。

3）机油油量太多。

4）增压器故障。

5）空气压缩机故障。

（3）故障排除方法

1）更换缸套、活塞环。

2）柴油机严重冒蓝烟且动力性能不变，应认真检查呼吸器。

3）如果机油加油量太多、油面太高，将导致曲轴箱内废气压力增大，其结果与呼吸器故障一样。

4）如果增压器压气机侧浮动轴承损坏，可能导致大量机油通过压气机进入柴油机进气管，并进入气缸参与燃烧，使柴油机作业时严重冒蓝烟。如果此时拆下进气管或排气管，看到缸盖进气道内有大量机油，排气口湿润并有机油痕迹，就可以证明气门导管或气门油封已磨损。

5）如果空气压缩机出现故障（如活塞环磨损、减压阀失灵等），可能导致压力空气内窜曲轴箱，使柴油机的“下排气”增大，从而导致机油经过呼吸器进入进气管并参与燃烧。

3. 发动机排白烟

（1）故障描述

发动机正常运转时，排气管向外排白烟。

（2）故障原因

1）柴油中有水。

2）气缸盖螺栓松动或气缸垫烧损。

3）气缸体、气缸套、气缸盖冷却水套破裂。

4）喷油量过小。

（3）故障排除方法

1）仔细检查排气管消声器出口是否有水珠滴落。如果有水珠，可以判定有水进入气缸。

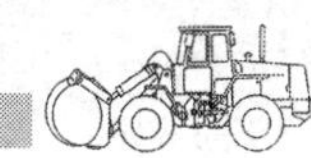

2）检查气缸盖螺栓是否松动。如果有松动的螺栓，应拧紧后再次检查是否有漏水处。

3）拔出机油标尺，检查油底壳是否进水。如果发动机起动后发现机油有气泡冒出来，说明水已经进入气缸。检查并确认烧损或者破损的气缸零部件，及时修复或更换。

4）检查喷油泵凸轮和柱塞是否有磨损。如果有磨损，应增大喷油提前角。

复习思考题

1. 简述发动机两大机构及其作用。
2. 发动机的附件有哪些？
3. 发动机的四大系统是什么？
4. 简述进气系统的组成。
5. 简述空气滤清器的作用。
6. 动力系统的典型故障有哪些？
7. 简述发动机排黑烟的故障原因与排除方法。
8. 简述发动机排蓝烟的故障原因与排除方法。

子课题 2　传动系统典型故障分析与排除

学习目标

1. 熟悉传动系统的结构组成及工作原理。
2. 熟悉传动系统的故障类型和故障现象。
3. 掌握传动系统典型故障的故障原因与故障排除方法。

一、传动系统的结构组成及工作原理

1. 传动系统的作用、组成与布置

（1）传动系统的作用

1）减速、增矩

发动机输出的动力具有转速高、转矩小的特点，无法满足汽车行驶的基本需要。传动系统的主减速器可以实现减速、增矩的目的，即通过主减速器的作用，使得驱动轮获得的动力比发动机输出的动力转速低而转矩大。

2）变速、变矩

发动机的最佳工作转速范围很小，但汽车行驶的速度和所需要克服的阻力的变化范围却很大。传动系统的变速器可以在发动机工作转速范围变化不大的情况下，满足车辆行驶速度变化大和克服各种行驶阻力的需要。

3）实现倒车

发动机不能反转，但是车辆不仅需要前进，还需要倒车。传动系统的变速器中设置了倒挡，从而实现车辆的倒车。

4）必要时中断传动系统的动力传递

在起动发动机、换挡过程中、行驶途中短时间停车（如等候交通信号灯）、汽车低速滑行等时刻，需要中断传动系统的动力传递。变速器的空挡可以切断车辆发动机向车辆其他部分传递的动力。

5）转向差速

在车辆转弯时，需要车辆的左、右（或前、后）驱动轮以不同的转速转动，以保证车辆行驶的平稳、安全。传动系统中驱动桥的差速器可以实现差速功能。

（2）传动系统的组成及布置形式

汽车起重机大多数采用机械式传动系统或液力机械式传动系统。机械式、液力机械式传动系统一般包括变速箱组、离合器、液力变矩器（机械式传动系统没有）、分动箱（不带前驱动或后桥三桥驱动没有）、万向传动装置、驱动桥等部分。其中，万向传动装置由万向节和传动轴组成，驱动桥由主减速器、轮边减速器和差速器组成。不同的功能部件分别满足传动系统不同的功能需求。汽车起重机液力机械式传动系统布置形式如图1—2—7所示。

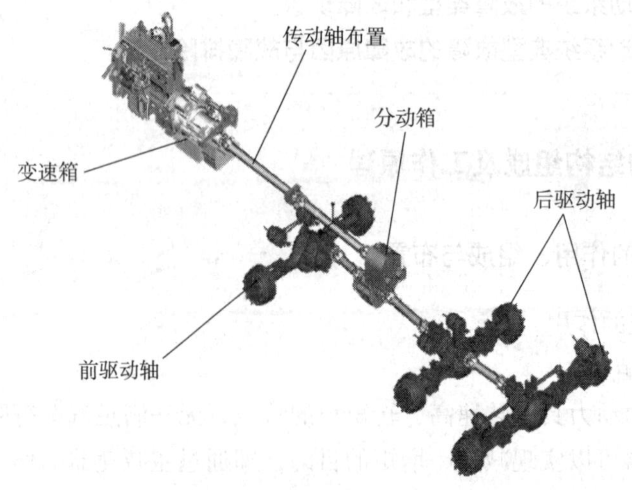

图1—2—7　汽车起重机液力机械式传动系统布置形式

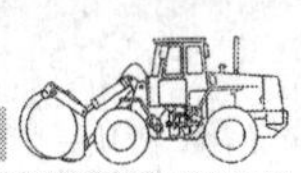

（3）传动系统的传动关系及驱动形式

1）汽车起重机传动系统的传动关系：发动机→变速箱→离合器（→液力变矩器）（→分动箱）→万向传动装置→主减速器→差速器→半轴→轮边减速器→车轮。

2）汽车起重机的驱动形式通常用车轮总数 × 驱动车轮数（车轮数系指轮毂数）来表示。根据车轮总数不同，常见的驱动形式有 4×2、4×4、6×4、8×4、6×6。

例如，徐州重型机械有限公司生产的 25 t、30 t 汽车起重机底盘采用 6×4 驱动形式，50 t 底盘采用 8×4 驱动形式；三一集团生产的 17 t、26 t 汽车起重机底盘采用 6×4 驱动形式，52 t 底盘采用 8×4 驱动形式。

2. 离合器及离合器操纵

（1）离合器

离合器位于发动机之后、传动系统的始端，是汽车传动系统中直接与发动机相连接的部件。

1）离合器的作用

①保证汽车起重机平稳起步。

②保证传动系统换挡时工作平顺。在车辆行驶过程中，为了适应不断变化的行驶条件，传动系统经常要换用不同挡位。齿轮式变速器换挡时，一般拨动齿轮或其他挂挡机构，使原挡位的某个齿轮副退出传动，再使另一个挡位的齿轮副进入。在换挡前必须踩下离合器踏板，中断动力传递，便于原挡位齿轮副的啮合部位脱开，同时有可能使新挡位齿轮副的啮合部位的速度逐渐趋向相等（即同步），这样进入啮合时的冲击可以大大减轻。

③防止传动系统过载。离合器的主动件与从动件之间不可采用刚性连接，而是借助两者接触面之间的摩擦来传递转矩（如摩擦离合器），或者利用液体作为传动介质（如液力耦合器），或者利用磁力传动（如电磁离合器）。目前汽车起重机上比较广泛地采用弹簧压紧的摩擦离合器（通常简称为摩擦离合器）。

2）摩擦离合器的结构与组成

汽车起重机专用底盘使用的摩擦离合器有膜片弹簧离合器和螺旋弹簧离合器两种。螺旋弹簧离合器按弹簧在压盘上的布置方式又分为周布弹簧离合器和中央弹簧离合器，其中周布弹簧离合器应用较多。

①膜片弹簧离合器的构造。膜片弹簧离合器由飞轮、离合器、压盘及盖总成等组成，如图 1—2—8 所示。

a. 膜片弹簧离合器的压紧装置与分离机构。膜片弹簧离合器的压紧装置与分离机构由外壳、膜片弹簧、枢轴环、压力板、金属带及收缩弹簧等组成，如图 1—2—9 所示。

膜片弹簧的形状像一个碟子。它是在一个具有锥形面的钢制圆盘上开有许多径向切口，形成一排有弹性的杠杆。在其切口的根部都钻有孔，以防止应力集中。枢轴环装在

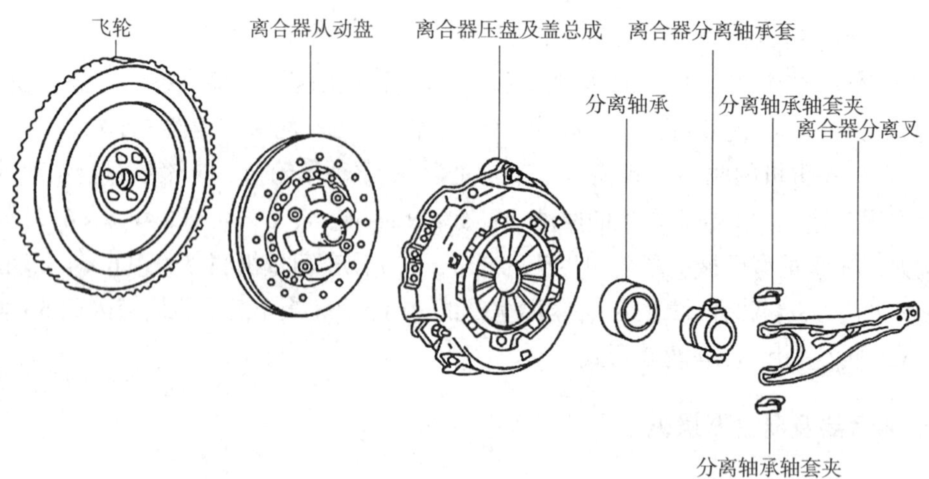

图 1—2—8　膜片弹簧离合器的组成

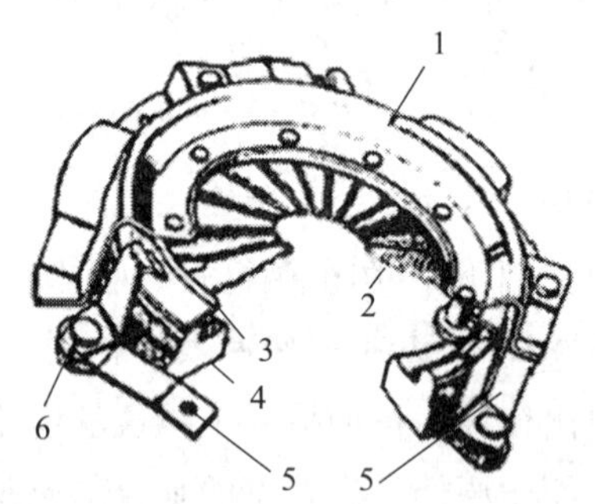

图 1—2—9　膜片弹簧离合器的压紧装置与分离机构

1—离合器外壳　2—膜片弹簧　3—枢轴环　4—压力板　5—金属带　6—收缩弹簧

膜片弹簧外侧，当膜片弹簧工作时，它作为枢轴而工作。收缩弹簧连接膜片弹簧和压力板，将膜片弹簧的运动传给压力板。

b. 离合器从动部分（摩擦片、离合器片）。离合器从动部分的主要部件是从动盘。从动盘分为不带扭转减振器和带扭转减振器两种类型。在汽车起重机上主要采用带扭转减振器的从动盘。带扭转减振器的从动盘的构造如图 1—2—10 所示。

一方面，由于发动机传到汽车起重机底盘传动系统的转速和转矩发生周期性的变化，这就使传动系统产生扭转振动；另一方面，由于汽车底盘行驶在不平整的路面上，汽车底盘传动系统出现角速度的突然变化，因此也会引起扭转振动。这些都会对传动系统零件造成冲击，使其使用寿命缩短，甚至损坏。为了消除扭转振动和避免共振，防止传动系统过载，多数离合器从动盘安装有扭转减振器。从动盘和从动盘毂通过弹簧弹性地连接在一起，构成减振器的缓冲机构。

当从动盘受转矩作用时，由摩擦衬片传来的转矩首先传到从动盘钢片，再经减振器弹簧传给从动盘毂，这时减振器弹簧被进一步压缩，因而由发动机曲轴传来的扭转振动

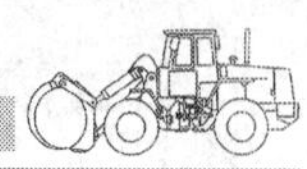

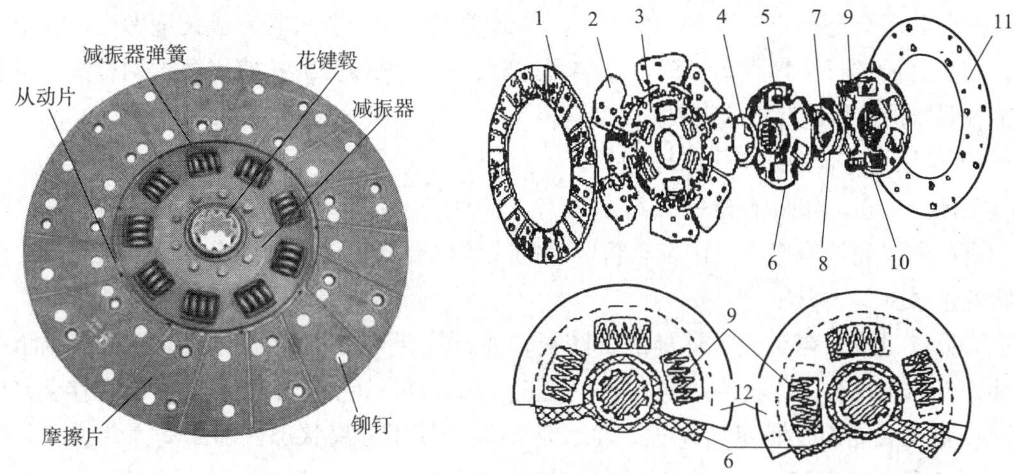

图 1—2—10　带扭转减振器的从动盘

1、11—摩擦衬片　2—波浪形弹簧钢片　3—从动盘钢片　4、7—摩擦片　5—特种铆钉　6—从动盘毂　8—调整垫片　9—减振器弹簧　10—减振器盘　12—从动盘本体

所产生的冲击被减振器弹簧所缓和，并被摩擦片所吸收，而不会传到变速器以后的总成部件上；同样，汽车底盘行驶于不平整路面上所引起传动系统角速度的变化也不会影响发动机。

离合器摩擦片所用的材料有石棉基摩擦材料、粉末冶金摩擦材料和金属陶瓷摩擦材料。

离合器从动盘应按正确方向安装，以避免出现连接长度不足、摩擦片悬空、顶紧分离轴承等现象。

②周布弹簧离合器的结构。它与膜片弹簧离合器主要区别在于周布弹簧离合器压盘总成。周布弹簧离合器外形与结构示意图如图 1—2—11 所示。它由压盘、离合器盖、分离轴承、传动片、分离杠杆装置及支撑环、压紧弹簧等组成。

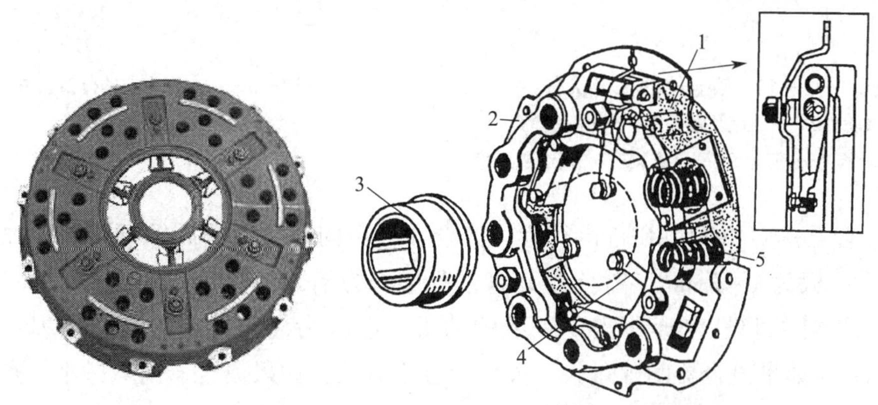

图 1—2—11　周布弹簧离合器外形与结构示意图

1—压盘　2—离合器盖　3—分离轴承　4—分离杠杆　5—压紧弹簧

离合器压盘是生产厂家直接提供，汽车起重机装配企业只需完成装配即可。在出厂前，压盘总成进行了静平衡。压盘安装紧固后，压盘的预紧力按使用要求调整好，以满足离合器摩擦片传递转矩的需要。

3）摩擦式离合器的工作原理

①接合状态。如图 1—2—12 所示为离合器的接合状态。膜片弹簧通过压盘将离合器从动盘压向飞轮的摩擦面。由发动机驱动的飞轮以摩擦方式通过离合器从动盘将动力传递给变速器。

②分离过程。当驾驶员逐渐踩下踏板，通过拉杆（调节叉）、分离叉使分离轴承向左移，从而推动分离杠杆内端向左移，使其外端拉动压盘，克服弹簧弹力向右移动，以解除压盘、飞轮对从动盘的压力，主、从动部分处于分离状态，切断动力传递，如图 1—2—13 所示。

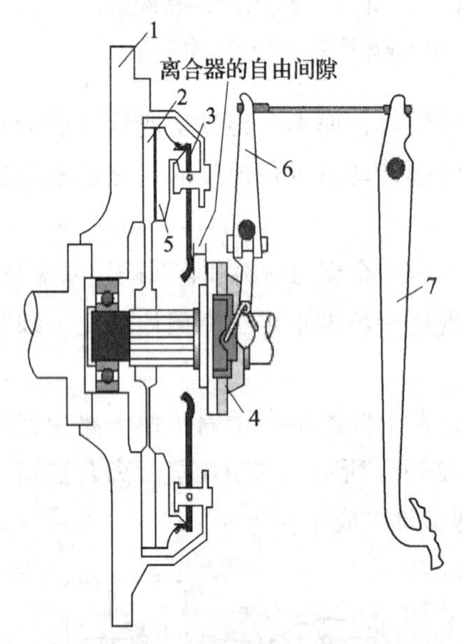

图 1—2—12　离合器的接合状态

1—飞轮　2—从动盘及摩擦片　3—膜片弹簧
4—分离轴承　5—压盘　6—分离叉　7—离合器踏板

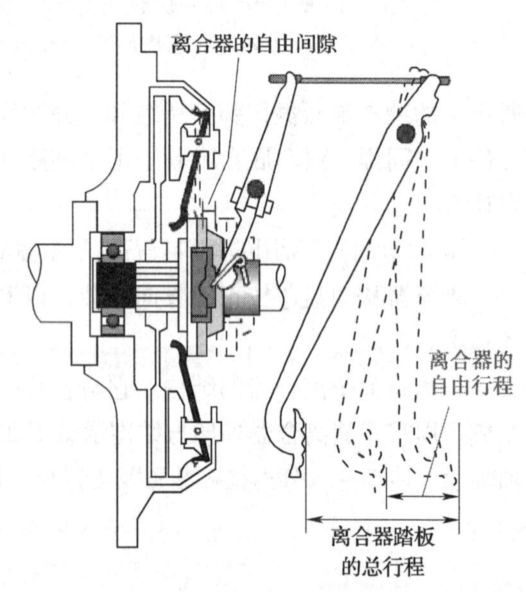

图 1—2—13　离合器的分离状态

③离合器的自由间隙和自由行程。离合器自由间隙是指分离轴承与膜片弹簧之间的距离，一般为 1 ~ 3 mm。离合器分离过程中，为消除离合器自由间隙和分离机构、操纵机构零件的弹性变形所需要踩下的踏板行程称为离合器踏板自由行程，一般为 20 ~ 30 mm。如果离合器间隙过大，离合器会不分离；如果离合器间隙过小，离合器会打滑。

空气间隙是指离合器分离时摩擦面之间的距离。此间隙为 0.3 ~ 0.5 mm。

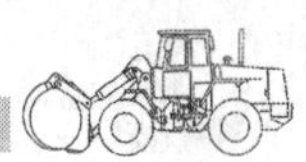

（2）离合器操纵机构

目前，大多数汽车起重机专用底盘采用气压助力液压式离合器操纵机构。气压助力液压式离合器操纵机构是在具有液压式离合器操纵机构中加上气压助力装置组成的，目的是使操纵轻便、改善驾驶员的劳动条件。气压助力式液压操纵机构利用了汽车起重机上的压缩空气装置，由离合器踏板、离合器总泵、离合器分泵、管路和储气筒（属于汽车起重机的储气装置，向底盘所有用气装置供气，不是离合器机构的专用装置，用一根管路与离合器分泵的进气口直接连接）等所组成，如图 1—2—14 所示。

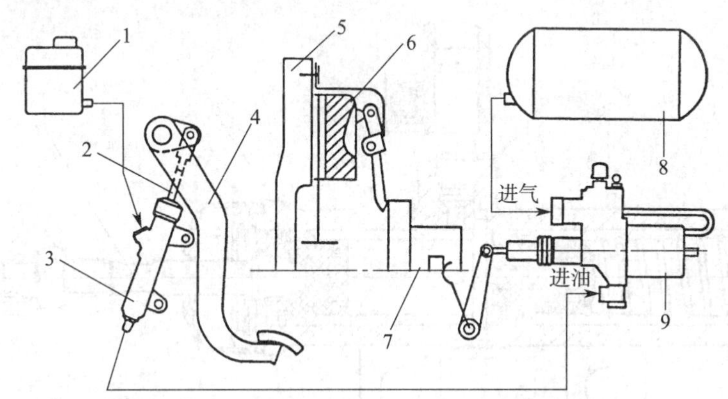

图 1—2—14　气压助力式液压操纵机构示意图

1—储油筒　2—离合器总泵推杆　3—离合器总泵　4—离合器踏板　5—飞轮　6—离合器　7—分离轴承　8—储气筒　9—离合器分泵（助力器）

1）离合器总泵的组成和工作原理

离合器总泵的实物及内部结构图如图 1—2—15 所示。泵体中部有与储油筒（一般在驾驶室左后侧）相通的进油口，活塞中部切有通槽，限位螺钉穿过通槽拧装在泵体上。活塞前部设置了进油阀，进油阀的阀芯后端穿在活塞的中心孔中，它们之间无配合关系；在阀芯的前端装有橡胶密封圈的阀门，阀门前端装有锥形复位弹簧；进油阀的复位弹簧座紧套在活塞的前端并被轴向定位，复位弹簧座上具有轴向中心孔和径向的槽。

离合器总泵不工作时，空心进油阀 6 的尾端靠在限位螺钉 5 上，使阀保持开启，工作油液可从储油筒经进油孔、活塞切槽、阀芯中的通道和复位弹簧座上的槽孔流入，并充满离合器总泵的压力腔 8。踩下离合器踏板时，推杆 1 推动活塞 2 左移，在压缩活塞复位弹簧 7 的同时，锥形复位弹簧使杆端阀门压紧在活塞 2 的前端，密封了主缸与储油罐之间的通孔；继续踩下离合器踏板，则油缸内油液就在活塞及皮圈的作用下压力上升，并通过管路流向离合器分泵。

当离合器踏板抬起时，活塞复位弹簧 7 使主泵活塞 2 后移，活塞后移到位时，通过限位螺钉 5 推动阀芯及杆端密封圈阀门，压缩锥形复位弹簧，使整个油路与离合器分泵相通，整个系统无压力。

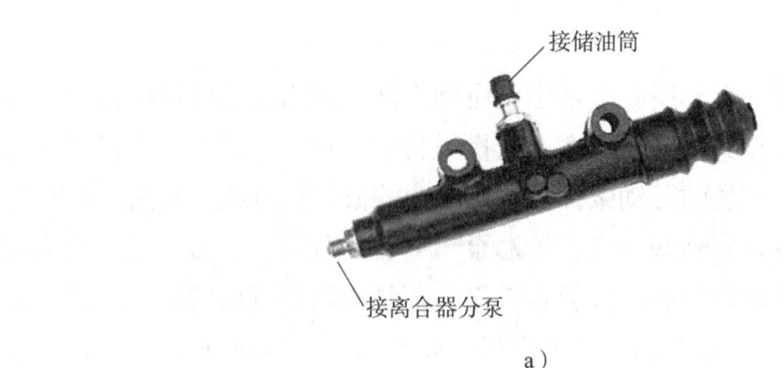

a）

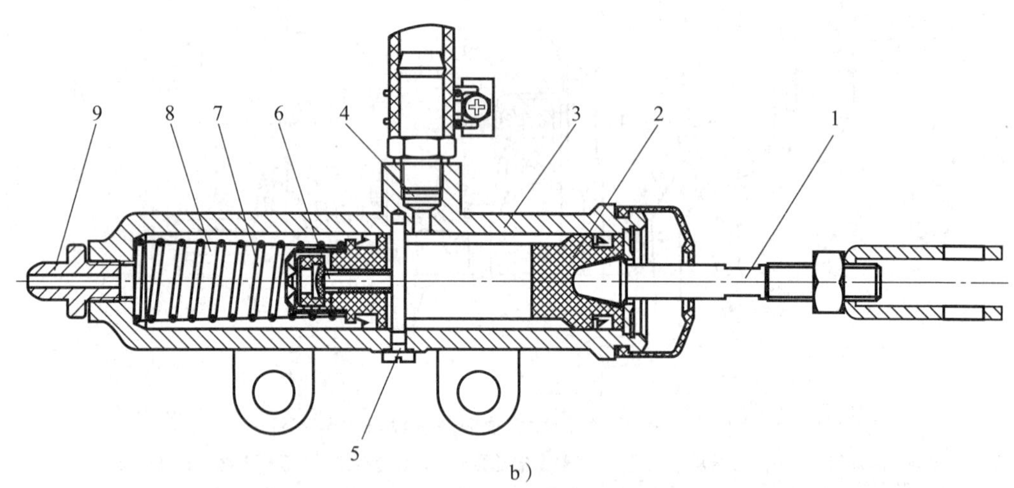

b）

图 1—2—15 离合器总泵外形和结构图

a）外形图 b）结构图

1—推杆 2—活塞 3—缸体 4—制动液输入接口 5—限位螺钉
6—进油阀 7—活塞复位弹簧 8—压力腔 9—制动液输出接口

2）离合器分泵的组成和工作原理

如图 1—2—16 所示，气压助力液压离合器分泵是一个将液压工作缸、助力气缸和气压控制阀三者组合在一起的部件，其中的控制阀本身又受控于液压主缸的压力。

离合器分泵工作原理如图 1—2—17 所示。压缩空气的进气口 12 连接储气筒，进油口 8 连接离合器总泵，推杆 1 与离合器相连。汽车起重机常规状态行驶时，进油口 8 的压力为零。在复位弹簧 10 的作用下，排气阀门 11 处于关闭状态，推杆 1 在离合器弹簧及锥形复位弹簧 2 作用下，推动活塞 6 右移。

离合器结合状态下踏下离合器踏板，离合器总泵油液压力增大，制动液从进油口 8 输入 *B* 腔，作用在活塞 6 上，使活塞 6 产生向左的推力，同时制动液经通道 7 进入 *C* 腔，油液的压力作用在控制活塞 9 上，使控制活塞 9 左移，关闭排气阀门 11，打开进气阀门，压缩空气经 *D* 腔通过管路流入 *A* 腔。当气压压力和液压压力一起作用在活塞 3 上时，推动推杆 1 左移，从而操纵离合器分离。

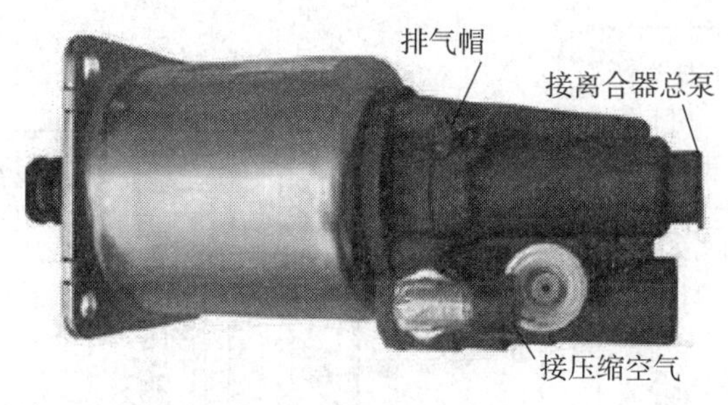

a）

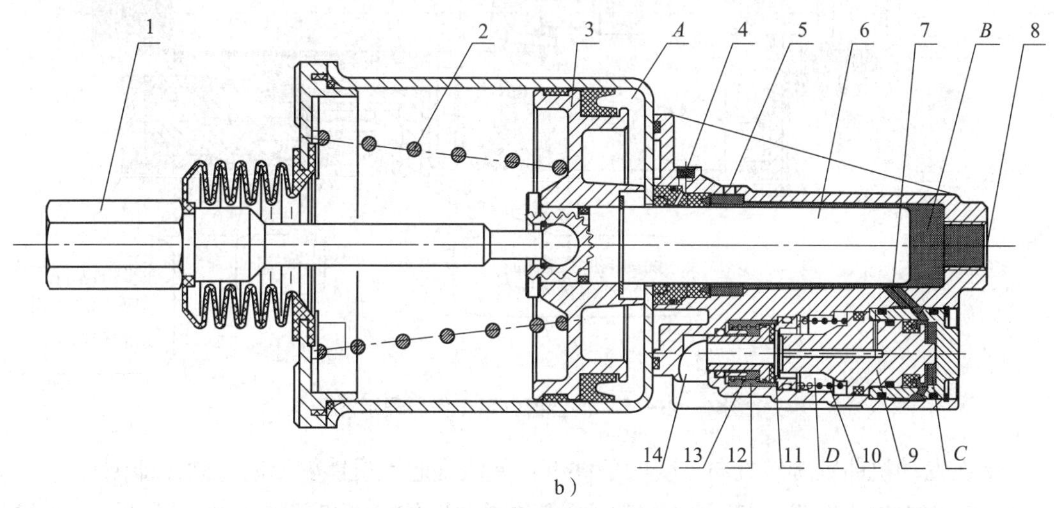

b）

图 1—2—16　离合器分泵外形和结构示意图

a）外形　b）结构示意图

1—推杆（接离合器）2—锥形复位弹簧　3—活塞　4、5—油口　6—液压缸活塞　7—通道

8—进油口（接离合器总泵）9—控制活塞　10、13—复位弹簧　11—排气阀门

12—进气口（接储气筒）14—排气口

A—助力气室　*B*—制动液腔　*C*—液压工作腔　*D*—复位弹簧腔

离合器分离状态下松开离合器踏板，进油口 8 的压力下降，液压压力解除。在气压压力与复位弹簧 13 的作用下，控制活塞 9 右移，关闭进气阀门，打开排气阀门 11，压缩空气从排气口 14 排向大气。在离合器弹簧与锥形复位弹簧 2 的作用下，推杆 1 推动活塞 3 右移，回到初始位置。

3. 手动变速器及手动变速操纵机构

（1）变速器

1）变速器的作用

①改变传动比，扩大汽车起重机牵引力和速度的变化范围，以适应汽车起重机不同条件的需要。

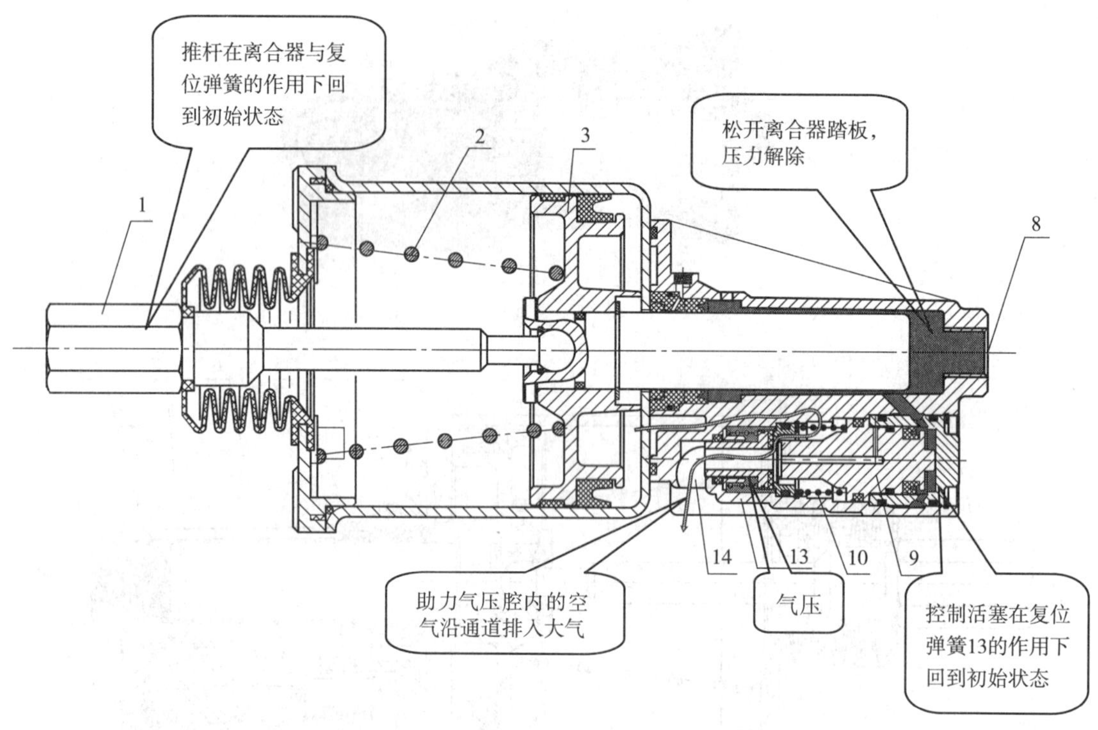

图 1—2—17　离合器分泵工作原理示意图

②在发动机曲轴旋转方向不变的条件下，使汽车起重机能够反向行驶（即倒车）。

③利用空挡中断发动机向驱动轮的动力传递，以使发动机能够空载起动和怠速运转，并满足汽车起重机临时停车和滑行的需要。

④还可作为动力输出装置驱动其他机构（如汽车起重机上的液压泵）。

2）手动变速器的结构

目前，汽车起重机上使用的变速器多来自于徐州齿轮厂、陕西法士特齿轮有限责任公司、哈尔滨哈齿变速器有限公司及德国 ZF 齿轮厂，其中陕齿变速器应用较为广泛。如图 1—2—18 所示为陕齿 RT11509C 型变速器外形图。

图 1—2—18　RT11509C 型变速器外形图

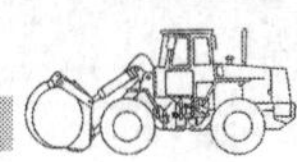

虽然各生产厂家生产的手动变速器的结构各不相同，但其基本组成相同，可分成三个部分：操纵机构、传动机构、壳体和盖，如图 1—2—19 所示。

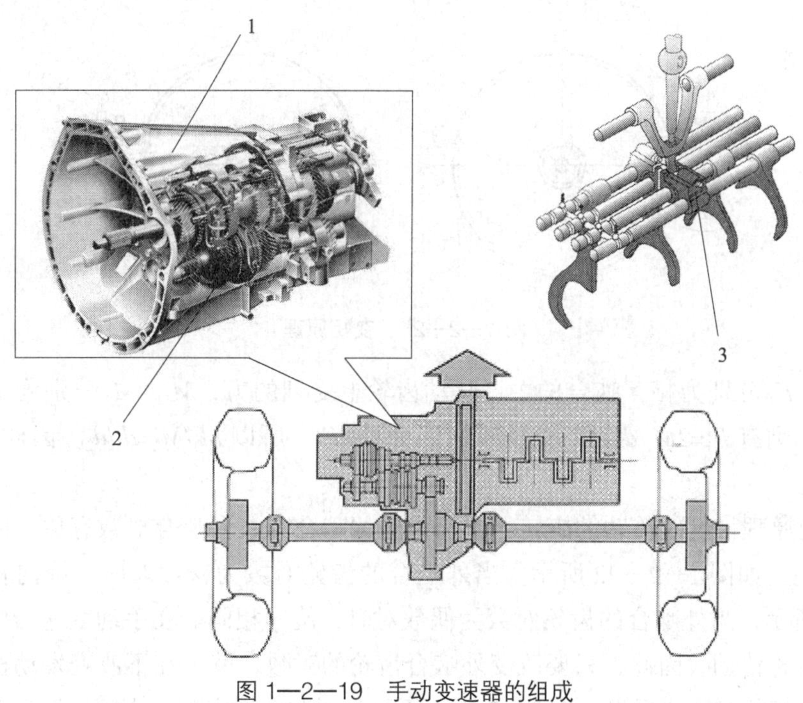

图 1—2—19　手动变速器的组成

1—壳体　2—传动机构　3—换挡操纵机构

3）变速、变矩、变向原理

手动变速器都采用齿轮传动，以实现变速、变矩和倒车及切断动力传递等作用。其基本工作原理如下：

①变速原理（图 1—2—20）。两个节圆上圆周速度大小相同，所以 $n_1d_1=n_2d_2$。

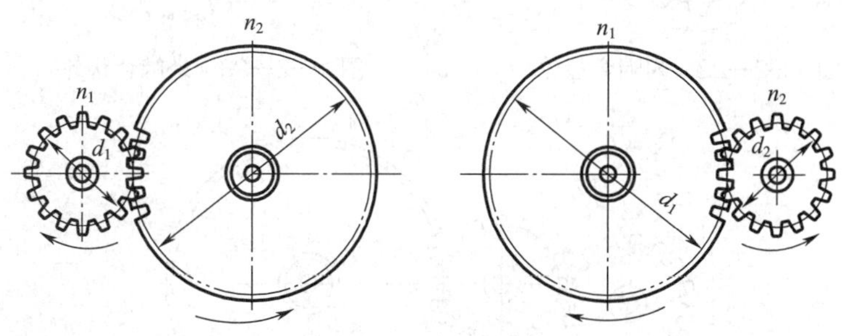

图 1—2—20　变速原理

齿轮齿数比与节圆直径之比相同，所以 $n_1z_1=n_2z_2$。

通常把某个传动装置的输入轴（即主动齿轮）转速与输出轴（即从动齿轮）转速之比称为传动比，用字母 i 表示。对于图 1—2—20 所示的一对齿轮来说，其传动比（$i_{1,\ 2}$）：

$$i_{1,2}=n_1/n_2=z_2/z_1$$

②变矩原理（图 1—2—21）。每个齿轮都是承受一个作用力的旋转杠杆。

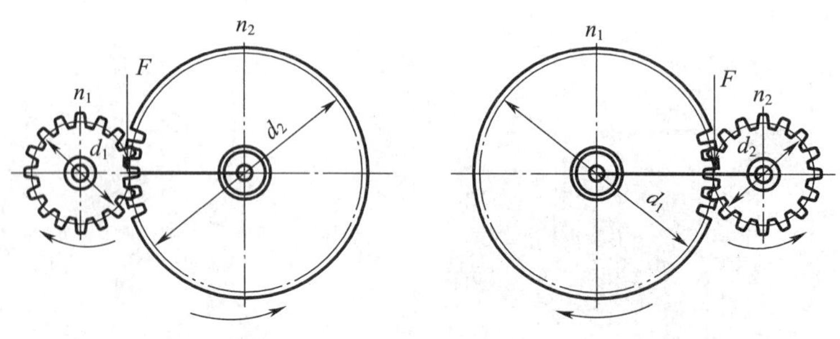

图 1—2—21　变矩原理

设 F_1、F_2 分别为相互啮合的主、从动齿轮上受到的力，M_1、M_2 分别为主、从动齿轮的转矩，则有 $F_1=2M_1/d_1$，$F_2=2M_2/d_2$。因为 $F_1=F_2$，所以 $M_1/M_2=d_1/d_2$。因此，传动比：$i_{1,2}=M_2/M_1$。

③变向原理。齿轮传动的旋转方向与齿轮的啮合方式和啮合对数有关。内啮合的齿轮旋向相同，如图 1—2—22 所示。当外啮合的齿轮对数为奇数对时，旋向相反，如图 1—2—23 所示；当外啮合的齿轮对数为偶数对时，旋向相同。在手动变速器中，通常采用外啮合齿轮传动。因此，只要改变外啮合齿轮的对数，就可在不改变发动机转向的条件下实现汽车的前进或后退。图 1—2—24 所示为倒车挡的实现，中间齿轮只改变转动方向，不改变传动比。

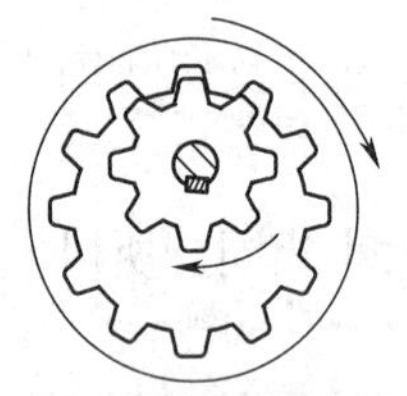

图 1—2—22　内啮合齿轮

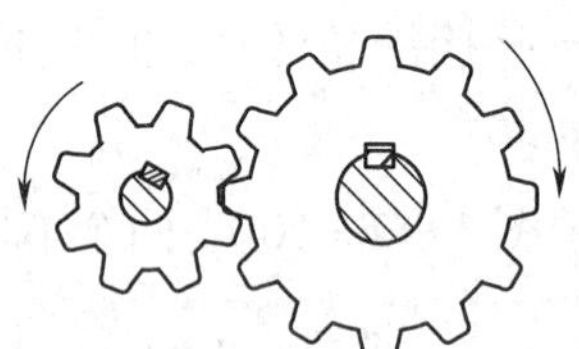

图 1—2—23　外啮合齿轮

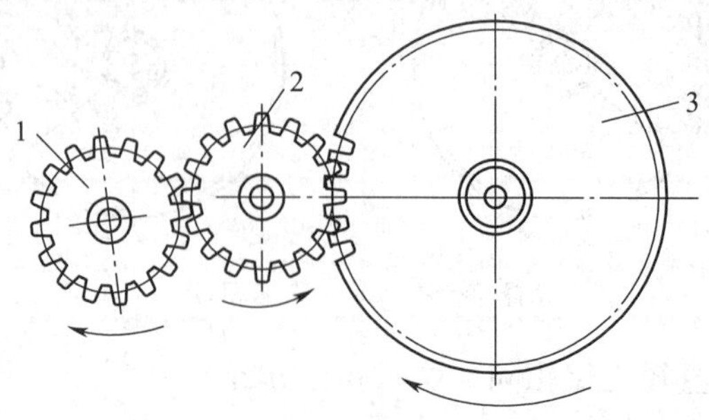

图 1—2—24　倒车挡的实现

1—主动齿轮　2—中间齿轮　3—从动齿轮

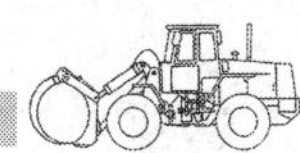

（2）手动变速器的操纵机构

1）作用

变速器操纵机构的作用是保证驾驶员根据使用条件将变速器换入某个实际需要挡位。

2）类型

车辆的变速操纵机构主要有直接操纵式和远距离操纵式两种类型。前者主要应用于轿车和长头货车；汽车起重机变速器操纵机构主要采用后者，且均使用远距离软轴操纵机构，如图1—2—25所示。

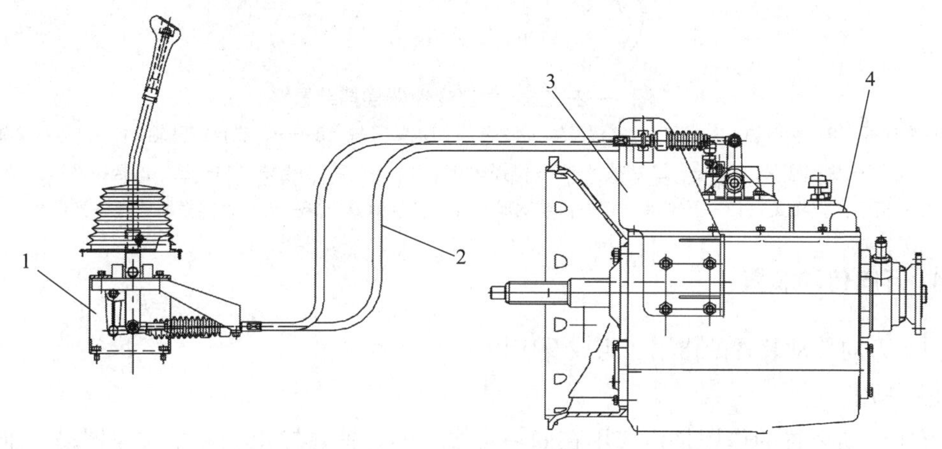

图1—2—25　远距离软轴操纵机构

1—操纵杆固定架　2—推拉软轴　3—固定架　4—变速器

3）变速器换挡装置（换挡拨叉机构）

如图1—2—26所示为六挡变速器换挡装置结构示意图。变速杆1的上部与软轴操纵机构直接相连，伸到驾驶室内，变速杆1通过球节支撑在变速器盖顶部的球座内，且能够以球节为支点前后左右摆动。变速杆的下端球头插在叉形拨杆17的球座内。叉形拨杆17由换挡轴2支撑在变速器盖顶部支撑座内，可随换挡轴2轴向前后滑动或绕轴线转动，其下端的球头则插到拨块9、10、16的顶部凹槽中。拨块9、10、16分别与相应的拨叉轴固定在一起，四根拨叉轴3、4、5、6的两端支撑在变速器盖上相应的孔中，可以轴向滑动；四个拨叉7、8、11、12的上端通过螺钉固定在拨叉轴上，各拨叉的下端的拨叉口则分别卡在相应的挡位的接合套（包括同步器的接合套或滑动齿轮的环槽）内。图1—2—26所示变速器处于空挡位置，各个拨叉轴和拨块都处于中间位置，变速杆及叉形拨杆均处于正中位置。变速器要换挡时，驾驶员首先向左右摆动变速杆，使叉形拨杆17下端球头置于所选挡位拨块的凹槽内，然后再向前或向后纵向摆动变速杆，使叉形拨杆17下端球头通过拨块带动拨叉轴及拨叉向前或向后移动，从而实现换挡。

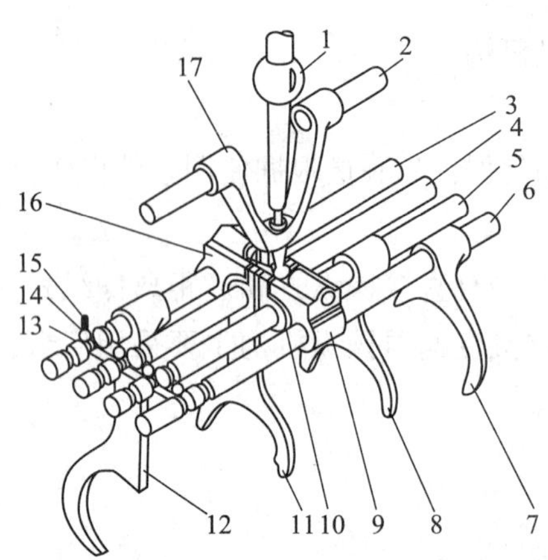

图 1—2—26　六挡变速器换挡装置

1—变速杆　2—换挡轴　3—五、六挡拨叉轴　4—三、四挡拨叉轴　5—一、二挡拨叉轴　6—倒挡拨叉轴　7—倒挡拨叉　8—一、二挡拨叉　9—倒挡拨块　10—一、二挡拨块　11—三、四挡拨叉　12—五、六挡拨叉　13—互锁销　14—自锁钢球　15—自锁弹簧　16—五、六挡拨块　17—叉形拨杆

4. 万向传动装置

（1）万向传动装置的作用、组成及应用

1）作用

万向传动装置的作用是连接不在同一直线上的变速器输出轴和主减速器输入轴，并保证在两轴之间的夹角和距离经常变换的情况下，仍能可靠地传递动力。传动系统中的万向传动装置在变速器之后，把变速器输出转矩传递到驱动桥。

2）组成

万向传动装置一般由万向节和传动轴组成。为了提高传动距离较远的分段式传动轴的刚度，还设置有中间支撑。

3）应用

在发动机前置、后轮驱动的车辆上，变速器常与发动机、离合器连成一体支撑在车架上，而驱动桥则通过弹性悬架与车架连接。变速器输出轴轴线与驱动桥的输入轴轴线难以布置得重合，并且在车辆行驶过程中，由于不平整路面引起的冲击等因素，弹性悬架系统产生振动，使两轴的相对位置经常变化。所以，变速器的输出轴与驱动桥输入轴不可能刚性连接，而必须采用一般由两个万向节和一根传动轴组成的万向传动装置。国内多数汽车起重机底盘即是采用此种布置形式，其布置图如图 1—2—27 所示。

在变速器与驱动桥距离较远的情况下，应将传动轴分成两段，即主传动轴和中间传动轴，且在中间传动轴后端设置了中间支撑。用三个万向节将变速器输出轴、中间传动轴、主传动轴、主减速器输入轴连接起来。

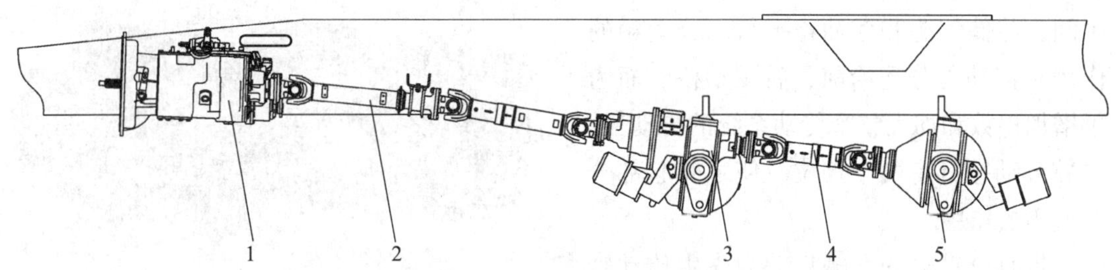

图 1—2—27　汽车起重机专用底盘变速箱与驱动桥之间的万向传动装置

1—变速箱　2—中桥传动轴　3—中驱动桥　4—后桥传动轴　5—后驱动桥

（2）传动轴

传动轴是万向传动装置中的主要传力部件。其结构有实心轴和空心轴之分。大多数情况下，传动轴多为空心轴，一般用厚度为 1.5 ~ 3 mm 且厚薄均匀的钢板卷焊而成，超重型货车则直接采用无缝钢管。

传动轴结构示意图如图 1—2—28 所示。传动轴总成两端连接万向节，中间的滑动叉 7 套装在花键轴 6 上，可轴向滑动，适应变速器和驱动桥相对位置的变化；滑动部位用润滑脂润滑，并用防尘护套 5 防漏、防水、防尘，保证花键部位伸缩自如。

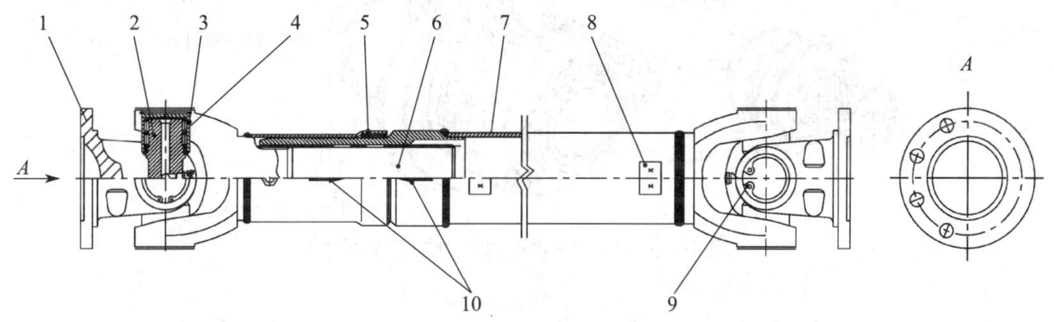

图 1—2—28　传动轴结构示意图

1—凸缘叉　2—万向节十字轴　3—万向节轴承座　4—万向节轴承　5—防尘护套

6—花键轴　7—滑动叉　8—平衡片　9—挡圈　10—装配位置标记

传动轴两端的连接件装好后，应进行动平衡试验。在质量轻的一侧补焊平衡片，使其不平衡量不超过规定值。为防止装错位置和破坏平衡，防尘护套 5、滑动叉 7 上都应刻有带箭头的装配位置标记号 10。为保持平衡，万向节的螺钉、垫片等零件不应随意改换规格。为了方便加注润滑脂，万向传动装置的滑脂嘴应在一条直线上，且万向节上的滑脂嘴应朝向传动轴。

5. 分动箱

分动箱是汽车起重机的动力分配装置，如图 1—2—29 所示。它一般安装在车架大梁中间，与储气罐和燃油箱平行。分动箱的作用是把动力分配给前、后驱动桥。而为了增加挡数和加大整个传动系统的传动比，多数分动箱具有两个挡位，使之兼起部分变速箱的作用。

图 1—2—29　汽车起重机分动箱

带有分动箱的车辆将动力先由传动轴传递到分动箱，再由分动箱分别传递到前轴和后轴。分动箱是在变速箱上再引出一根输出端，并通过静音链条，将动力传递到前轴的输出轴，如图 1—2—30 所示。事实上，它的工作原理类似于变速箱的Ⅰ轴和Ⅱ轴，切换时扳动分动箱的挡把，通过拨叉将动力与前传动轴接通和断开，实现动力的分配。

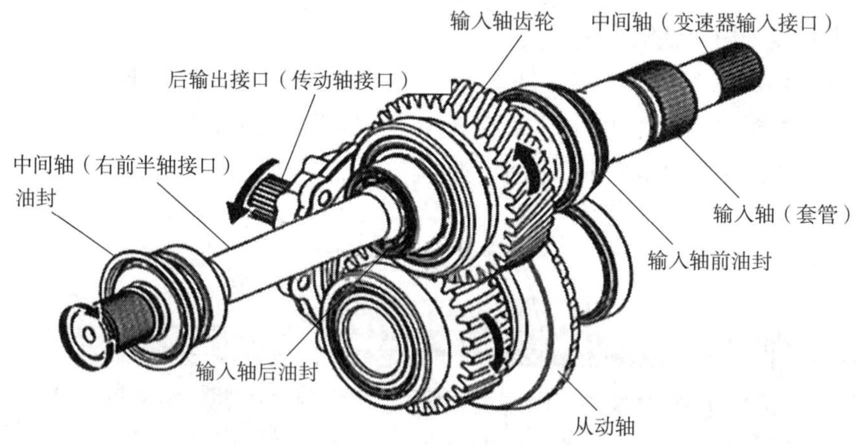

图 1—2—30　分动箱的结构与工作原理

二、传动系统典型故障分析与排除

1. 变速器打滑

（1）故障描述

车辆起步时，踩下加速踏板，发动机转速上升很快，但车速升高缓慢。车辆行驶中踩下加速踏板加速时，发动机转速升高但车速没有同步提高。车辆平路行驶基本正常，但上坡缓慢、无力。

（2）故障原因

1）自动变速器油平面太低。

2）自动变速器油平面太高，运转中被行星齿轮机构剧烈搅动后产生大量气泡。

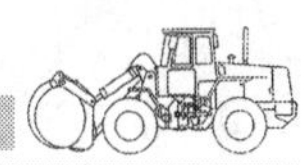

3）离合器或制动器摩擦片、制动带磨损过度或烧焦。

4）单向超越离合器打滑。

5）油泵磨损过度或主油路泄漏，造成油路油压过低。

6）离合器或制动器活塞密封圈损坏，导致漏油。

7）减振器活塞密封圈损坏，导致漏油。

（3）故障排除方法

自动变速器打滑是常见故障之一。虽然打滑往往伴有离合器或制动器摩擦片严重磨损甚至烧焦等现象，但如果只是简单地更换磨损的摩擦片而没有找出打滑的真正原因，则修理过的自动变速器使用一段时间后会再次出现打滑现象。因此，不要急于拆卸、分解打滑的自动变速器，应先做检测，找出变速器打滑的真正原因。

1）对于出现打滑现象的自动变速器，应先检查油面高度。如果油面过高或过低，应先将油面调整至正常，然后再做检查。如果油面调整至正常后自动变速器不再打滑，可不必拆修自动变速器。如果自动变速器仍然打滑，应检查自动变速器油的品质。如果油呈棕黑色或有烧焦味，说明离合器或制动器的摩擦片或制动带有烧焦，应拆检修理。

2）进行路试，以确定自动变速器是否打滑，并检查出现打滑的挡位和打滑的程度。将换挡操纵手柄手动拨入不同的位置，让车辆行驶。如果自动变速器升至某个挡位，发动机转速突然升高，但车速没有相应地提高，说明该挡位打滑。打滑时发动机的转速升得越高，说明打滑现象越严重。

3）对于打滑的故障自动变速器，在对其拆卸、分解之前应先检查主油路油压，从而找出变速器打滑的原因。自动变速器无论前进挡还是倒挡均打滑，其原因往往是主油路油压过低。如果主油路油压正常，则只要更换磨损或烧焦的摩擦元件即可。如果主油路油压不正常，则在拆卸自动变速器的过程中，应根据主油路油压，相应地对油泵及阀进行检修，并更换自动变速器的所有密封圈及密封环。

2. 变速器发热

（1）故障描述

车辆行驶一段路程后，用手触摸变速器有烫手的感觉。

（2）故障原因

1）轴承装配过紧。

2）齿轮啮合间隙过小。

3）缺少齿轮油或齿轮油黏度太小。

（3）故障排除方法

应结合发热部位，逐项检查，予以排除。

3. 变速器漏油

（1）故障描述

变速器内的齿轮油从轴承盖或接合部位渗漏出来。

（2）故障原因

1）变速器各部位密封衬垫密封不良、油封损坏，或紧固螺栓松动。

2）变速器壳有裂纹。

3）齿轮油过多。

4）变速器放油螺栓未拧紧，通气孔堵塞。

（3）故障排除方法

可根据油迹部位来诊断漏油原因，并有针对性地进行处理。

4. 变速器挂挡困难

（1）故障描述

挂挡时不能顺利挂入，常发生齿轮撞击声。

（2）故障原因

1）变速叉轴弯曲变形。

2）自锁钢环或互锁钢环破裂、粗糙，造成卡滞。

3）变速连接杆调整不当或损坏。

4）同步器耗损或有缺陷。

5）变速器轴弯曲变形或花键损坏。

6）接合套的配合面损伤或间隙过大。

7）离合器分离不彻底，齿轮油规格不符合要求。

（3）故障排除方法

做以下检查，若有问题应进行有针对性的维修或更换。

1）检查变速叉是否弯曲变形，自锁钢环和互锁钢环是否损坏，弹簧是否过硬。

2）检查操纵机构是否处于合适位置、变形或卡滞。

3）如果上述部件正常，应检查同步器是否损坏，主要检查：同步器是否散架，同步器锥环内锥面螺纹是否磨损，滑块是否磨损，弹簧弹力是否过软。

4）如果同步器正常，应检查接合套的配合是否正常，是否有裂纹或打齿问题。

5）如果同步器、接合套均正常，应进一步检查变速器第一轴是否弯曲，其花键是否耗损。

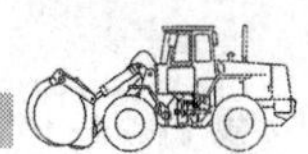

5. 变速器乱挡

（1）故障描述

汽车起步挂挡或行驶中换挡时，所挂挡位与要求的挡位不符，或虽然挂入所需挡位但退挡困难、不能退回空挡或一次挂入两个挡位。

（2）故障原因

1）换挡杆与换挡杆拨动端连接松旷、损坏，或换挡拨动端内孔磨损过大。

2）换挡滑杆互锁销与小互锁销磨损过度，失去互锁作用。

（3）故障排除方法

1）变速换挡杆如果能任意摆动，且能打圆圈，说明夹箍销钉可能折断或失落；挂挡时，变速换挡杆稍微偏离预定位置，就会挂上不需要的挡位，这是由换挡杆拨动端工作面磨损过度导致。

2）如果同时挂上两个挡位，这是由互锁机构失效所致。

6. 变速器跳挡

（1）故障描述

车辆行驶中，变速杆自动跳入空挡位置，一般多在中、高速负荷时突然变化或车辆行驶在剧烈振动的路面时发生。

（2）故障原因

1）变速器齿轮或齿套磨损过量，沿齿长方向磨成锥形。

2）变速叉轴凹槽及定位球磨损，以及定位弹簧过软或折断，使自锁装置失效。

3）变速器轴、轴承磨损出现松旷；或轴向间隙过大，使轴转动时齿轮啮合不良，发生跳动或轴向窜动。

4）操纵机构变形而松旷，使齿轮在齿长位置啮合不充分。

（3）故障排除方法

1）发现某挡跳挡时，仍将变速杆挂入该挡，然后拆下变速器盖，查看齿轮啮合情况。如果啮合良好，应检查换挡机构。

2）用手推动变速杆，如果无阻力或阻力甚小，说明自锁装置失效。应检查自锁钢球和变速叉轴上的凹槽是否磨损过大，自锁钢球弹簧是否过软、折断。如果存在上述问题，应更换。

3）如果齿轮未完全啮合，应检查换挡拨叉是否磨损或变形。如果拨叉弯曲，应校直。

4）如果换挡机构良好，应检查齿轮是否磨成锥形、轴承是否松旷。必要时应拆下修理或更换。

7. 变速器在挂挡时和行驶期间出现异响

（1）故障描述

1）变速器入挡位后发出异响。

2）当车辆以超过 40 km/h 的车速行驶时，发出异响，且车速越高，异响越大；而当车辆滑行或低速时异响减小或消失。

（2）故障原因

1）中间轴或二轴弯曲变形，轴的花键与滑动齿轮毂配合松旷。

2）齿轮啮合不当，或轴承松旷。

3）操纵机构各连接处松动，变速叉变形。

4）主、从动齿轮配合间隙过大。

（3）故障排除方法

1）变速器各挡均有异响，多因为基础件、轴、齿轮、花键磨损使形位误差超限。拆检并更换。

2）挂入某挡，异响严重，说明该挡齿轮磨损严重。拆检并更换。

3）起动后尚未挂挡就有异响，且在汽车运行中车速变化时异响严重，说明输出轴前、后轴承响。拆检并更换。

8. 变速器在空挡时有异响

（1）故障描述

发动机怠速运转时，变速器处于空挡位置有异响，踏下离合器踏板则异响消失。

（2）故障原因

1）变速器与发动机安装时曲轴与变速器第一轴中心线不同心，或变速器壳变形。

2）第二轴前轴承磨损、污垢、起毛。

3）变速器常啮齿轮磨损，齿侧间隙过大，或个别齿轮牙齿破裂。

4）常啮齿轮未成对更换，啮合不良。

5）轴承松旷、损坏，齿轮轴向间隙大。

6）拨叉与接合套间隙过大。

（3）故障排除方法

应结合异响部位，逐项检查，予以排除。

9. 传动轴产生异响

（1）故障描述

传动轴在车辆起步时发出撞击声或滑行时有异响。

（2）故障原因

1）万向节磨损或损伤。

2）变速器输出轴花键和驱动轴输入轴花键磨损。

3）滑动叉花键磨损或损伤。

4）传动轴连接部位松动。

（3）故障排除方法

1）修复或更换万向节磨损或损伤的零件。

2）对变速器输出轴花键和驱动轴输入轴花键磨损部位应酌情修理，或更换相关零件。

3）应更换滑动叉花键。

4）拧紧传动轴连接部位螺栓。

10. 传动轴振动和有噪声

（1）故障描述

车辆在行驶过程中，传动轴产生振动并传递给车身，从而引起车身振动和发出噪声，其振动频率一般与车速成正比例关系。

（2）故障原因

1）万向节严重磨损。

2）传动轴产生弯曲变形或扭转变形。

3）传动轴的动平衡被破坏，或连接部件松动。

4）变速器输出轴花键齿磨损。

5）中间支撑松动。

6）驱动轴输入轴花键齿磨损。

（3）故障排除方法

1）首先检查万向节磨损情况。如果磨损严重，对于普通十字轴万向节，应更换十字轴及轴承；对于等速万向节，应更换整个万向节。

2）传动轴弯曲变形或扭转变形除了引起振动和噪声外，在高速行驶时还可能有使花键脱落的危险。检查传动轴直线度，如果误差超过允许范围，应更换或进行校直。

3）在排除上述故障后，传动轴工作仍不正常，应对传动轴进行动平衡检验。如果动平衡被破坏，应重新调整。

4）如果传动轴连接部件松动，只需拧紧安装螺母即可。

5）检查花键齿磨损情况，磨损超过规定极限时，应更换相关部件。

6）中间支撑轴承磨损、缓冲橡胶垫损坏时，应予以更换。如果安装松动，需按规定力矩拧紧。

11. 离合器打滑

（1）故障描述

1）当车辆起步时，完全放松离合器踏板后不加油或少加油，发动机转速下降不明显，车速上升缓慢。

2）当车辆加速时，车速不能随发动机转速上升而同步提高，感觉行驶无力。

3）当车辆上坡时，离合器打滑现象明显，发动机加速时能闻到离合器摩擦片散发的焦煳味。

（2）故障原因

1）离合器踏板自由行程太小或没有，分离轴承经常压在离合器分离杠杆上，使压盘处于半分离状态。

2）离合器和飞轮连接螺钉松动。

3）摩擦片磨损变薄、硬化，铆钉外露或沾有油污。

4）压盘弹簧过软或折断。

（3）故障排除方法

1）拉紧驻车制动器，挂上低速挡，慢慢放松离合器踏板，并徐徐踩下加速踏板加速。如果车辆没有前冲或后退的趋势，发动机继续运转而不熄火，说明离合器打滑。

2）检查离合器踏板自由行程和工作行程。如果行程不符合规定，应进行调整。

3）如果行程正常，应拆下离合器底盖，检查离合器与飞轮紧固螺栓是否松动。如果螺栓松动，应拧紧。

4）经过上述故障排除后，如果离合器仍然打滑，应拆下离合器，检查摩擦片的工作状况。如果摩擦片表面有油污，一般应将其拆下，用汽油清洗干净并烘干；然后，找出油污来源，并设法排除。如果摩擦片因为磨损而变得过薄或多数铆钉头外露，应更换摩擦片。如果摩擦片磨损较轻，仅有个别铆钉头外露，可加深铆钉孔，重新铆合后使用。

5）如果摩擦片完好，应分解离合器，检查压盘弹簧弹力和尺寸。如果弹簧弹力略有降低，可在弹簧下增加垫圈并继续使用。如果弹簧弹力过弱或弹簧折断、弹簧刚度和正常要求相差较大，应更换。

12. 离合器分离不彻底

（1）故障描述

1）当汽车起步时，将离合器踏到底仍感觉挂挡困难，虽然强行挂入挡，但不抬起踏板，汽车就向前驶动或造成发动机熄火。

2）变速器挂挡困难或挂不进挡，并且从变速器端发出齿轮撞击声。

（2）故障原因

1）离合器踏板自由行程过大。

2）分离杠杆内端不在同一个平面上，个别分离杠杆或调整螺钉折断。

3）离合器从动盘翘曲，铆钉松脱或新换的摩擦片过厚。

4）从动盘毂键槽与变速器第一轴键齿锈蚀，使从动盘移动困难。

5）车辆长时间不工作，摩擦片受潮而黏在飞轮或压盘上。

6）静压油操纵系统缺油或系统混进空气。

（3）故障排除方法

1）将变速杆放到空挡位置，踏下离合器踏板，从观察口用旋具推动离合器从动盘。如果能轻微推动，说明离合器能分离开；如果推不动，说明离合器分不开。

2）检查、调整离合器踏板自由行程。如果自由行程过大，应重新调整。

3）检查分离杠杆高低是否一致，及分离杠杆的调整螺栓是否松动，必要时进行调整或拧紧。

4）如果新换摩擦片过厚，可在离合器盖与飞轮间增加适当厚度的垫片予以调整，但各垫片厚度应一致。

5）按第一条要求检查，压盘的一侧有间隙，另一侧没有，且用旋具不能推动，说明从动盘转动就属于粘连。应拆下离合器，清理从动盘粘连处，必要时更换从动盘。

6）检查静压油杯。如果缺油应补加。如果总泵的行程大于分泵的行程，说明静压油管中进入空气，需要排除。

7）如果经上述检查、调整故障仍然未排除时，应将离合器拆下、分解，检查各机件的技术状况，必要时予以修理或换件。

13. 离合器异响

（1）故障描述

离合器工作时有异响。

（2）故障原因

1）分离轴承磨损严重或缺油，轴承复位弹簧过软、折断或脱落。

2）分离杠杆支撑销孔磨损严重。

3）从动钢片铆钉松动，钢片碎裂或减振弹簧折断。

4）踏板复位弹簧过软、脱落或折断。

5）从动盘毂与变速器第一轴配合花键磨损严重。

（3）故障排除方法

1）踩下离合器踏板，使分离杠杆与分离轴承接触，听到有“沙沙”的响声，为分离轴承发出声响。如果加润滑油后仍响，为轴承磨损松旷或损坏引起。检查分离轴承，如果损坏或磨损过大，应更换新件。

2）踩下、放松离合器踏板时，如果出现间断的撞击声，说明分离轴承前后滑动时发出声响。应检查分离轴承的复位弹簧。如果弹簧失效，应更换。

3）连踩踏板，在离合器刚接触或分开时发出声响，应检查分离杠杆或支架销与孔是否因磨损而配合松旷，铆钉是否松动，摩擦片铆钉是否外露。如果有上述问题，应更换相应零件。

4）发动机一起动就有响声，踏板提起后响声消失。判断为踏板复位弹簧失效，应更换压紧弹簧。注意：所有弹簧应同时更换。

5）检查从动盘毂与变速器第一轴配合花键是否磨损严重。如果花键磨损严重或损坏，应更换。

14. 驱动轴发热

（1）故障描述

当车辆行驶一段时间后，驱动桥壳中部或主减速器壳温度较高，烫手（手无法触摸）。

（2）故障原因

可以判断是主减速器、轮边减速器过热。可能的原因是：

1）轴承装配过紧。轮毂轴承过紧时，常伴有起步费力、行驶中发沉、滑行不良、油耗增高等现象。

2）齿轮啮合间隙过小。

3）齿轮油太少、黏度太小或失效。

（3）故障排除方法

应结合发热部位，逐项检查，予以排除。

15. 驱动轴漏油

（1）故障描述

输入轴、输出轴接合面、配合面等处有齿轮油渗漏的痕迹。

（2）故障原因

1）主减速器油封损坏。

2）半轴油封损坏。

3）输入轴、输出轴油封损坏。

4）与油封接触的轴颈磨损，使其表面有沟槽。

5）衬垫损坏或紧固螺栓松动。

6）齿轮油加注过多。

7）通气塞堵塞。

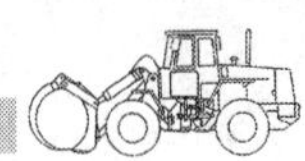

（3）故障排除方法

1）检查各油封处凸缘周围是否渗漏。如果油封损坏应更换。

2）检查油封处轴颈的磨损情况。如果轴颈表面磨损而产生沟槽，应修理或更换相应零件。

3）如果其他部位漏油可根据油迹查明原因。

4）检查通气塞工作是否正常。如果通气塞堵塞或损坏，应清理或更换。

16. 驱动轴异响

（1）故障描述

当车辆以较高的速度行驶时，驱动轴会有异响，且车速越高响声越大。而当车辆滑行或低速行驶时，异响减小或消失。

（2）故障原因

1）主、从动齿轮配合间隙过大。

2）差速器齿轮、半轴内端或半轴齿轮花键磨损而配合松旷。

3）从动齿轮螺栓松动。

4）齿轮或支撑轴承严重磨损或损坏。

（3）故障排除方法

1）发现驱动轴异响时，应停车检查。可将车辆支起，起动发动机并挂上挡，然后急速改变车速，判断驱动轴异响的来源，以查明故障点。随即发动机熄火并将变速器挂入空挡。在传动轴停止转动后，用手转动传动轴凸缘。如果有松旷的感觉，说明啮合间隙过大；如果感到传动轴一点活动量都没有，说明啮合间隙过小。遇到上述两种情况时，均应调整啮合间隙。

2）在车辆行驶中，如果车速越高异响越大，车辆滑行时异响减小或消失，一般是由轴承磨损而松旷或齿轮啮合间隙失常造成。如果急速改变车速或车辆上坡时驱动轴异响，说明齿轮啮合间隙过大。如果存在上述问题，应更换磨损零件及调整啮合间隙。

3）汽车在转弯时异响，多由于差速器行星齿轮啮合间隙过大或半轴齿轮及键槽磨损，应拆下修理或更换零件。

4）检查从动齿轮螺栓是否松动。如果螺栓松动，应予以紧固。

注意：在行驶中突然听到驱动桥异响，多由于齿轮损坏，应立即停车检查。如果车辆继续行驶，将打坏齿轮或破坏其他部位。

17. 取力器发热

（1）故障描述

起重作业一段时间后，用手触摸取力器时有烫手的感觉。

（2）故障原因

1）轴承装配过紧。

2）齿轮啮合间隙过小。

3）缺少齿轮油、齿轮油黏度太小或齿轮油失效。

（3）故障排除方法

应结合发热部位，逐项检查，予以排除。

18. 取力器工作不正常

（1）故障描述

当需要取力器工作时挂不上挡，或需要切断动力时脱不开挡。

（2）故障原因

1）取力气缸接头漏气或没有气进入。

2）控制取力操纵的弹簧失效、断裂。

3）拨叉或轴变形。

（3）故障排除方法

1）检查换挡控制气路是否存在漏气。如果漏气，应予以排除。

2）检查取力电磁阀是否正常工作。如果电磁阀工作不正常，应维修或更换。

3）检查控制拨叉复位的弹簧是否工作。如果弹簧损坏，应更换。

4）检查拨叉、轴是否变形。如果发生变形，应矫正或更换。

5）检查啮合齿轮的齿形是否正确、滑动面是否存在磨损。如果存在上述问题，应修复或更换。

19. 取力器漏油

（1）故障描述

取力器内的齿轮油从轴承盖或接合部位渗漏出来。

（2）故障原因

1）取力器各部密封衬垫密封不良、油封损坏或紧固螺栓松动。

2）取力器壳有裂纹。

3）取力器加注的齿轮油过多。

4）取力器放油螺栓未拧紧，通气孔堵塞。

（3）故障排除方法

可根据油迹部位来诊断漏油原因，并有针对性地进行处理。

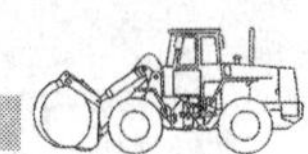

复习思考题

1. 简述传动系统的组成及作用。
2. 4×2 驱动形式所代表的含义是什么？
3. 简述离合器的作用。
4. 简述膜片弹簧离合器的组成。
5. 简述气压助力式操纵机构的结构组成。
6. 简述离合器分泵的结构组成。
7. 简述变速器的结构。
8. 简述变速器的作用。
9. 传动系统典型故障有哪些？
10. 简述传动轴振动和有噪声的故障原因与排除方法。
11. 简述离合器打滑的故障原因与排除方法。
12. 简述离合器分离不彻底的故障原因与排除方法。
13. 简述驱动轴发热的故障原因与排除方法。
14. 简述取力器发热的故障原因与排除方法。

子课题 3　行驶系统典型故障分析与排除

学习目标

1. 熟悉行驶系统的结构组成及工作原理。
2. 熟悉行驶系统的故障类型和故障现象。
3. 掌握行驶系统典型故障的故障原因与排除方法。

一、行驶系统的结构组成及工作原理

1. 行驶系统的作用及组成

（1）作用

1）接受发动机经传动系统传来的转矩，并通过驱动轮与路面间附着作用，产生路面对汽车的牵引力，以保证整车行驶正常。

2）传递并支撑路面作用于车轮上的各种反力及其所形成的力矩。

3）尽可能缓和不平整路面对车身造成的冲击和振动，以保证车辆操纵的稳定性，使汽车起重机具有高速行驶的能力。

（2）组成

汽车起重机行驶系统由车架、悬架、车桥、车轮及驾驶室组成。

2. 车架

（1）作用

车架是汽车起重机专用底盘的基体部件，也是汽车起重机三大结构件中的一个重要部件。其作用是支撑、连接、固定汽车起重机各功能部件总成，使各功能部件总成保持相对正确的位置。它不仅承受着汽车起重机的自身载荷，还传递着路面的支撑力和冲击力，使用工况极为复杂。特别是对于汽车起重机专用底盘车架而言，除了含有通用汽车车架的各项功能外，还应满足起重机各项作业功能的承载，需根据起重吨位的大小来专门设计。

（2）组成

汽车起重机车架由车架前段、车架后段、前固定支腿箱总成、后固定支腿箱总成等拼焊而成，如图 1—2—31 所示。

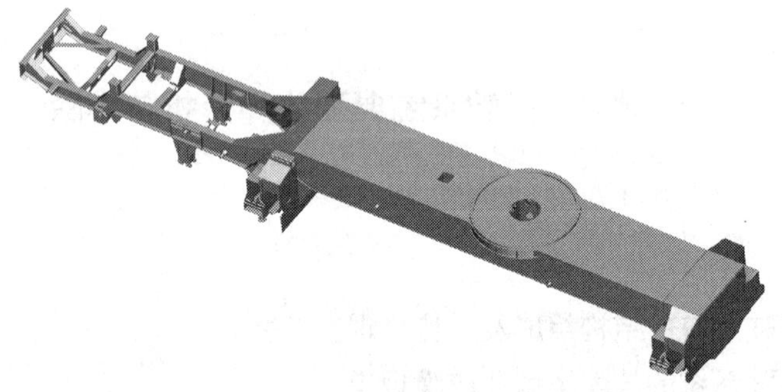

图 1—2—31　汽车起重机专用底盘车架结构图

3. 悬架

（1）悬架的组成

悬架是车架与车桥之间一切传力连接装置的统称。它基本由弹性元件、导向装置和减振器三部分组成。

（2）悬架的作用

1）把路面作用于车轮上的垂直反力、纵向反力和侧向反力以及这些反力所造成的力矩传递到车架上，保证汽车起重机的正常行驶，即传力作用。

2）利用弹性元件和减振器起到缓冲减振的作用。

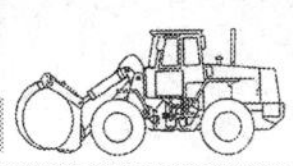

3）利用悬架的传力构件使车轮按一定轨迹相对于车架或车身跳动，即起导向作用。

（3）悬架的类型

悬架主要有独立悬架和非独立悬架两种。非独立悬架具有结构简单和工作可靠的优点，所以汽车起重机多采用非独立悬架。非独立悬架有钢板弹簧式悬架和钢板弹簧加纵置平衡梁半刚性悬架两种。如图 1—2—32 所示为汽车起重机常用悬架的结构图。这种悬架广泛用于汽车起重机的前、后悬架中。它的中部一般用 U 形螺栓将钢板弹簧固定在车桥上。

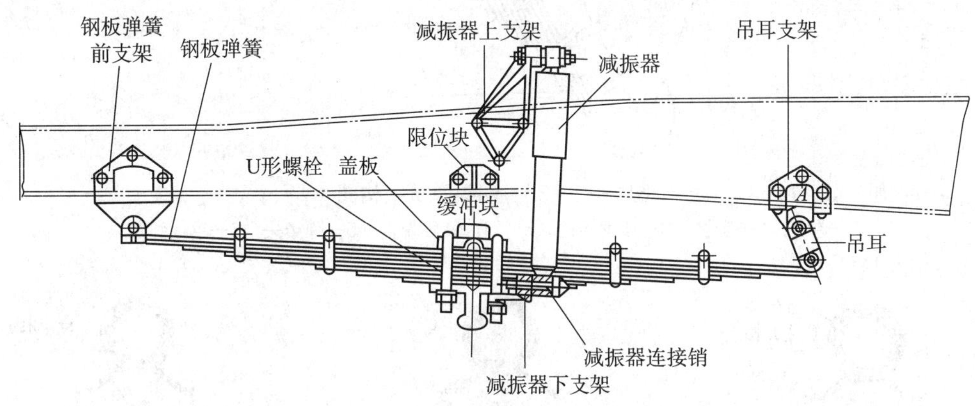

图 1—2—32 汽车起重机常用悬架的结构图

（4）钢板弹簧

钢板弹簧被用作非独立悬架的弹性元件，是由于它兼起导向机构的作用，使得悬架系统大为简化，其结构如图 1—2—33 所示。钢板弹簧销钉将钢板弹簧前端卷耳部与钢板弹簧前支架连接在一起，前端卷耳孔中为减少磨损装有青铜或塑料、橡胶、粉末冶金制成的衬套。另一端呈自由状，通过吊耳与吊耳支架连接，以便钢板弹簧在重冲击力时可伸缩。当车架受到冲击而引起钢板弹簧变形时，钢板弹簧长度将发生循环变化。

（5）减振器

悬架系统中由于弹性元件受冲击产生振动，为改善汽车起重机行驶的平顺性，在悬架中与弹性元件并联安装减振器。汽车悬架系统所采用的减振器多是液力减振器。双向作用筒式减振器结构与工作原理示意图如图 1—2—34 所示。压缩行程：活塞向下运行，流通阀开启，油缸下部的油液在压力作用下，通过流通阀向油缸上部流动；活塞继续向下运行，压力达到一定程度时，压缩阀开启，油缸下部的油液通过压缩阀流向油缸外部储存空间。这是减振器受力缩短的过程。伸张行程：活塞向上运行，伸张阀开启，油缸上部的油液受到压力通过伸张阀向油缸下部流动；活塞向上运行，压力达到一定程度时，补偿阀开启，油缸外部储存空间的油液流回到油缸下部。这是减振器在弹簧作用下恢复原状的过程。

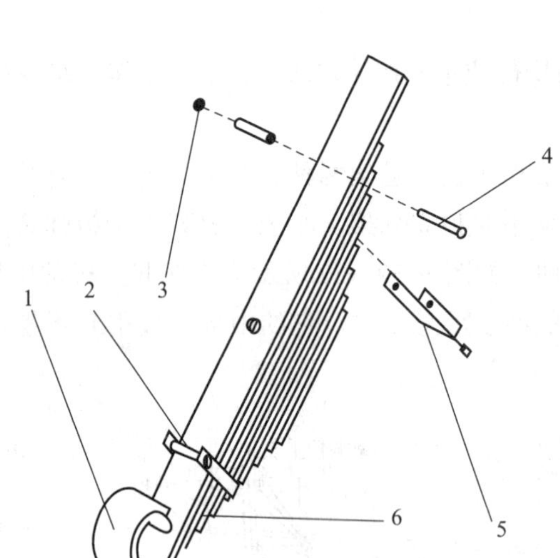

图 1—2—33　钢板弹簧结构图

1—卷耳　2—套管　3—紧固螺栓螺母　4—紧固螺栓　5—弹簧夹　6—钢板弹簧

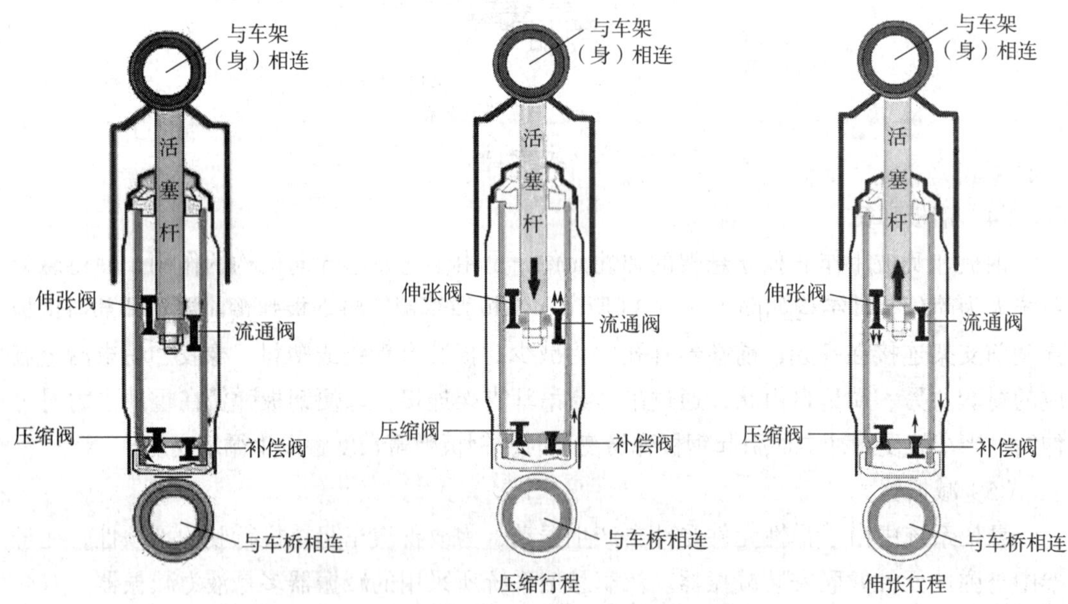

图 1—2—34　双向作用筒式减振器结构与工作原理示意图

大箭头——活塞运动方向　小箭头——油液流动方向

因此，当车架和车桥间受振动出现相对运动时，减振器内的活塞上下往复移动，减振器腔内的油液便反复地从一个腔经过不同的孔隙流入另一个腔内。此时，孔壁与油液间的摩擦和油液分子间的内摩擦对振动形成阻尼力，使汽车振动能量转化为油液热能，再由减振器吸收并散发到大气中。在油液通道截面等因素不变时，阻尼力随车架与车桥（或车轮）之间的相对运动速度增减，并与油液黏度有关。

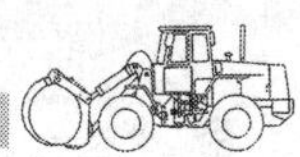

4. 车桥

（1）车桥的作用和类型

车桥（又称为车轴）通过悬架与车架相连接，两端安装车轮。车架所受的垂直载荷通过车桥传到车轮；车轮上的滚动阻力、驱动力、制动力和侧向力及其弯矩、转矩又通过车桥传递给悬架和车架。所以，车桥的作用是传递车架与车轮之间的各个方向作用力及其所产生的弯矩和转矩。

车桥可分为转向桥、驱动桥、转向驱动桥和支持桥四种类型。其中，转向桥和支持桥属于从动桥。大多数车辆采用前置后驱动（FR），因此前桥作为转向桥，后桥作为驱动桥；前置前驱动（FF）车辆中，其前桥作为转向驱动桥，后桥作为支持桥。既是转向桥又是驱动桥的前桥被称为转向驱动桥。如图 1—2—35 所示，前桥为转向桥，后桥为驱动桥。

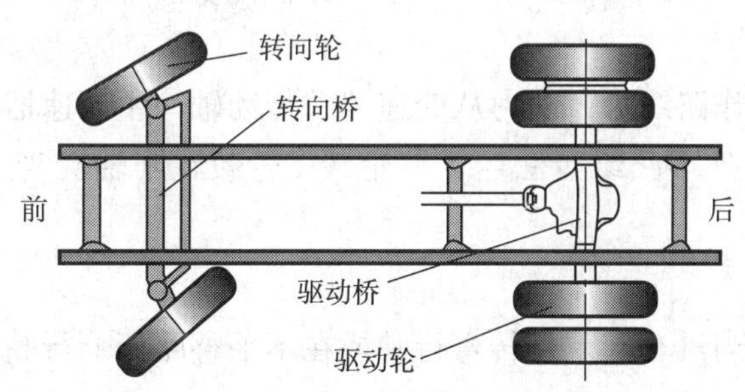

图 1—2—35　转向桥和驱动桥布局图

（2）驱动桥

1）驱动桥的作用

①将万向传动装置传来的发动机动力（转矩）通过主减速器、差速器、半轴等传递到驱动车轮，实现减速增矩的功用。

②通过主减速器圆锥齿轮副改变转矩的传递方向。

③通过差速器实现两侧车轮差速的作用，保证内、外侧车轮以不同转速转向。

④具有一定的承载能力。

2）驱动桥的类型、组成及工作原理

驱动桥的类型有断开式驱动桥和非断开式驱动桥两种。驱动桥通过悬架系统与车架连接，由于半轴与桥壳是刚性连成一体的，因此半轴和驱动轮不能在横向平面运动。所以这种驱动桥称为非断开式驱动桥，也称为整体式驱动桥。汽车起重机专用底盘采用的是非断开式驱动桥。驱动桥由主减速器（包含了减速主动锥齿轮和减速从动锥齿轮）、差速器、半轴和驱动桥壳等部分组成，其结构如图 1—2—36 所示。

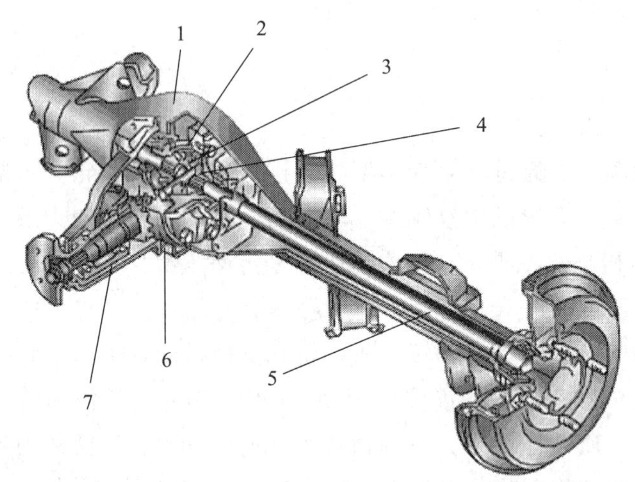

图 1—2—36　非断开式驱动桥的结构

1—后桥壳　2—差速器壳　3—差速器行星齿轮　4—差速器半轴齿轮　5—半轴
6—主减速器从动齿轮齿圈　7—主减速器主动小齿轮

驱动桥传动的工作路线为：动力从变速器→传动轴→主减速器（降速、增矩）→差速器→左、右半轴（外端凸缘盘法兰）→轮毂（轮毂在半轴套管上转动）→轮胎轮辋（钢圈）。

3）差速器

差速器的作用是当汽车起重机转弯行驶或在不平整路面上行驶时，使左、右驱动车轮以不同的转速滚动，从而保证两侧驱动车轮做纯滚动运动。根据差速器安装位置的不同，差速器可以分为轮间差速器和轴间差速器两种。装在同一驱动桥两侧驱动轮之间的差速器称为轮间差速器；对于多轴驱动的汽车起重机而言，装在各驱动桥之间的差速器称为轴间差速器。如图 1—2—37 所示为差速器结构组成。

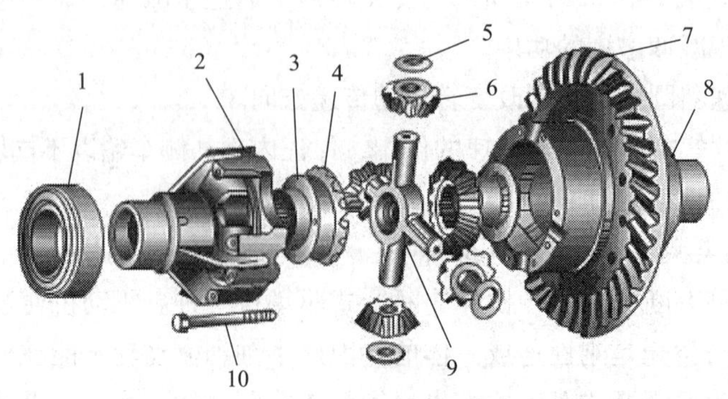

图 1—2—37　差速器的结构

1—轴承　2—左外壳　3—垫片　4—半轴齿轮　5—垫圈　6—行星齿轮　7—从动齿轮
8—右外壳　9—十字轴　10—螺栓

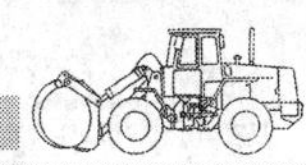

当汽车起重机两侧车轮受力相等时，差速器不起差速作用，行星齿轮只公转而不自转，两侧车轮转速相同；当汽车起重机转弯行驶或在不平整路面上行驶时，两侧车轮受力不等，差速器起差速作用（即行星齿轮既公转又自转），两侧车轮的转速不等。

5. 车轮

（1）车轮的作用

车轮是执行汽车起重机的行驶、转弯及停止等基本运动性能的重要部件，共有以下三个方面的作用。

1）支持车重。

2）保证与路面有良好的附着力，传递驱动力矩和制动力矩。

3）确定汽车行驶方向，与悬架共同缓和汽车在行驶时由于不平整路面所受到的冲击，并衰减由此而产生的振动。

（2）车轮的组成

车轮由轮胎和轮辋组成，如图 1—2—38 所示。

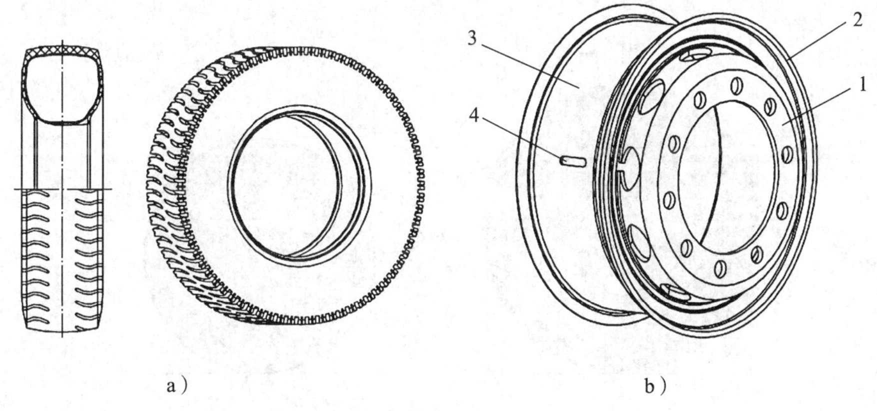

图 1—2—38　轮胎和轮辋

a）轮胎　b）轮辋

1—辐板　2—挡圈　3—轮辋　4—气门嘴孔

（3）轮胎类型及编号含义

1）汽车上普遍使用的轮胎主要有普通断面斜交轮胎和子午线轮胎。目前国产汽车起重机主要使用普通断面斜交轮胎，只有在客户特殊要求的情况下选用子午线轮胎。

2）汽车起重机普通断面斜交轮胎型号为 11.00—20，其中 11.00 表示轮胎名义断面宽度（B）；20 表示轮辋名义直径（d）。汽车起重机子午线轮胎型号为 11.00R20，其中 R 表示子午线结构代号（Radial），其余含义与普通断面斜交轮胎相同。

二、转向轮的定位与调整

转向轮、转向节和前轴三者与车架的安装应保持一定的相对位置关系，这种安装位置关系称为转向轮定位，也称为前轮定位。两个后轮与后轴之间安装的相对位置关系称为后轮定位。前轮定位和后轮定位统称为车轮定位。根据内容和所起作用的不同，车轮定位可以分为转向轮定位（前轮定位）和非转向轮（后轮）定位。这里重点介绍转向轮定位。

转向轮定位的基本作用是：使汽车起重机直线行驶稳定，转向后能自动回正，提高车辆行驶的安全性，并使转向轻便，减少轮胎及转向系零件的磨损等。转向轮定位的参数包括主销后倾角、主销内倾角、前轮外倾角及前束。

1. 主销后倾角

主销装在前轴上后，其轴线上端相对车轮与路面的法线略向后倾斜，这种现象称主销后倾。在车辆纵向铅垂面内，主销轴线和车轮相对路面法线之间的夹角 γ 称为主销后倾角，如图 1—2—39 所示。

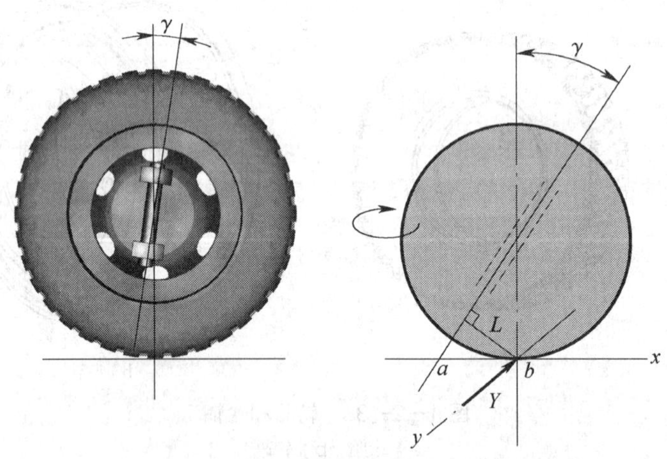

图 1—2—39　主销后倾角示意图

主销后倾使转向轮的轴线与路面的交点 a 位于轮胎与路面的接触点 b 之前，这样 b 点到主销轴线之间就有一段距离 L。如图 1—2—39 中所示，当汽车转向轮向右偏转时，汽车产生的离心力将引起路面对车轮的侧向反作用力 Y（向心力），Y 通过 b 点作用于轮胎上，从而使 Y 相对于主销轴线形成稳定力矩（$M=YL$），其方向与车轮偏转方向相反，即该力矩有使车轮恢复到原来中间位置的趋势。

由此可知，主销后倾角的作用是保持汽车直线行驶的稳定性，并使汽车转弯后转向轮能自动回正，即汽车能回到直行位置。

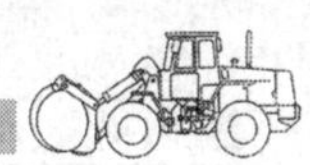

根据稳定力矩（$M=YL$）以及向心运动的向心力和运动车速等参数之间的关系不难发现：后倾角越大，即 L 值越大且车速越高（向心力 Y 越大），车轮的稳定效应也越强。但是，后倾角不宜过大，一般 $\gamma<3°$；否则，会使转向沉重。如果车辆的轮胎气压较低，后倾角可以减小，甚至减到负值，即主销前倾。这是因为轮胎与路面的接触部位随车速提高和气压降低而后移，这相当于有了一个主销后倾角，而后倾角过大会造成转向沉重，因而此时表现为主销前倾，从而抵消掉部分后倾角度。

主销后倾角一般是利用前轴、钢板弹簧和车架装配在一起时，钢板弹簧对前轴产生一个扭转力矩，使前轴向后转过一个角度，进而使主销孔向后倾斜而形成的。维修时，可在钢板弹簧与前轴之间加装楔块进行调整。

2. 主销内倾角

主销安装到前轴上后，其上端略向内倾斜，这种现象称为主销内倾。在车辆横向铅垂面内，主销轴线与铅垂线之间的夹角 β 称为主销内倾角，如图 1—2—40a 所示。主销内倾角的作用是使车轮转向后能自动回正，且转向操纵轻便。

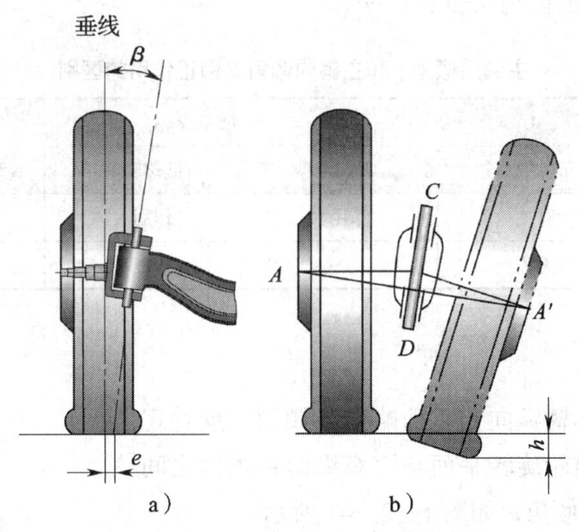

图 1—2—40 主销内倾角示意图

a）主销内倾角 b）后轮自动回正

（1）自动回正原理

假设前轴在空间位置不动，当车轮在外力的作用下由直线行驶位置绕主销旋转 180°时，则车轮将由 A 点旋转到 A' 点。因为主销向内倾斜，故车轮旋转到 A' 点后其最低点将陷入路面以下 h 处，如图 1—2—40b 所示。而实际中车轮始终在地面之上，因此只能是地面将前轴连同汽车前部向上抬起相应的高度 h。这样一旦外力消失，汽车前部重力作用对车轮产生一个回正力矩，力图使车轮恢复到原来的直线行驶位置，这就是车轮自动回正的原理。

主销内倾角越大或车轮转角越大，则汽车前部抬起越高，车轮的自动回正就越强；反之，内倾角越小或车轮转角越小，车轮的自动回正作用也就越弱。

（2）转向操纵轻便原理

主销内倾后，使主销轴线与路面的交点到车轮与路面的接触点之间的距离 e 缩短，从而使车轮转向时路面作用在车轮上的阻力矩减小，使转向操纵轻便，同时还可减小从车轮传到转向盘上的冲击力。力臂 e 越小，转向越轻便。但是，力臂 e 过小，易使方向不稳，造成车轮摇摆。一般 e 值为 40 ~ 60 mm。

由于主销内倾角具有自动回正和转向轻便的双重功能，因此其值较主销后倾角大，一般内倾角为 5° ~ 8°。

主销内倾角是在加工前轴主销孔时使主销孔轴线的上端向内倾斜一定角度而获得的。在非独立悬架的转向桥上，主销内倾角是不能单独调整的。在使用中如果主销内倾角发生了变化，主要是因为前轴在横向铅垂面内弯曲变形，或主销与销孔磨损过大等。

综上所述，主销后倾角 γ 和主销内倾角 β 都有使汽车转向后自动回正、保持汽车直线行驶的作用。两者的区别见表 1—2—1。

表 1—2—1　　主销后倾角 γ 和主销内倾角 β 回正作用的区别

种类	回正作用			
	与车速的关系	高速转弯	低速转弯	直线行驶时车轮受冲击偏转
主销后倾角 γ	有关	作用大	作用大	—
主销内倾角 β	无关	—	—	作用大

3. 前轮外倾角

前轮上方相对车辆纵向铅垂面略向外倾斜，这种现象称为前轮外倾。前轮旋转平面与汽车纵向铅垂面之间的夹角 φ 称为前轮外倾角，如图 1—2—41 所示。

图 1—2—41　前轮外倾角示意图

前轮外倾的作用是提高前轮行驶的安全性和转向操纵轻便性。假如没有前轮外倾，那么由于主销与衬套之间、轮毂与轴承之间等均存在间隙，车辆满载后上述各处间隙将发生变化，有可能引起车轮上部向内倾斜，出现车轮内倾。车轮内倾后，路面垂直反力便产生一个沿转向节轴颈向外的分力。此力使外轴承及其锁紧螺母等零件的载荷增大，使用寿命缩短，严重时使车轮脱出。当车轮预留有外倾角时，地面对车轮的支持力就有一个沿转向节轴颈向内的分力。这个分力可以使轴颈的负荷更多地作用在内侧的大轴承上，既有效地减小了车轮的脱轨可能，又延长了外轮毂轴承的使用寿命；同时，前轮外倾与主销内倾相配合还使汽车转向轻便。前轮外倾角虽然对安全和操纵有利，但是过大的外倾角将使轮胎横向偏磨增加，油耗增多。一般前轮外倾角约在 1°。

前轮外倾角是由转向节的结构确定的。转向节安装到前轴后，其轴颈相对于水平向下倾斜，从而使车轮安装后外倾。前轮外倾和主销内倾一样，一般不能调整，但使用独立悬架的车辆，有的可以调整。

4. 前轮前束

安装车轮时使汽车两个前轮的中心平面不平行，前端略向内收，这种现象称为前轮前束。两轮前端距离 B 小于后端距离 A，其差值即为前轮前束值，如图 1—2—42 所示。前轮前束的作用是减小或消除汽车前进中因车轮外倾和纵向阻力致使车轮前端向外滚开所造成的滑移。

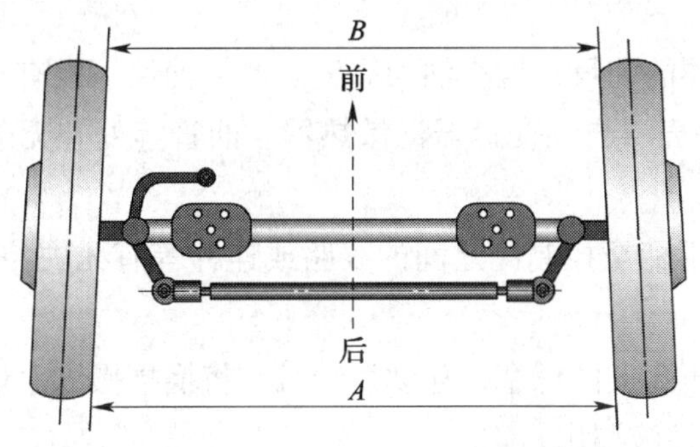

图 1—2—42　前束示意图

车轮有了外倾角后，当它向前滚动时就类似滚锥绕着锥尖滚动，其轨迹不再是直线，而是逐渐向外偏斜。但受车桥和转向横拉杆的约束，车轮不可能向外偏斜，因此车轮只能是边向外滚边向内滑移，这样就使轮胎横向偏磨增加，轮毂轴承载荷增大。车轮有了前轮前束后，向前滚动的轨迹将向内偏斜，因此只要前轮前束和车轮外倾配合适当，就可以使车轮每一瞬时滚动方向接近于向着正前方，从而减轻或消除由于车轮外倾而引起的轮胎和零件的磨损。

前轮前束可通过改变转向横拉杆的长度来调整。检查或调整车轮时，可根据规定的测量位置和测量方法，使两个车轮的前后距离之差符合要求。一般汽车起重机前束值为 8 ~ 12 mm。

因为斜交轮胎的胎面和胎肩容易产生较大的变形，从而产生较大的外倾推力，所以斜交轮胎的前束值大于子午线轮胎所采用的车轮前束值。另外，有些汽车前轮外倾角接近于零甚至为负值，则车轮前束值也应采用零或负值。

三、行驶系统典型故障分析与排除

1. 车辆不能行驶

（1）故障描述

无论换挡操纵手柄位于倒挡或前进挡，车辆都不能行驶；车辆起动后能行驶很小一段路程，但热车状态下就不能行驶。

（2）故障原因

1）自动变速器油底壳损坏，自动变速器传动油漏光。

2）换挡操纵手柄至控制阀之间的线路或连杆等损坏，控制阀保持在空挡或停车挡位置。

3）油泵进油滤网堵塞。

4）主油路严重泄漏。

5）油泵损坏。

（3）故障排除方法

1）拔出自动变速器的油尺，检查油面高度。如果油尺上没有油液印迹，说明油液已全部漏光。应检查油底壳、自动变速器油散热器、油管等处有无破损。查找和修复泄漏点后重新加油。

2）检查换挡操纵手柄至控制阀之间的线路或连杆等有无失控或松脱。如果有问题，应予以修复。

3）拆下主油路测压孔上的螺塞，起动发动机，将换挡操纵手柄拨至前进挡或倒挡位置，检查测压孔内有无油液漏出。

如果主油路测压孔内没有油液流出，应打开油底壳，检查控制阀工作状态。如果控制阀工作正常，说明油泵损坏。应拆卸、分解自动变速器，更换油泵。

如果主油路侧压孔内只有少量油液流出，油压很低或基本上没有油压，应打开油底壳，检查油泵进油滤网有无堵塞。如果无堵塞，说明油泵损坏或主油路严重泄漏。应拆卸、分解自动变速器，进行修理。

如果测压孔内有大量油液喷出，说明主油路油压正常，故障出在自动变速器的输入轴、行星齿轮机构或输出轴。应拆检自动变速器。

4）如果冷车起动时主油路有一定的油压，但热车后油压明显下降，则说明油泵磨损严重。应更换油泵。

2. 车辆起步时发抖

（1）故障描述

车辆起步时，离合器不能平稳接合，引起车身抖动。

（2）故障原因

1）变速器与飞轮的固定螺钉松动。

2）分离杠杆内端高低不一。

3）压盘或从动盘翘曲，或从动盘铆钉松动。

4）压紧弹簧力不均匀。

（3）故障排除方法

1）使发动机怠速运转，挂上低速挡，慢慢松开离合器踏板，并重踏加速踏板，车辆起步。如果车身有明显的抖动，可以判断为离合器抖动引起了车身发抖。

2）检查变速器与飞轮壳、离合器盖飞轮固定螺钉是否松动。如果螺钉松动，应紧固。如果螺钉正常，应继续检查分离杠杆的高度。

3）拆开离合器盖，测量各分离杠杆高度是否一致。如果高度不一致，应调整一致。

4）如果上述均无问题，应拆下离合器，分步检查压盘、从动盘是否变形。从动盘铆钉是否松动，各压紧弹簧的弹力是否在允许范围之内。如果压盘或从动盘变形，应更换。如果铆钉松动，应重新铆紧。如果压紧弹簧的弹力超出允许范围，应更换。

3. 钢板弹簧移位

（1）故障描述

车辆直线行驶走，后端出现“甩尾”现象，即直线行驶时后轮不能对称压到前轮的花纹上。

（2）故障原因

1）左、右车轴对称点至钢板弹簧卷耳销距离差值过大。

2）骑马螺栓松动。

3）钢板弹簧销、衬套之间磨损过度。

（3）故障排除方法

1）检查支架、车架、车轴等是否存在变形。如果存在变形，应修理或更换。

2）检查骑马螺栓是否松动。如果螺栓松动，应按规定力矩进行紧固。

3）检查钢板弹簧销、衬套是否松旷。如果松旷，应修理或更换。

4. 钢板弹簧折断

（1）故障描述

1）静止停放在平整的地面上时，车身向一边倾斜。

2）行驶时车辆跑偏。

（2）故障原因

1）钢板弹簧存在裂纹或断片。

2）骑马螺栓松动。

3）更换的钢板弹簧片不符合要求。

4）钢板弹簧销、衬套之间磨损过度。

5）超速行驶或紧急制动过于频繁。

（3）故障排除方法

1）清除钢板弹簧表面污物，检查裂纹和断片情况。如果有裂纹或断片，应更换。

2）检查骑马螺栓是否松动。如果螺栓松动，应按规定力矩进行紧固。

3）检查曾经更换的钢板弹簧片是否符合要求。如果不符合要求，重新更换。

4）检查钢板弹簧销、衬套是否松旷。如果松旷，应修理或更换。

5）正常行驶，避免超速，减少紧急制动的频率。

5. 减振器失效

（1）故障描述

车辆在不平整路面上行驶时，车身剧烈地振动。

（2）故障原因

1）减振器与所连接的支架脱落，或者缓冲的橡胶垫损坏。

2）减振器的油量缺乏。

3）减振器阻尼阀损坏。

4）减振器活塞与缸筒壁配合间隙超差。

（3）故障排除方法

1）检查减振器所连接的支架是否脱落，缓冲的橡胶垫是否损坏。如果存在上述问题，应修理或更换。

2）检查减振器是否存在漏油点，筒身等是否有裂纹等缺陷。如果存在上述问题，应修理或更换。

3）拆下减振器，手工推拉减振器两端，如果有卡滞的感觉，应进行修理或更换。

6. 轮胎胎冠波浪状磨损

（1）故障描述

车辆行驶一段时间后，轮胎周圈呈现断续磨损（类似波浪状态）。

（2）故障原因

车轮的动平衡量不符合要求。

（3）故障排除方法

对车轮总成进行动平衡检查并进行调整，使其动平衡达到技术要求。

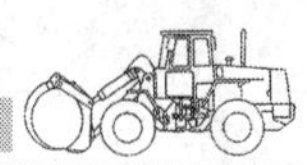

7. 轮胎胎冠呈锯齿状磨损

（1）故障描述

车辆在行驶一段时间后，轮胎单边呈锯齿状（或向内，或向外）磨损。

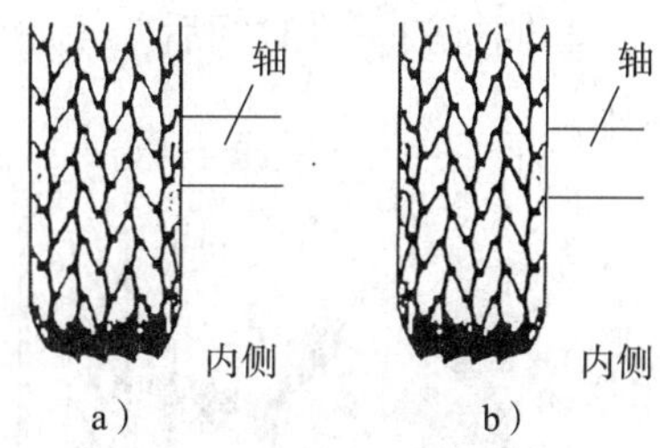

图 1—2—43　轮胎胎冠呈锯齿状磨损
a）向内磨损　b）向外磨损

（2）故障原因

通常是由于前束调整不当造成。如图 1—2—43a 所示，锯齿形状偏向内侧（即靠向车轴），说明前束过大；反之，说明前束过小，如图 1—2—43b 所示。

（3）故障排除方法

将前束调整至规定要求值。

8. 轮胎胎冠单边磨损

（1）故障描述

车辆在行驶一段时间后，车轮的内侧或外侧出现单边花纹磨损。

（2）故障原因

1）前轮的外倾角不正确。外倾角过大，会造成外侧花纹磨损；外倾角过小，会造成内侧花纹磨损。

2）轴管弯曲。

3）轴荷变化过大。

（3）故障排除方法

1）用车轮定位检查仪测量轮胎的外倾角、轴管是否符合要求。如果存在问题，应检修或更换零部件。

2）减小轴荷至规定值。

9. 轮胎胎冠两肩磨损

（1）故障描述

车辆行驶一段时间后，轮胎的两侧花纹磨损较快，而中部花纹保持完好，如图 1—2—44 所示。

（2）故障原因

通常由于轮胎气压过低造成。

（3）故障排除方法

充气，使轮胎气压升至规定值。

10. 轮胎胎冠中部磨损

（1）故障描述

车辆行驶一段时间后，轮胎中部花纹磨损较快，而两侧花纹保持完好，如图 1—2—45 所示。

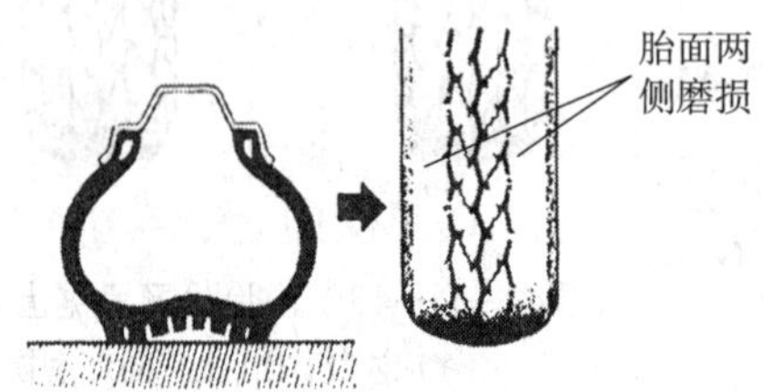

图 1—2—44　轮胎胎冠两肩磨损

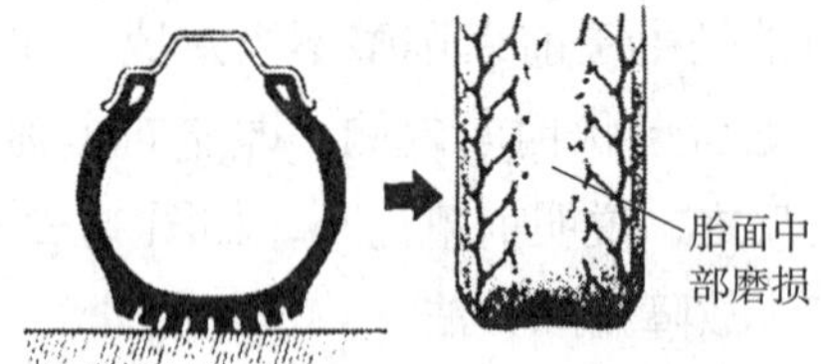

图 1—2—45　轮胎胎冠中部磨损

（2）故障原因

通常由于轮胎气压过高造成。

（3）故障排除方法

放气，使轮胎气压降至规定值。

11. 前悬架有噪声

（1）故障描述

车辆在行驶过程中，特别是道路颠簸、突然制动、转弯时，从前悬架部位发出噪声。

（2）故障原因

1）前减振器、梯形臂的连接螺栓松动。

2）前减振器漏油严重或前减振器活塞杆与缸筒磨损严重。

3）钢板弹簧锈蚀严重。

（3）故障排除方法

1）检查前减振器、梯形臂的连接螺栓是否松动。如果螺栓松动，应重新紧固。

2）检查前减振器是否漏油严重、前减振器活塞杆与缸筒是否磨损严重。如果存在上述问题，应修理或更换前减振器。

3）检查钢板弹簧片之间是否有铁锈。如果有铁锈，说明弹簧片锈蚀严重，应涂润滑脂，以消除噪声。

复习思考题

1. 简述行驶系统的组成及作用。

2. 简述车架的组成。

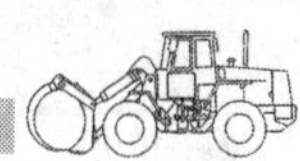

3. 悬架装置的类型有哪些?
4. 简述钢板弹簧装置的结构组成及作用。
5. 简述减振器的结构组成。
6. 简述驱动桥的作用。
7. 简述差速器的结构组成。
8. 简述车轮的组成及作用。
9. 汽车起重机普通断面斜交胎型号 11.00—20 所代表的含义是什么?
10. 行驶系统典型故障有哪些?
11. 简述车辆起步时发抖的故障原因与排除方法。
12. 简述钢板弹簧移位的故障原因与排除方法。
13. 简述减振器失效的故障原因与排除方法。
14. 简述轮胎胎冠波浪状磨损的故障原因与排除方法。

子课题4　转向系统典型故障分析与排除

学习目标

1. 熟悉转向系统的结构组成及工作原理。
2. 熟悉转向系统的故障类型和故障现象。
3. 掌握转向系统典型故障的故障原因与故障排除方法。

一、转向系统的结构组成及工作原理

转向系统是用来改变或保持车辆行驶或倒退方向的一系列装置。在车辆转向行驶时，转向系统可以保证各转向轮之间有协调的转角关系。

1. 转向系统的作用与分类

（1）转向系统的作用

转向系统的作用是保证车辆按照驾驶员的意愿控制车辆的行驶方向。

（2）转向系统的分类

转向系统根据其转向能源的不同，可以分为机械转向系统和动力转向系统。根据助力能源形式的不同，它又可以分为液压助力、气压助力和电动机助力三种。其中，液压助力转向系统应用较为普遍。国内大多数汽车起重机专用底盘的转向系统主要采用机械液压助力式动力转向系统。

2. 汽车起重机转向系统的组成

传统的机械转向系统一般由三个部分组成：转向操纵机构，包含转向盘、转向管柱总成，即转向机以上部分；转向器，为循环球式加液压内助力转向器；转向传动机构，包含转向臂、转向拉杆（含转向直拉杆和转向横拉杆）、转向摇臂、梯形臂等。液压助力式动力转向系统是在传统的机械转向系统基础上加装了一套液压助力系统，即转向加力（液压助力）装置（包含转向油泵、转向油罐、助力缸、控制阀、油管等）。机械液压助力式动力转向系统的组成如图 1—2—46 所示。

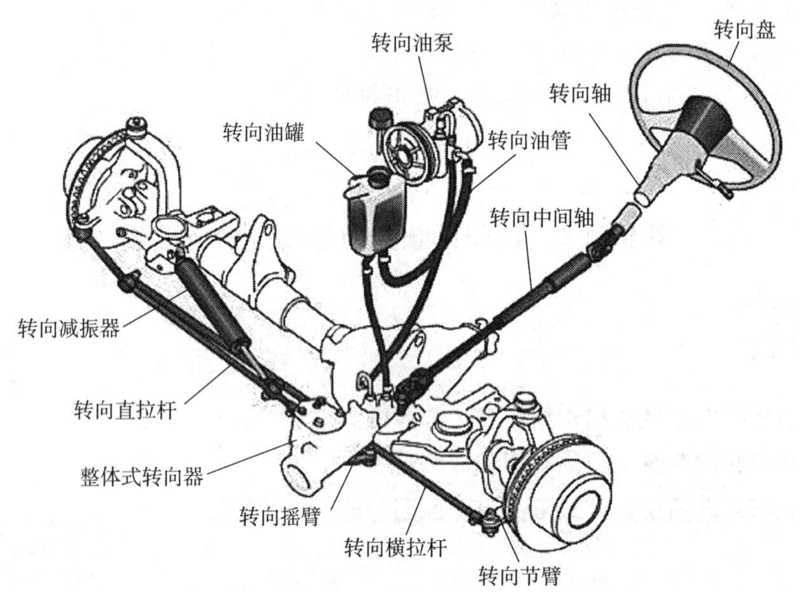

图 1—2—46　机械液压助力式动力转向系统的组成

（1）转向操纵机构

转向盘到转向器之间的所有零部件总称为转向操纵机构。

1）转向盘

转向盘由轮缘、轮辐和轮毂组成。转向盘轮毂的细牙内花键与转向轴连接，转向盘上都装有喇叭按钮。

2）转向管柱总成

它由转向轴、转向柱管、转向中间轴构成。转向轴是连接转向盘和转向中间轴，再连接转向器的传动件；转向柱管固定在车身上，转向轴从转向柱管中穿过，支撑在柱管内的轴承和衬套上。中间转向轴可进行长度调节，有利于装配，并且在车辆受到冲撞时对转向盘起缓冲保护作用。

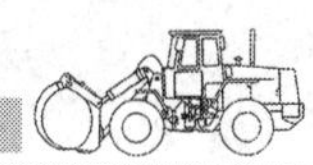

（2）转向器

如图 1—2—47 所示为汽车起重机底盘使用的循环球式液压助力转向器（机械式转向器、转向动力缸和转向控制阀三者设计为一体）。其作用是将转向盘的旋转运动转换成车轮转动所需的线性运动。

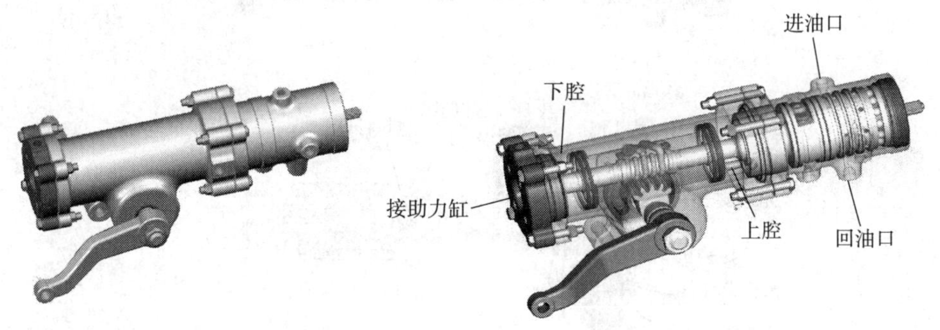

图 1—2—47　循环球式液压助力转向器

转向器是通过蜗轮、蜗杆传动副带动扇形齿摆动实现线性运动，液压助力通过转向控制阀，分配压力油至上、下腔，从而实现液压助力。其通过上、下腔可外接助力油缸。

（3）转向传动机构

从转向器到转向轮之间的所有传动杆件总称为转向传动机构。转向传动机构的作用是将转向器输出的力和运动传到转向桥两侧的转向节，使转向轮偏转，并使两个转向轮偏转角按一定关系变化，以保证车辆转向时车轮与地面的相对滑动尽可能小。

1）转向摇臂

转向器通过转向摇臂与转向直拉杆相连。转向摇臂的大端用锥形三角齿形细花键与转向器中摇臂轴的外端连接，小端通过球头销与转向直拉杆进行空间铰链连接，如图 1—2—48 所示。

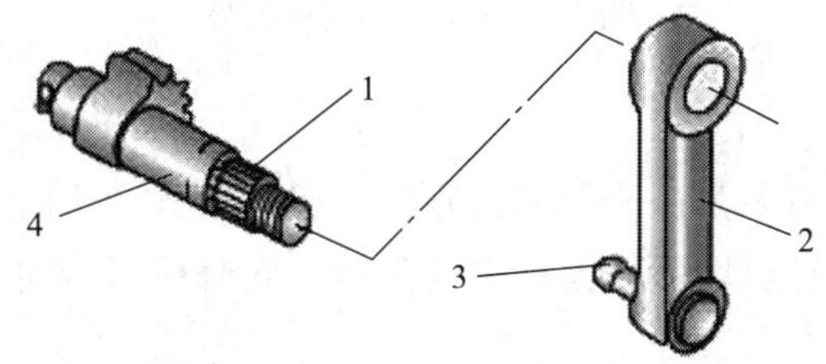

图 1—2—48　转向摇臂

1—锥形三角齿形细花键　2—转向摇臂　3—球头销　4—摇臂轴

2）转向直拉杆

转向直拉杆（图 1—2—49）是转向摇臂与转向节臂之间的传动杆件，起传力和缓冲的作用。在转向轮偏转且因悬架弹性变形而相对于车架跳动时，转向直拉杆与转向摇臂及转向节臂的相对运动都是空间运动，为了不发生运动干涉，三者之间的连接件都是球形铰链。

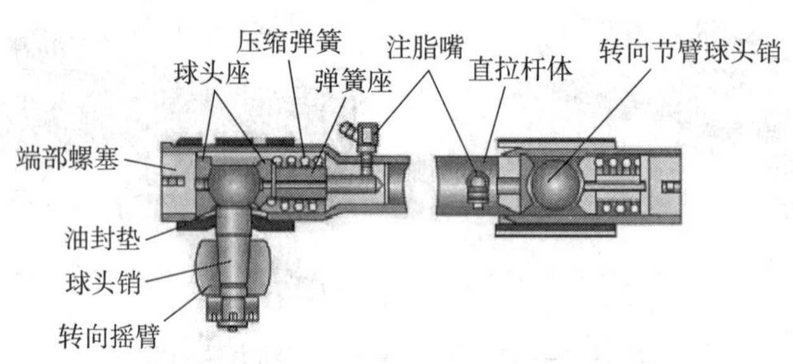

图 1—2—49　转向直拉杆外形及结构示意图

3）转向横拉杆

转向横拉杆（图 1—2—50）是转向梯形机构的底边，由横拉杆体和旋装在两端的横拉杆接头组成。其特点是长度可调节，通过调整横拉杆的长度，可以调整前轮前束。

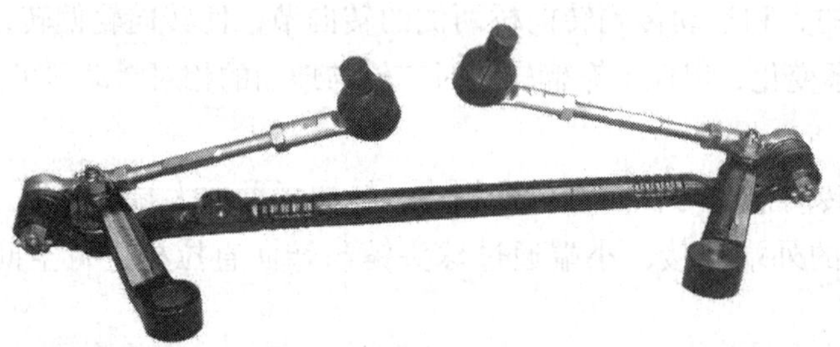

图 1—2—50　转向横拉杆

4）转向臂

转向臂（图 1—2—51）是由于转向桥距转向机构较远，或因车架等部件限制条件而设计的中间过渡支撑。它可增强转向杆系的强度，同时根据转向直拉杆安装位置变化满足车轮的不同转向角度。

图 1—2—51　转向臂

3. 转向液压系统

（1）转向液压系统工作原理（图1—2—52）

1）直线行驶：转向盘7不动，转向阀5在中位，液压泵2卸荷；液压缸6油路闭锁，处于平衡状态，不起助力作用。

2）左转向：转向盘7左转，转向阀5在左位，液压泵2工作，液压缸6的活塞右移，车轮左转，实现助力转向。

3）右转向：转向盘7右转，转向阀5在右位，液压缸6的活塞左移，车轮右转，实现助力转向。

4）放松转向盘：转向阀5恢复中位，助力作用消失，车轮回正。

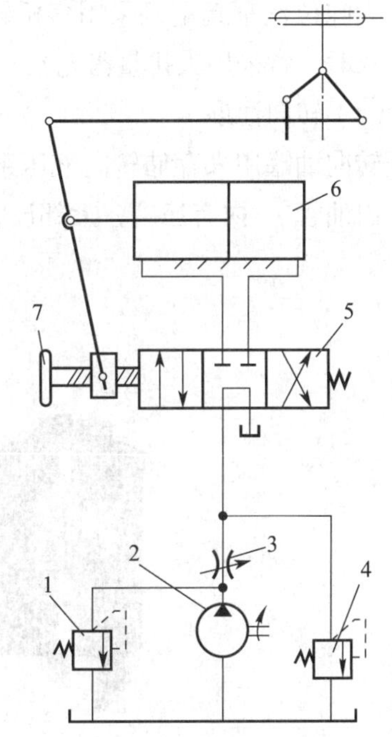

图1—2—52　转向液压系统工作原理

1、4—溢流阀　2—液压泵　3—节流阀

5—转向阀（转向器）　6—液压缸　7—转向盘

（2）转向加力（液压助力）装置

转向加力装置是将发动机输出的部分机械能转化为压力能（或电能），并在驾驶员的控制下，对转向传动机构或转向器中某个传动件施加辅助作用力，使转向轮偏摆，以实现车辆转向的一系列装置，可减轻驾驶员的转向操纵力。

汽车起重机专用底盘中采用的是常流式液压助力系统，其特点是转向油泵始终处于工作状态，当液压助力系统不工作时，基本处于空转状态。

（3）转向泵

中、小吨位汽车起重机底盘转向泵通常由叶片泵和安全阀组合在一起，如图1—2—53所示。转向泵有一个吸油口、一个压油口、一个泄油口。转向泵能在发动机怠速时提供

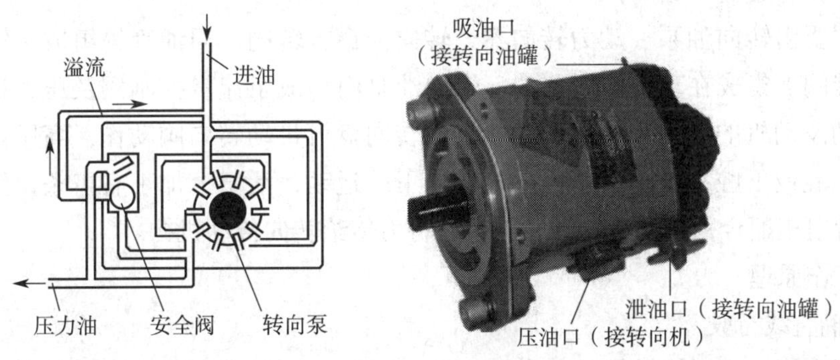

图1—2—53　转向泵

足够的流量。当发动机加速运转时，该泵提供的液体会远远超过实际的需要，加装安全阀就是满足发动机高速运转时的需要。

大吨位汽车起重机采用多桥转向形式，转向助力缸较多，标准的转向泵排量不能满足要求时，常采用大排量齿轮泵和限流阀配套使用。

（4）转向油罐

转向油罐用来存储转向液压系统用油，下部设有一个吸油口（进油接头）、一个回油口（出油管），内有滤网，上部设有油标尺、透气盖，如图 1—2—54 所示。

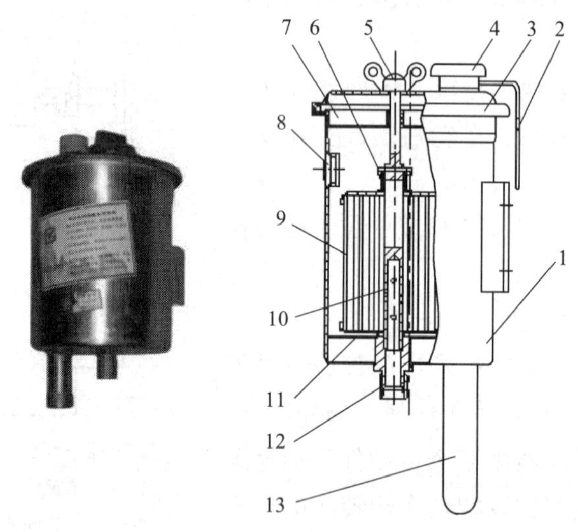

图 1—2—54 转向油罐装置

1—罐体 2—排气管 3—罐盖 4—加油口盖 5—蝶形螺母 6—弹簧 7—加油滤网 8—视镜 9—滤芯 10—中心杆 11—网孔板 12—进油接头 13—出油管

4. 液压常流转阀式转向系统

如图 1—2—55 所示为汽车起重机底盘采用的液压常流转阀式转向系统的组成。

（1）系统的组成

系统主要由转向油泵、动力转向器、转向油罐、转阀、回油管等组成。转动式换向阀（简称转阀）集成在动力转向器内。转向油泵内集成了流量控制阀及压力控制阀。转向油泵借助发动机的动力产生高压油，转动转向盘可带动转向阀动作，高压油进入动力转向器的上腔或下腔，推动活塞向上腔或向下腔运动，活塞上加工有齿条，齿条与转向臂轴上的齿扇相配合，带动转向臂轴旋转，将力传给转向传动机构。

（2）工作原理

1）车辆直线行驶

当车辆直线行驶时，转阀处于中间位置，如图 1—2—56 所示。来自转向油泵 4 的油

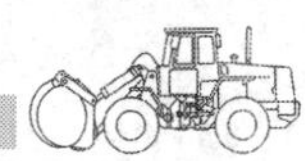

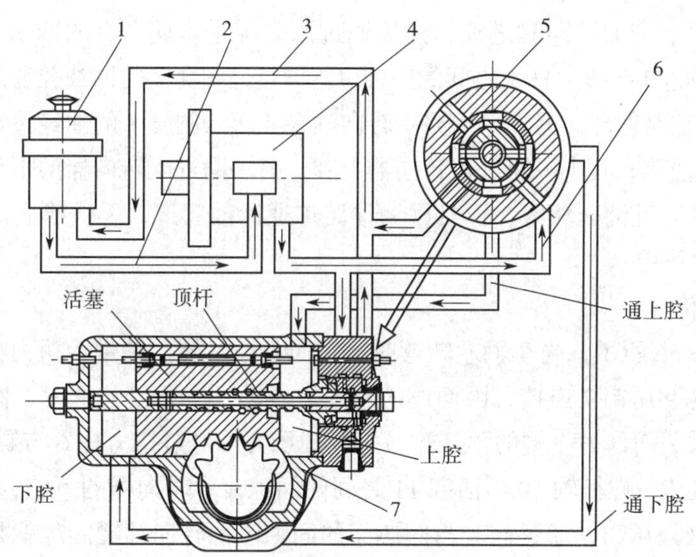

图 1—2—55　液压常流转阀式转向系统的组成

1—转向油罐　2—转向泵进油管　3—回油管　4—转向油泵　5—转阀　6—转向泵出油管　7—动力转向器

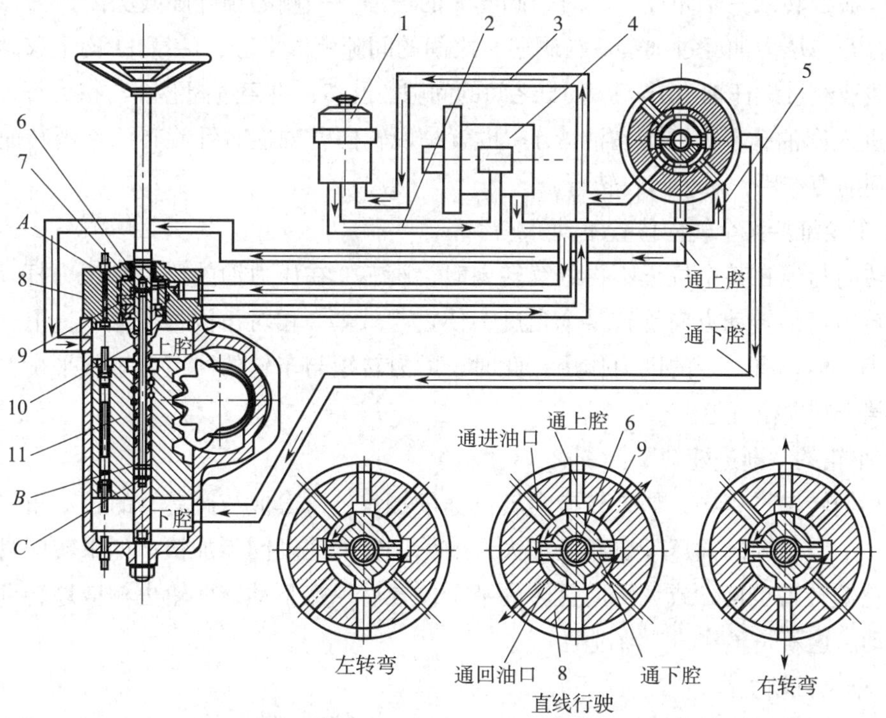

图 1—2—56　液压常流转阀式转向系统工作原理

1—转向油罐　2—转向油泵进油管　3—回油管　4—转向油泵　5—转向油泵出油管　6—扭力杆　7—销　8—阀套　9—阀芯　10—螺杆轴　11—活塞

液向阀套 8 的两个进油口同时进油，油液通过预开隙进入阀芯 9 的凹槽，再通过阀芯 9 的回油孔进入阀芯 9 与扭力杆 6 之间的空腔 *A*，再经过阀套 8 的回油孔通过回油管流回转向油罐 1，形成油路循环。另一个回路：转向油泵 4 压入阀套 8 的油经过预开隙进入阀套 8 左右两侧的出油孔，其中一路进入转向器上腔，另一路进入转向器的下腔。由于转向器上、下腔均进油，且油压相等，而且因为油路连通回油管道，无法建立高压，因此动力转向器不起助力作用。

2）车辆左转弯

如图 1—2—56 所示，当车辆左转弯时，转向盘通过转向轴带动扭力杆 6 转动；扭力杆 6 端头与阀芯 9 用销 7 连接，因而阀芯 9 随之转动一个角度；这时，阀套 8 的进油口一侧的预开隙被关闭，另一侧的预开隙被打开；压力油经过扭力杆 6 与螺杆轴 10 之间的间隙，再经过孔 *B*、螺杆轴 10 与活塞 11 之间的间隙流入转向器的下腔，活塞向上移动。活塞上腔的油液被压出，通过阀套与阀芯间的间隙流回转向油罐。也就是说，转向臂轴顺时针旋转，带动转向垂臂前摆，起到助力作用，车辆向左转弯。

3）车辆右转弯

如图 1—2—56 所示，当车辆右转弯时，转向盘通过转向轴并带动扭力杆 6 转动，进而带动阀芯 9 转动一个角度；这时，阀套 8 的进油口一侧的预开隙被关闭，另一侧的预开隙被打开；压力油经过阀套 8 与阀芯 9 之间的间隙流入上腔，活塞 11 向下移动。活塞下腔的油液经过螺杆轴 10 与活塞 11 之间的间隙、孔 *B*，再经过阀芯 9 与扭力杆 6 之间的空腔 *A* 进入回油孔，流回转向油罐 1。也就是说转向臂轴逆时针旋转，带动转向垂臂后摆，起到助力作用，汽车向右转弯。

4）车轮维持某个转向位置不动

当转向盘停在某个位置不再继续转向时，阀芯 9 在压力油的压力和扭力杆 6 的作用下，沿转向盘的转动方向旋转某个角度，使之与阀套 8 相对角位移量减小，上、下腔油压差减小，但仍有一定的助力作用。此时，助力转矩与车轮的回正力矩相平衡，使车轮维持在某个转向位置上。

5）车轮的“渐进随动”

在车辆转向过程中，如果转向盘转动速度加快，阀套 8 与阀芯 9 的相对角位移量随之加大，上、下腔的油压差也相应加大，前轮偏转的速度同步加快；如果转向盘转动得慢，前轮偏转得也慢；或者转向盘转到某个位置后保持不动，前轮也相应地转到某个位置上不动。这就是车轮的“渐进随动”。

6）车轮自动复位

如果驾驶员放松转向盘，转阀阀芯就回到中间位置，失去了助力作用，转向轮在回正力矩的作用下自动复位。

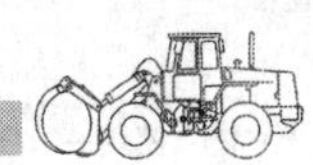

7）液压助力装置失效

一旦液压助力装置失效，该动力转向器就变为机械转向器。此时转向盘的转动带动转阀阀芯转动，阀芯下端边缘有缺口，转过一定角度后，带动螺杆轴 10 转动，而活塞 11 上加工有螺纹槽，通过钢球与螺杆轴 10 组成运动副，实现纯机械转向操作。

5. 转向系统与车轮定位调整

转向系统与车轮定位调整是一个系统性的调整，调整的质量直接影响驾驶员对车辆操纵的安全性、舒适性。

（1）转向系统调整的要求

1）转向盘转动应灵活，操纵轻便，无阻滞现象。车轮转到极限位置时，不得与其他部件有干涉现象。

2）转向轮转向后应有自动回正能力，以保持稳定地直线行驶。

3）转向盘的最大自由转动量从中间位置向左、右各不得超过 15°。

4）在平坦、硬实、干燥和清洁的道路上行驶，车辆的转向盘不得有摆动、路感不灵或其他异常现象。

5）转向节，转向节臂，转向横、直拉杆及球销应无裂纹和损伤，并且球销不得松旷，横、直拉杆不得拼焊。

6）当转向助力器失效后，转向盘应有控制底盘转向的能力。

7）最小转弯直径（前轮轨迹中心）小于 24 m。

（2）调整前一般检查的内容

1）怠速状态下，支起液压支腿，使轮胎离地。

2）左右转动转向盘，转向盘转动灵活，操纵轻便，无阻滞现象。转至极限位置时转向摇臂不得与转向器支架、第一横梁、软管及其他部件相互干涉。

3）转向摇臂、转向横拉杆、转向直拉杆、桥上拉力杆等球头销连接处，不得松旷，球头销螺母应锁固完好。

4）转向液压系统转向助力正常、无渗漏。如果有松旷现象和不合格的装配部位，应及时整改，符合技术要求。

（3）转向系统调整（在 JOSAM 车桥定位检测仪辅助下调整）

双转向桥转向系统调整示意图如图 1—2—57 所示。

1）前束调整

汽车起重机前轮前束值的标准为 8 ~ 12 mm。根据定位检测仪显示数据判定，如果超出前束标准值的范围，可通过调整横拉杆长度逐一进行调整、修正。其他参数调整在车辆支腿缩回工况下进行。以一桥为基准调整每个车轮，即一桥调整完成后，一桥在中位定位工况下，调整其他各转向桥。

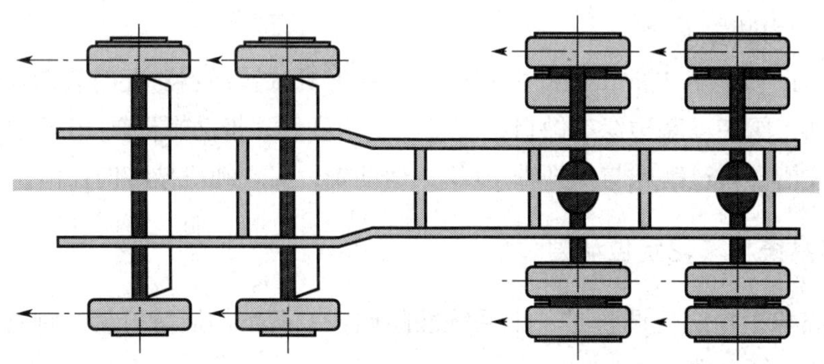

图 1—2—57　双转向桥转向系统调整示意图

2）一桥转向角调整

一桥左、右轮胎在直行状态下，分别向左、向右将转向盘转至极限位置，一桥左侧、右侧轮胎转向角均不小于 42° ± 1°。如果两侧最大转向角不相等，可通过调整转向器与一桥连接拉杆的长度进行修正，使两侧轮胎最大转向角相近。

3）其他转向桥转向角调整

一桥调整完毕后，转动转向盘，将一桥定位在直行方向锁定状态下，通过调整各转向拉杆，依次调整其他转向桥至直行方向。

4）转向盘辐条调整

当转向轮在直行方向上时，调整转向盘辐条，辐条应左右对称，不遮挡各仪表视线。可先取下转向盘进行调整，再将转向盘按需要角度重新安装；或将转向器上部连接花键传动轴取下，将转向盘转动至需要角度，再将连接花键传动轴重新安装、连接。转向盘及车轮定位调整应保证各车桥轴线与车架纵轴线垂直（推进角为 0°）；同时，在车辆直行状态下，同一车轴上左、右轮胎角度状态应对称。

（4）转向系统检查

调整完成后，应对所有车桥推力杆、转向拉杆上的抱箍进行检查、紧固，保证系统行驶安全、可靠。所有推力杆、转向拉杆检查完毕后，对已调整的各转向角度进行复验，合格后结束工作。

二、转向系统典型故障分析与排除

1. 单侧转向沉重

（1）故障描述

车辆行驶过程中，转向盘从中位向一侧转向时，转向沉重。

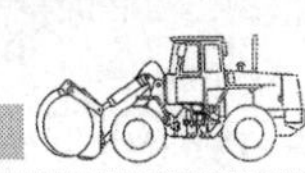

（2）故障原因

1）单侧车轮气压不足。

2）转向器仅在一个方向存在泄漏。

3）直线行驶时，分配阀未回到中位或存在卡滞现象。

（3）故障排除方法

1）按规定气压充气。

2）检查泄漏发生的位置，修复或更换磨损的零件。

3）转向器在中位时，检查两个助力油口的压力，判定分配阀是否回到中位。如果其中一个油口有压力，应检修和更换零件。如果存在卡滞，应清洗分配阀。

2. 转向盘回正性能差

（1）故障描述

车辆转弯后，转向盘在没有施加力或施加一个较小的力时不能自行回正。

（2）故障原因

1）轮胎充气不足。

2）杆系球销润滑不足。

3）前轮定位不正确。

4）转向垂臂轴承缺油、卡滞。

5）转向杆系球头销咬住。

6）转向盘调整不当，与外罩摩擦。

7）转向柱轴承过紧或卡滞。

8）分配阀卡住或堵塞。

9）回油软管扭曲阻塞。

10）转向轴相对运动面配合过紧。

（3）故障排除方法

1）按规定气压充气。

2）润滑或更换杆系球销。

3）检查和调整前轮定位参数。

4）检查垂臂轴承工作状态，补油后调整至规定要求。

5）维修或更换转向杆系球头销。

6）重新调整转向盘（或外罩），消除干涉。

7）调整或更换轴承。

8）取下分配阀，进行清洗或更换。

9）调整扭曲的软管，如果不能修复应更换。

10）支起车辆，拆下控制转向轴的直拉杆，用手扳动车轮，感觉沉重，应检查主销配合面、梯形横拉杆等是否卡滞，主销、推力轴承处是否缺少润滑油，并有针对性地加以解决。

3. 转向盘自由行程过大

（1）故障描述

行驶过程中，车辆不能保持直线行驶，从后方观察，车辆行驶轨迹呈S形。

（2）故障原因

1）转向器的齿扇与齿条啮合间隙过大。

2）转向器的轴承磨损。

3）转向器紧固螺栓松动，造成转向器产生位移。

4）转向横拉杆球头销磨损。

5）转向万向节磨损。

6）转向柱、传动轴和转向器之间的连接螺栓松动。

7）转向盘与转向柱连接松动，有可能是键或者紧固螺母松动。

（3）故障排除方法

1）调整转向器齿扇与齿条的相对位置，减少啮合间隙。

2）更换转向器支撑轴承。

3）紧固转向器螺栓，消除相对位移。

4）紧固或更换转向横拉杆球头销。

5）更换传动轴的万向节或万向节的轴承。

6）紧固转向柱、传动轴和转向器之间的连接螺栓。

7）更换转向盘或转向柱，并紧固螺母。

4. 转向沉重

（1）故障描述

车辆行驶时，转向盘转动较困难；将汽车起重机支腿撑起后，在发动机怠速状态下转向盘转动依然困难。

（2）故障原因

1）转向器分配阀卡死。

2）前轮气压不足。

3）前轮定位角不正确。

4）转向器齿扇与齿条啮合间隙太小。

5）转向器或转向柱的轴承损坏。

6）转向横拉杆球头销缺油或损坏。

7）转向油罐内油面低或过滤网堵塞。

8）流量控制阀卡住。

9）泵内泄漏过大，输出压力不够。

10）转向器或助力油缸内泄漏过大。

（3）故障排除方法

1）修理转向器分配阀，清洗油路和更换转向机油。

2）将两侧轮胎充气至规定气压。

3）正确检查与调整前轮定位角。

4）调整齿扇与齿条啮合间隙。

5）更换转向器或转向柱的轴承。

6）更换转向横拉杆球头销。

7）清洗过滤网，向油罐补油。

8）清洗流量控制阀，必要时应清洗整个转向液压系统。

9）将压力表直接安装在泵的出口处，短时间起动发动机，可测量出泵的实际工作压力。如果压力低于规定值，应维修或更换油泵。

10）在转向系统处于憋压状态时，分别用压力表测量转向器和助力油缸的压力，并与标定压力对比。如果压力低于规定值，应进行维修或更换。

5. 转向系统异响

（1）故障描述

当发动机起动或车辆行驶时，转向系统产生异响。

（2）故障原因

1）转向器与支架的连接松动。

2）转向传动轴连接松动。

3）压力油管未固定，与其他部件产生运动干涉。

4）转向器齿条、齿扇配合松旷。

5）油罐内液面过低。

6）转向油路内混有空气。

7）转向油罐内的过滤网或管路堵塞。

（3）故障排除方法

1）检查转向器紧固螺栓，并按规定的紧固力矩拧紧。

2）检查转向传动轴及连接螺栓有无松动或磨损，需要时紧固或更换。

3）调整软管走向，保持与其他部件间隔一定的空间，或用扎带将管路固定在支架上。

4）按规定调整齿条、齿扇间隙。

5）加油，使液面保持规定的高度。
6）查明进气点，消除隐患后排净系统空气和补油。
7）清除杂质，疏通管路。

6. 转向系统过热

（1）故障描述
车辆行驶一段路程后，转向系统出现过热（超过环境温度45℃以上）现象。
（2）故障原因
1）泵流量过大。
2）高压油管扭曲、阻塞。
3）流量控制阀不起调节作用。
4）转向盘转到两端极限位置的时间过长。
（3）故障排除方法
1）检查泵的参数是否和产品规定相符，泵的排量超过一定值，系统发热会明显增加。
2）检查管路是否扭曲、阻塞。应进行调整，必要时更换。
3）拆检流量控制阀，清洗和更换不合格的零件。
4）转向盘转至两端极限位置后停留的时间不能超过2 min，否则油温会急剧上升。

复习思考题

1. 简述动力转向系统的结构组成。
2. 简述单侧转向沉重的故障原因与排除方法。
3. 简述转向盘回正性能差的故障原因与排除方法。
4. 简述转向系统异响的故障原因与排除方法。
5. 简述转向系统过热的故障原因与排除方法。

子课题5 制动系统典型故障分析与排除

学习目标

1. 熟悉制动系统的结构组成及工作原理。
2. 熟悉制动系统的故障类型和故障现象。
3. 掌握制动系统典型故障的故障原因与故障排除方法。

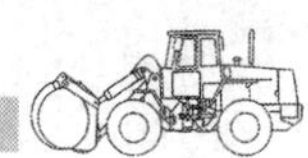

一、制动系统的结构组成及工作原理

1. 制动系统的作用及分类

驾驶员能根据道路和交通情况，利用装在车辆上的一系列专门装置，迫使路面在车辆车轮上施加一定的与车辆行驶方向相反的外力，对车辆进行一定程度的强制制动。这种可控制的对汽车进行制动的外力称为制动力，用于产生制动力的一系列专门装置称为制动系统。

（1）制动系统的作用

1）使高速或转向行驶的车辆制动安全。

2）使行驶中的车辆减速或停车。

3）使下坡行驶的车辆车速保持稳定。

4）使已停驶的车辆在原地（包括在斜坡上）驻留不动。

（2）制动系统的分类

按照制动能量的传输方式，制动系统可分为机械式、液压式、气压式和电磁式等。同时采用两种传能方式的制动系统可称为组合式制动系统，如气顶液制动系统。国内大部分的汽车起重机生产公司生产的起重机专用底盘制动系统主要由行车制动（俗称脚制动）、驻车制动（俗称手制动）和辅助制动部分组成。

1）行车制动部分由压缩空气驱动，作用于所有轴的车轮上。制动供气管路为双回路，两条回路各自独立，分别作用于不同的车轴。

2）驻车制动部分采用放气弹簧制动，作用于部分或全部轴的车轮上，与行车制动部分共用制动器。驻车制动还可在行车时兼起应急制动作用。

3）辅助制动部分有发动机排气制动、发动机缓速制动、变速器缓速制动、电涡流缓速制动几种形式。

（3）鼓式制动器

鼓式制动器的结构类型较多，国内中、小吨位汽车起重机产品常用的鼓式制动器常采用凸轮制动形式的结构。凸轮式制动器是用凸轮对两个制动蹄起促动作用，通常利用气压使凸轮转动。

2. 气路系统的工作原理图及分析

（1）工作原理图

图 1—2—58 所示为汽车起重机底盘气路系统工作原理示意图。

1）图中数字代码的说明

①数字代码的第 1 位。“1”代表进气口，“2”代表出气口，“3”代表排气口，“4”

代表控制口。

②数字代码的第 2 位。“1、2、3、4”分别代表相同功能，不同用途的接口；相同数字的代表相通接口。

2）气源

由压缩机提供的压缩空气通过空气干燥器进行系统压力设定及脱水处理后，进入四回路保护阀，通过四回路保护阀将气源分三个出气口，分别输入到 21 回路储气筒、22 回路储气筒、23 回路储气筒。

3）21 回路

通过 21 回路储气筒供气，完成前桥行车制动功能。

4）22 回路

通过 22 回路储气筒供气，完成中、后桥行车制动功能。

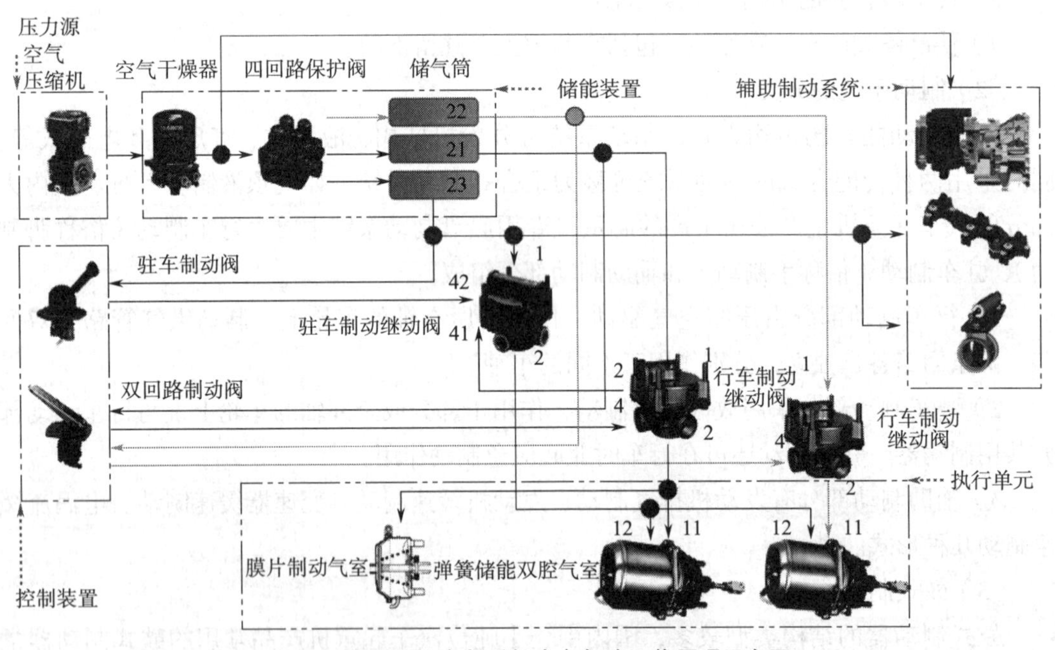

图 1—2—58 汽车起重机底盘气路工作原理示意图

5）23 回路

通过 23 回路储气筒供气，完成驻车制动的释放及其差速气缸、取力气缸、排气制动气缸、离合器分泵助力等多项辅助功能的用气。

23 回路储气筒与 21 回路储气筒之间通过一个单向阀连接。其目的是：当车辆行驶中制动频繁而造成 21 回路供气量不足时，23 回路的储气筒可单向给 21 回路储气筒补气。23 回路储气筒还安装有气压信号灯开关。

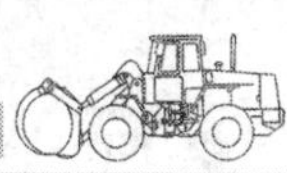

（2）维修装配注意事项

1）因为单向阀用于保证 23 回路给 21 回路供气，所以安装单向阀时注意其上的箭头方向，禁止接反。

2）气压低于 0.45 MPa 时低气压报警开关报警。

3）四回路保护阀中，21、22 口接行驶回路，23 口接驻车制动回路，24 口接辅助用气。

3. 气路系统的主要元件

（1）空气压缩机

1）用途

产生压缩空气，为制动系统及其他用气系统（如座椅、离合器助力气缸、取力气缸、废气制动气缸等）提供能量。

2）进气

分为自然吸气、增压吸气。

（2）空气干燥器

1）作用

空气干燥器能自动控制制动系统的工作压力，并且通过干燥桶内的干燥剂对压缩空气中的水分进行干燥，延长制动系统的使用寿命。

2）压力调整

某国产汽车起重机专用底盘中使用的空气干燥器外形与工作原理如图 1—2—59 所示。根据不同专用底盘的使用要求，空气干燥器调定的压力也有所不同。一般情况下，空气干燥器的正常压力调定为（0.81 ± 0.02）MPa，个别配合 ZF 变速器使用的空气干燥器的压力调定为（0.9 ± 0.02）MPa。

3）空气干燥器工作原理

①压缩空气经 1 口进入 A 腔，通过干燥滤网 I、环形通路 K 到达干燥器的上部，气流经干燥剂 a 时，水分被干燥剂 a 吸附并滞留其表面上。干燥气流经过通道 C 后，一部分经 22 口流到再生储气筒，一部分经单向阀流到 21 口，同时部分压缩空气从斜孔进入 D 腔，作用在膜片总成 g 上。当系统气压超过弹簧预紧压力时，g 带动阀门 n 向右移动，打开阀门 n，压缩空气进入 B 腔，推动活塞 d 往下移动，打开单向阀 e，空气压缩机卸荷。

②在空气压缩机卸荷的同时，再生储气筒内的压缩空气经过通道 C、干燥剂 a、环形通路 K、干燥滤网 I、通路 E、单向阀 e，从排气口排出，从而将干燥剂 a 吸附的水分通过反吹气流排出。

③当 21 口的压力下降了 60 ~ 130 kPa 时，由于 D 腔压力下降，膜片总成 g 左移，阀门 n 关闭，B 腔压缩空气从小孔排出；在弹簧的作用下，活塞 d 上移将单向阀 e 关闭。空

气压缩机恢复向系统供气，整个干燥过程重新开始。

④加热器可防止单向阀 e 等元件被冻住，从而避免故障发生。

（3）四回路保护阀

四回路保护阀的外形与工作原理简图如图 1—2—60 所示。

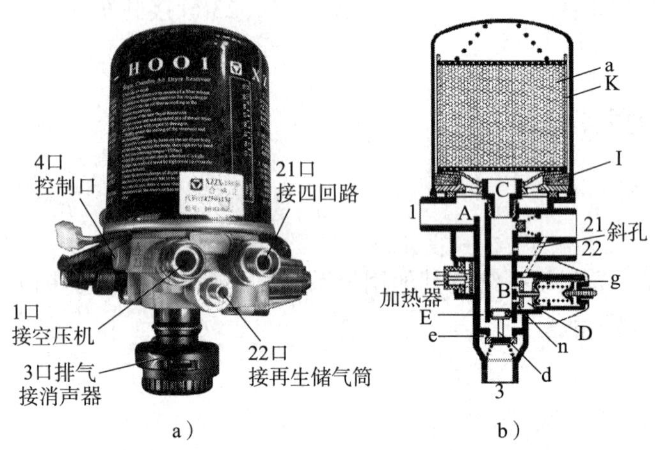

a）　　b）

图 1—2—59　空气干燥器的外形与工作原理

a）外形　b）工作原理

1—进气口（接空气压缩机）　21—出气口（接四回路）　22—出气口（接再生储气筒）　3—排气口（接消声器）
a—干燥剂　d—活塞　e—单向阀　g—膜片总成　n—阀门　A—进气口腔　B—活塞上腔　C—通道
E—通路　I—干燥滤网　K—环形通路

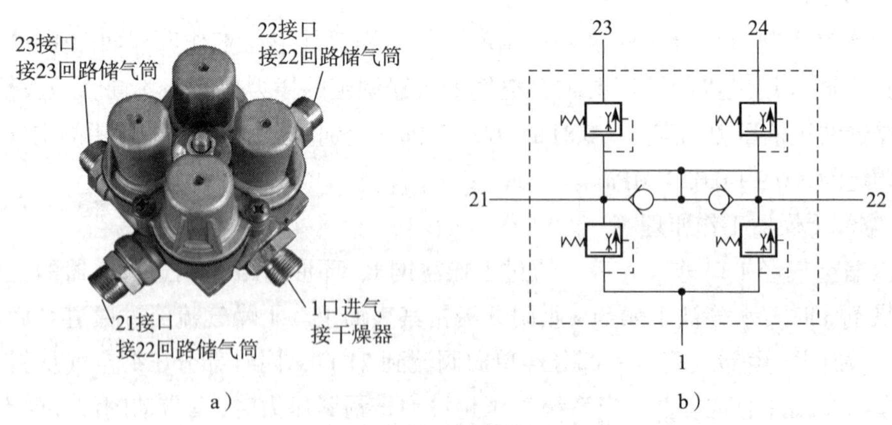

a）　　b）

图 1—2—60　四回路保护阀

a）外形　b）工作原理简图

四回路保护阀用于将来自空气压缩机的压缩空气分成四条相互独立的管路，且当其中一条或几条管路失效时，使其余管路仍能维持制动时所需的最低工作压力。其供气顺序：21 → 22 → 23 → 24。

多数国产中、小吨位汽车起重机专用底盘采用三回路气路布置，国产较大吨位汽车

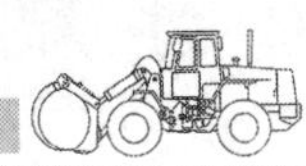

起重机专用底盘则采用四回路气路布置。

（4）行车制动阀（气制动总阀）

行车制动阀外形与工作原理如图 1—2—61 所示。

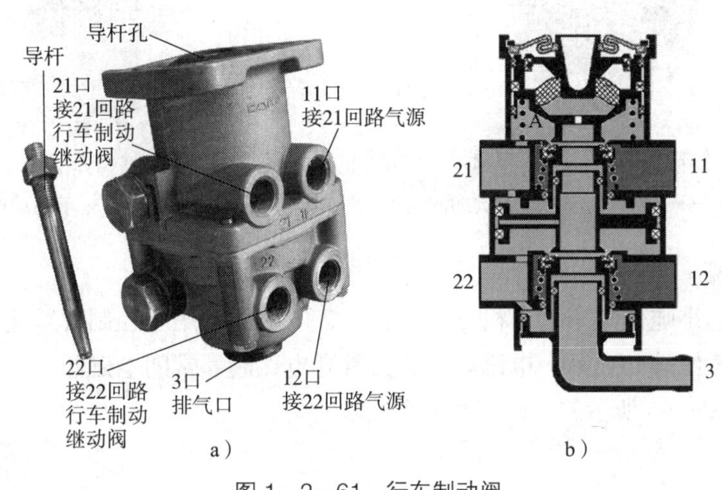

图 1—2—61　行车制动阀

a）外形　b）工作原理图

行车制动阀是一种串联式双腔气制动阀，用于控制前、后桥两条相互独立的行车制动管路。在采用生产流水线的汽车起重机现场装配中，行车制动阀是由驾驶室制造单位装配好并将气路接口连接延伸到驾驶室地板外侧，只要把气路连接上即可。

（5）行车制动继动阀

如图 1—2—62 所示，行车制动继动阀用于缩短制动系统的制动反应时间和解除制动时间，起弹簧制动气室加速阀和快放阀的作用。

一般情况下，一个行车制动继动阀控制 2 ~ 4 个制动气室。如果它控制制动气室过多，易产生制动反应时间加长和解除制动缓慢的故障。出现解除制动缓慢故障的较常见现象是轮毂发热。

（6）驻车制动阀

如图 1—2—63 所示，驻车制动阀主要用于控制汽车后桥上的弹簧制动室，从而实施驻车制动。在现场装配中，驻车制动阀是已经由驾驶室制造单位装配好的，气路接口延伸到驾驶室地板外侧，只要把气路连接上即可。

（7）差动继动阀

差动继动阀用于防止行车制动和驻车制动同时操纵气室而产生额外推力，以保证制动器不过载，同时也起弹簧制动气室的快速制动和解除制动的作用。在汽车起重机专用底盘上，差动继动阀多用在双作用气室的制动气路中，在驻车制动时起作用。其外形如图 1—2—64 所示。

图 1—2—62　行车制动继动阀外形

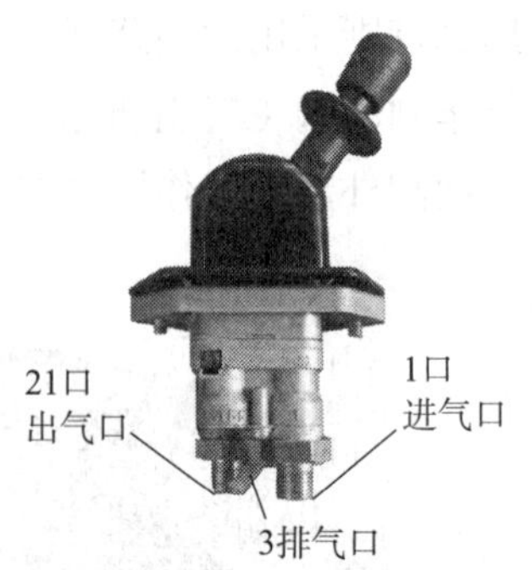

图 1—2—63　驻车制动阀外形

（8）电磁阀

在国产中、小吨位汽车起重机专用底盘中，电磁阀多用于控制桥差速气缸、排气制动气缸、取力气缸等的通断。电磁阀可分为常开电磁阀、常闭电磁阀，是常见的电控气路元件。图 1—2—65 所示的电磁阀可多个并联使用。

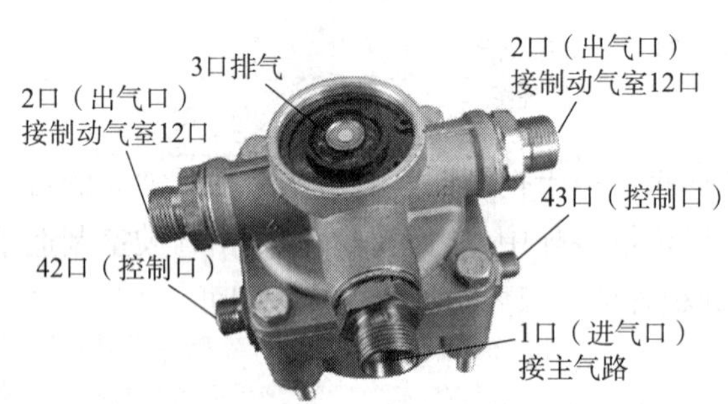

图 1—2—64　差动继动阀外形

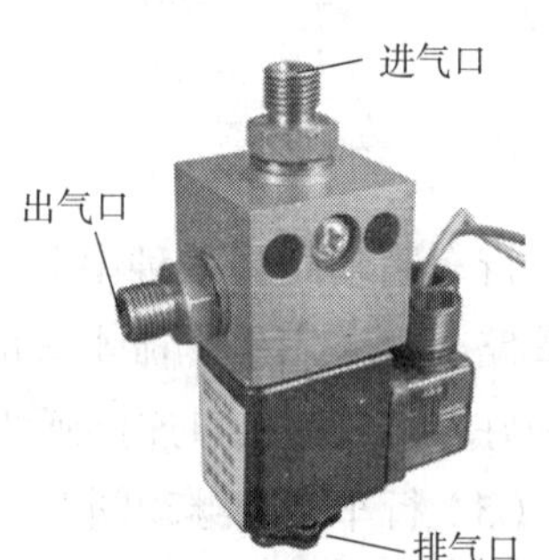

图 1—2—65　电磁阀外形

（9）单向阀

单向阀（图 1—2—66）主要用于气制动管路中阻止气体倒流，从而防止出气口管路内的压缩空气被意外排放。在汽车起重机专用底盘上，单向阀多用于 21 回路与 23 回路之间连接的单向隔断。当 21 回路储气量不足时，23 回路储气筒通过单向阀可向 21 回路供气；反之，当 23 回路出现泄漏故障时，保证 21 回路有足够的储气量，用于制动。

（10）气压信号灯开关

气压信号灯开关用来连接驾驶室里的警示灯或蜂鸣器，向驾驶员指示制动系统中某个部位气压偏低。其外形如图 1—2—67 所示。

（11）压力继电器

压力继电器用于汽车起重机制动时将气压力转变成电信号，控制接通制动灯。其外形如图 1—2—68 所示。

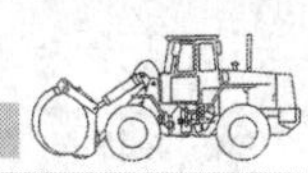

图 1—2—66　单向阀外形

图 1—2—67　气压信号灯开关外形

（12）再生储气筒（小储气筒）

再生储气筒连接在空气干燥器上。当空气干燥器排气时，同时经过干燥筒排除再生储气筒内的压缩空气，用来吹掉干燥桶内干燥颗粒所吸附的水分，起到干燥颗粒再生的作用。其外形如图 1—2—69 所示。

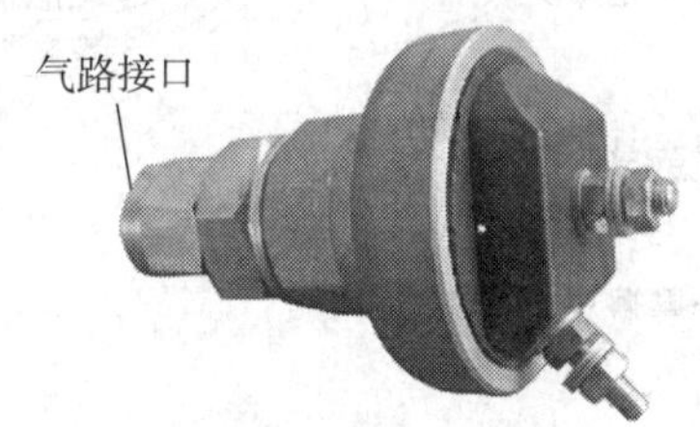

图 1—2—68　压力继电器外形图

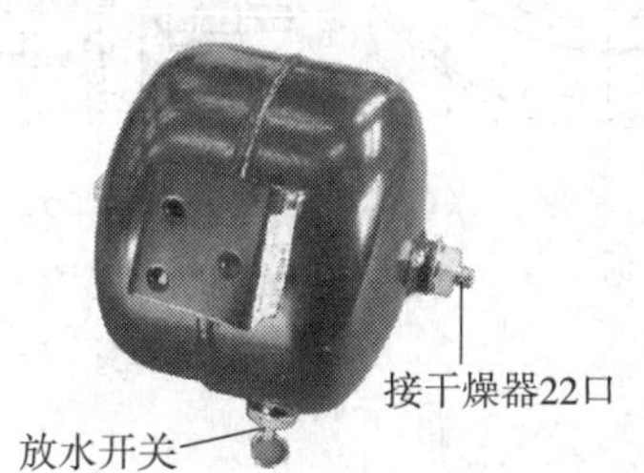

图 1—2—69　再生储气筒外形图

4. 凸轮式鼓式制动器

（1）制动器分类

制动器是制动系统中产生阻止车辆运动或运动趋势的力的机构。以摩擦产生制动力矩的制动器为摩擦制动器。摩擦制动器有鼓式和盘式两大类。鼓式制动器有内张型和外束型两种。盘式制动器有钳盘式和全盘式两种。汽车起重机专用底盘通常安装凸轮式鼓式制动器，其结构如图 1—2—70 所示。

（2）凸轮式鼓式制动器工作原理

凸轮推动的气压制动车轮制动器制动时，制动调整臂 2 在制动气室推杆的推动下，使凸轮轴转动，凸轮推动两制动蹄 6 张开，压紧在制动毂 3 上，制动毂与摩擦片 7 之间产生制动力，使汽车起重机减速。

解除制动时，压缩空气从气管回到制动控制阀，排入大气。制动蹄 6 在复位弹簧 5 的拉动下离开制动毂 3，车轮又可转动。

5. 防滑控制系统

为了保证驾驶员的安全，降低汽车起重机交通事故的发生，汽车起重机上安装了防滑控制系统，以稳定汽车起重机的行驶安全，做到防滑、防倾（翻车）等保障作用。防滑控制系统是防止车辆在制动过程中车轮被抱死滑移和车辆在驱动过程中（特别是起步、加速、转弯等）驱动轮发生滑转现象的控制系统，如图 1—2—71 所示。

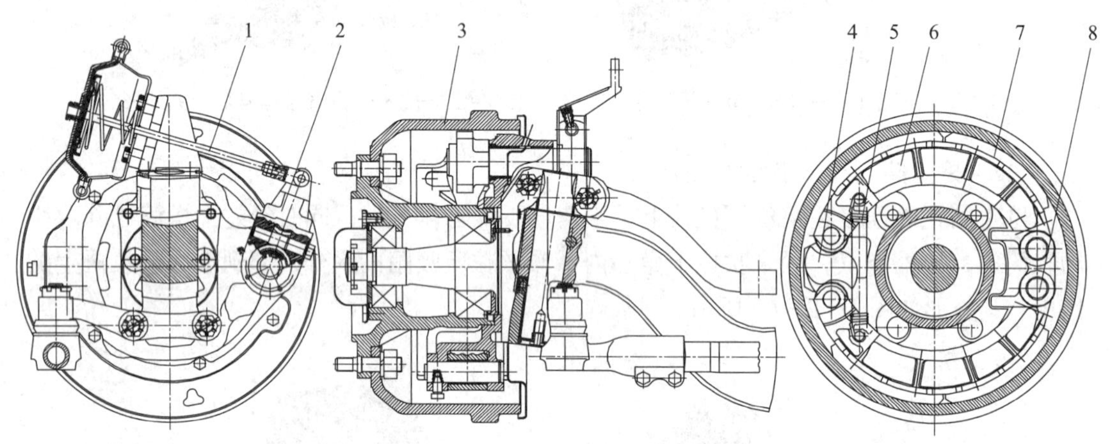

图 1—2—70　凸轮式鼓式制动器

1—膜片式制动气室　2—制动调整臂　3—制动毂　4—制动凸轮
5—复位弹簧　6—制动蹄　7—摩擦片　8—定位销

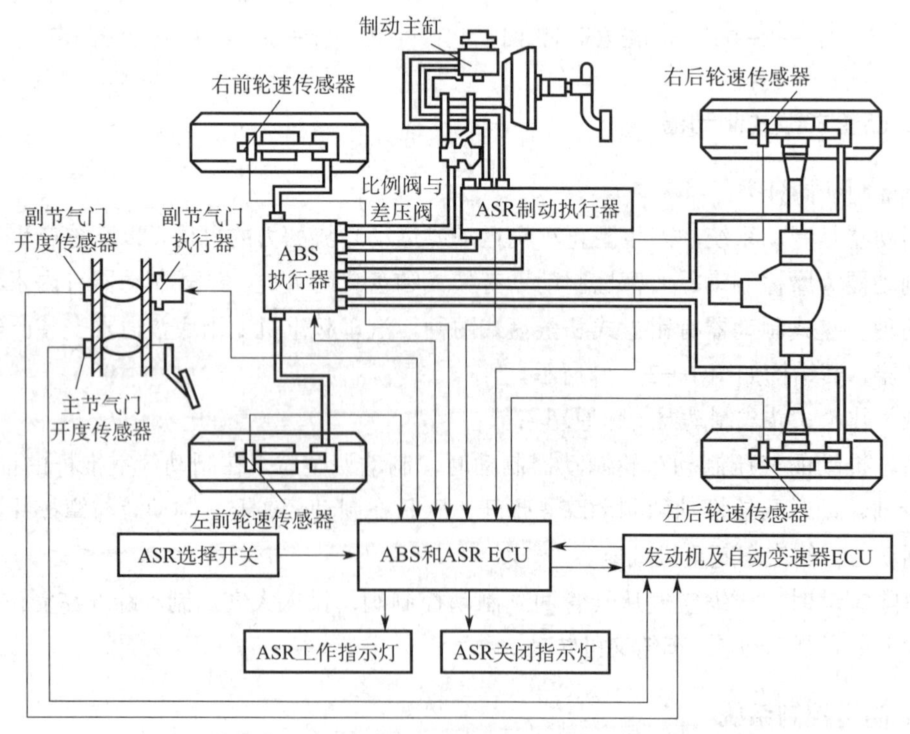

图 1—2—71　车辆的防滑控制系统

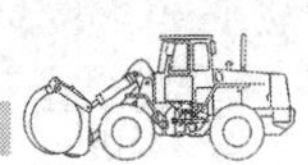

防滑控制系统在汽车驱动状态下，将驱动轮滑转率控制在 5%～15% 的最佳范围内。防抱死制动系统在汽车制动状态下，将车轮滑动率控制在 8%～35% 的最佳范围内。在上述最佳范围内，不仅车轮和地面之间的纵向附着系数较大，而且侧向附着系数的值也较大，保证了汽车的方向稳定性。

汽车起重机上的防滑控制系统由防抱死制动系统、驱动防滑系统组成。

（1）防抱死制动系统

防抱死制动系统（Antilock Brake System，缩写 ABS）的作用是在车辆制动时，自动控制制动器制动力的大小，使车轮不被抱死，处于边滚边滑（滑移率在 20% 左右）的状态，以保证车轮与地面的附着力在最大值。ABS 系统使车轮在制动时不被锁死，防止轮胎只在一个点上与地面摩擦，加大了摩擦力，使制动效率达到 90% 以上；同时，还能减少制动消耗，延长制动轮毂、制动片和轮胎的使用寿命，从而避免了车辆因为紧急制动时车轮方向失控及侧滑造成车辆行驶事故。装有 ABS 系统的车辆在干柏油路和雨天、雪天等路面的防滑性能分别达到 80%～90%、10%～30%、15%～20%。

1）组成

ABS 系统的组成如图 1—2—72 所示。系统的主要元件包括：轮速传感器 1，用于记录车轮的速度；电子控制器 3（ECU），是 ABS 系统的核心组件，由高性能的单片机（烧录有 ABS 的控制程序）及集成电路组成，能够根据对轮速传感器的信号处理来控制压力调节器，进而控制车轮的制动力矩；压力调节器 4（又称为电磁阀），当 ABS 系统起作用时调节车轮制动气室的压力。

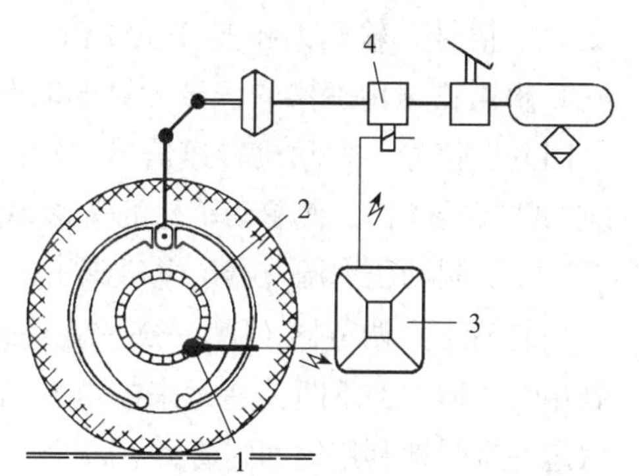

图 1—2—72　ABS 系统组成示意图
1—轮速传感器　2—齿圈
3—电子控制器　4—压力调节器

2）工作原理

车辆制动过程中，ABS 控制单元不断从车轮速度传感器获取车轮的速度信号，并加以处理，进而判断车轮是否即将被抱死。

①如果判断车轮没有抱死，制动压力调节装置不参加工作，制动力将继续增大。

②如果判断出某个车轮即将抱死，ECU 向制动压力调节装置发出指令，关闭制动缸与制动轮缸的通道，使制动轮的压力不再增大。

③如果判断出车轮出现抱死拖滑状态，ECU 立即向制动压力调节装置发出指令，使制动轮缸的油压降低，减少制动力。

（2）驱动防滑系统

驱动防滑系统（Acceleration SlipRegulation，缩写 ASR）又称为牵引力控制系统（Traction Control System，缩写 TCS，该名称用于日本车型）。它的作用是防止车辆尤其是大马力驱动车辆，在起步、再加速时驱动轮打滑现象，以维持车辆行驶方向的稳定性。行驶在易滑的路面上，没有 ASR 的车辆在加速时驱动轮容易打滑；如果是后驱动的车辆，容易出现“甩尾”的现象；如果是前驱动的车辆，容易出现方向失控的现象。ASR 系统和 ABS 系统密切相关，通常配合使用，构成汽车行驶的主动安全系统。

1）组成

ASR 系统主要由三个部分元件组成：ECU，是 ASR 的电控单元；执行器，有制动压力调节器、节气门驱动装置；传感器，有车轮轮速传感器、节气门开度传感器。它的组成如图 1—2—73 所示。

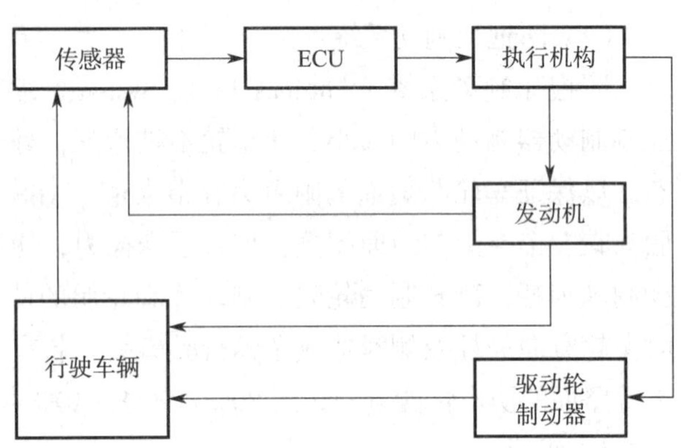

图 1—2—73 ARS 系统的组成与工作原理示意图

2）工作原理

轮速传感器将正在行驶的车辆的驱动车轮转速及非驱动车轮转速转变为电信号，输送给电控单元 ECU。ECU 根据轮速传感器的信号计算驱动车轮的滑移率。如果滑移率超限，控制器将综合节气门开度信号、发动机转速信号、转向信号等因素确定控制方式，输出控制信号，使相应的执行器动作，使驱动车轮的滑移率控制在目标范围之内。

（3）制动压力调节器（电磁阀）

制动压力调节器（图 1—2—74）是车辆防滑制动系统中的执行元件。它根据电子控制单元（ECU）不断传递过来的电控信号调节制动系统压力，使车轮一直处于最佳制动状态并有效地利用地面附着力。

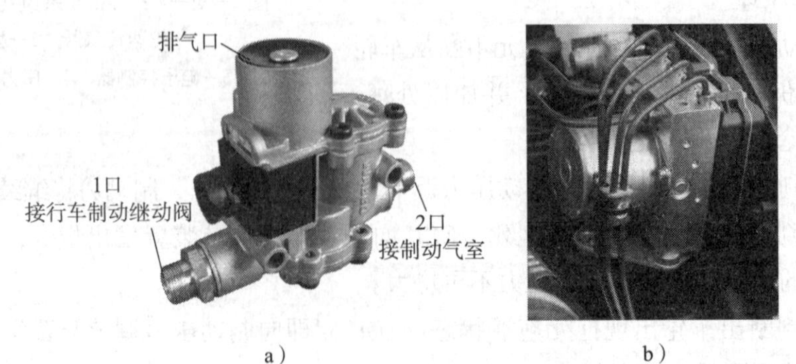

图 1—2—74 制动压力调节器外形

a）ABS 系统 b）ASR 系统

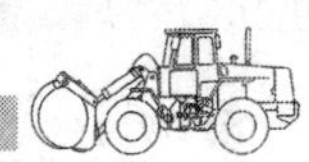

二、制动系统典型故障分析与排除

1. 制动失灵

（1）故障描述

车辆行驶过程中制动突然失灵。

（2）故障原因

目前车辆的气制动系统大都采用双回路制动，制动突然失灵的故障已很少见，但以下原因仍可能造成制动失灵。

1）制动器内进水。

2）车辆刚维修完，但是轮毂轴承过紧，导致温度升高，润滑脂融化而被甩入制动毂内，造成制动时打滑。

3）空气压缩机突然损坏。经多次制动后，储气筒内压缩空气降至起步气压，从而导致制动失灵。

4）制动总泵突然损坏。

5）频繁使用制动器，导致制动器温度过高而使制动失灵。

（3）故障排除方法

1）车辆从水中行驶通过后，没有及时排干制动器内的水分，导致制动失灵。因此，过水后驾驶员应轻踩几次制动踏板，将制动器内的水分排干。

2）应重新调整轮毂轴承间隙。

3）维修或更换空气压缩机。

4）维修或更换制动总泵。

5）需要注意制动器的使用频次。

2. 制动时出现异响

（1）故障描述

车辆制动时，随制动强度的增加，产生的异响也越来越大。

（2）故障原因

1）制动蹄接触面积小。

2）制动毂失圆。

3）制动蹄、制动毂磨损严重。

（3）故障排除方法

发生异响主要和制动毂与制动蹄的接触面积小有关，应通过修理或更换不合格的零件来解决。

3. 制动时车辆跑偏

（1）故障描述

车辆制动时向一侧跑偏。

（2）故障原因

主要因为左右两侧制动力不一样。

1）左右两轮制动间隙不一样。

2）左右两轮制动蹄与毂的接触面积不一样。

3）一侧制动器进水或油污。

4）一侧制动毂变形严重和磨出沟槽。

5）左右两轮制动凸轮转角相差太大。

6）左右两轮制动气室推杆外露长度不一样，伸张长度不等。

7）左右两轮制动软管与制动气室膜片新旧程度不一样。

8）左右两轮轮胎气压不一样。

除了上述这些原因外，还有其他方面的原因：如前束不正确、两钢板弹簧弹力不等、骑马螺栓松动、车架变形及前桥错位等。

（3）故障排除方法

发生跑偏时，说明与跑偏方向相反的一侧车轮制动力不足。应首先检查制动蹄间隙，然后检查制动气室推杆的外伸长度及制动时的伸出长度，并进行调整。

4. 制动拖滞

（1）故障描述

行驶过程中，车辆升速慢，降速快；行驶过程油耗上升；抬起制动踏板，制动不能立即解除。

（2）故障原因

1）制动踏板无自由行程，会导致车辆在正常行驶中拖滞。

2）制动总泵故障，引起控制口不排气或缓慢排气，会造成车辆的所有车轮拖滞。

3）制动器故障，使制动蹄不复位，会造成个别车轮拖滞，出现汽车跑偏。

4）其他方面的原因，如轮毂轴承松动、骑马螺栓松动等。

（3）故障排除方法

1）车辆行驶拖滞，多为制动踏板无自由行程所致，调节自由行程至规定范围。

2）观察车轮制动毂发热情况。如果全部车轮发热，则为制动总泵故障；如果部分车轮发热，则为制动器故障。对故障部件维修或更换。

3）单个车轮拖滞时，可进行下面的检查，并进行调整或更换。

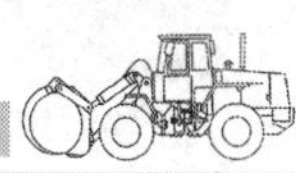

①检查制动蹄间隙是否过小。

②检查制动踏板，观察制动气室推杆的复位情况。如果推杆复位缓慢或者不复位，可能是制动凸轮轴锈蚀或变形所致。如果推杆复位正常，则可能是制动间隙过小或者制动蹄复位弹簧过软所致。

5. 制动效能不良，制动力不足

（1）故障描述

车辆在行驶过程中，制动力明显不足。在一般制动时，需要比平时早踩和增大踏板行程，才能取得预期的制动效果。而在紧急制动时，制动距离明显增长。由于不能在最短的距离内停车，容易产生交通事故。

（2）故障原因

1）储气筒内压缩空气压力不足，导致制动力下降。

2）双回路制动系统的某个制动管路破裂而不产生制动作用，导致制动性能下降。

3）制动阀故障。

4）制动器故障。

5）制动管路有漏气处。

6）制动气室皮碗破裂。

7）制动软管老化。

（3）故障排除方法

1）首先观察气压表。如果气压足够 450 kPa，则说明空气压缩机、储气筒正常。如果气压不足 450 kPa，而且长时间行驶后气压也不上升，可能是下述原因所致。

①气压上升缓慢、长时间不上升，发动机熄火后，气压也不下降，大多数因为空气压缩机故障，如带打滑、压缩机泵气不足、压缩机卸荷压力过低及调压阀放气压力过低等。应维修或更换。

②气压上升缓慢，发动机熄火后，气压不断下降，说明存在漏气点，如储气筒安全阀漏气、制动踏板自由行程过小，导致进气阀不能关闭而漏气（此时伴随制动拖滞）以及继动阀、快放阀密封不严等。应调整行程或维修。

2）踩下制动踏板。观察气压表指针，如果气压下降过少，说明制动阀控制口出气不良、继动阀卡滞而无法向制动气室供气。踩住制动踏板后气压仍不断下降，说明有漏气点，如排气口关闭不严、制动气室漏气、制动软管漏气等。应维修或更换。

3）寻找漏气部位。在发动机熄火状态下，踩住制动踏板，通过倾听声音和涂肥皂水的方法查找到漏气位置。应维修或更换。

4）查看和测量制动气室推杆外伸情况。

①如果外伸过短，说明气管有堵塞或者凸轮轴有锈蚀、卡滞。清洗气管，维修或更

换凸轮轴。

②如果外伸过长，有可能因为制动间隙过大。调整间隙至规定值。

5）如果上述检查的结果均正常，则故障原因应出在制动器上，如制动器黏油、磨损过多、铆钉外露、制动毂失圆、磨出沟槽等，应拆开检查。发现问题，维修或更换。

复习思考题

1. 简述制动系统的定义及功能。
2. 气动元件上的“1”“2”“3”“4”分别代表什么含义？
3. 简述再生储气筒的作用。
4. 简述 ABS 系统的组成。
5. 简述 ASR 系统的组成。
6. 简述制动时出现异响的故障原因与排除方法。
7. 简述制动时车辆跑偏的故障原因与排除方法。

课题 3　大吨位汽车起重机专用底盘典型故障分析与排除

学习目标

1. 熟悉大吨位专用底盘的结构组成及工作原理。
2. 熟悉大吨位专用底盘的故障类型和故障现象。
3. 掌握大吨位专用底盘典型故障、故障原因与故障排除方法。

一、结构组成与功能

本课题以具有代表性的 QY160T 汽车起重机为例进行介绍。

大吨位汽车起重机采用六轴自制底盘，一、二、三、六轴单胎，四、五轴双胎，前固定支腿位于二、三轴之间；采用全头新型驾驶室、大箱型车架、铝型材包边覆盖件及非金属模压围板。整机采用三桥驱动，驱动形式为 12 × 6（三、五、六轴驱动）；四桥转向，转向形式为 12 × 8（一、二、三、六轴转向）。QY160T 汽车起重机最高车速 80 km/h，最大爬坡度 40%以上，最小转弯半径 24 m，支腿跨距 7 800 mm × 8 000 mm。大吨位汽车起重机外形如图 1—3—1 所示。

图 1—3—1　大吨位汽车起重机外形图

由于大吨位汽车起重机底盘与小吨位汽车起重机底盘在结构上相似，因此本课题仅介绍与小吨位汽车起重机底盘有区别的部件结构和功能。

1. 动力传动系统结构与功能

（1）动力传动系统总体布置形式（图 1—3—2）

底盘动力传动系统的主要配置如下：

1）OM460LA 电喷发动机最大功率 360 kW，带有排气制动和压缩制动两种辅助制动功能。

2）12AS—2302IT 自动操纵变速器具有 12 个前进挡和 2 个倒挡，带有缓速制动功能，与两挡分动箱配合使用，既可满足低速（3 km/h）行驶和爬坡（最大爬坡度为 43%）性能要求，又可满足高速（80 km/h）行驶的性能要求。

3）ZF—VG2000 分动箱有高、低两挡，具有差速功能，采用端面齿大转矩传动轴。

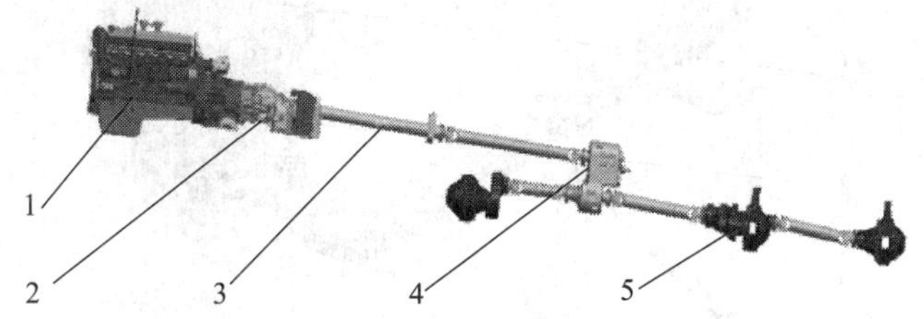

图 1—3—2　动力传动系统总体布置形式

1—发动机　2—变速器　3—传动轴　4—分动箱　5—驱动桥

（2）各主要部件结构及功能介绍

1）发动机（图 1—3—3）

型号：OM460LA。

结构形式：电控柴油发动机为直列六缸、水冷、增压中冷、多点电子喷射。

额定功率：360 kW，1 800 r/min。

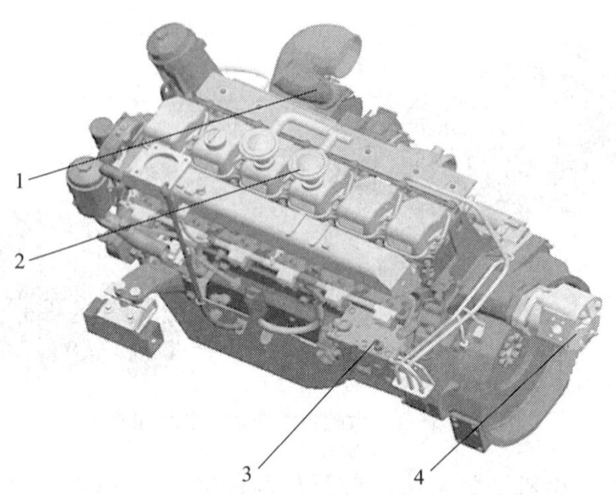

图 1—3—3　发动机结构组成及外形图

1—涡轮增压　2—发动机　3—空压机　4—后取力装置

特点：动力强劲，可靠性高。

主要功能：为整车提供强有力的动力，满足车辆的行驶要求；带后取力装置，为整个散热系统提供动力。

2）空气滤清器（图 1—3—4）

型号：Piclon NLG37—37。

结构形式：双级空滤器带主滤芯和安全滤芯，全寿命过滤效率≥99.9%。

特点：空气滤清器外壳及防雨帽均为工程塑料压铸而成，抗冲击，质量轻。

主要功能：过滤空气中的颗粒物和杂质，有效满足发动机的进气需求。

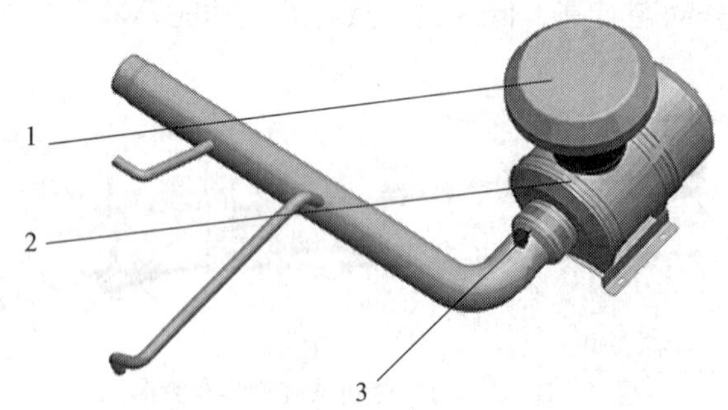

图 1—3—4　空气滤清器的结构组成及外形图

1—防雨帽　2—空气滤清器　3—压差传感器

3）散热系统

在整个动力系统中，增压空气、发动机冷却水、变速器用油、缓速器用油等需要散热。其中，增压空气及变矩器用油直接用散热片进行散热；变速器及缓速器用油通过热交换器进行散热。热交换器的进、出水口分别接到发动机的旁通出、回水口上，并保证水流方向与油流方向相反，以达到散热目的。

散热器总成是复合冷却器，将水冷、中冷、变速器冷却系统制成一体（串联式），它采用铝制、板翅式结构，如图 1—3—5 所示。

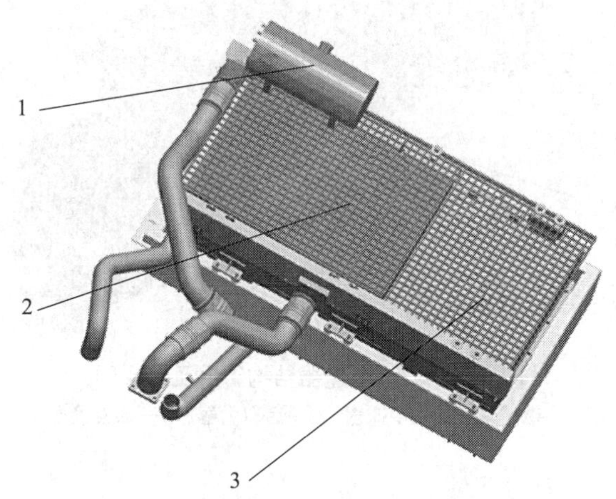

图 1—3—5　散热系统的结构组成及外形图

1—膨胀水箱　2—中冷器　3—散热器

主要功能：降低涡轮增压后的进气温度、冷却液温度、变速器油温。

4）消声器（图 1—3—6）

型号：XZ110K—XYQ。

主要特点：排气系统全部采用不锈钢制作，耐腐蚀，可保证长期美观，满足动力系统的排气要求。

主要功能：处理从发动机排出的废气，有效降低废气温度，同时降低发动机的噪声。

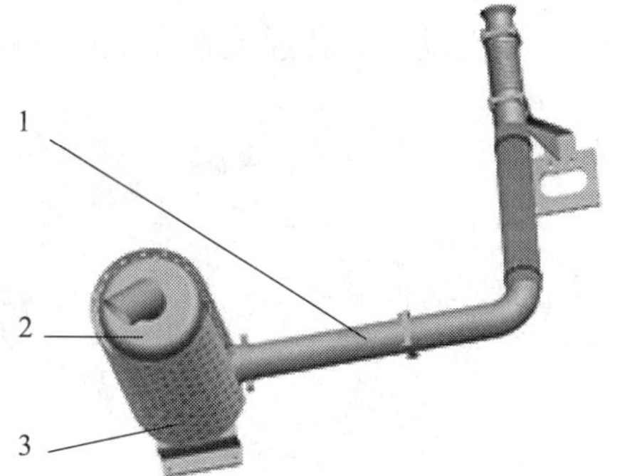

图 1—3—6　消声器结构组成及外形图

1—消声器管　2—消声器　3—消声器罩

5）变速器（图 1—3—7）

型号：12AS2302IT。

主要特点：机械式自动变速器，可自动和手动换挡，可自动显示当前挡位，有 12 个前进挡和 2 个倒退挡。换挡轻便、安全，燃油经济性好；承载转矩大，速比范围宽，能够最大可能地提高整车行驶的舒适性和安全性，并为整车提供足够的爬坡动力；带有缓速制动器，并集成热交换器，有效降低变速器温度，带后取力器。

主要功能：离合器可以保证车辆平稳起步；保证传动系统换挡时工作平顺；限制传动系统所承受的最大转矩，防止传动系统过载。

变速器可以根据发动机负荷和车速等工况的变化自动变换传动系统的传动比，使汽车获得良好的动力性和燃油经济性，同时有效地减少发动机排放污染。

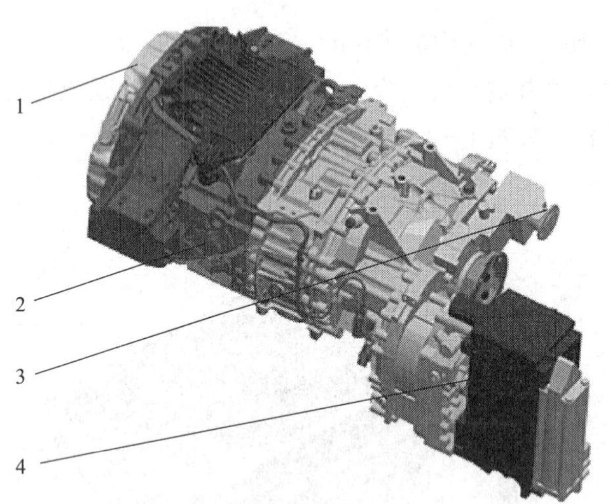

图 1—3—7 变速器结构组成及外形图

1—离合器 2—变速器 3—后取力器 4—热交换器

6）传动轴（图 1—3—8）

主要特点：端面齿接盘式，更加安全可靠、拆装方便；所有传动轴的内、外花键均采用尼龙涂敷技术，提高可靠性及使用寿命；优化的传动轴布置保证传动平稳、可靠。

主要功能：传递变速器上的转矩至分动箱和驱动桥，并保证整个传动系统的平顺性。

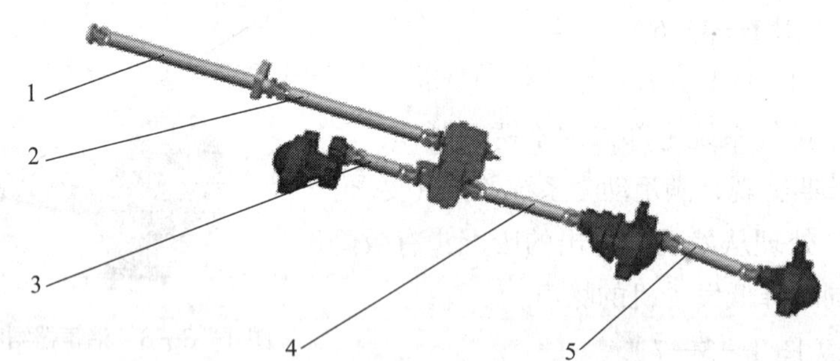

图 1—3—8 传动轴结构组成及外形图

1—第一传动轴 2—第二传动轴 3—第三传动轴 4—第四转动轴 5—第五传动轴

7）分动箱（图 1—3—9）

型号：VG2000 分动箱。

主要特点：分动箱有高、低挡，具有差速功能，大输入转矩，高轴降，带差速锁气缸和应急转向泵。

主要功能：可以将变速器输出的动力通过传动轴分配到各个驱动桥，同时分动箱有高、低两挡，兼起副变速器的作用。

图 1—3—9　分动箱结构组成及外形图

1—输入端　2—应急转向泵　3—输出端Ⅰ　4—输出端Ⅱ　5—分动箱散热器

2. 结构件组成与功能

（1）底盘结构件的组成

底盘结构件主要由车架和H式活动支腿两部分组成，如图1—3—10所示。车架是整个底盘的骨架，是主要承重结构，用以放置和固定其他零部件。H式活动支腿外伸后呈H形。H式活动支腿在起重机吊重作业时外伸，承受整车质量和吊重物质量，保证吊重时整车稳定性。

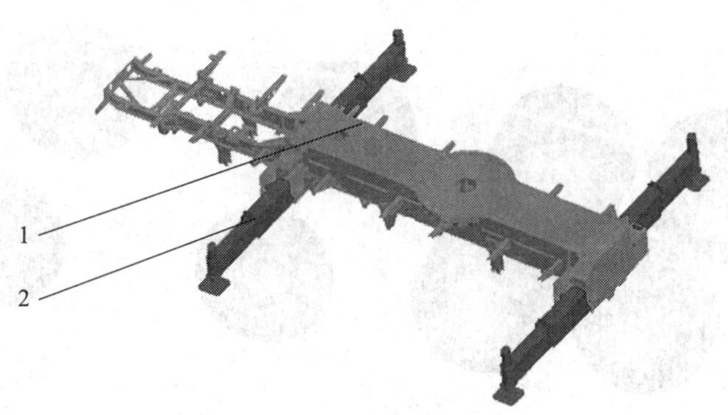

图 1—3—10　底盘结构件的组成

1—车架　2—H式活动支腿

（2）车架的结构形式与功能

车架是由钢板拼焊而成的，主要由车架前段、前固定支腿、车架后段、后固定支腿和焊接支架五部分组成。车架的功能是支撑和连接部件，并承受来自车辆内外的各种载荷。因此，它要有足够的强度和刚度，以满足起重机的工作需要和承受行驶中各种载荷。车架的结构如图1—3—11所示。

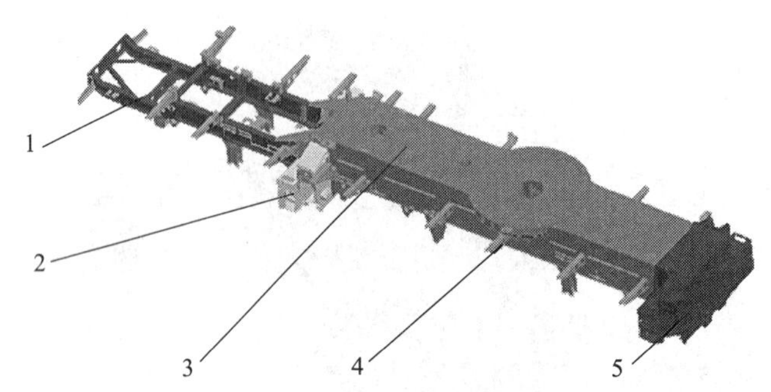

图 1—3—11 车架的结构

1—车架前段 2—前固定支腿 3—车架后段 4—焊接支架 5—后固定支腿

3. 底盘操纵机构的组成与功能

底盘操纵机构主要由转向系统、制动系统、悬架系统、变速系统、车桥系统及轮胎组成，完成车辆的行驶、转向、变速、停车及驻车等功能。

（1）转向系统

转向系统用于车辆改变和恢复行驶方向，主要由转向盘、转向管柱、转向器、转向拉杆、转向油罐及转向助力油缸组成。

采用机械拉杆动力转向，其中一、二、三、六桥参与转向（图 1—3—12 中由左至右分别为六桥至一桥），可实现最小转弯半径 24 m。

图 1—3—12 转向系统示意图

（2）制动系统

制动系统的功能在于使行驶中的车辆减速甚至停车，下坡行驶的车辆速度保持稳定，以及使已停驶的车辆保持不动，并具有一定的坡道停车能力。制动系统由行车制动、驻车制动、应急制动及辅助制动系统组成。其中，辅助制动系统主要由发动机排气制动、发动机缓速制动及变速器缓速制动系统组成。

1）行车制动系统采用气压鼓式制动器制动。图 1—3—13a 所示为行车制动系统结构

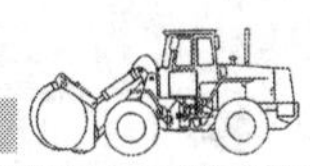

示意图，图1—3—13b所示为行车制动装置——制动气室。

2）驻车制动采用弹簧储能排气制动方式，制动装置——双腔制动气室（图1—3—13 c）作用在三至六桥轮边上，驻车制动兼有应急制动功能。

3）辅助制动系统适用于需要驾驶员连续踩制动踏板进行制动的复杂恶劣路面，如盘山公路连续下坡路段（图1—3—14）等。启用该功能可在该类工况下代替行车制动系统，以免发生制动器过热而产生热衰退的现象，危及行车安全。

（3）悬架系统

悬架是车架与车桥之间的所有传力连接装置的总称。它的作用是把路面作用于车轮上的垂直反力（支撑力）、纵向反力（牵引力和制动力）和侧向反力及这些反力所形成的力矩都传递到车架上，以保证汽车起重机的正常行驶。

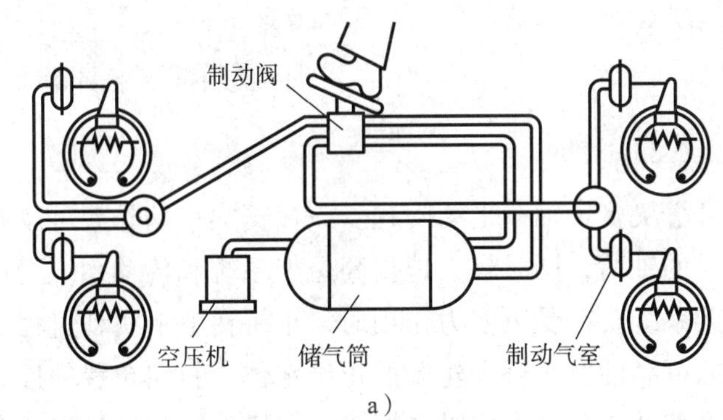

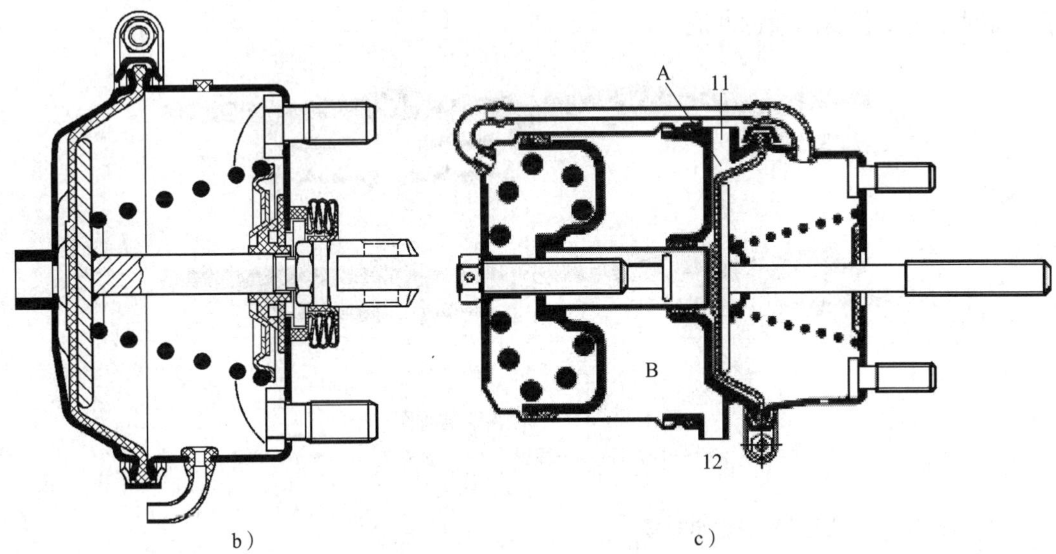

图1—3—13　制动系统

a）行车制动系统结构示意图　b）制动气室　c）双腔制动气室

1）前悬架（图 1—3—15）

前悬架中的钢板弹簧是承载部件，同时它还作为导向部件对车桥左右方向进行定位；推力杆对车桥前后方向定位；减振器对车桥的振动进行衰减。

图 1—3—14　车辆在盘山公路上连续下坡

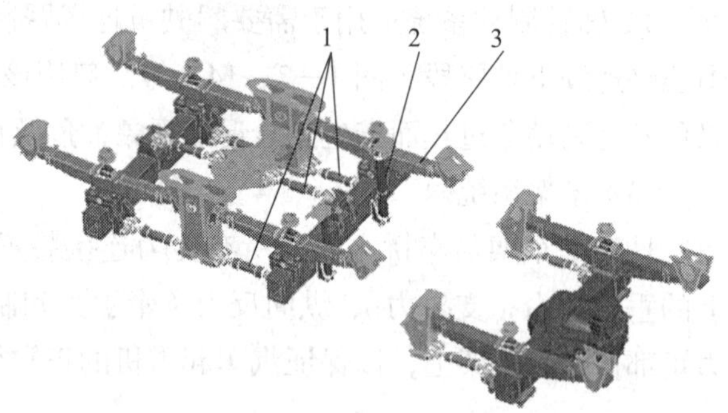

图 1—3—15　前悬架结构图

1—推力杆　2—减振器　3—板簧

2）后悬架（图 1—3—16）

后悬架中平衡梁可解决多轴轴荷平衡问题。该板簧类平衡悬架可以有效地平衡多轴车辆中相邻车轴所承受的轴荷，同时较大地提高悬架系统和传动系统的可靠性。该技术适用于单轴或多轴悬架系统，在受纵向力作用时，车桥在上下跳动过程中可以保持平移运动，确保传动系统的可靠性及车桥和轮胎的正确定位；斜向布置的推力杆可承受并缓冲横向作用力，能够可靠地传递受力、缓和振动。车桥上下跳动量接近全地面起重机水平，提供给车辆优良的通过性能。

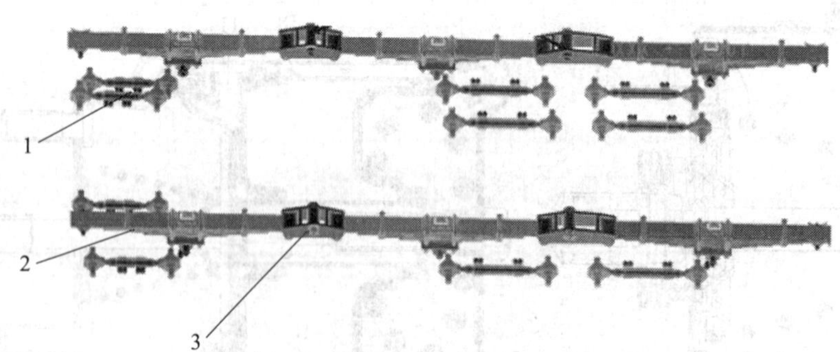

图 1—3—16　后悬架结构图

1—推力杆　2—板簧　3—板簧支座

（4）液力自动变速器（变速系统）

自动变速器（俗称自动挡）具有操作容易、驾驶舒适、减少驾驶者疲劳的优点。装有自动变速器的汽车起重机能根据路面状况自动变速、变矩。

常见的自动变速器有三种形式：液力自动变速器（英文缩写 AT）、机械无级自动变

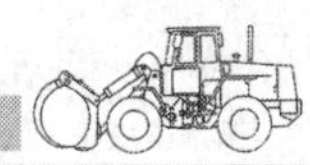

速器（英文缩写 CVT）、电控机械自动变速器（英文缩写 AMT）。目前，大多数汽车起重机中使用液力自动变速器。液力自动变速器主要由液力变矩器、行星齿轮变速机构和电液控制系统组成，通过液力传递和齿轮组合的方式来达到变速、变矩。其中，液力变矩器是液力自动变速器的重要部件，兼有传递转矩和离合的作用。

1）液力变矩器

①基本结构。液力变矩器的结构如图 1—3—17 所示。它由泵轮、涡轮、导轮和壳体等组成。

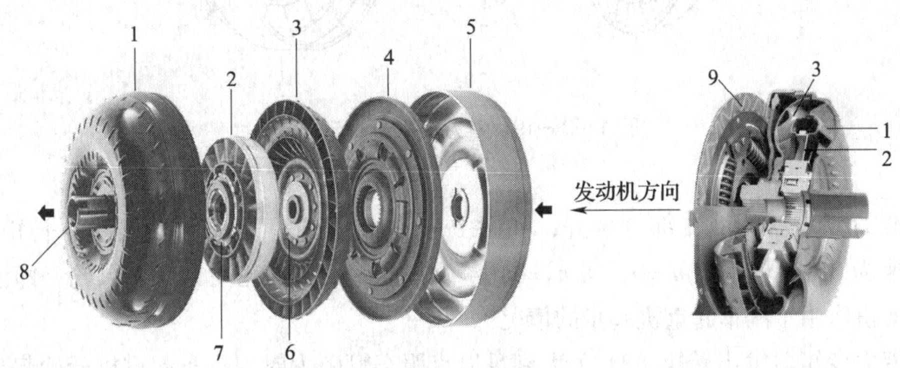

图 1—3—17　液力变矩器的结构

1—泵轮　2—导轮及单向离合器　3—涡轮　4—离合器总成　5—前壳体
6—焊接的毂　7—轴承　8—驱动毂　9—锁止离合器

②工作原理。图 1—3—18 所示为液力变矩器剖切面工作原理示意图。由于增加了导轮，推动涡轮的环流流动方向：泵轮外缘→涡轮外缘→涡轮内缘→导轮→泵轮内缘→泵轮外缘。液力变矩器的油流方向如图 1—3—19 所示。

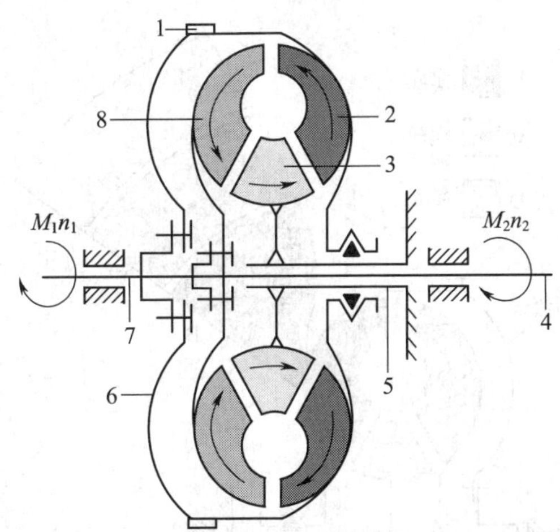

图 1—3—18　液力变矩器剖切面工作原理示意图

1—起动齿轮　2—泵轮　3—导轮　4—从动轴　5—导轮固定套管　6—变矩器壳　7—发动机曲轴　8—涡轮

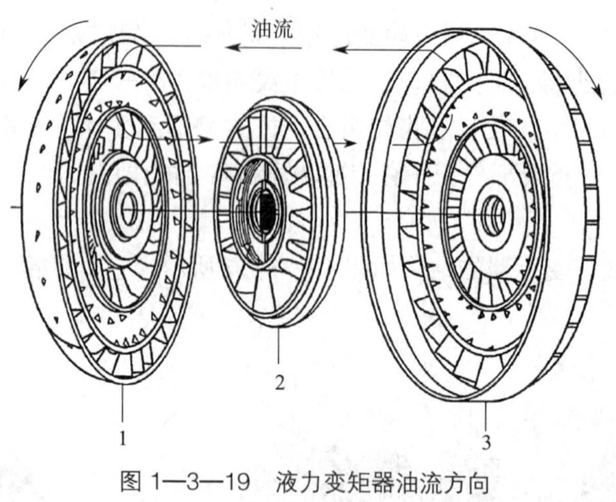

图 1—3—19　液力变矩器油流方向

1—涡轮　2—导轮　3—泵轮

将液力变矩器的液流部分展开，如图 1—3—20a 所示。假设泵轮转速、转矩不变，涡轮转速为 0，导轮不动 n_B=0，当 n_W=0 时，M_W=M_B+M_D，涡轮受力大于泵轮，即液力变矩器起增扭作用（汽车起重机起步的情况）。

当液力变矩器输出转矩（M_W）大到足以克服车辆阻力时，汽车起重机开始起步，即涡轮转速 n_W 由 0 开始增大。此时，经涡轮内缘流向导轮的液流的方向发生变化，液流冲向导轮的绝对速度 v 是涡轮的相对速度 w 和牵连速度 u 的合成（图 1—3—20b），从而使 M_D 减小，M_W 也减小。

随着车速的增加，即 n_W 的上升，M_D 逐渐减小。当 M_D 下降到 0 时，M_W=M_B，即 K=1（液力变矩器的变矩系数 K=M_W/M_D）时，液力变矩器成为耦合状态。此时，从涡轮流出的环流沿导轮的叶片的切线方向进入，对导轮无冲击力，即 M_D=0。

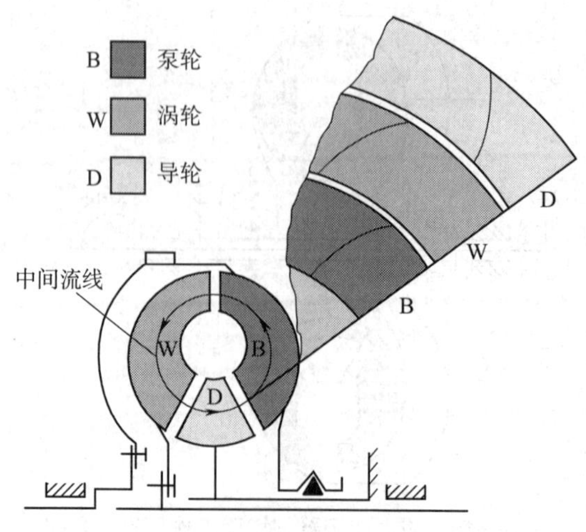

a）

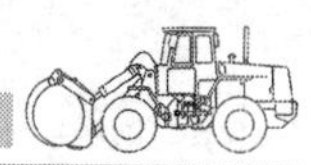

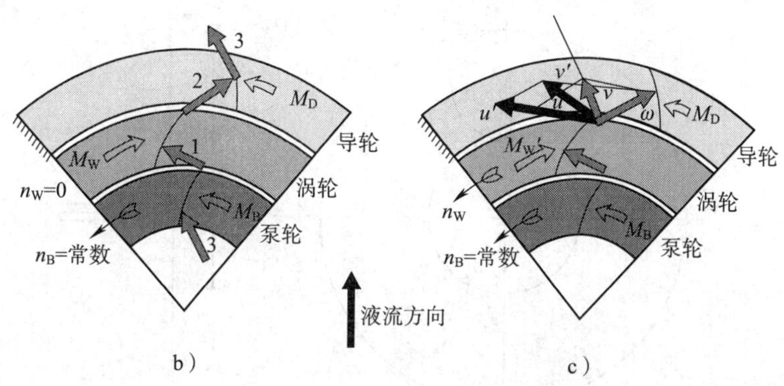

图 1—3—20　液力变矩器工作原理展开图

a）液力变矩器展开　b）当 n_B= 常数，n_W=0 时　c）当 n_B= 常数，n_W 逐渐增加时

n_B—泵轮转速　n_W—涡轮转速　M_B—泵轮转矩　M_W—涡轮转矩　M_D—导轮转矩

u—涡轮线速度（液流牵连速度）v—从涡轮流向导轮的液流速度（液流绝对速度）ω—涡轮的相对速度

在 K=1 后，如果车速继续增加，即涡轮转速继续增加（n_W），此时从涡轮流出的液流冲向导轮叶片的背面（图 1—3—20c 中的 v'），使 M_D 变为负值，从而使 $M'_W<M_B$，降低涡轮的输出转矩。

当 $n_W=n_B$ 时，和耦合器一样不能传递能量，即液力变矩器的传动比 $i=(n_W/n_B)<1$ 不存在。

2）行星齿轮变速机构

齿轮变速机构的作用是传递转矩和转速，并改变转动方向。它包括齿轮变速机构和换挡执行机构。换挡执行机构可以使齿轮变速机构处于不同的挡位，以实现不同的传动比。齿轮变速机构所采用的变速齿轮有普通齿轮和行星齿轮两种。目前，大部分汽车起重机的自动变速器采用的是行星齿轮变速机构。

①单排行星齿轮机构。如图 1—3—21 所示，单排行星齿轮机构由中心轮（又称为太阳轮）、齿圈、行星架、行星齿轮等组成。太阳轮位于行星齿轮机构的中心，行星轮与它啮合，最外侧是和行星齿轮啮合的齿圈。行星齿轮一般有 3～6 个，安装在行星架上，行星架可以绕中心轮中心运转，而齿圈的中心也和中心轮的重合。

$$n_1+an_2-(1+a)n_3=0$$

式中　n_1——中心轮转速。

n_2——齿圈转速。

n_3——行星架转速。

a——Z_2/Z_1，Z_2 为齿圈齿数，Z_1 为中心轮齿数。

由上式不难看出，如果将中心轮、齿圈、行星架三者中的任意一个作为主动件输入，余下两个任选一个作为输出，最后一个固定（或以固定转速运转），则单排行星齿轮机构将以一定的传动比传递动力。由此可获得六种不同的传递组合。另外，如果不对三者中

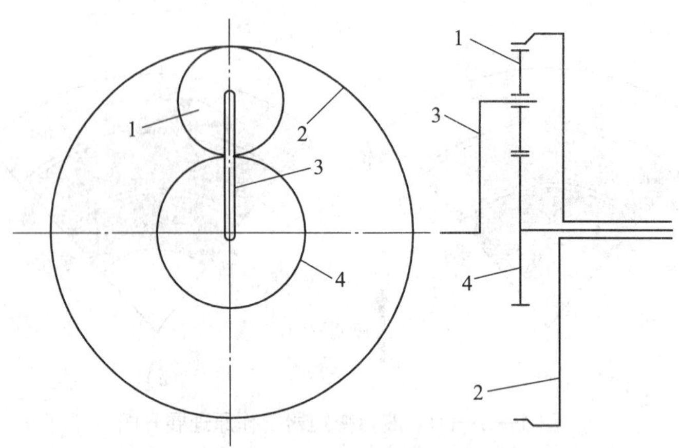

图 1—3—21　单排行星齿轮机构

1—行星齿轮　2—齿圈　3—行星架　4—中心轮

的任意元件进行固定，则单排行星齿轮机构处于自由运转状态，无法传递动力；如果将任意两个元件连接起来，则第三个元件也一起运转，成为直接传动。因此，只要固定和连接不同的元件或任其自由运转，则单排行星齿轮机构就可得到八种传动组合。八种传动组合相应可得八种不同的传动方式，这就是行星齿轮的传动原理。单排行星齿轮的八种组合传动情况见表 1—3—1。

表 1—3—1　　单排行星齿轮的八种组合传动情况

序号	中心轮（Z_1）	行星架	齿圈（Z_2）	传动比（i）	说明
1	输入	输出	制动	$i_{1,3}=n_1/n_3=1+a$	减速、前进低挡
2	制动	输出	输入	$i_{2,3}=n_2/n_3=(1+a)/a$	减速、前进高挡
3	制动	输入	输出	$i_{3,2}=n_3/n_2=a/(1+a)$	超速、前进（低）挡
4	输出	输入	制动	$i_{3,1}=n_3/n_1=1/(1+a)$	超速、前进（高）挡
5	输入	制动	输出	$i_{1,2}=n_1/n_2=-a$	减速、倒挡
6	输出	制动	输入	$i_{2,1}=n_2/n_1=-1/a$	超速、倒挡
7	任意 2 个相连，第三个同转速			$i=1$	直接挡
8	不约束任何元件			自动转动	不传力、空挡

②多排行星齿轮机构组合。由表 1—3—1 可知，用一个单排行星齿轮机构作为动力传动装置，可得到五个前进挡、两个倒挡、一个空挡。但是，实际上一个单排行星齿轮机构在汽车起重机上根本无法完成上述八种传动方式，因为汽车起重机变速器的输入、输出轴是固定的。因此，用一个单排行星齿轮机构作为变速器的传力机构，只能设计成两个前进挡或一个前进挡、一个倒挡。所以，实际使用的行星齿轮自动变速器往往是采

用多个单排行星齿轮机构的组合，以得到汽车起重机行驶所需的各种挡位。

3）换挡执行机构

电液控制系统的作用是在正确的时刻实现各个挡位的自动加挡或减挡。电液控制的主控变量包括变速杆位置、车速、发动机负荷。执行电液控制系统的换挡动作的机构是换挡执行机构。

要使行星齿轮机构得到不同的传动组合方式（即不同的挡位），需要对中心轮、齿圈和行星架进行限制及连接。换挡执行元件就是用来限制和连接行星齿轮机构中的中心轮、齿圈和行星架的装置。在行星齿轮自动变速器中常采用的换挡执行元件包括换挡离合器、换挡制动器、单向离合器。换挡离合器连接轴与轴、轴与架、轴与齿轮和换挡制动器、单向离合器构成不同组合，得到不同挡位。

①换挡离合器。换挡离合器采用湿式多片摩擦式离合器，如图 1—3—22 所示。湿式多片摩擦式离合器由离合器钢片、摩擦片、离合器毂、活塞（带 O 形圈）、复位弹簧等组成。离合器的钢片和摩擦片交叉安置，当它们被活塞压紧时，处于接合状态，称为挂挡；松开时处于分离状态，不传递动力，称为摘挡。该离合器不工作时处于分离状态，这和手动变速器的离合器相反。离合器钢片的厚度及其与摩擦片间的间隙应正确，磨损后间隙会变大，容易造成油温和冷却液温度升高。

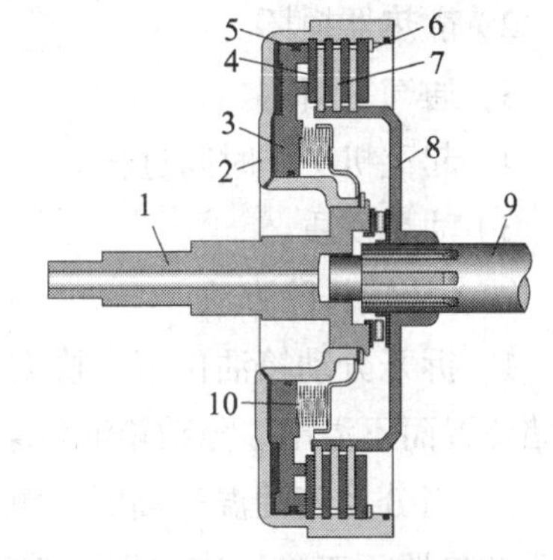

图 1—3—22　换挡离合器

1—输入轴　2—输入转毂　3—活塞　4—钢片　5—密封圈　6—卡环　7—摩擦片　8—输出转毂　9—输出轴　10—复位弹簧

②换挡制动器。按摩擦元件结构不同，换挡制动器可分为片式和带式两种。带式制动器尺寸紧凑，但平顺性差，已逐渐减少使用。因此，主要介绍片式换挡制动器。湿式多片制动器应用较多。湿式多片制动器的结构与湿式多片摩擦式离合器基本相同，如图 1—3—23 所示。不同之处是制动器用于连接转动件和变速器壳体。

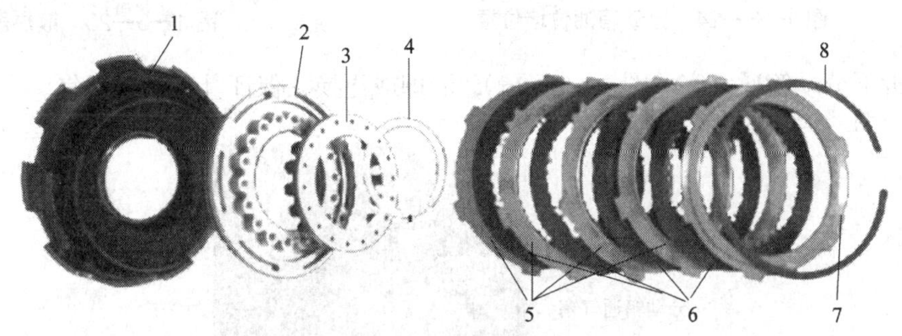

图 1—3—23　片式制动器

1—离合器毂　2—活塞　3—活塞复位弹簧与弹簧座　4、8—卡簧　5—钢片　6—摩擦片　7—压盘

二、典型故障分析与排除

由于大吨位汽车起重机底盘故障大部分与小吨位汽车起重机底盘故障相似，因此这里仅介绍其与小吨位汽车起重机底盘的传动系统有区别的典型故障分析与排除。

1. 分动箱油温过高

（1）故障描述

汽车起重机工作一段时间后，检查发现分动箱油温过高。

（2）故障原因

1）油量不正确。

2）散热器损坏。

3）通气塞堵塞。

4）起重机工作时间过长。

5）油品变质。

（3）故障排除方法

1）拆开分动箱油位堵，检查油位并相应地添加（或排放）油液，保证油位正好处于油堵位置而不溢出。分动箱油位堵如图 1—3—24 所示。

2）当分动箱油温过高时，测量散热器（图 1—3—25）的温度。如果散热器不发热，说明散热器不工作。应先拆下散热器并清洗干净，保证其内部畅通、无堵塞。如果散热器仍然不发热，说明其损坏而无法工作，应更换。

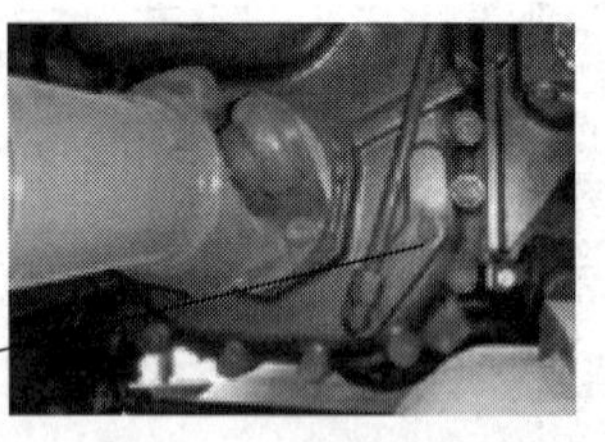

图 1—3—24　分动箱油位堵位置

图 1—3—25　散热器

3）拆下分动箱通气塞（图 1—3—26），清理或更换，保证其正常、透气。

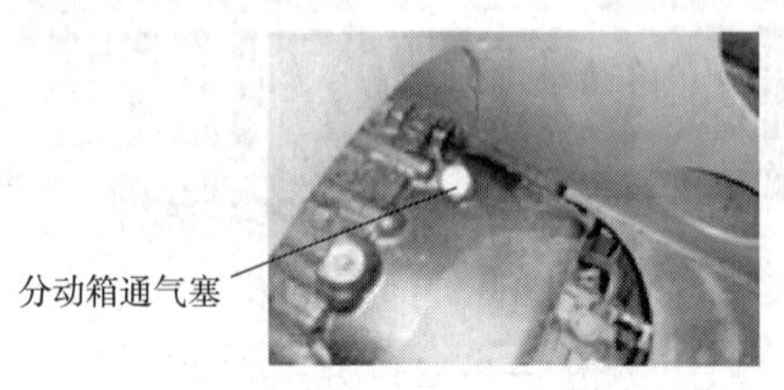

图 1—3—26　分动箱通气塞位置

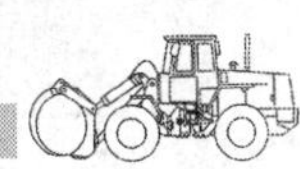

4）起重机立即停机散热。

5）更换新油。

2. 变速器显示故障代码（以代码53为例）

（1）故障描述

车辆通电后，驾驶室内变速器显示故障代码“53”。

（2）故障原因

1）变速器元件的电路连接出问题。

2）变速器箱体电路插头未连接牢固。

（3）故障排除方法

1）打开点火开关，旋转开关调至空挡“N”，保持拨动杆到“+”位置，如图1—3—27所示。

2）观察驾驶室内的变速器显示器，查看是否出现故障代码“53”，如图1—3—28所示。

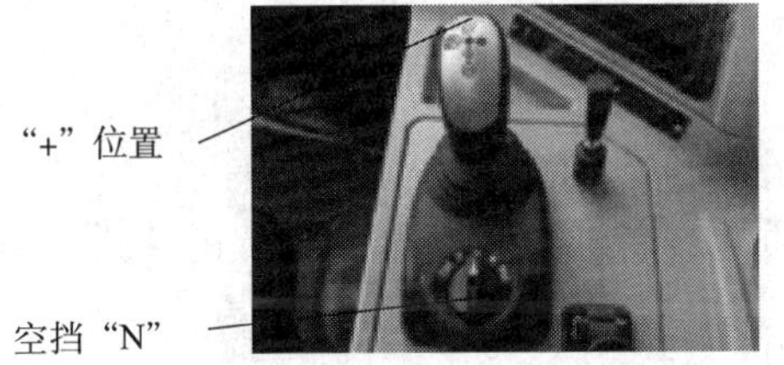

图1—3—27　变速器控制装置

图1—3—28　故障代码显示

3）打开驾驶室前盖板，用万用表测量变速器元件的电路连接（图1—3—29）。检查电路连接是否正常。如果不正常，应重新插接或更换插头。

4）检查变速器箱体电路插头（图1—3—30）是否连接牢固。如果发现虚接，应重新插接，直至变速器显示器上的故障代码“53”消失。

图1—3—29　变速器电路连接

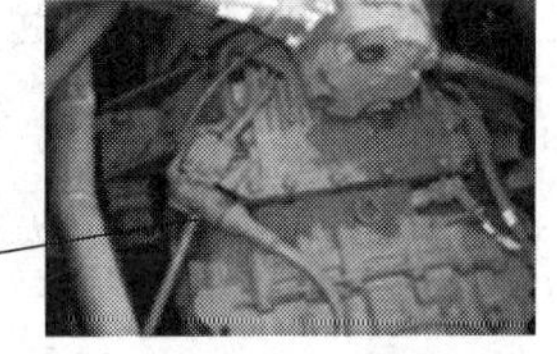

图1—3—30　变速器箱体插头

3. 底盘系统气压低，车辆无法起步

（1）故障描述

车辆起动后，检查发现气压表的压力显示低于0.8 MPa。

（2）故障原因

由于车辆放置时间太久，或者有个别漏气部位，导致系统气压低，变速器挂不上挡，无法正常起步。

（3）故障排除方法

先起动汽车起重机，让空气压缩机处于工作状态，观察驾驶室内的气压表和变速器显示器。当气压表的指针指向“8”（0.8 MPa），变速器显示器上显示“N”时，方可操纵汽车起重机正常起步，如图 1—3—31 所示。

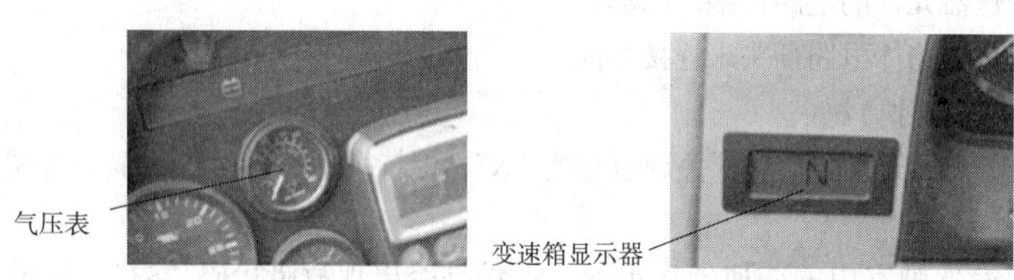

图 1—3—31　气压表和变速箱显示器

4. 自动变速器传动油容易变质

（1）故障描述

更换后的变速器传动油在短时间里就变质，或者油温过高且有烧焦的味道，有的甚至从加油口可以看到冒烟。

（2）故障原因

1）使用不当造成油温过高，从而导致变速器传动油过早变质。例如，过于频繁地急加速、经常超负荷或超速行驶，都会引起油温过高。

2）变速器油质量不佳或受到污染，使变速器油达不到规定的使用期限。

3）变速器至变速器油散热器的通道阻塞，使变速器油得不到及时冷却而使油温过高。

4）变速器中离合器或制动器的间隙过小，不工作时依然相互摩擦，起离合或制动作用，造成油温升高过快而引起变质。

5）主油路的油压过低，使得离合器和制动器在工作时压不到位而打滑，造成油温过高。

（3）故障排除方法

1）首先，使车辆以中、低速行驶 5 ~ 10 min，当自动变速器达到正常工作温度时，在发动机运转的情况下检查自动变速器油散热器的温度。如果散热器温度过低，说明变速器至变速器油散热器通道有阻塞，应检修其相通的油管、散热器等。如果散热器的温度过高，说明离合器或制动器的间隙过小，需要拆检自动变速器。如果散热器的温度正常，则需要检测主油路的压力是否正常。

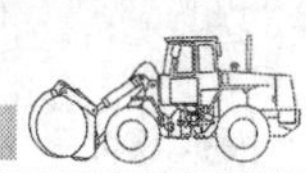

2）如果上述检查的结果均为正常，有可能是自动变速器使用不当或变速器油质量有问题。应该将变速器油全部放出，清洗干净后，加入规定牌号和级别的变速器传动油。

5. 自动变速器换挡时冲击较大

（1）故障描述

在车辆起步时，由停车挡（P 位）或空挡（N 位）挂入倒挡（R 位）或前进挡（D 位）时，车辆振动较严重；车辆行驶过程中，在自动变速器升挡的瞬间，车辆有较明显的抖动。

（2）故障原因

1）发动机怠速过高。

2）加速踏板位置传感器调整不当，使主油路油压过高。

3）升挡过迟。

4）主油路调压阀有故障，使主油路油压过高。

5）减振器活塞卡住，不能起减振作用。

6）单向阀钢球漏装，换挡执行元件（离合器或制动器）接合过快。

7）换挡执行元件打滑。

8）油压电磁阀不工作。

9）电子控制单元（ECU）有故障。

（3）故障排除方法

1）检查发动机怠速。安装自动变速器的汽车发动机的怠速正常为 550 ~ 650 r/min。如果怠速过高，应按标准重新调整。

2）检查油门传感器的工作情况。如果工作不正常，应调整或更换。

3）进行道路试验。如果存在升挡过迟，说明换挡冲击大的故障是该挡造成的。如果在升挡之前发动机转速异常升高，使升挡的瞬间产生较大冲击，说明自动变速器中的离合器或制动器打滑。两种情况都应该分解变速器并进行修理。

4）检测主油路油压。怠速工况时，如果主油路油压过高，说明主油路调压阀有故障，可能是调压弹簧的预紧力过大或阀芯卡滞所致。如果主油路油压正常，但是起步进挡时有较大冲击，说明前进离合器或倒挡及高挡离合器的进油单向阀阀球损坏或漏装。因此，应该拆卸阀体，对阀体上的控制油路、控制阀进行检查并修理。

5）检查电子控制单元和电磁阀。先检查油压电磁阀的线路以及电磁阀工作是否正常，ECU 是否在换挡瞬间向电磁阀发出控制信号。如果线路有故障，应该进行修复。如果电磁阀损坏，应该更换电磁阀。如果在换挡瞬间电磁阀没有收到控制信号，说明 ECU 有故障，应该予以更换。

6. 自动变速器跳挡频繁

（1）故障描述

车辆在前进挡行驶中，即使加速踏板保持不动，自动变速器仍然会经常突然降挡；降挡后发动机转速异常升高，并产生换挡冲击。

（2）故障原因

1）加速踏板传感器有故障。

2）车速传感器有故障。

3）控制系统电路搭铁不良。

4）换挡电磁阀接触不良。

5）电子控制系统有故障。

（3）故障排除方法

1）对于有电控自动变速器的车辆，应先进行故障自诊断。如果有故障代码出现，则按显示的故障代码查找故障原因。

2）测量油门传感器。如果有异常，应更换。

3）测量车速传感器。如果有异常，应更换。

4）检查控制系统电路各接地线的接地状态。如果有搭铁不良现象，应修复。

5）拆下自动变速器油底壳，检查各个换挡电磁阀线束接头的连接情况。如果连接有松动，应修复。

6）检查控制系统电路各接线脚的工作电压。如果有异常，应修复或更换故障元件。

7）换一个新阀或电子控制单元试一下。如果故障消失，则说明原阀或电子控制单元损坏，应更换。

8）更换控制系统所有线束。

7. 自动变速器无前进挡

（1）故障描述

车辆倒挡行驶正常，换到前进挡时不能行驶；换挡操纵手柄在 D 位时车辆不能起步，在一挡位、二挡位（限定挡位）时可以起步。

（2）故障原因

1）前进离合器严重打滑。

2）前进单向超越离合器打滑或装反。

3）前进离合器严重泄漏。

4）换挡操纵手柄调整不当。

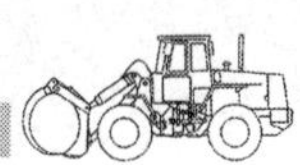

（3）故障排除方法

1）检查换挡操纵手柄的工作情况。如果有异常，应按规定程序调整。

2）测量前进挡主油路油压。如果油压过低，说明主油路严重泄漏，应拆检自动变速器，更换前进挡油路上各处的密封圈和密封环。

3）如果前进挡的主油路油压正常，应拆检前进挡离合器。如果摩擦片表面粉末冶金层有烧焦或磨损过甚，应更换摩擦片。

4）如果主油路油压和前进离合器均正常，应拆检前进挡单向超越离合器。如果离合器装反，应重新安装。如果离合器打滑，应更换新件。

复习思考题

1. 简述大吨位汽车起重机底盘动力系统的主要配置。
2. 简述大吨位汽车起重机底盘的主要部件及功能。
3. 简述空气滤清器的结构组成。
4. 简述消声器的主要功能。
5. 简述底盘结构件组成。
6. 简述大吨位汽车起重机车架结构形式与功能。
7. 简述底盘操纵机构组成。
8. 简述分动箱油温过高的故障原因与排除方法。
9. 简述底盘系统气压低，车辆无法起步的故障原因与排除方法。
10. 简述自动变速器挂挡时冲击大的故障原因与排除方法。
11. 简述自动变速器无前进挡的故障原因与排除方法。

模块二 汽车起重机液压系统维修

汽车起重机的操纵技术正向着全液压方向发展，所以液压元件及液压系统的工作性能直接影响汽车起重机作业的可靠性和先进性。本模块介绍汽车起重机的液压元件及液压系统、汽车起重机液压系统常见故障原因与排除方法，使学习者实现熟练掌握工程机械液压元件及液压系统故障排除的目标。

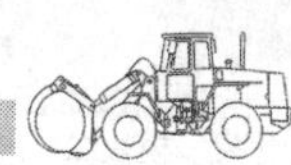

课题1　中、小吨位汽车起重机液压系统维修

子课题1　中、小吨位汽车起重机液压元件及液压系统认知

学习目标

1. 了解中、小吨位汽车起重机专用底盘、上车液压元件组成。
2. 熟悉中、小吨位汽车起重机专用底盘、上车液压系统的工作原理。
3. 掌握中、小吨位汽车起重机液压系统原理图的解读方法。

中、小吨位汽车起重机以25 t和50 t为主要代表，在本课题中以这两种机型为载体进行介绍，其余类型中、小吨位汽车起重机可参照本子课题的内容进行学习。

一、中、小吨位汽车起重机支腿液压系统的组成及工作原理

1. 汽车起重机专用底盘液压系统元件

汽车起重机专用底盘配置的液压系统是其整机液压系统的一部分，主要功能是满足起重作业部分的活动支腿伸缩所需要的液压能，同时为上车其他功能执行机构提供驱动液压能。该底盘液压系统主要部件包括高压齿轮泵、液压油箱、支腿操纵阀、双向液压锁、水平油缸（四个）、垂直油缸（四个）和中心回转体。液压油箱安装了吸油滤油器、回油滤油器、油标温度计和空滤器。钢管、高压胶管和各种接头将以上部件按要求连接起来，即构成了汽车起重机专用底盘液压回路。

（1）高压齿轮泵

高压齿轮泵的作用是将发动机的机械能转变成液体压力能，为液压系统提供动力。

国产汽车起重机使用的液压泵一般是多联齿轮泵，如图2—1—1所示。高压油泵从变速器取力器取力，通过传动轴接入，实现动力输入。高压油泵从油箱吸进低压油，输出高压油，其中一联齿轮泵的输出压力油供下车多路换向阀控制支腿操纵和上车回转，其他联齿轮泵同时通过中心回转体把高压油输送至上车，供上车变幅、伸缩、起升和先导控制使用，从而实现上车的四大功能。

以先导控制系统操纵的汽车起重机采用的四联齿轮泵（图2—1—1）为例，液压泵由四个独立的齿轮泵以联轴节相连接组合在一起，分别向各液压系统供油。P1泵向变幅机

构和伸缩机构供油，并和P2泵合流后向主、副卷扬机构供油；P2泵向主、副卷扬机构供油。P3泵向支腿系统和回转系统供油；P4泵向先导控制操纵系统供油。

机械操纵式汽车起重机采用的液压泵由三个独立的齿轮泵以联轴节相连接组合在一起，组成三联齿轮泵，分别向各液压系统供油。它与上述四联泵的差别是缺少先导油泵P4。

（2）液压油箱

液压油箱的作用是储存工作介质，散发系统工作中产生的热量，分离液压油中混入的空气，沉淀污染物及杂质。汽车起重机使用的液压油箱既能在其液压系统停止工作时容纳系统的液压油，又能在工作时保持一定的液位，以满足液压油散热。如图2—1—2所示，液压油箱上设置了吸油滤油器、回油滤油器、空气滤清器、油位计（含油温显示）、内泄回油接口等。

图2—1—1 四联齿轮泵

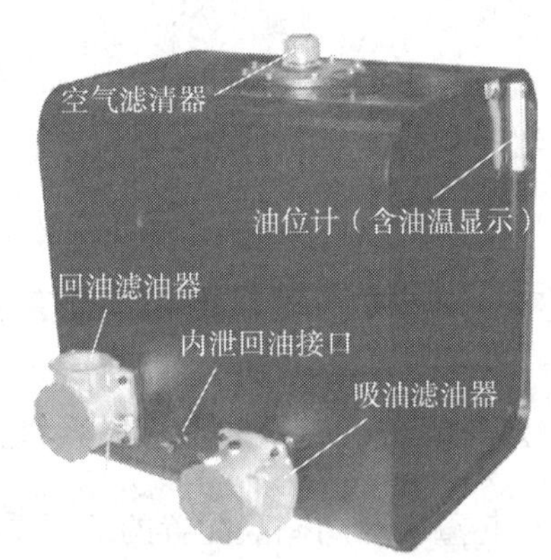

图2—1—2 液压油箱

1）吸油滤油器（图2—1—3）

吸油滤油器安装在油泵吸油口处，用以保护油泵及其他液压元件，以避免吸入污染杂质，有效地控制系统污染，提高液压系统的清洁度。

2）回油滤油器（图2—1—4）

回油滤油器滤除液压系统中元件磨损产生的金属颗粒以及密封件的橡胶杂质等污染物，使流回油箱的油液保持清洁。

3）空气滤清器（图2—1—5）

空气滤清器在液压系统中是非常重要的附件，它直接影响液压油的使用周期。

图2—1—3 吸油滤油器

图2—1—4 回油滤油器

图2—1—5 空气滤清器

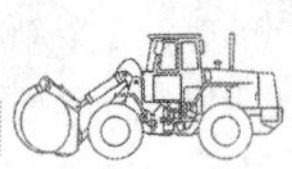

4）油位计

油位计可显示液压油的实际温度和油面高度。

大多数汽车起重机的液压油箱配置的进、回油滤油器设有自封阀。当更换、清洗滤芯或维修系统时，只要旋开滤油器的端盖，自封阀就会自动关闭来隔绝油路，使油箱内油液不向外流，使清洗、更换滤芯或维修系统变得非常方便。

（3）支腿操纵阀总成

如图 2—1—6 所示，支腿操纵阀总成是下车液压系统的控制部件。操作人员通过支腿换向阀的操作来控制水平油缸、垂直油缸的伸出和缩回动作，从而带动活动支腿伸出或缩回，实现整车的支起或落下。大多数国产汽车起重机采用的支腿换向阀为四联换向阀，带有第五支腿的汽车起重机采用五联换向阀。

支腿操纵阀总成内设有支腿油路系统调压阀（溢流阀）、水平油缸伸出压力调压阀（溢流阀），可实现各活动支腿同时或单独伸缩。在下车液压系统不工作时，液压油通过阀内通道供给上车回转机构。

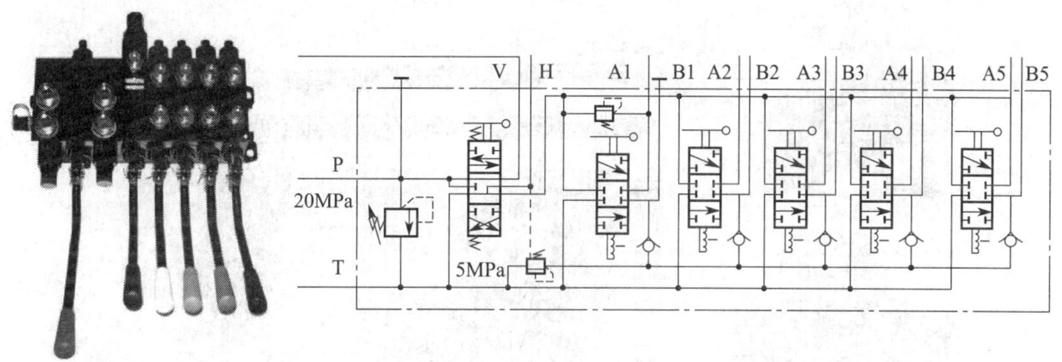

图 2—1—6　支腿操纵阀总成

（4）双向液压锁

如图 2—1—7 所示，双向液压锁用于液压汽车起重机和液压高空作业车液压系统中。当支腿放下后，液压锁能防止因油液渗漏而造成的支腿自行收缩故障；在油管发生破裂意外的情况下，可防止支腿失去作用而造成事故；在汽车起重机或高空作业车行驶或停止时，可防止支腿受自重的影响而下落。

（5）油缸

油缸的作用是将液体的压力能转换为机械能，驱动负载做直线往复运动。汽车起重机专用底盘在活动支腿的伸缩和底盘的垂直升降采用了两种油缸，如图 2—1—8 所示。水平油缸实现活动支腿伸缩，垂直油缸支撑起重机吊重作业。

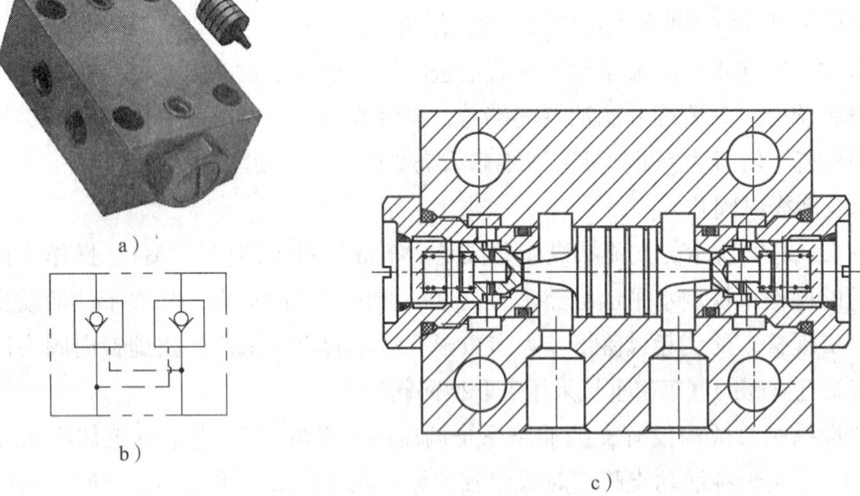

图 2—1—7　双向液压锁

a）外形图　b）职能符号　c）内部结构图

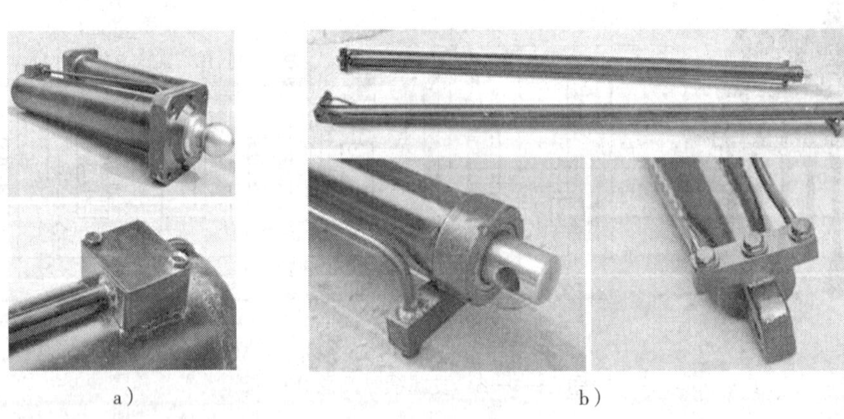

图 2—1—8　油缸

a）垂直油缸　b）水平油缸

（6）中心回转体（图 2—1—9）

中心回转体是工程机械常用的专有部件，主要作用是在两个相对转动部件之间不间断地传递各种介质以及各类信息。汽车起重机专用底盘上安装的中心回转体主要将下车油液的压力能、电能传递到上车，供起重作业各部件使用，同时可在上、下车之间传递各类电信号。

（7）无缝钢管

如图 2—1—10 所示，无缝钢管普遍用于液压系统连接中较为固定的区段，成本比高压胶管低。

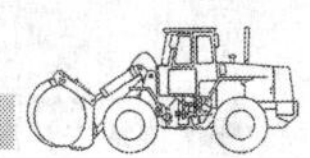

a）

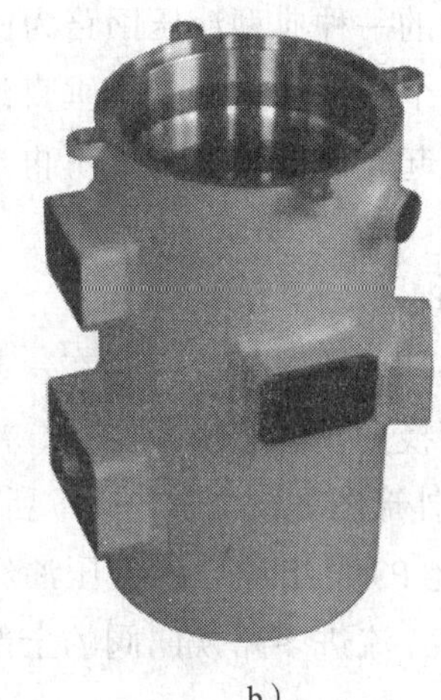

b）

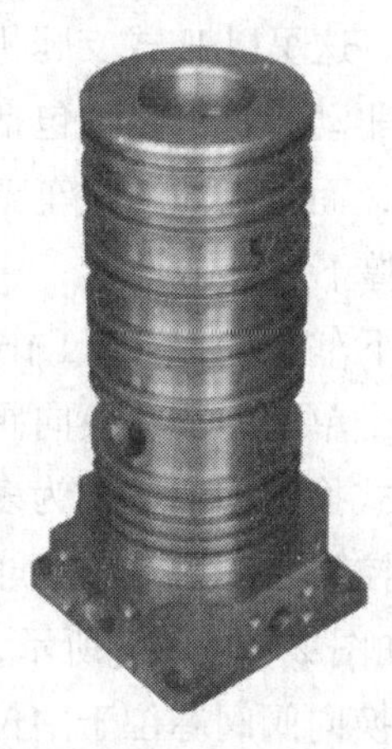

c）

图 2—1—9　中心回转体
a）外形图　b）套筒　c）固定体

（8）高压胶管

如图 2—1—11 所示，高压胶管为钢丝编织或尼龙编织与橡胶合成制作的胶管，根据编织层数不同，分为高、中、低压类型，可根据使用要求选用。

图 2—1—10　无缝钢管

图 2—1—11　高压胶管

（9）接头

焊接式接头已被淘汰。现阶段主要采用卡套式接头，使用方便，可预装。

2. 底盘支腿机构液压回路工作原理

对轮胎式工程机械来说，为了扩大作业面积和增加整体稳定性，需要在车架上向轮胎外侧伸出支腿，将整车支撑起来，使重心可以在轮胎覆盖范围以外。支腿机构种类有蛙式、H 式、X 式和辐射式等。大多数国产中、小吨位汽车起重机使用 H 式液压支腿机构。因此，这里以 H 式支腿机构的一种典型液压回路为例进行介绍。该 H 式支腿受到四组油缸的驱动，每组油缸包括一个水平油缸和一个垂直油缸。水平油缸将支腿推出轮胎覆盖范围，而垂直油缸将车架顶起，使轮胎离地而不再支撑车架。这样，整车就在支腿机构的支撑下进行作业。

（1）下车多路换向阀工作原理

把几个单独的手动换向阀和其他的液压阀组合在一起，以适应工作的需要，这种阀称为组合式换向阀，或称为多路换向阀。它由换向阀、溢流阀及单向阀等组成，是液压系统中的控制元件。多路换向阀外形图如图 2—1—12a 所示。

1）如图 2—1—12b 所示，经 P3 泵出油口的液压油经多路换向阀油口 P 进入多路换向阀；当换向阀阀芯位于中位时，流进多路换向阀的全部液压油经油口 V 流向中心回转接头，以供回转机构用油。

2）当把换向阀阀芯移至“伸出”或“缩回”位置时，液压油通过内部油道到达各选择阀进油口或经油口 H 进入各支腿油缸的有杆腔油口。

3）选择阀油口 A1 ~ A4 以及 B1 ~ B4 分别与垂直支腿油缸、水平油缸的无杆腔油口相连。

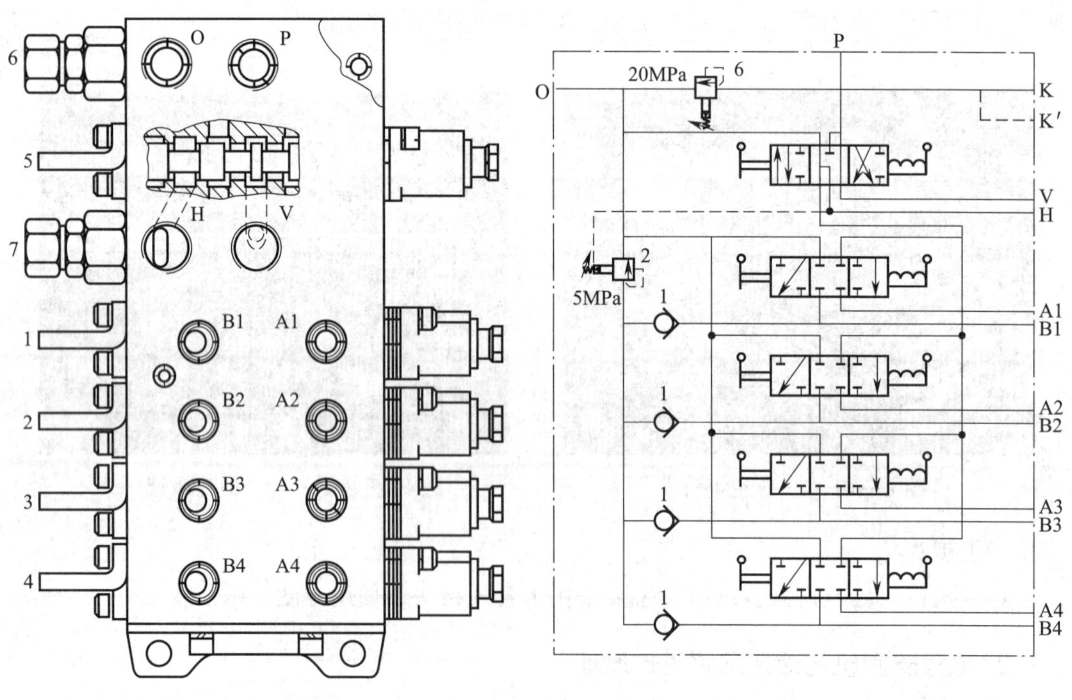

图 2—1—12　多路换向阀

a）外形图　b）工作原理图

4）选择阀阀芯与油口 B1 到 B4 之间在阀体内各装有单向阀 1，并在内部与水平油缸伸出溢流阀 2 连接，以限制水平油缸伸出的最高压力。

5）收放支腿时的油缸回油经 A1 ~ A4、B1 ~ B4 或 H 油口进入多路换向阀后，通过 O 口流回油箱。

（2）溢流阀工作原理

溢流阀内部由主阀芯、锥阀芯（先导阀芯）、弹簧和节流孔等组成，如图 2—1—13a 所示。溢流阀的职能符号如图 2—1—13b 所示。

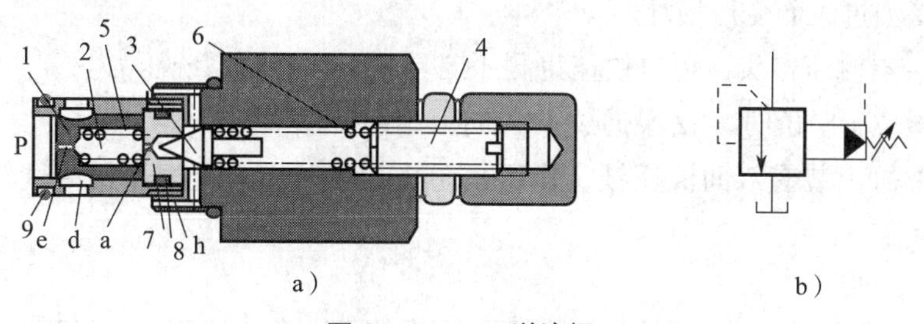

图 2—1—13　溢流阀

a）结构示意图　b）职能符号

1—溢流阀主阀芯　2—弹簧腔　3—锥阀芯　4—调节螺杆　5—主弹簧

6—调压弹簧　7—阀座　8、9—密封圈

1）如图 2—1—13a 所示，从 P 口来的压力油经溢流阀主阀芯 1 上的节流孔 e 进入弹簧腔 2，并经孔 a 到达锥阀芯 3，当进油口 P 的压力低于先导阀调定值时，锥阀芯 3 不能打开，各腔各孔中充满了油，但不流动。主阀芯 1 两端面积相等，作用在其两端的压力相等。主阀芯上还作用有主弹簧 5 的压紧力，主阀芯不开启，无溢流口形成，溢流阀不溢流。

2）当油压 P 超过开启压力时，锥阀芯 3 开启，2 腔油液经过锥阀芯 3 和阀座 7 形成的缝隙成为低压油，经油道 h 及相通的低压腔 d，从出油口排出。

3）调节螺杆 4 可改变调压弹簧 6 的预压紧力，从而可以调节开启压力的大小。

4）当锥阀芯开启而形成通路，2 腔的油流出后，由于流经节流孔 e 的压力油不能及时补充 2 腔，因此使 P 腔与 2 腔形成压力差。P 腔的压力油克服弹簧 5 的压力，推动主阀芯向右移动，打开主阀芯流口，压力油通过 d 口流回油箱。

（3）H 式支腿机构液压回路工作原理

图 2—1—14 所示是某汽车起重机 H 式支腿机构的液压回路图。

该机构用四个三位四通手动换向阀实现水平支腿与垂直支腿的伸出选择，用一个三位六通手动换向阀实现水平和垂直支腿的伸出和缩回。因为支腿水平伸出时压力较小，所以在伸出时采用了二次溢流阀进行安全保护，以防止损坏油缸。该回路中还增加了第五支腿（图 2—1—14 中所示 A1—B1），以实现汽车起重机的 360° 作业。回路中下车多路换向阀为六联多路换向阀组，其中第一片（从左到右）为总控制阀，第二片到第六片为选择阀，分别选择水平或垂直位置（操作杆上抬为水平，下压为垂直）。

当选择阀处于水平（垂直）位置时，操作第一片阀，可以实现水平（垂直）油缸的伸出与缩回（上抬为缩回、下压为伸出）。支腿操作既可以联动，也可以单独操作，实现动作的微调。多路换向阀中设有安全阀 RB1、RB2 及 RB3。RB1 的设定压力为 20 MPa，其作用是限制供油泵的最高压力，对系统起保护作用。RB2 的作用是限制水平油缸伸出的最高压力，以防损坏油缸。RB3 的作用是限制第五支腿伸出的最高压力，保护底盘大梁，防止其受力过大而变形损坏。

在 K 口装有测压接头，可以快速将测压工具装上，检测系统压力。

当操作阀位于中位时，32 泵通过 V 口向上车回转供油。

在垂直油缸上装有双向液压锁，作用是防止行驶时由于重力作用活塞杆伸出以及在作业时油缸回缩。

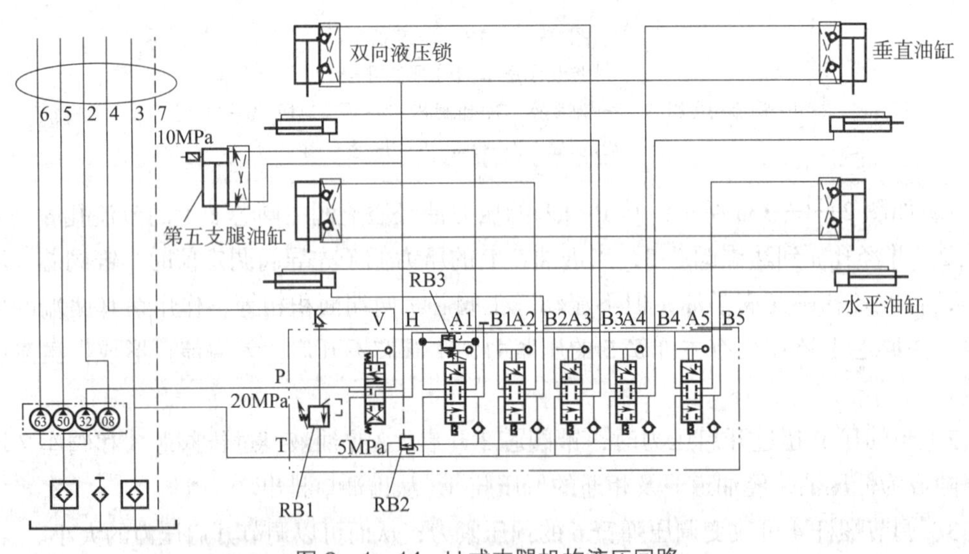

图 2—1—14　H 式支腿机构液压回路

二、汽车起重机液压控制类型及特点

1. 机械操纵式

机械操纵的多路换向阀控制系统中，主操纵阀为负载敏感控制多路换向阀，如图 2—1—15 所示。泵出口压力与负载压力之间压差的变化通过梭阀反馈到分流阀和负载补偿阀，从而改变各执行器的流量大小，实现“低压溢流，高压工作”的状态控制，减少系统的发热量，提高整机的微动性。

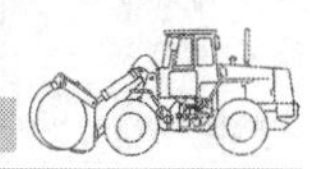

a）

b）

图 2—1—15　机械操纵
a）机械操纵拉杆　b）机械操纵多路换向阀

2. 先导控制式

汽车起重机液控先导操纵的多路换向阀控制系统中，主操纵阀为负荷敏感式比例多路换向阀，各联换向阀均设有抗冲击阀和防气蚀阀。先导阀采用进口比例式减压阀，先导阀手柄移动的角度与输出压力成正比，主操纵阀的阀芯位移与先导阀输出压力也成正比，所以整机具有良好的微动性。同时，负荷敏感阀使执行元件的运动速度与负载无关，降低了操作者的操作难度，减轻了操作者的劳动强度。卷扬机构采用变量马达使整机具有轻载高速、重载低速的特点。先导操纵如图 2—1—16 所示。

a）

b）

图 2—1—16　先导操纵
a）先导操纵手柄　b）先导操纵多路换向阀

先导控制油路的压力由排量为 10 mL/r 的齿轮泵单独提供，控制油路溢流阀压力设定为 3 MPa。在先导控制油路中，设有先导油源控制电磁阀。只有该电磁阀通电，上车各执行机构才能动作；否则，所有动作皆无。先导阀如图 2—1—17 所示。在先导控制油路中，设有钢丝绳三圈保护电磁阀。当主、副卷扬卷筒上的钢丝绳少于三圈时，该电磁阀通电，钢丝绳无法继续下放。在先导控制油路中，还设有安全卸荷电磁阀。该电磁阀受力矩限制器控制。当负载力矩达到或超过设计值时，该电磁阀通电，所有使力矩增大的动作均不能工作。

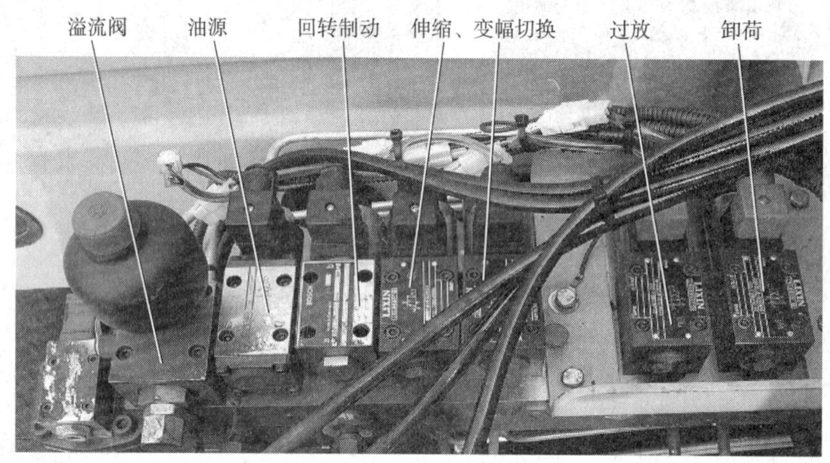

图 2—1—17　先导阀

3. 计算机集中控制系统

（1）采用技术

计算机集中控制系统采用的技术是基于 CAN 总线的 PLC 计算机控制技术加力矩限制器安全控制技术，主要用于采用电液比例控制技术的中、大吨位汽车起重机和全地面起重机。

（2）特点

系统功能相对简单，控制器所需的 I/O 点数相对较少。整个系统由一个控制器完成所有开关量、模拟量的检测输入，通过程序调用、判断对系统进行逻辑控制、运算处理，控制各执行元件（如指示灯、开关阀、比例阀等）的状态，从而完成起重机的各种动作控制和安全保护功能。

三、中、小吨位汽车起重机工作装置的液压元件

1. 动力元件

液压泵的功能是向液压系统提供液压油，并将压力油送至上车部分，以供起重机正常作业。

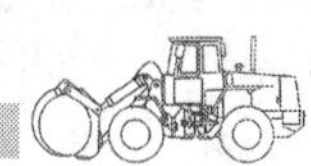

一般来讲，16 ~ 50 t 汽车起重机的液压系统采用多联齿轮泵。60 ~ 70 t 汽车起重机主泵采用的是柱塞式多联变量油泵（图 2—1—18）。柱塞式变量油泵通过调整斜盘角度来改变油泵的排量，可以与其他齿轮油泵组成多联油泵。

2. 多路换向阀

（1）DL25 多路换向阀（QY16 型汽车起重机使用）

DL25 多路换向阀的外形如图 2—1—19 所示。

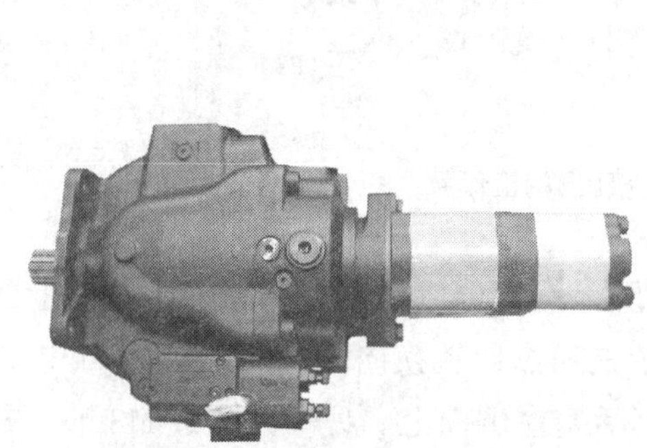

图 2—1—18 柱塞式多联变量油泵

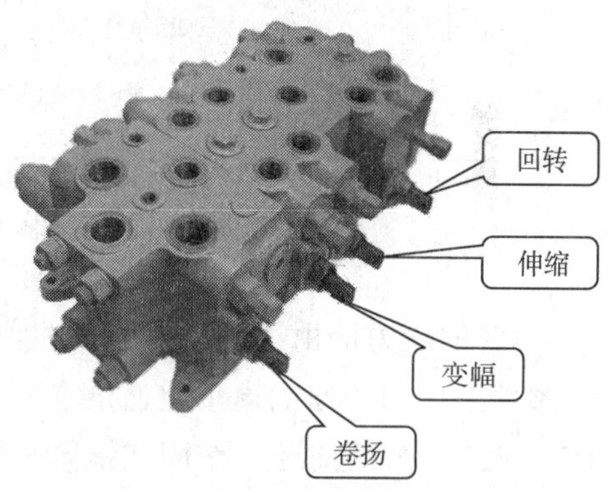

图 2—1—19 DL25 多路换向阀的外形图

1）控制油路充压阀

①控制油路充压阀的结构示意如图 2—1—20 所示。

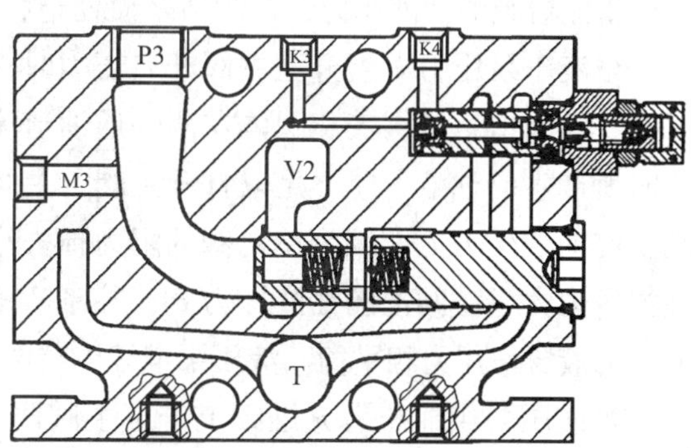

图 2—1—20 控制油路充压阀的结构示意图

②控制油路充压阀工作原理如图 2—1—21 所示。

在蓄能器充压系统中，充压阀 P 口接液压泵 P3 的出油口，V2 口接回转换向阀的进油口，M3 通过单向阀接蓄能器。

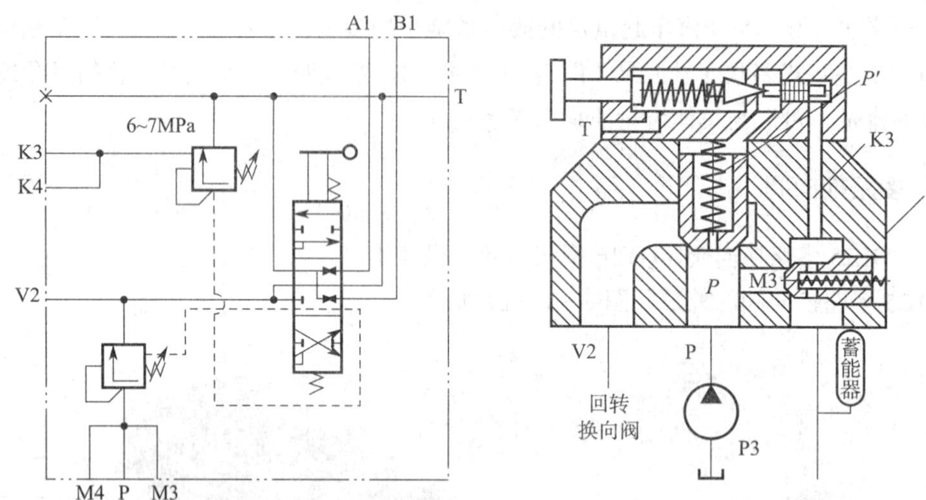

图 2—1—21　控制油路充压阀的工作原理图

来自 P3 的压力油由进油口 P 进入主阀下腔，然后分成两路。一路经主阀芯上的阻尼孔和阀盖上中间的通油道（此通道在实际中是通过回转换向阀阀芯和阀体），进入主阀上腔和导阀部分的前腔，作用在锥阀和控制活塞左侧面上。另一路通过 M3 油口打开单向阀向蓄能器供油充压，并通过阀体和阀盖上右端的通油道 K3，作用在控制活塞右侧端面上。

充压主阀调定在某个压力值。当液压泵 P3 供油压力 *P* 低于锥阀开启压力时，锥阀和主阀均关闭，主阀下腔油液压力 *P* 等于主阀上腔油液压力 *P*′，并由于单向阀的阻力损失，大于蓄能器腔的油液压力，控制活塞便处于右位。液压泵继续向蓄能器供油充压。

当液压泵压力 *P* 上升至主阀开启压力时，锥阀便打开至一定开度，部分压力油经阻尼孔、导阀口，从阀盖和阀体左侧的通油道流回油箱。这时，先导油液流经主阀芯阻尼孔时所产生的油液压差不足以打开主阀，主阀关闭不溢流。主阀下腔油液压力 *P* 大于主阀上腔油液压力 *P*′，因为单向阀的阻力损失小于主阀阻尼孔的压力损失，所以蓄能器的油液压力大于主阀上腔油液压力 *P*′，控制活塞左移。调压弹簧力与作用在锥阀和控制活塞上的液压作用力相平衡。液压泵继续向蓄能器供油充压。

当液压泵供油压力 *P* 继续上升至主阀调定压力时，锥阀和主阀均打开至额定开度；这时，蓄能器的压力也达到了主阀所调定的压力，液压泵供给的油液便从主阀 V2 口溢入回转换向阀进油口。

当蓄能器腔的油液压力大于主阀下腔的油液压力，单向阀关闭，蓄能器的储藏能量使锥阀的开口度增大。这样就使主阀上腔的油液压力降低，主阀芯向上提升，开口度增大至大于调定压力时的额定开口度；于是，主阀下腔油液压力也下降，低于调定压力。同时，由于主阀上腔油液压力降低，使它与蓄能器腔的油液压差进一步增大，作用在控

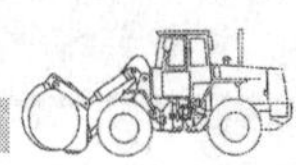

制活塞承压面上的液压作用力也进一步增大，从而锥阀开口度再一次增大；又引起主阀上腔油液压力降低，主阀开口度增大，主阀下腔油液压力降低。这样经过不断地循环，主阀压力便从调定压力卸载至卸荷压力，达到卸荷的目的。

当蓄能器油液压力下降至某个值时，控制活塞在弹簧力的作用下右移，使锥阀开口度关小。如果蓄能器油液压力下降至主阀关闭压力时，主阀便关闭；主阀压力重又上升，并超过蓄能器油液压力，于是单向阀又打开，向蓄能器供油充压，直至蓄能器腔油液压力达到主阀调定压力。当蓄能器吸收和储藏了超调能量后，单向阀再次关闭，使主阀又处于卸荷状态。

当操纵回转换向阀操纵杆时，通向导阀前腔的油道在回转换向阀阀芯的移动后与A1（或A2）口相通，流向回转马达；此时，主阀下腔油液压力 P 大于主阀上腔油液压力，主阀在压力的作用下开启，油液通过V2油口向回转换向阀供油。

2）回转换向阀（图2—1—22）

a）

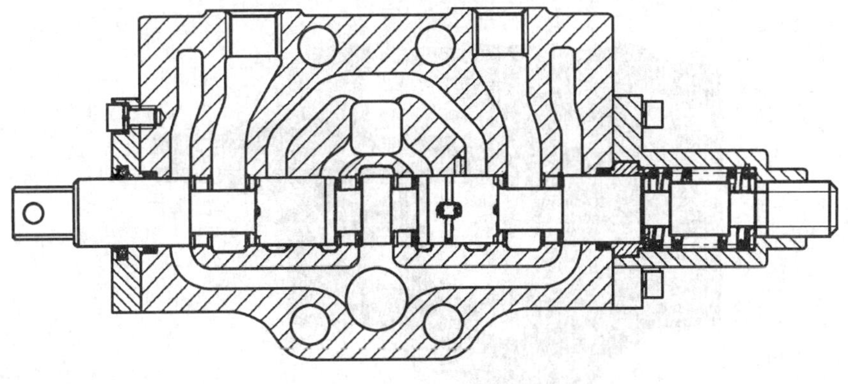

b）

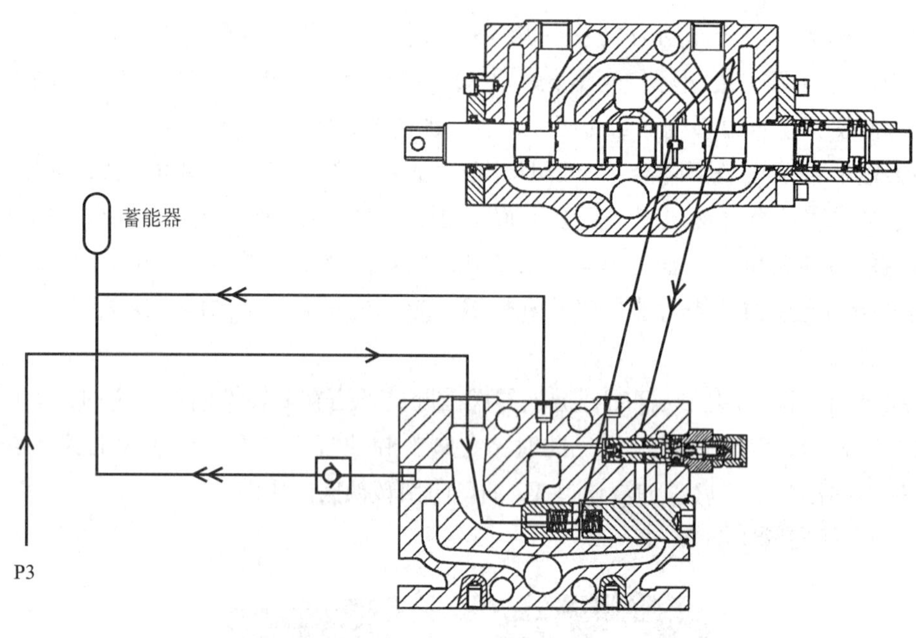

c）

图 2—1—22　回转换向阀

a）剖面图　b）结构示意图　c）工作原理示意图

3）P2 泵溢流阀（图 2—1—23）

4）P1 泵溢流阀及分流阀（图 2—1—24）

5）变幅、伸缩换向阀（图 2—1—25）

（2）SBDL25FS 多路换向阀（QY25 型机械起重机使用）

SBDL25FS 多路换向阀外形图如图 2—1—26 所示。

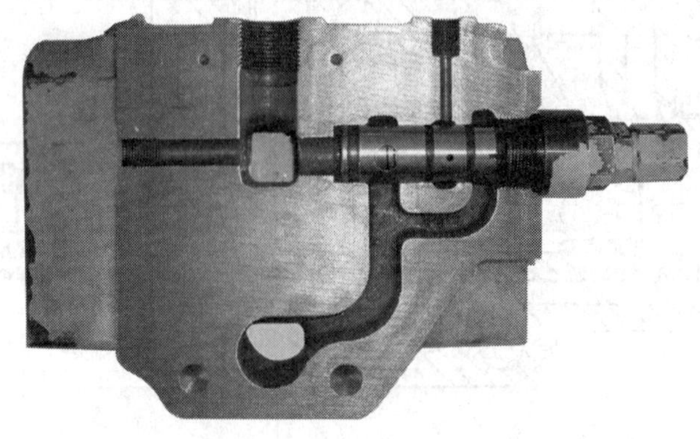

a）

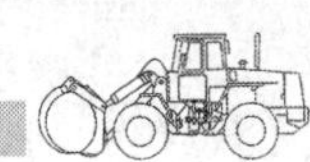

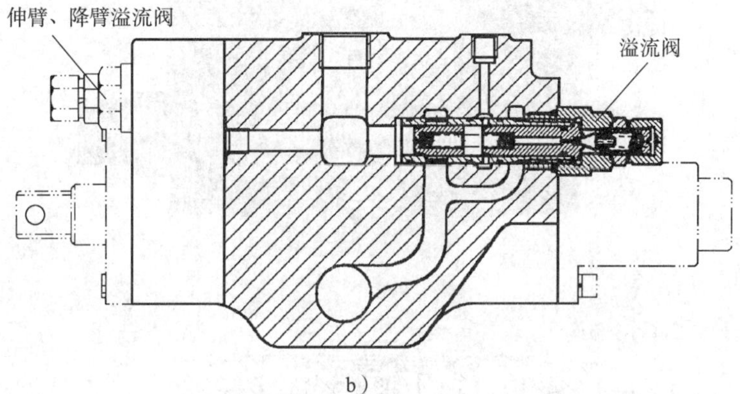

b）

图 2—1—23　P2 泵溢流阀

a）实物图　b）剖面结构示意图

a）

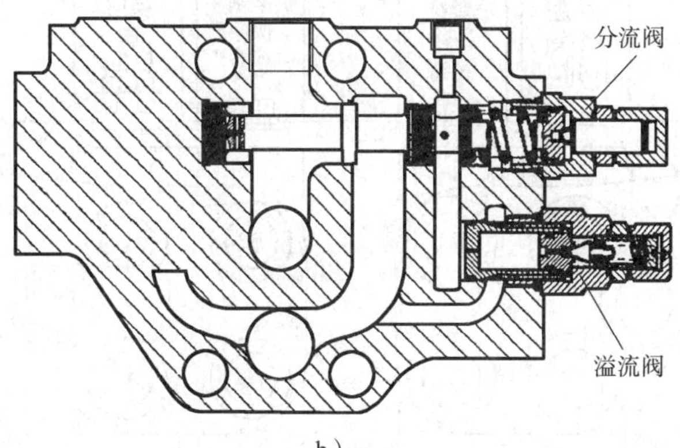

b）

图 2—1—24　P1 泵溢流阀及分流阀

a）实物图　b）剖面结构示意图

a）

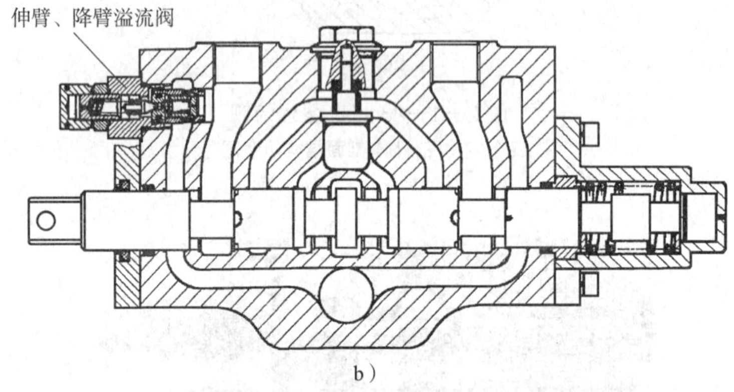

b）

图 2—1—25　变幅、伸缩换向阀
a）实物图　b）剖面结构示意图

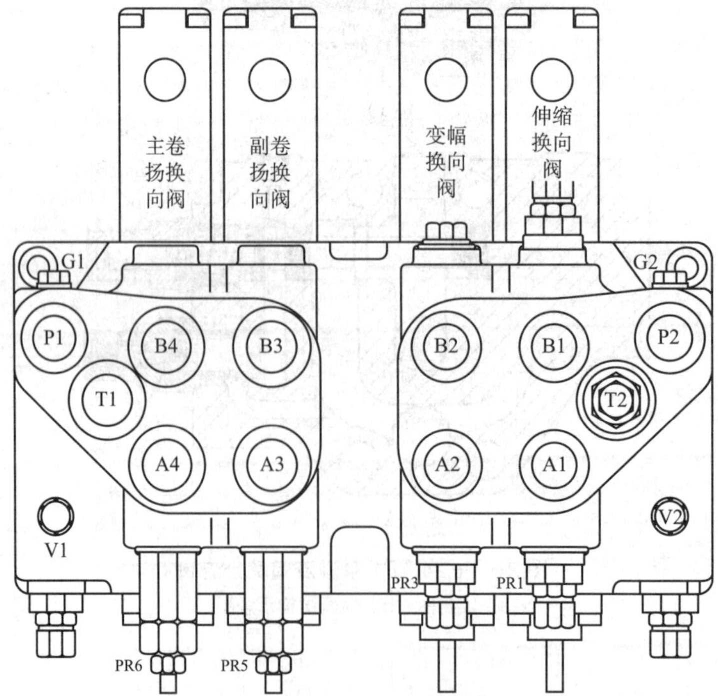

图 2—1—26　SBDL25FS 多路换向阀外形图

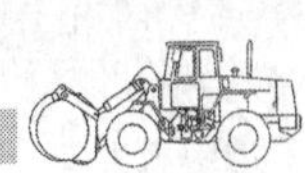

1）溢流阀及分流阀（图 2—1—27）

a）

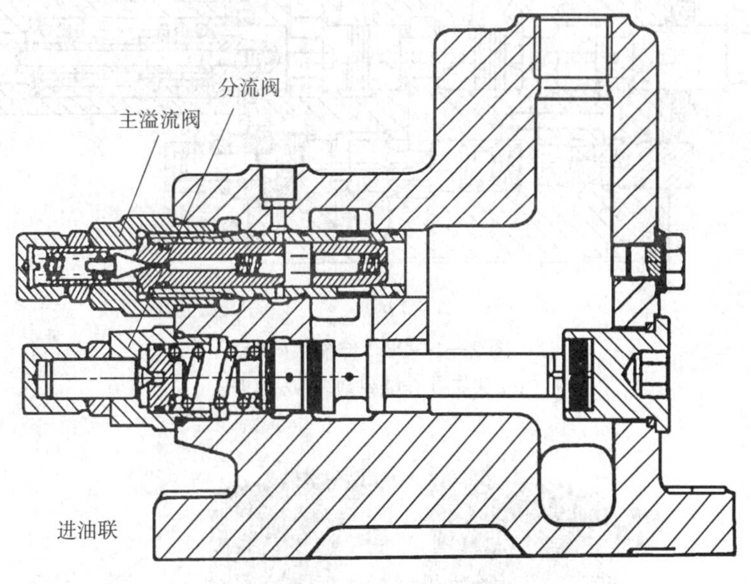

b）

图 2—1—27　溢流阀及分流阀

a）实物图　b）剖面结构示意图

2）伸缩换向阀（图 2—1—28）

3）主卷扬换向阀（图 2—1—29）

a）

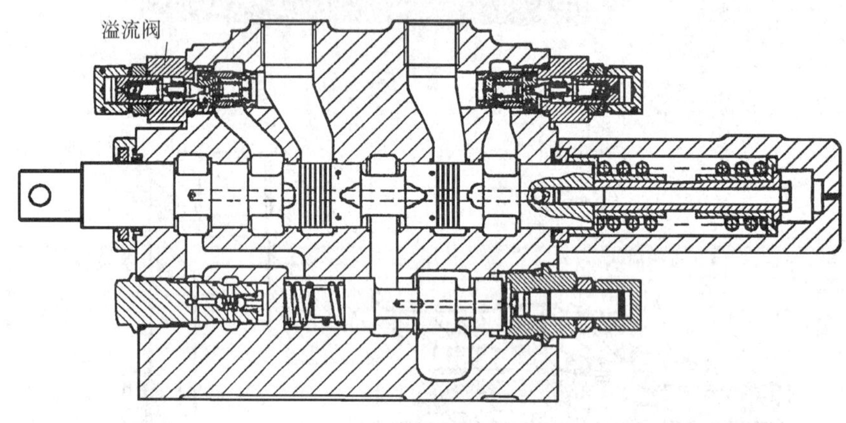

b）

图 2—1—28　伸缩换向阀

a）实物图　b）剖面结构示意图

a）

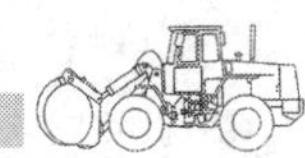

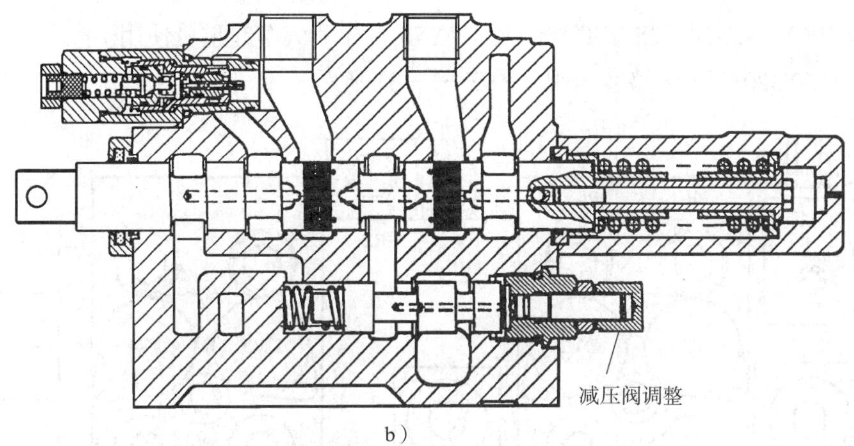

b）

图 2—1—29　主卷扬换向阀

a）实物图　b）剖面结构示意图

4）副卷扬换向阀（图 2—1—30）

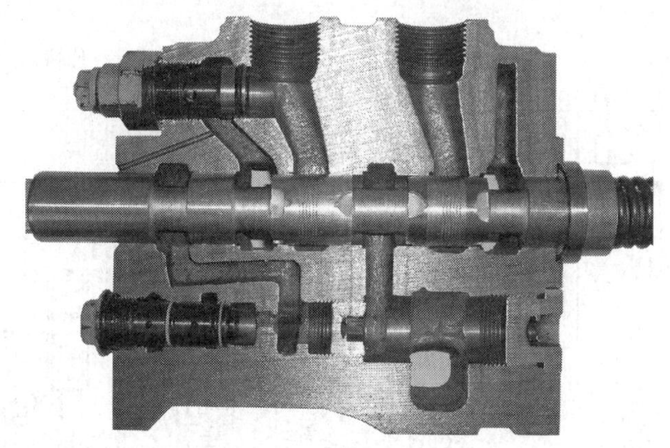

a）

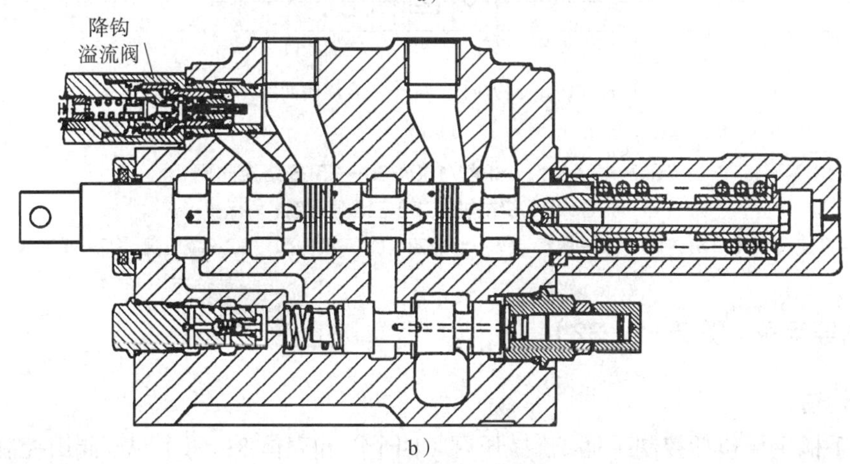

b）

图 2—1—30　副卷扬换向阀

a）实物图　b）剖面结构示意图

（3）4SPCV160/320—25 多路换向阀（QY50 先导型汽车起重机使用）

4SPCV160/320—25 多路换向阀如图 2—1—31 所示。

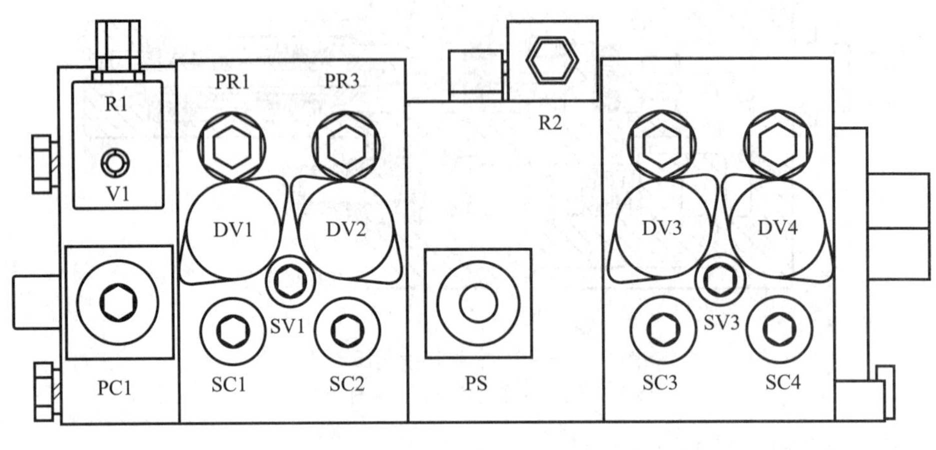

a）

←分流阀的油路方向　⇐合流阀油路方向

b）

图 2—1—31　4SPCV160/320—25 多路换向阀

a）外形结构图　b）工作原理图

R—主溢流阀　PC—分流阀　SV—梭阀　PS—合流阀　DV—换向阀　SC—减压阀　PR—油口溢流阀

3. 先导手柄（图 2—1—32）

（1）构造

先导手柄主要包括控制手柄 1、减压阀（四个）和壳体 8；每个减压阀由控制阀芯 7、控制弹簧 5、复位弹簧 4 和柱塞 3 组成。

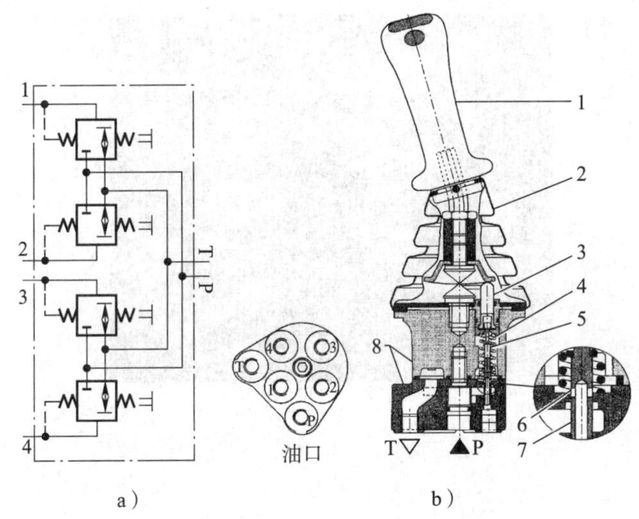

图 2—1—32　先导手柄

a）工作原理图　b）结构图

1—控制手柄　2—橡胶防尘罩　3—柱塞　4—复位弹簧　5—控制弹簧　6—孔　7—控制阀芯　8—壳体

（2）工作原理

在静止位置，控制手柄由四个复位弹簧 4 保持在中位，油口（1、2、3、4）通过孔 6 与回油口 T 相通。

当扳动控制手柄 1 时，柱塞 3 被压下，顶住复位弹簧 4 和控制弹簧 5。控制弹簧 5 开始向下推动控制阀芯 7，并关闭相应油口和回油口 T 的连接。与此同时，相应油口通过孔 6 与油口 P 相通。

橡胶防尘罩 2 保护壳体内的机械零件免遭污染。

4. 回转缓冲阀

回转缓冲阀如图 2—1—33 所示。回转缓冲阀用于控制液压马达的旋转动作，它是由各种阀构成的复合阀。

（1）换向阀 A 用于控制液压油流方向。

（2）过载溢流阀 B 又是一个制动阀。其作用是限制锁住转台时的最高制动油压值。最高制动油压由最大压力调定液控阀及中间压力调定阀 F 的压力调定值所决定。

（3）单向阀 C、D 在液压马达被外力驱动时，可构成供油回路。当液压马达的任一油孔要出现负压时，另一个油孔就经过上述单向阀为其供油。

（4）操作回转机构自由滑转及锁紧电磁阀 E，可实现转台锁紧或自由滑转状态。

（5）中间压力调定阀 F 在转台处于自由滑转状态时，可调整出最大制动油压值。当回转机构自由滑转及锁紧选择阀位于锁紧位置时，中间压力调定阀不起作用。

a）

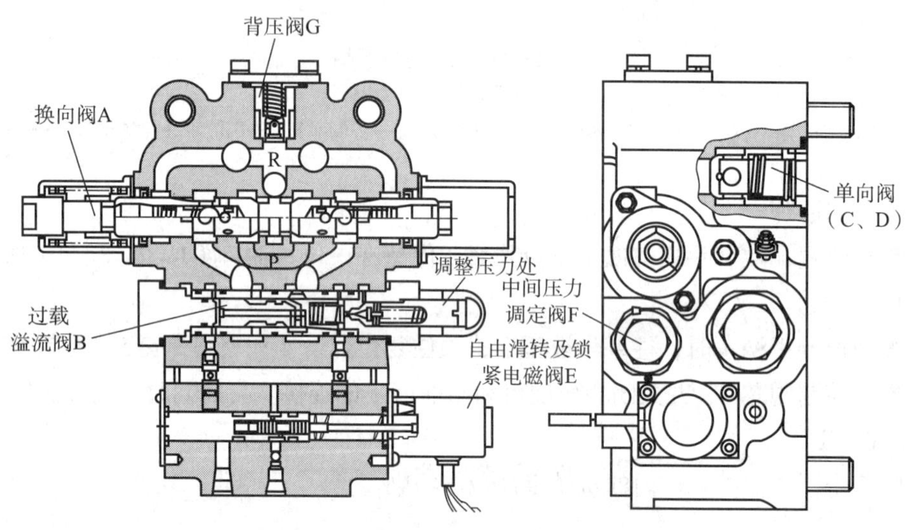

b）

图 2—1—33 回转缓冲阀

a）外形图 b）结构图

（6）背压阀 G 用于在回油管路中产生背压。当液压马达被外力驱动起油泵作用时，背压阀用来给液压马达的吸油孔供油。背压阀还用来防止在此情况下可能发生的“气穴”现象。

5. 平衡阀

平衡阀如图 2—1—34 所示。

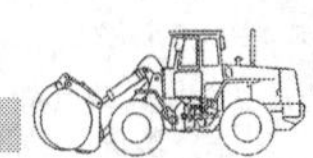

a）

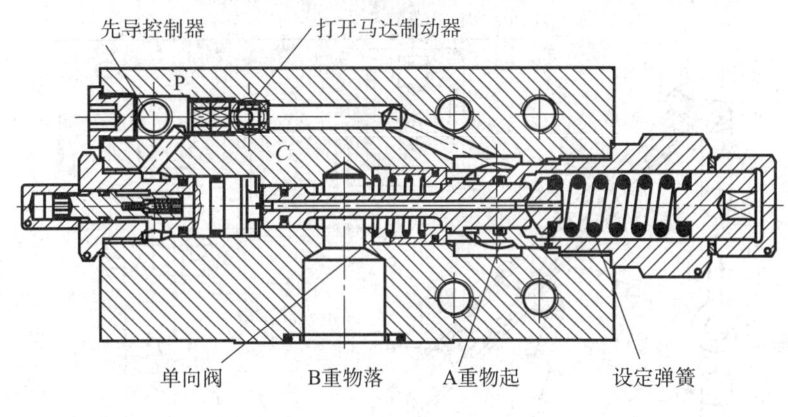

b）

图 2—1—34　平衡阀

a）外形　b）结构

四、中、小吨位汽车起重机上车液压系统的结构组成及工作原理

1. 伸缩液压系统的结构组成及工作原理

伸缩机构是一种控制起重臂伸出与缩回的多级式机构。图 2—1—35 所示为起重臂伸缩机构液压回路。臂架有三节，Ⅰ是一节臂（或称基本臂），Ⅱ是二节臂，Ⅲ是三节臂。后一节臂可依靠液压缸相对前一节臂伸出或缩回。三节起重臂只需要两个液压缸驱动。液压缸 6 的活塞与臂Ⅰ铰接，而其缸体与臂Ⅱ铰接，缸体运动使臂Ⅱ相对于臂Ⅰ伸缩；液压缸 7 的缸体与臂Ⅱ铰接，而其活塞杆与臂Ⅲ铰接，活塞运动使臂Ⅲ相对于臂Ⅱ伸缩。臂Ⅱ、臂Ⅲ是顺序动作的，对回路的控制可进行如下操作：

（1）手动换向阀 2 在左位，电磁阀 3 也在左位，使液压缸 6 上腔压入液体，缸体运动将臂Ⅱ相对于臂Ⅰ伸出，臂Ⅲ则顺势被臂Ⅱ托起，但与臂Ⅱ无相对运动。此时，实现举重上升。

（2）手动换向阀仍在左位，但电磁换向阀换至右位，液压缸 6 因无液体压入而停止运动，臂Ⅱ对臂Ⅰ也停止伸出，而液压缸 7 下腔压入液体，活塞运动将臂Ⅲ相对于臂Ⅱ伸出，继续举重上升。连同上一步的操作，可将起重臂总长增至最大，将重物举升至最高位。

（3）手动换向阀换为右位，电磁换向阀仍为右位，液压缸 7 上腔压入液体，活塞运动将臂Ⅲ相对于臂Ⅱ缩回，为负重下降，故此时需平衡阀 5 起作用。

（4）手动换向阀仍在右位，电磁换向阀换至左位，液压缸 6 下腔压入液体，缸体运动将臂Ⅱ相对于臂Ⅰ缩回，为负重下降，需平衡阀 8 起作用。

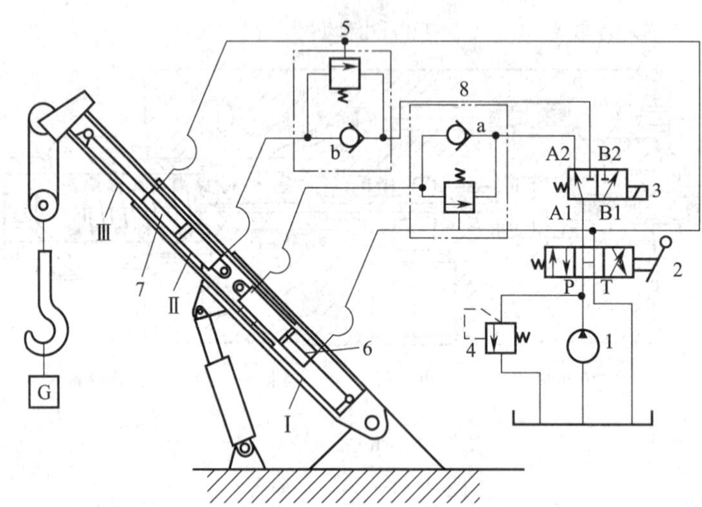

图 2—1—35 起重臂伸缩机构液压回路

1—液压泵 2—手动换向阀 3—电磁换向阀 4—溢流阀 5、8—平衡阀 6、7—液压缸

Ⅰ—一节臂（基本臂） Ⅱ—二节臂 Ⅲ—三节臂

2. 变幅液压系统的结构组成及工作原理

（1）平衡回路组成及工作原理

为了防止立式液压缸及工作部件在停止时因自重而下滑，或在下行时超速，可在活塞下行的回油路上设置顺序阀（或在上行的进油路上安装单向阀），使其产生适当的阻力，以平衡运动部件的重量，这种回路称为平衡回路。

1）采用内控式单向顺序阀的平衡回路（图 2—1—36a）

该回路中采用 M 型机能换向阀。在液压缸运动部件停止时，油缸的上、下腔油液被封闭，有助于锁住运动部件；同时可使泵卸荷，减少能耗。

①工作原理。由于顺序阀的调定压力稍大于工作部件的自重在液压缸下腔形成的压力。当换向阀位于中位时，液压缸下腔油压低于顺序阀调定压力，顺序阀关闭，工作部件不会自行下滑。

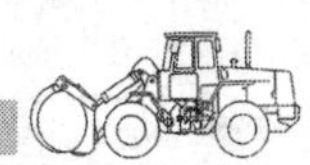

当换向阀位于左位时，液压缸上腔通压力油，下腔的背压大于顺序阀的调定压力，顺序阀打开，工作部件下行。因为立式液压缸及工作部件自重得到平衡，所以不会产生超速现象。

②应用特点。这种回路由于下行时回油腔背压大，必须提高进油腔工作压力，因此功率损失较大。该回路主要用于负载质量不大且不变的系统。

2）采用外控式顺序阀的平衡回路（图2—1—36b）

①工作原理。换向阀位于右位时，压力油经单向阀进入油缸下腔，油缸上腔回油，使活塞上升吊起重物。换向阀处于中位（H型机能）时，油缸上腔卸压，液控顺序阀关闭，油缸下腔油被封闭，活塞及工作部件停止运动并被锁住。

换向阀位于左位时，压力油进入油缸上腔，同时进入液控顺序阀的外控口，打开顺序阀，油缸下腔回油，于是活塞下行，放下重物。如果下行时速度过快，必然使油缸上腔油压降低，液控顺序阀阀口也关小，使油缸下腔背压增加，阻止活塞迅速下降。

②应用特点。这种回路适用于负载重量变化的场合，比较安全可靠；但由于工作部件下行时液控顺序阀处于不稳定状态，其开口量有变化，故运动的平稳性较差。

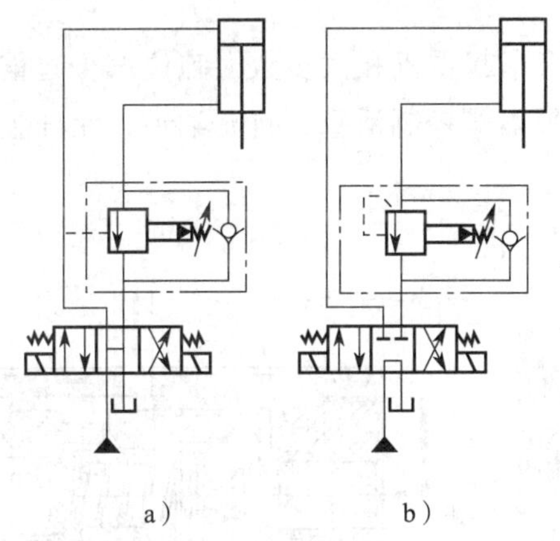

图2—1—36 平衡回路

a）采用内控式单向顺序阀的平衡回路 b）采用外控式单向顺序阀的平衡回路

（2）汽车起重机变幅机构液压系统

变幅系统由变幅油缸和平衡阀等部件组成。双作用变幅液压回路如图2—1—37所示。变幅油缸将液压泵产生的液压能转换成往复运动的机械能，用于起重臂变幅。平衡阀（图2—1—38）用于防止起重臂下降时油缸活塞杆在载荷的作用下以超过压力油供应流量的速度缩回（即起重臂快速下降）。此外，如果该阀与多路换向阀之间的管路破裂时，它还可以防止油缸突然缩回。

从多路换向阀变幅联油口流出的压力油通过平衡阀后进入变幅油缸的无杆腔，推动油缸活塞杆向外伸出，使起重臂仰起。

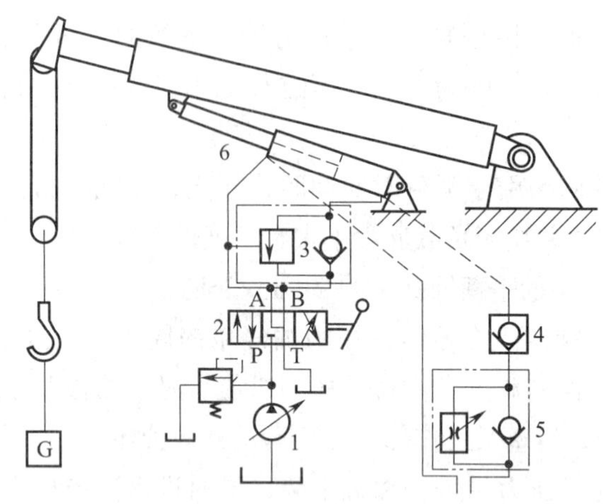

图 2—1—37　双作用变幅液压回路

1—液压泵　2—手动换向阀　3—平衡阀　4—液控单向阀　5—单向节流阀　6—液压缸

降臂时，压力油通过多路换向阀变幅联另一油口进入变幅油缸的有杆腔，并推动平衡阀内的控制活塞，打开油道，使无杆腔回油。油缸活塞杆在压力油的作用下回缩，起重臂下降。

对于部分中、小吨位汽车起重机和大多数大吨位汽车起重机而言，起重臂下降是依靠先导油路的控制油推动平衡阀控制活塞，打开油道，无杆腔回油，起重臂在重力的作用下下降。

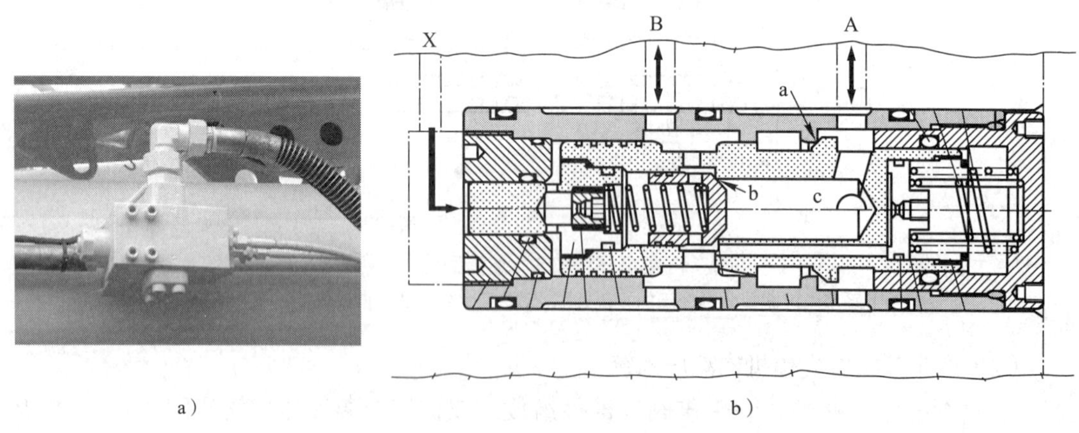

图 2—1—38　平衡阀外形图及结构原理图

a）外形图　b）结构原理图

3. 起升机构液压系统结构组成及工作原理

汽车起重机用起升机构垂直起吊和放下重物。起升机构采用液压马达，通过行星减速器驱动卷筒。图 2—1—39 所示为一种简单的起升机构液压回路。当换向阀 3 处于左位

时，通过液压马达2、减速器6驱动卷筒7提升重物G，实现吊重上升。而换向阀3处于右位时，起升机构放下重物G，实现负重下降。这时，系统中的平衡阀4起平衡作用。当换向阀3处于中位时，系统理论上实现承重静止。由于液压马达内部泄漏比较大，即使平衡阀的闭锁性能很好，但卷筒和吊索机构仍难以支撑重物G。为了真正实现承重静止，系统中一般设置常闭式制动器，依靠制动油缸8来控制。

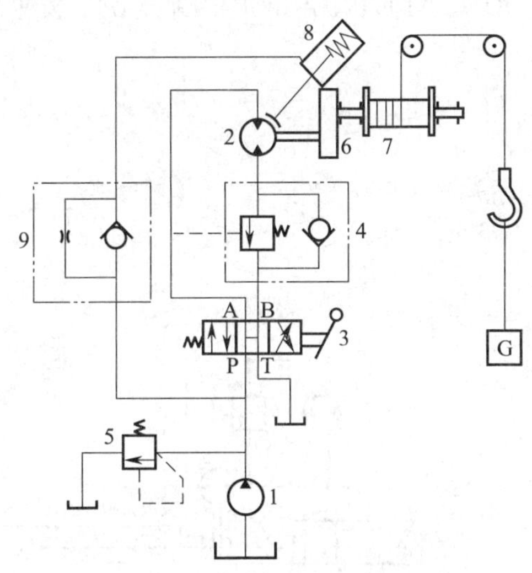

图2—1—39　起升机构液压回路

1—油泵　2—液压马达　3—换向阀　4—平衡阀　5—溢流阀　6—减速器
7—卷扬机　8—制动油缸　9—单向节流阀

在换向阀3分别处于左位（吊重上升）和右位（吊重下降）时，油泵1提供的压力油同时作用在制动油缸8的下腔，将活塞顶起，压缩制动油缸8上腔的弹簧，使制动器闸瓦拉开，这样液压马达2解除制动。换向阀3处于中位时，油泵1在换向阀3的H型中位机能下实现卸荷，出油口压力接近零，制动油缸8的活塞被弹簧压下，闸瓦制动液压马达2，使其停转，重物G静止于空中。大多数的汽车起重机均有主起升机构和副起升机构。它们的工作原理相同，这里不再重复。

4. 回转液压系统结构组成及工作原理

为了使汽车起重机的工作机构能够灵活、机动地在更大范围进行作业，需要整个工作装置做旋转运动。这是依靠回转机构来实现的。回转机构的液压系统如图2—1—40所示。回转马达5通过小齿轮6与大齿轮7的啮合，驱动作业架回转。当换向阀2由左位（或右位）换到中位时，A、B口关闭，回转马达5停止转动。但是，整个作业架的转动惯量特别大。回转马达5承受的巨大惯性力矩使机构的转动部分继续前冲一定角度，因而压缩排出管道内的压力油，使排出管道的压力迅速升高。同时，压入管道已封闭，但回转马达 5 的前冲使压入管道中的压力油膨胀，引起压入管道的压力迅速降低，进油路中产生真空。如果这两种压力变化很剧烈，将会造成管道或回转马达损坏。因此，在进、回油路中分别设置缓冲阀 3、4。当手动换向阀 2 处于右位时，B 口连接管道为排出管道，阀 4 的作用相当于安全阀，在排出管道的压力突升到一定值时，将排出管道中的压力油排放入与 A 口连接的压入管道，补充被回转马达吸入的压力油，使压入管道的压力停止下降，或减缓下降速度。所以，对回转机构液压回路来说，缓冲补油是非常重要的。

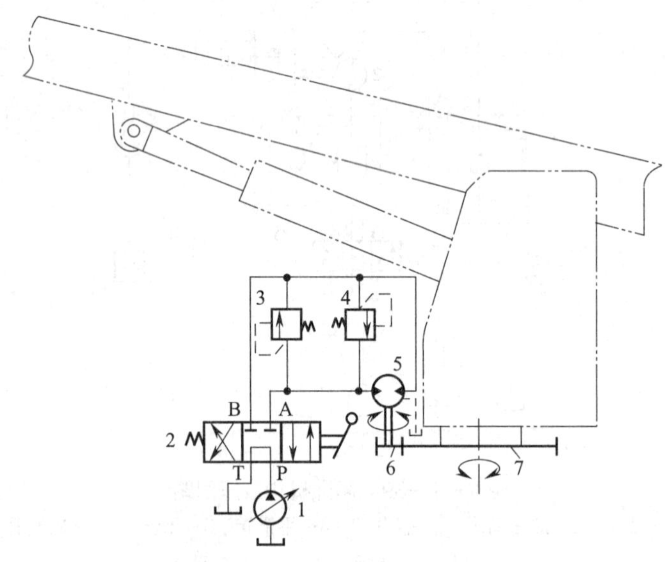

图 2—1—40　回转机构液压系统

1—液压泵　2—手动换向阀　3、4—缓冲阀　5—回转马达　6—小齿轮　7—大齿轮

五、中、小吨位汽车起重机整机液压系统原理图识读

以 25 t 汽车起重机为例进行整机液压系统原理图识读。图 2—1—41 所示为 QY25 型汽车起重机液压系统原理图。该液压系统采用开式定量泵变量马达系统，动力元件为四联齿轮泵，卷扬马达为斜轴式轴向柱塞马达，整机分下车液压系统和上车液压系统两部分。

1. 下车液压系统

下车液压系统油路在本课题的底盘支腿机构液压回路工作原理中已经讲述过，在此就不再重复。

2. 上车液压系统

液控先导式操纵的多路换向阀控制系统中，主操纵阀为阀前补偿的负荷敏感式比例多路换向阀，先导阀采用比例式减压阀，先导阀手柄移动的角度与输出压力成正比，主

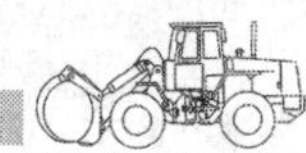

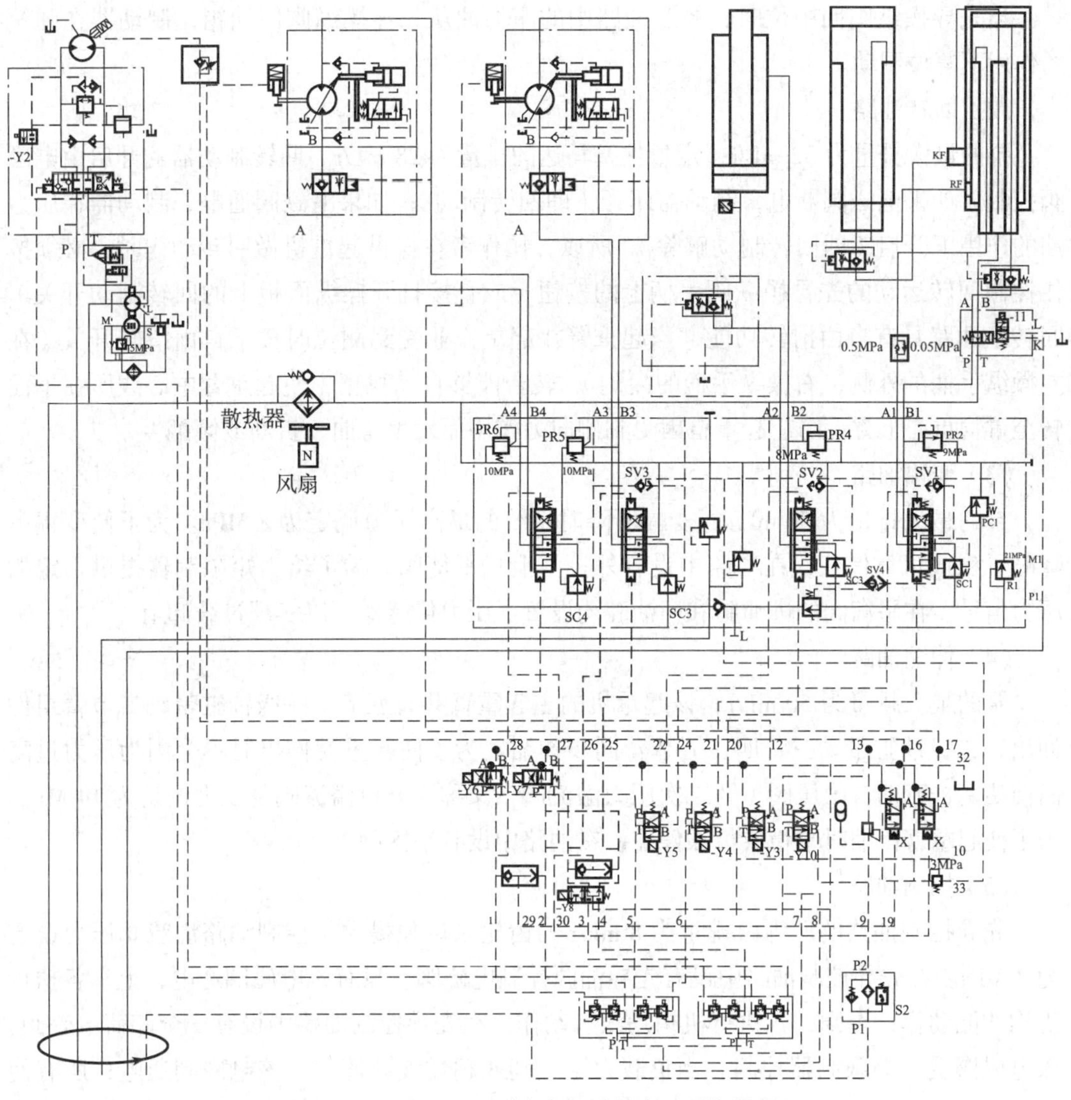

图 2—1—41　QY25 型汽车起重机液压系统原理图

操纵阀的阀芯位移与先导阀输出压力成正比。所以，整机具有良好的微动性，同时负载敏感阀使执行元件的运动速度与负载无关，降低了操作者的操作难度，减轻了操作者的劳动强度。卷扬机构采用变量马达，使整机具有“轻载高速、重载低速”的特点。

（1）起升油路

泵的最大排量为 63 mL/r，变量马达的排量为 55 mL/r。起升油路卷扬制动器为常闭式。当控制主卷扬的先导操纵阀进入工作位置时，从先导操纵阀输出的控制油通过梭阀使液控换向阀换向，使来自于多路换向阀且经过减压的压力油通过液控换向阀开启卷扬制动器，从而进行正常的起升或下降动作。

当先导操纵阀回中位时，控制油路中的压力油从先导操纵阀回油箱，制动器在弹簧的作用下复位制动。

（2）回转油路

泵的最大排量为 32 mL/r，定量柱塞马达的排量为 28 mL/r。回转制动器的开启由电磁阀控制。如果电磁阀断电，制动器闭死（即回转制动）；如果电磁阀通电，制动器在压力油的作用下开启（即回转制动解除）。所以，操作者在操纵起重机做回转动作时，必须按住控制回转运动的先导操纵阀手柄上的按钮（或直接打开操纵面板上的回转制动开关）。回转主油路具有自由滑转功能，当起重臂在起重作业受到侧拉时按下自由滑转开关（在左操纵手柄的外侧、右操纵手柄的内侧），转台能够自动找正，使起重臂中心线所在平面转至重物重心上方，防止起重臂因受到侧向力作用而发生弯曲、折断或倾翻。

（3）变幅油路

泵的最大排量为 50 mL/r，变幅下降时系统的最高压力调定为 8 MPa。为了使变幅下降时平稳或可靠停住，在油路中设有外控内泄式平衡阀。为了给力矩限制器提供稳定的压力信号，在平衡阀的进油腔和回油腔均设置了压力传感器，以实现过载卸荷。

（4）伸缩油路

泵的最大排量为 50 mL/r，该起重机的主起重臂共有五节，一级油缸带动二节臂组件伸出，二级油缸带动三、四、五节臂同步伸缩。为了使起重臂伸出时不会因为压力过高而使活塞杆弯曲，限压阀（即二次压力溢流阀，又称为升口溢流阀）压力调定为 14 MPa。为了使起重臂回缩时平稳或可靠停住，在油路中设有平衡阀。

（5）控制油路

先导控制油路的压力由排量为 8 mL/r 的齿轮泵单独提供，控制油路溢流阀压力设定为 3 MPa。在先导控制油路中设有先导油源控制电磁阀。只有该电磁阀通电，上车各执行机构才能动作；否则，各执行机构均没有动作。在先导控制油路中设有安全卸荷电磁阀，该电磁阀受力矩限制器控制。当负载力矩达到或超过设计值时，该电磁阀通电，所有使力矩增大的动作均不能执行。

六、机械式操纵液压系统原理识读

图 2—1—42 所示为 QYl6 型汽车起重机液压系统。该起重机最大起升高度为 19 m，起重量为 16 t。液压系统属开式、多泵定量系统。液压系统由支腿、回转、伸缩、变幅及起升液压回路组成。支腿换向阀 3、4、5、6 为并联油路，但与支腿换向阀 2 组成串并联油路。变幅换向阀 15 与伸缩换向阀 14 为并联油路。三联泵中，泵 I 主要给支腿回路和回转回路供油；泵 II 主要给伸缩及变幅回路供油；泵 III 主要给起升回路供油。有关这 5 个基本回路情况简要介绍如下。

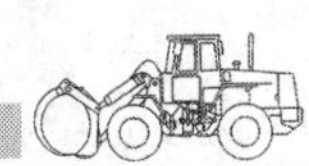

1. 支腿液压回路

如果阀2处于中位，来自泵工的压力油可供回转回路。回转回路不工作时，压力油直接返回油箱。阀3、4、5、6不工作，无论阀2处于左位或右位，各支腿液压缸（42、43）也不动作。只有当阀2处于左位（或右位）及阀3、阀4、阀5、阀6也同时或单独动作时，支腿水平油缸和垂直油缸才能单独伸出或缩回。

2. 回转液压回路

阀2处于中位，操纵回转换向阀13，来自泵Ⅰ的压力油即可使回转马达37运转。在压力油流入的同时，配合脚踏缸22的动作，通过过载阀组32（主要是其中的梭阀）、二位三通制动阀34，可实现液压马达制动闸33（常闭式）的及时松闸。

3. 伸缩液压回路

由泵Ⅱ供油，压力油经三位六通手动换向阀14右位或左位、平衡阀27，即可使伸缩油缸38伸出或缩回。伸缩缸液压油压力由远控溢流阀20、二位三通电磁换向阀19进行控制。当油路压力超过调定值时，安装在进油路上的压力继电器会使电磁换向阀19通电，从而实现压力油卸荷的目的。

4. 变幅液压回路

变幅液压回路由泵Ⅱ、变幅换向阀15、远控溢流阀20、过载阀23、平衡阀28及变幅油缸39等组成。

此回路尚设置有应急手动液压泵46，当泵Ⅱ因故不能供油时，利用应急泵46及快速接头47可以保证动臂实现应急下降。

5. 起升液压回路

起升液压回路由泵Ⅲ，泵Ⅱ，五位六通手动卷扬换向阀17（有两位属于过渡位，用于防止冲击），远控溢流阀21，过载补油阀24，主、副卷扬选择阀25，二位十通液控换向阀26，单向节流阀31，平衡阀29、30，马达制动闸35和36及副卷扬马达40、主卷扬马达41等组成。操纵卷扬换向阀17在不同位工作，可使起升主、副卷扬马达处于正、反转（起升、下降）。

主、副卷扬选择阀25的不同位用于选择主、副起升机构。单向节流阀31用于缓慢松闸、快速上闸的。过载补油阀24在下降工况时，过速下降将起进油路的补油作用。

阀21与阀19组合一起，起远控溢流卸荷的作用。阀16远控口向阀26、31提供液控操作用油及向制动缸提供操作用油。

阀18为五位五通转阀，操作在不同位，就能观察不同回路进油路的液压油的压力值。泵Ⅱ、泵Ⅲ在变幅缸不工作时，通过变幅换向阀15中位及单向阀49可合流供油。

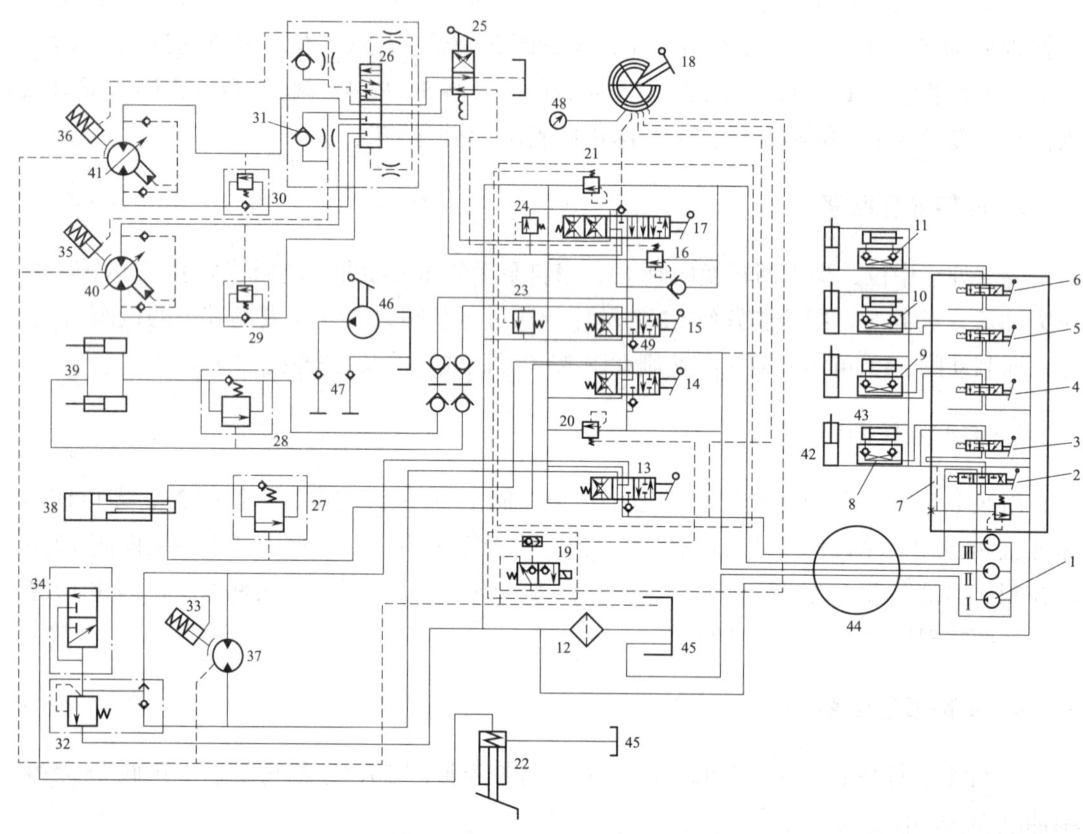

图2—1—42 QY16型汽车起重机液压系统图

1—液压泵 2—支腿换向阀 3、4、5、6—支腿选择阀 7—油管 8、9、10、11—双向液压锁 12—滤油器 13—回转换向阀 14—伸缩换向阀 15—变幅换向阀 16—过载溢流阀 17—卷扬换向阀 18—五位五通转阀 19—电磁换向阀 20、21—远控溢流阀 22—脚踏缸 23、24—过载补油阀 25—主、副卷扬选择阀 26—液控换向阀 27、28、29、30—平衡阀 31—单向节流阀 32—梭阀 33、35、36—马达制动闸 34—二位三通制动阀 37—回转马达 38—伸缩油缸 39—变幅油缸 40—副卷扬马达 41—主卷扬马达 42—水平支腿油缸 43—垂直支腿油缸 44—中心回转体 45—油箱 46—应急手动液压泵 47—快速接头 48—压力表 49—单向阀

复习思考题

1. 中、小吨位汽车起重机底盘主要的液压元件有哪些？
2. 简述双向液压锁的工作原理。
3. 画出先导溢流阀的职能符号。
4. 中、小吨位汽车起重机四联泵分别向哪些系统供油？

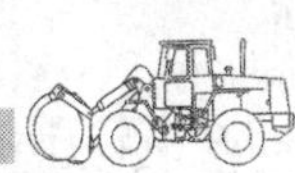

5. 简述 DL25 多路换向阀充压阀的工作原理。
6. 简述先导操纵手柄的结构组成。
7. 简述回转缓冲阀的各组成元件及功用。
8. 简述中、小吨位汽车起重机伸缩系统的组成及工作原理。
9. 简述中、小吨位汽车起重机变幅系统的组成及工作原理。
10. 简述中、小吨位汽车起重机回转系统的组成及工作原理。

子课题2　12 t 汽车起重机液压系统常见故障分析与排除

学习目标

1. 熟悉 12 t 汽车起重机常见故障现象。
2. 掌握 12 t 汽车起重机常见故障的故障原因与故障排除方法。

一、伸缩、变幅和回转无动作

1. 故障描述

一台 QY12 型汽车起重机在调试过程中出现伸臂、变幅和回转无动作，但支腿压力正常。

2. 故障原因

（1）泄荷阀上的单向阀常开启。
（2）溢流阀设定的压力过低或内部部件损坏，无法建立压力。
（3）中心回转体泄漏。

3. 故障排除方法

（1）先堵住组合阀通向泄荷阀的两个油口中的任一个油口（图 2—1—43a），判断泄荷阀上的单向阀是否常开启。如果有问题，应进行维修或更换。

（2）检查溢流阀（包括组合阀阀体内的主阀芯和阀套）是否损坏、调整压力是否低，如图 2—1—43b 所示。应按规定值调整压力，维修或更换部件。

（3）检查中心回转体是否泄漏（图 2—1—43c）。如果泄漏，应维修或更换。

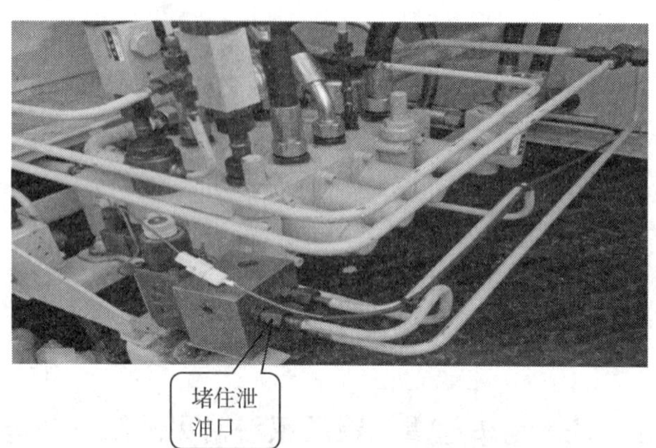

a）

主组合阀阀体内的主阀芯和阀套

b）

c）

图 2—1—43　伸缩、变幅和回转无动作的故障排除方法

二、伸臂无动作

1. 故障描述

操纵手柄推到伸出位置，起重臂无伸臂动作。变幅动作和缩臂动作正常。

2. 故障原因

伸臂溢流阀不正常。

3. 故障排除方法

（1）先检查变幅和缩臂是否工作正常，如图 2—1—44a 所示。

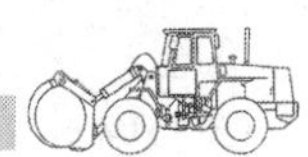

（2）检查伸臂溢流阀，将溢流阀下面的一字螺塞打开，将密封件放平，如图 2—1—44b 所示；然后，重新装上螺塞，进行修复。

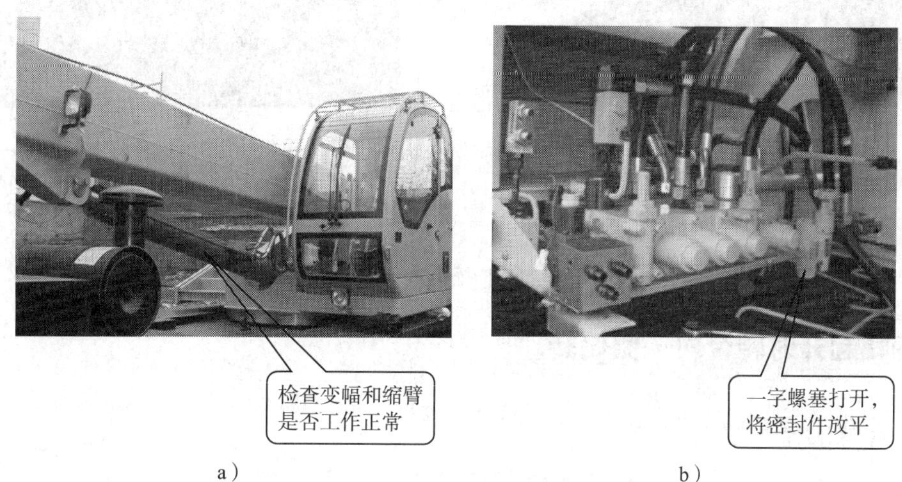

a）　　b）

图 2—1—44　伸臂无动作的故障排除方法

三、下车支腿伸缩慢或无动作

下车支腿伸缩慢或无动作

1. 故障描述

下车支腿伸出、缩回动作缓慢且压力低，甚至无动作。

2. 故障原因

（1）下车多路换向阀溢流阀内部部件损伤，造成内泄。

（2）P3 泵（支腿和回转供油泵）内泄。

3. 故障排除方法

（1）将多路换向阀的溢流阀下通向液压油箱的油管拆开（图 2—1—45a），把支腿选择手柄放置在中位。

（2）扳动换向手柄，观察压力表。待压力不再升高时，观察多路换向阀拆开的油口是否有油流出，如图 2—1—45b 所示。如果有油流出，说明溢流阀内泄或压力值调整过低。如果没有油流出，说明油泵损坏。

（3）确认故障点（溢流阀故障还是 P3 泵故障）后，进行相应部件的维修或更换。

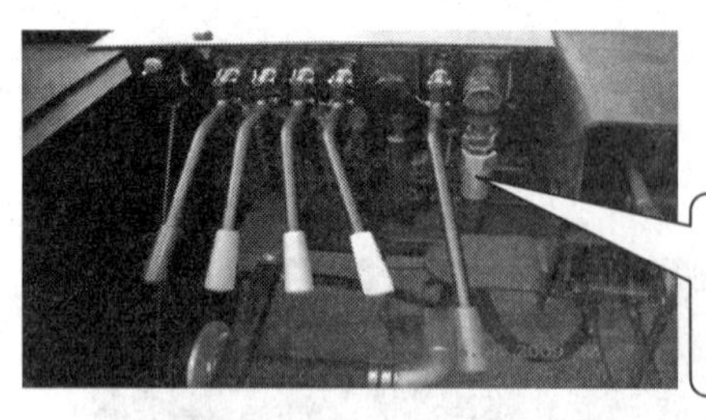

a）

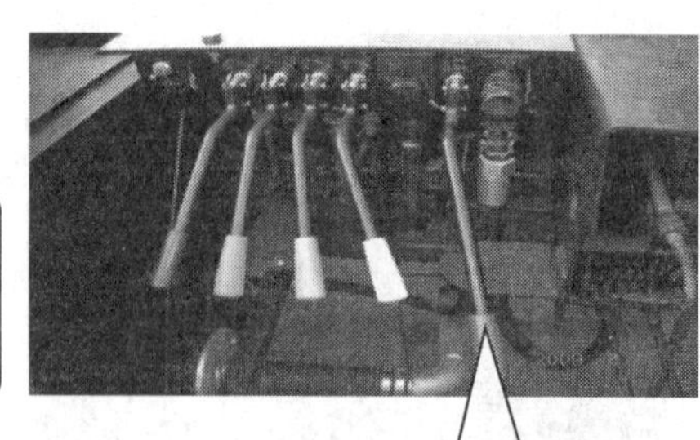

b）

图 2—1—45　下车支腿伸缩慢或无动作的故障排除方法

四、变幅起升时转台向一侧偏转

1. 故障描述

操纵起重机的手柄，发现在起重臂变幅起升时，转台向一侧转动。

2. 故障原因

（1）双联单向阀故障。

（2）回转背压阀故障。

3. 故障排除方法

（1）检查双联单向阀是否卡死。如果卡死，应进行清洗，如图 2—1—46a 所示。

（2）检查回转背压阀的压力调整是否适当。如果压力不适当，应调整至规定压力，如图 2—1—46b 所示。

a）

b）

图 2—1—46　变幅起升时转台往一边转的故障排除方法

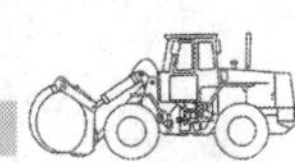

五、卷扬或伸臂无动作

1. 故障描述

操纵起重机手柄，发现起重臂卷扬或伸臂无动作。

2. 故障原因

（1）卸荷阀卸荷。

（2）溢流阀卡在了开启位置，无法建立压力。

3. 故障排除方法

（1）先堵住卸荷油口（图 2—1—47a），观察下车压力在怠速下是否正常。

（2）如果下车压力仍不正常，则将卷扬供油溢流阀和伸缩、变幅（简称伸变）供油溢流阀互换，观察压力是否恢复正常，如图 2—1—47b 所示。

（3）确认后故障点后，对相应故障部件进行维修或更换。

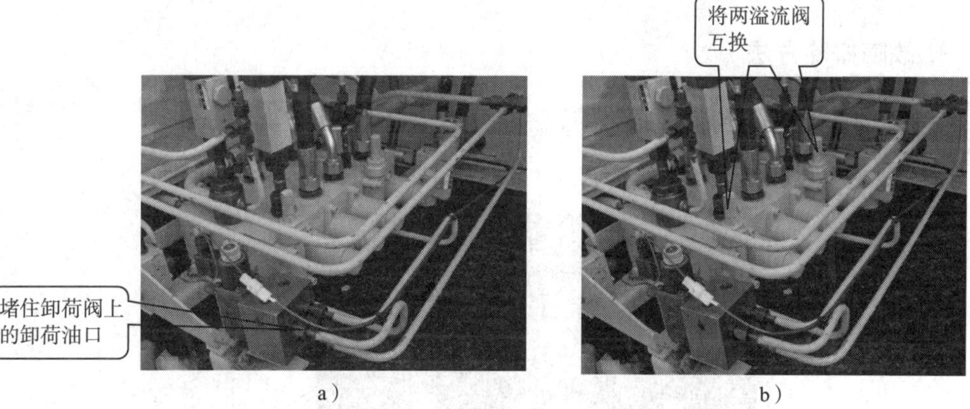

图 2—1—47　卷扬或伸臂无动作的故障排除方法

复习思考题

1. 简述伸缩、变幅和回转无动作的故障原因与排除方法。
2. 简述伸臂无动作的故障原因与排除方法。
3. 简述下车支腿伸缩慢或无动作的故障原因与排除方法。
4. 简述变幅起升时转台向一侧偏转的故障原因与排除方法。
5. 简述卷扬或伸臂无动作的故障原因与排除方法。

子课题 3　16 t 汽车起重机液压系统常见故障分析与排除

学习目标

1. 熟悉 16 t 汽车起重机常见故障现象。
2. 掌握 16 t 汽车起重机常见故障的故障原因与故障排除方法。

一、主卷扬无法快放

1. 故障描述

操纵汽车起重机手柄，主卷扬无法快放，助力器不助力，其余动作工作正常。观察到蓄能器压力值为 10 ~ 11 MPa，压力值正常。

2. 故障原因

制动总泵内单向阀卡死或密封损坏，造成内泄。

3. 故障排除方法

（1）认清制动总泵的位置布局，如图 2—1—48 所示。

（2）清洗或更换制动总泵。

图 2—1—48　制动总泵位置布局图

二、卷扬起升无力

1. 故障描述

操纵汽车起重机手柄，主卷扬无法起吊。主要分为以下两种情况：

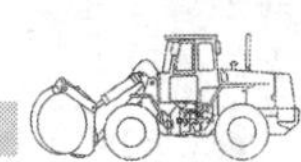

（1）无法达到额定压力。

（2）可以达到额定压力。

2. 故障原因

（1）无法达到额定压力

1）起升马达内泄。

2）分流阀芯卡死。

3）先导溢流阀损坏。

（2）可以达到额定压力

卷扬马达变量调节不当，造成马达转矩过小，无法吊起重物。

3. 故障排除方法

（1）无法达到额定压力

1）检查起升马达（图 2—1—49a）是否内泄。如果存在内泄，则维修或更换马达。

2）检查分流阀的阀芯是否卡死（图 2—1—49b、c）。如果阀芯卡住，则清洗或更换阀芯。

图 2—1—49　无法达到额定压力的故障排除方法

3）检查先导式溢流阀密封是否损坏。如果损坏，应更换。

（2）可以达到额定压力

将卷扬马达变量调整螺杆向外旋出，调整马达最大转矩。

三、主、副卷筒（外抱）复位慢

1. 故障描述

当 QY16 型汽车起重机起升操纵手柄回复中位时，主、副卷筒仍不停止，继续转动 3 ~ 5 cm 才停住。

2. 故障原因

主、副卷筒的制动带复位慢，造成卷扬制动机构没有快速施加在主、副卷筒制动毂上，从而出现了该故障现象。即开启制动器的压力油回油不畅，造成制动器制动滞后。主要有以下原因：

（1）操纵阀总成上的液控阀阀芯弹簧损坏，使阀芯不能尽快复位。

（2）操纵阀总成上的液控阀阀芯的控制油口堵塞，控制油回油不畅。

3. 故障排除方法

（1）检查操纵阀总成中液控阀阀芯的复位弹簧（图 2—1—50a）是否损坏。如果弹簧损坏，应更换。

（2）检查操纵阀总成中液控阀后盖板上的阻尼接头（图 2—1—50b）是否畅通。如果阻塞，应清洗或更换。

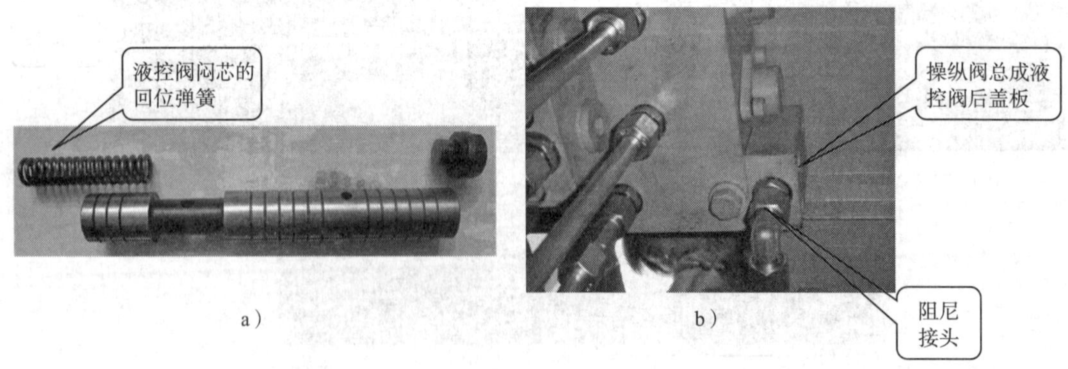

图 2—1—50 主、副卷筒（外抱）复位慢的故障排除方法

四、伸缩、变幅无动作

伸缩、变幅
无动作

1. 故障描述

操纵汽车起重机手柄，起重臂伸缩、变幅无动作，操纵室 P2 泵（伸缩、变幅供油

泵）压力表无压力显示（图 2—1—51）。但是，同时操纵卷扬时，伸缩、变幅有动作。

图 2—1—51　观察 P2 泵压力表读数

2. 故障原因

（1）卸荷电磁阀上的单向阀卡死在开启位置，使 P2 泵溢流阀遥控口的压力油通过 P1 泵油路回油，P2 泵溢流阀卸荷。

（2）中心回转体内窜，造成 P2 泵油道与 P1 泵油道相通。

3. 故障排除方法

（1）堵住 P2 泵或 P1 泵溢流阀通向卸荷电磁阀的卸荷油口（图 2—1—52a），操纵变幅或伸缩手柄，观察起重臂变幅或伸缩有无动作。如果有动作，应检测卸荷电磁阀阀座上的单向阀。

（2）拆检卸荷电磁阀（图 2—1—32b），清洗或更换。

（3）拆检中心回转接头（图 2—1—52c）。如果内窜，应更换密封件或更换整个中心回转接头。

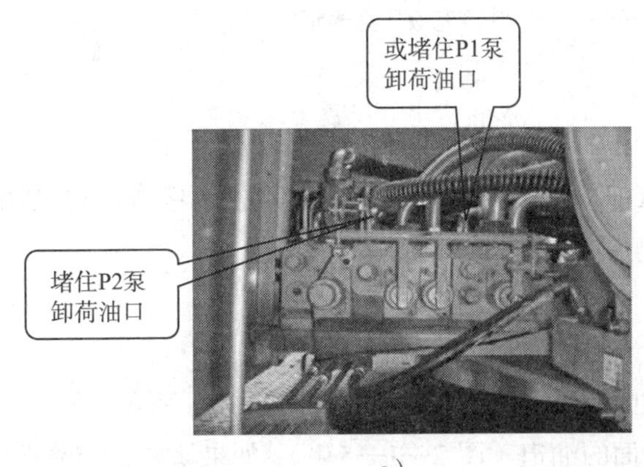

a）

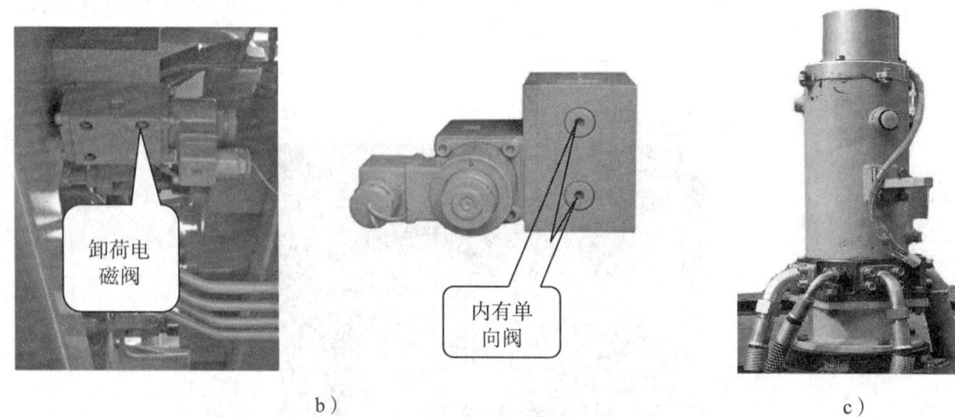

图 2—1—52 伸缩、变幅无动作的故障排除方法

五、卷筒不转动，但内离合器转动

1. 故障描述

控制油路压力正常，充液压力表指针保持在 10 MPa 左右（图 2—1—53）。但是，卷扬离合器无法结合，卷扬制动器无法打开，且控制压力无法卸掉。

图 2—1—53 观察充液压力表读数

2. 故障原因

操纵阀总成侧面的进油节流接头（与蓄能器相连接）堵塞，控制用压力油无法进入操纵总成。

3. 故障排除方法

（1）将操纵阀总成侧面节流接头拆掉，如图 2—1—54a 所示。

（2）检查节流接头里面的油道（图 2—1—54b）。如果堵塞，应清洗或更换。

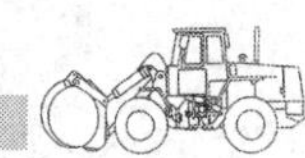

a）

b）

图 2—1—54　卷筒不工作的故障排除方法

六、控制油路常充液（不保压）

1. 故障描述

挂取力器后控制油路常充液，控制油路压力表显示降压很快，熄火后控制油路不保压。

2. 故障原因

（1）组合阀回转联（DL25 组合阀）前面的接头式单向阀卡在开启状态。

（2）操纵阀总成上的液控换向阀的阀芯螺塞松动或脱落。

（3）蓄能器的氮气压力不足。

3. 故障排除方法

（1）清洗或维修接头式单向阀（图 2—1—55a）。

（2）紧固操纵阀总成上的液控阀芯后端螺塞（图 2—1—55b）。

（3）如果蓄能器氮气压力不足，将随车带的充气工具连接上氮气瓶和蓄能器进行充气（图 2—1—55c），直至压力表读数达到 5 ~ 5.5 MPa。

七、上车无回转

1. 故障描述

操纵 QY16 型汽车起重机回转拉杆，上车转台无法左、右回转。

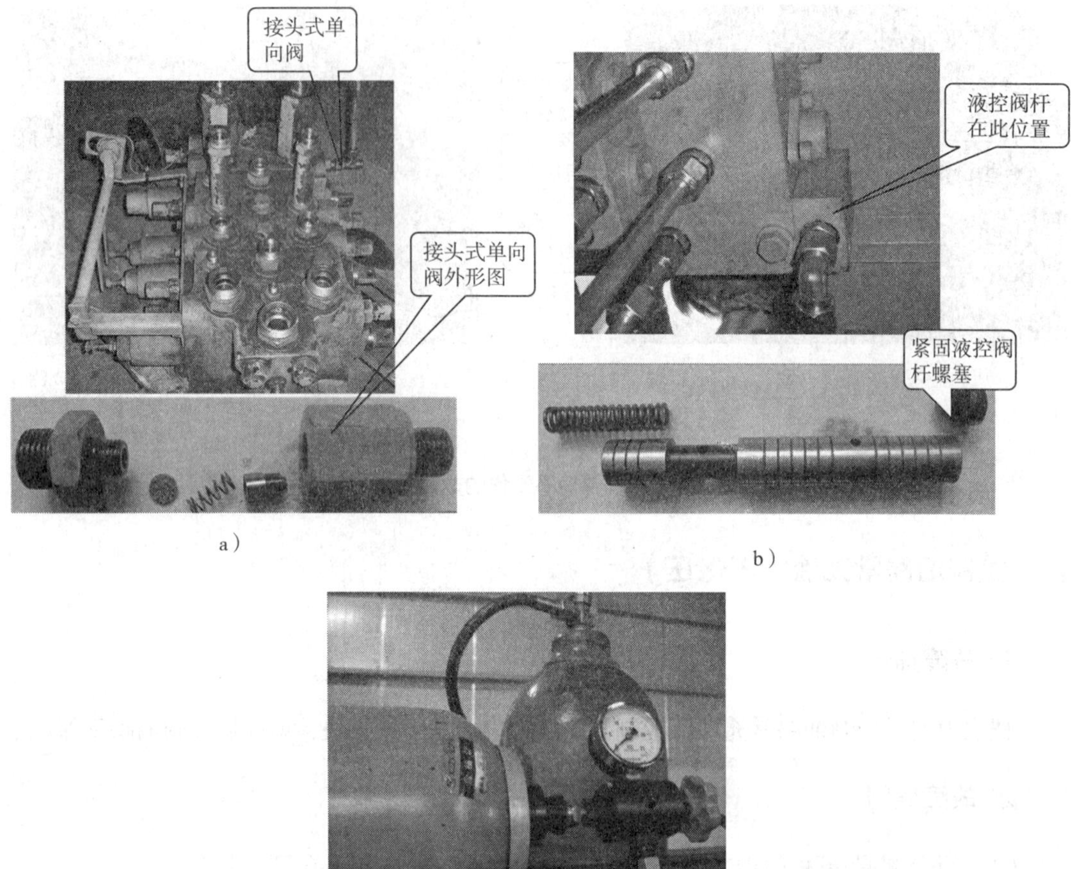

图 2—1—55　控制油路常充液的故障排除方法

2. 故障原因

（1）下车支腿与上车回转共用油泵，下车压力不正常是上车无回转的故障原因之一。

（2）蓄能器给回转系统充液不正常。

（3）回转马达泄油口泄油。

3. 故障排除方法

（1）怠速情况下，使选择手柄处于中位，操纵换向手柄，观察压力表读数是否正常，如图 2—1—56a 所示。如果下车压力不正常，应检修溢流阀或油泵。

（2）检查充液回路的压力表读是否正常，如图 2—1—56b 所示。如果充液压力不正

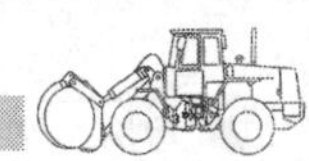

常，应检查充液回路，并排除故障。

（3）堵住回转马达 A、B 油口，检查回转马达是否泄油。如果泄油，应维修或更换马达。

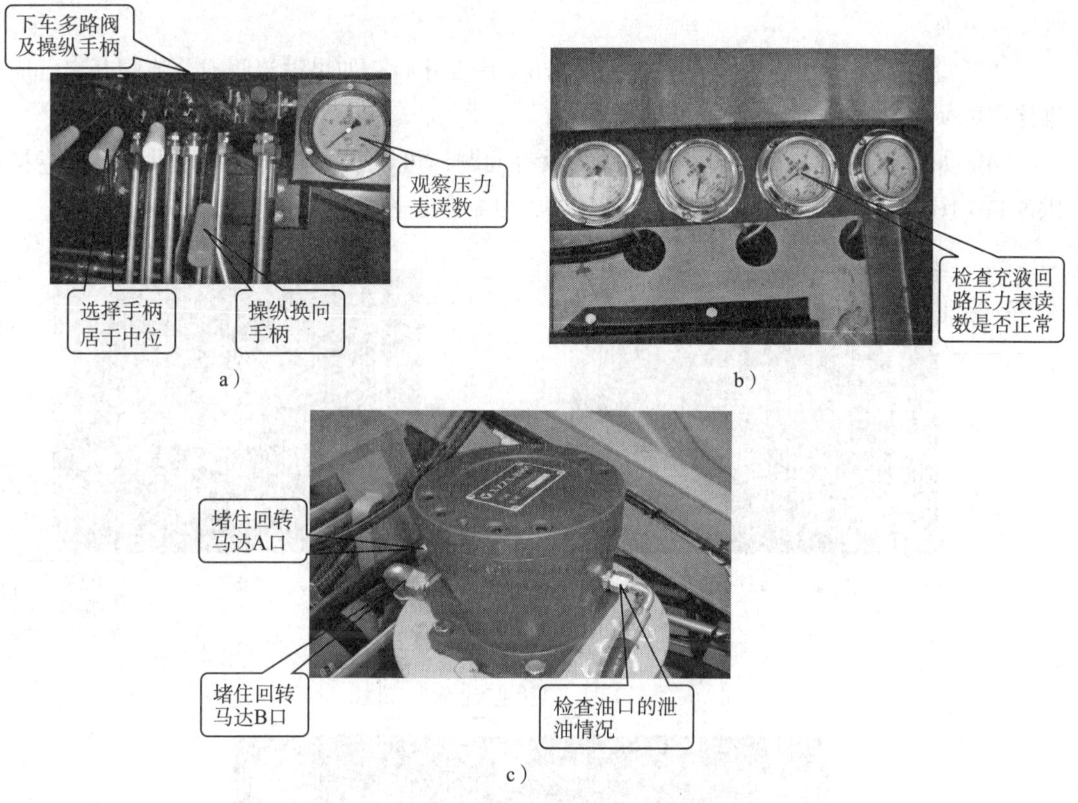

图 2—1—56 无回转的故障排除方法

八、卷扬无起落

1. 故障描述

操纵 QY16 型汽车起重机卷扬拉杆，无法实现卷扬起落。

2. 故障原因

（1）卷扬供油泵压力不正常。

（2）卸荷阀卸荷。

（3）卷扬供油泵溢流阀或分流阀卡死。

（4）卷扬供油泵损坏。

3. 故障排除方法

（1）先对卷扬供油泵进行憋压，检查压力是否正常。如果不正常，应维修或更换。

（2）检查卸荷阀阀芯是否卡在开启位置，如图 2—1—57a 所示。如果阀芯卡住，应维修或更换。

（3）检查溢流阀和分流阀（图 2—1—57b）是否开启。如果溢流阀或分流阀开启，应维修或更换。

（4）如果卸荷阀、溢流阀、分流阀均没有问题，可以互换伸缩、变幅供油泵和卷扬供油泵（图 2—1—57c），检查压力是否正常，以确定是否更换卷扬供油泵。

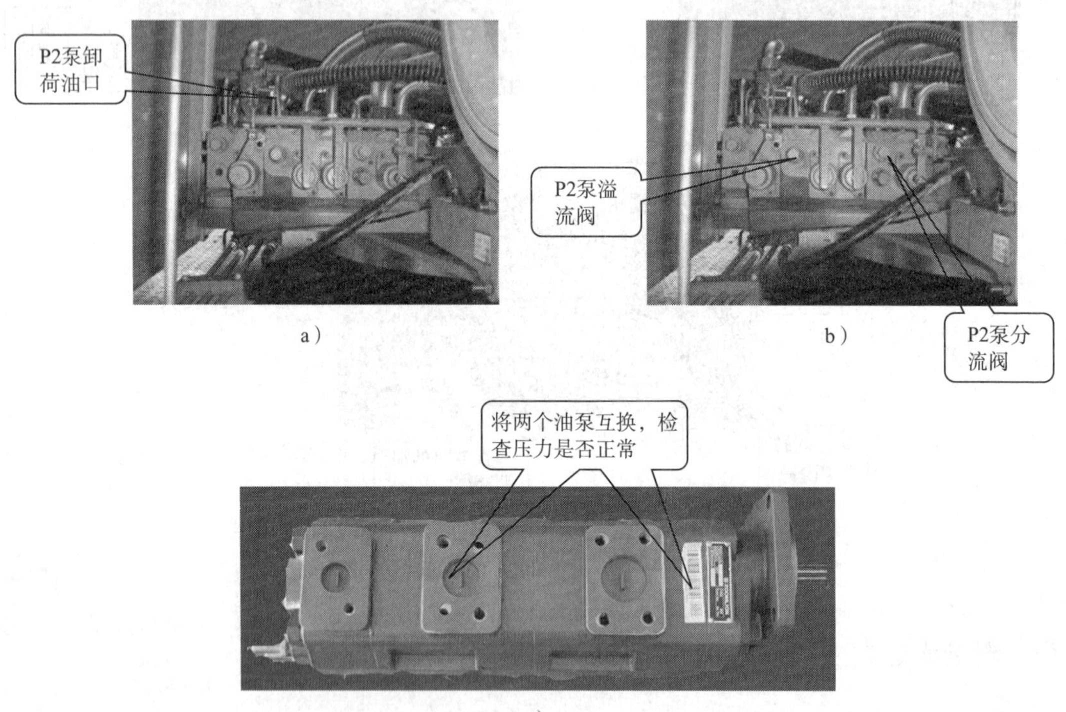

图 2—1—57　卷扬无起落的故障排除方法

复习思考题

1. 简述主卷扬无快放的故障原因与排除方法。
2. 简述卷扬起升无力的故障原因与排除方法。
3. 简述主、副卷筒（外抱）复位慢的故障原因与排除方法。
4. 简述伸缩、变幅无动作的故障原因与排除方法。
5. 简述控制油路常充液（不保压）的故障原因与排除方法。

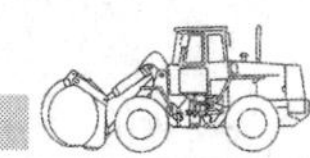

6. 简述上车无回转的故障原因与排除方法。

7. 简述卷扬无起落的故障原因与排除方法。

子课题4　20 t汽车起重机液压系统常见故障分析与排除

学习目标

1. 熟悉20 t汽车起重机常见故障现象。
2. 掌握20 t汽车起重机常见故障的故障原因与故障排除方法。

一、机械型多路换向阀的结构与工作原理

1. 多路换向阀结构

QY20型汽车起重机多路换向阀的前面主要由伸缩、变幅、主卷扬、副卷扬阀芯，伸变供油泵溢流阀，卷扬供油泵溢流阀，合流阀，分流阀，梭阀和各机构的二次溢流阀等（如PR3、PR6）组成，如图2—1—58所示。

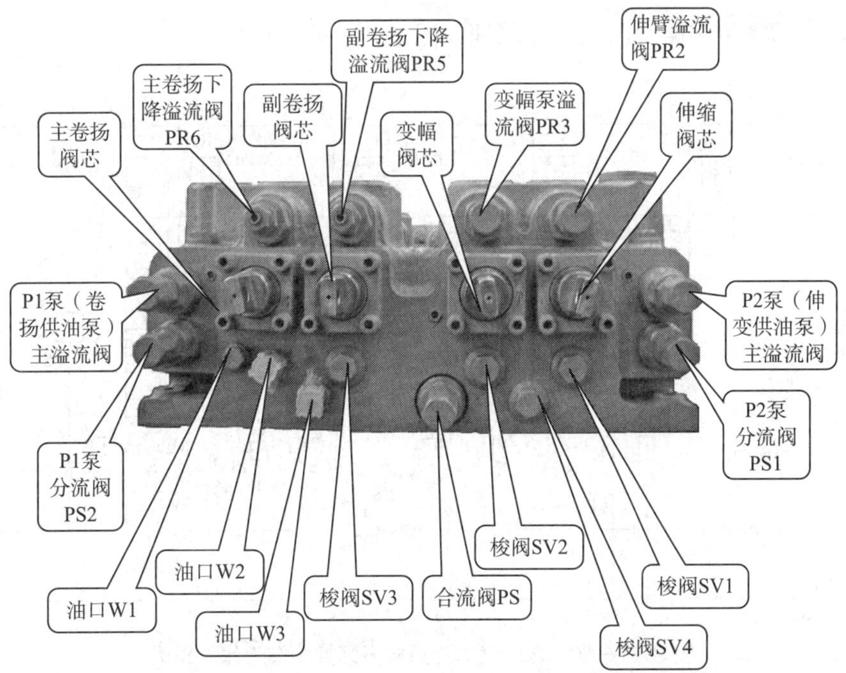

图2—1—58　QY20型汽车起重机多路换向阀前面的组成

QY20 型汽车起重机多路换向阀的后面主要由减压阀、合流阀等组成，如图 2—1—59 所示。

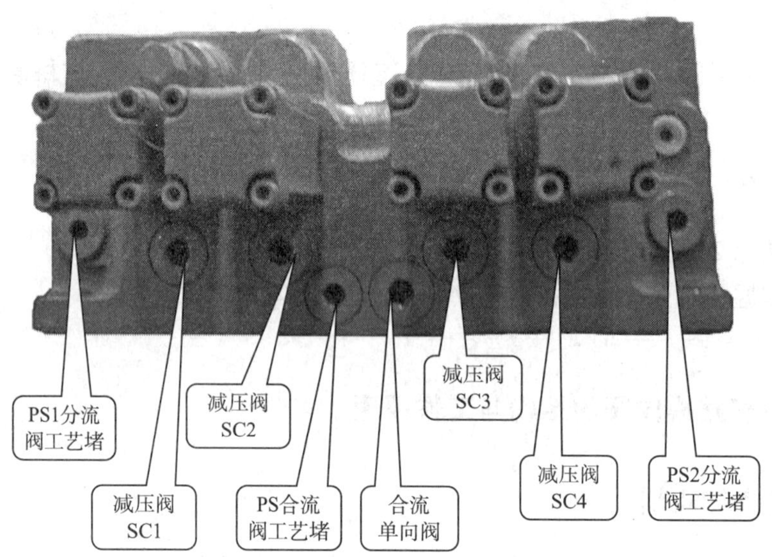

图 2—1—59　QY20 型汽车起重机多路换向阀后面的组成

2. 多路换向阀工作原理

20 t 汽车起重机多路换向阀工作原理如图 2—1—60 所示。

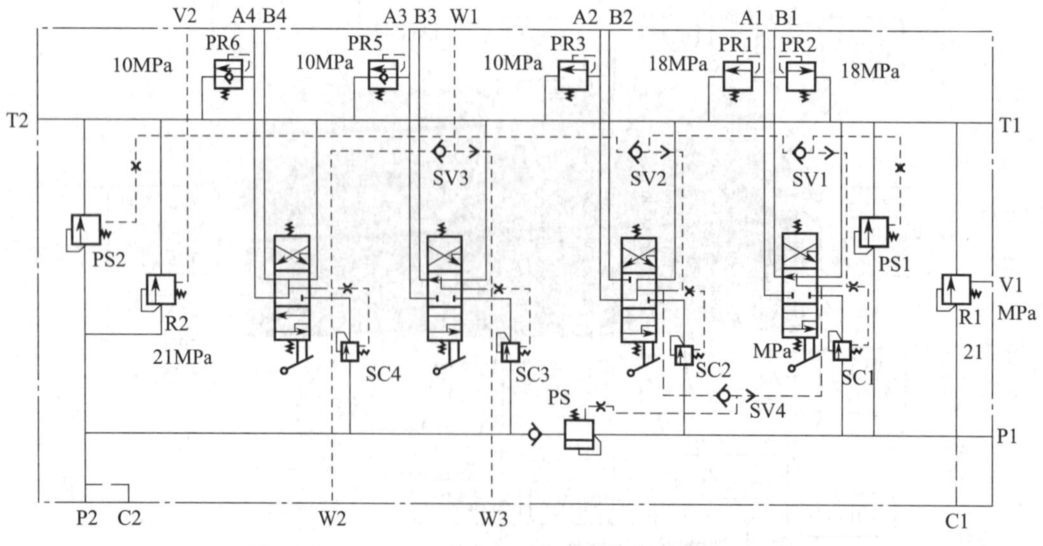

图 2—1—60　20 t 汽车起重机多路换向阀工作原理图

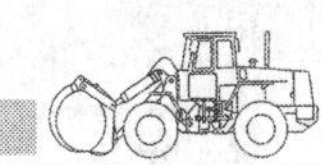

二、支腿锁不住

支腿锁不住

1. 故障描述

下车支腿垂直油缸支起后锁不住，垂直支腿下沉。

2. 故障原因

（1）支腿双向锁两侧单向阀封闭不严，造成泄漏。

（2）垂直油缸内泄。

3. 故障排除方法

（1）检查双向锁两侧单向阀（图2—1—61a）是否有异物，阀芯在阀内是否卡滞。如果有异物，则清洗双向液压锁。如果阀芯卡滞，则更换双向液压锁。

（2）查看垂直油缸，支起支腿后将发动机熄火，拆开双向锁上通向垂直油缸大腔的油管（图2—1—61b），用棉纱擦干双向锁上两个油口，然后等待3～5 min，检查双向锁上的油口是否出油。如果出油，说明双向锁内泄；如果不出油，说明垂直油缸内泄。确认内泄故障点后，进行维修或更换。

图2—1—61　支腿锁不住的故障排除方法

三、上车无回转

上车无回转

1. 故障描述

操纵上车回转手柄，上车无回转，观察上车油路无压力。其余动作正常。

2. 故障原因

（1）下车（支腿）多路换向阀换向手柄未回到中位。

（2）回转缓冲阀故障。

（3）回转马达 A、B 口窜通，发生内泄。

3. 故障排除方法

（1）检查下车多路换向阀换向手柄（图 2—1—62a）是否放到中位。如果手柄未在中位，应复位。

（2）检查回转缓冲阀各组成元件是否出现故障。如果故障，应维修或更换。

1）检查过载溢流阀内密封件是否损坏或锥阀芯与阀座是否封闭不严（图 2—1—62b）。如果损坏，应更换。如果封闭不严，更换密封件。

2）检查自由滑转电磁阀（图 2—1—62b）是否处于开启状态或在开启位置时卡死。如果存在上述问题，应拆检并修复。

3）检查单向阀 1、2（图 2—1—62b）是否封闭不严。如果封闭不严，应拆检并修复。

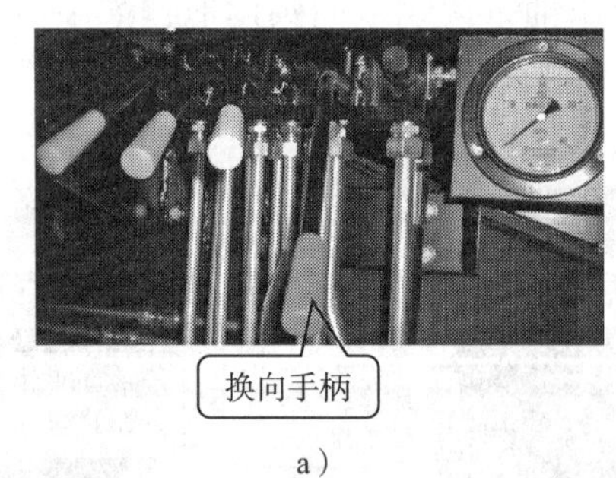

a）

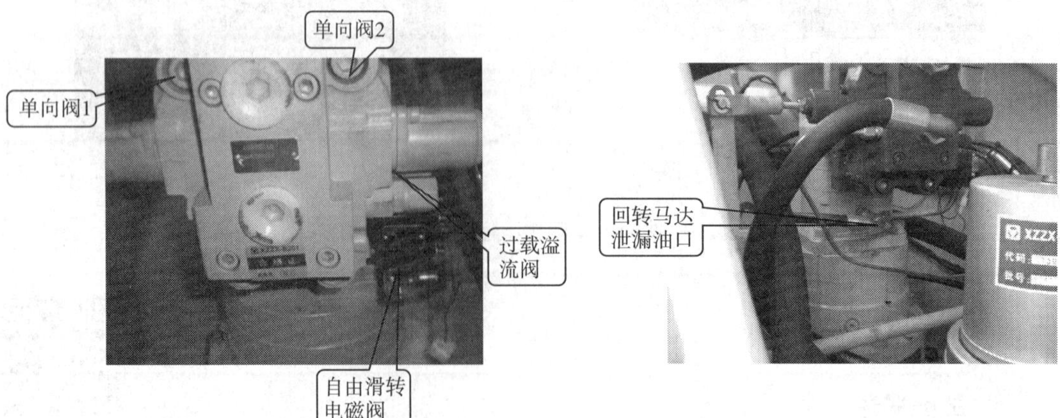

b）　　c）

图 2—1—62　上车无回转的故障排除方法

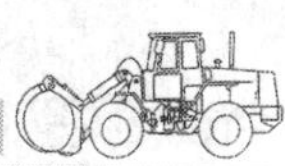

4）检查换向阀阀芯或阀体是否损伤。如果有损伤，应更换回转缓冲阀。

（3）将回转马达泄漏油口（图2—1—62c）打开，操纵回转动作，观察泄漏油口的泄漏量。如果泄漏量大，说明内泄较大，应维修或更换回转马达。

四、上车自动向一侧回转

1. 故障描述

发动机起动后，上车在无回转操作情况下自动向一侧回转。其余动作正常。

2. 故障原因

上车回转缓冲阀阀芯定位螺栓松动，阀芯没有回到中位。

3. 故障排除方法

检查回转缓冲阀阀芯是否处于中位，两边的缓冲阀阀芯定位弹簧螺塞是否松动。如果松动，紧固即可，如图2—1—63所示。

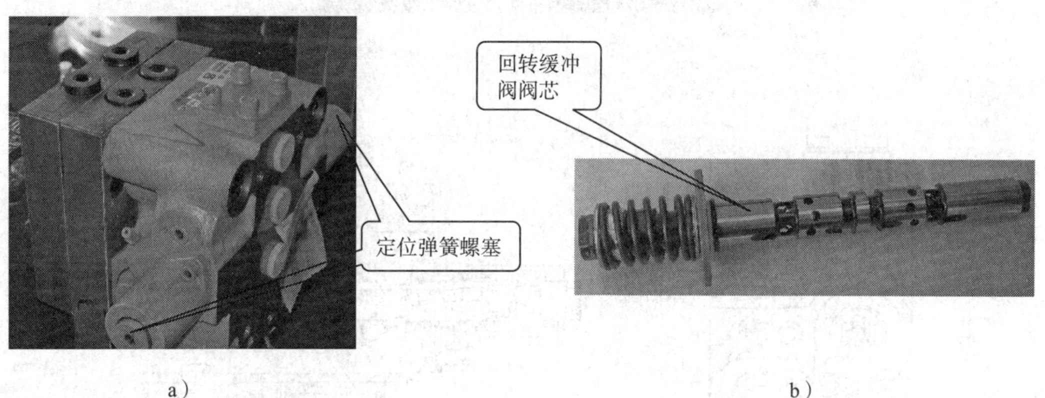

图2—1—63　上车回转往一边转的故障排除方法

五、上车左右回转速度不相等

1. 故障描述

上车回转时，一侧的速度快，而另一侧速度慢。现场操纵左、右回转时，观察到两侧回转的压力不一样。

2. 故障原因

（1）回转缓冲阀阀芯定位螺杆松动。

（2）回转缓冲阀后部的一个单向阀封闭不严，造成一个方向的压力油泄漏。

（3）回转缓冲阀的过载溢流阀内的梭阀封闭不严，造成一个方向的压力油泄漏。

3. 故障排除方法

（1）调整并紧固回转缓冲阀阀芯的定位螺杆（图 2—1—64a）。

（2）检修回转缓冲阀后部的单向阀（图 2—1—64b）。

（3）检修回转缓冲阀中过载溢流阀的梭阀（图 2—1—64b）。

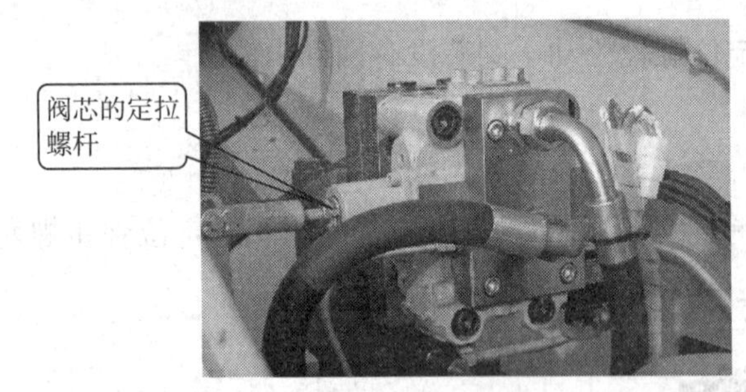

a）

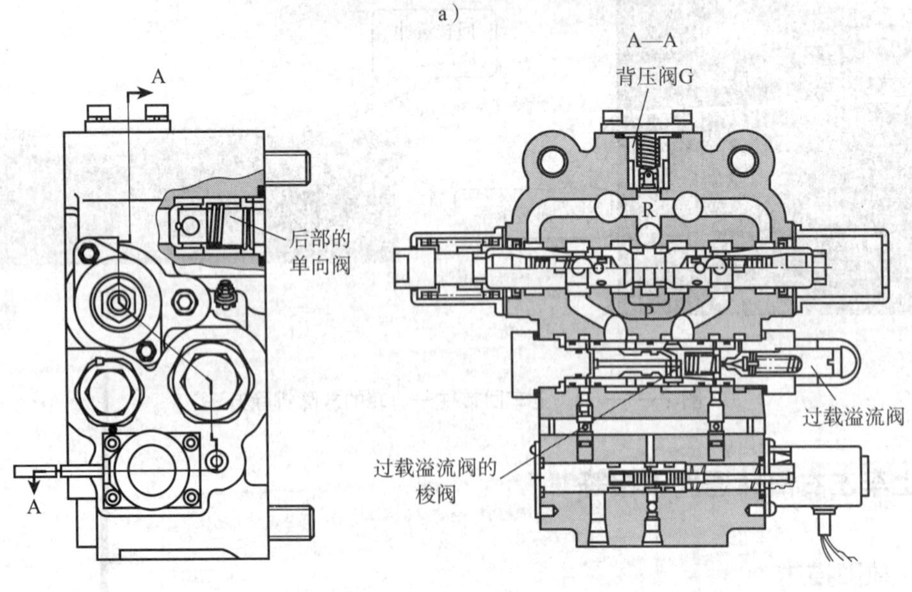

b）

图 2—1—64 上车左右回转速度不相等的故障排除方法

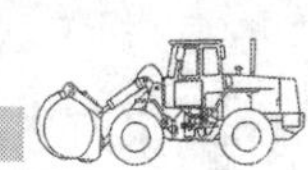

六、主、副卷扬无动作

1. 故障描述

操纵汽车起重机卷扬手柄，上车主、副卷扬无动作，观察压力表，显示主、副卷扬油路无压力。其余动作正常。

2. 故障原因

（1）卸荷阀卸荷。

（2）卷扬供油泵溢流阀卡死在开启位置或有损伤。

（3）多路换向阀上卷扬供油系统的梭阀卡死，无法给分流阀控制腔供油。

（4）主、副卷扬供油泵分流阀卡死在开启位置。

3. 故障排除方法

（1）用螺塞堵住卸荷阀回油口（图 2—1—65a），查看系统压力是否恢复正常。如果压力恢复正常，应更换卸荷阀。

（2）检查卷扬供油泵溢流阀（图 2—1—65b），查看溢流阀密封是否损伤，阀芯是否卡死在开启位置。如果阀内存在异物或损伤，则清洗或更换溢流阀。

（3）检查卷扬供油系统的梭阀（图 2—1—65c），用呆扳手拆下梭阀总成，再用内六角工具拆开梭阀，检查里面的钢球是否被异物卡住。如果卡住，清除异物或更换梭阀。

（4）查看卷扬供油泵分流阀（图 2—1—65d），用内六角工具拆开分流阀后堵，往里推一下分流阀阀芯，观察其是否复位。如果复位，说明阀芯工作正常。如果阀芯不复位，将工艺螺钉拧在分流阀阀芯的后方；用手轻轻地拽出分流阀阀芯，检查其是否有刮伤。如果分流阀内存在异物或损伤，则清洗或更换分流阀。如果复位弹簧过软，将其更换成大一号的硬弹簧。

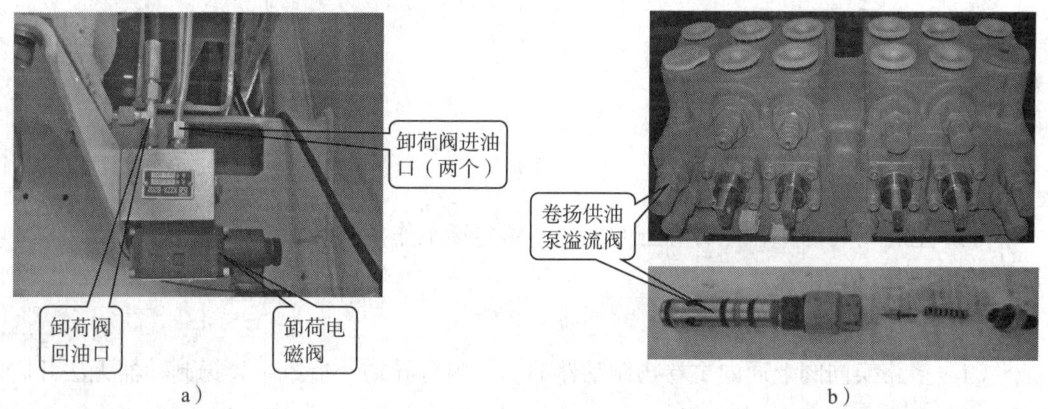

a）　　　　　　　　b）

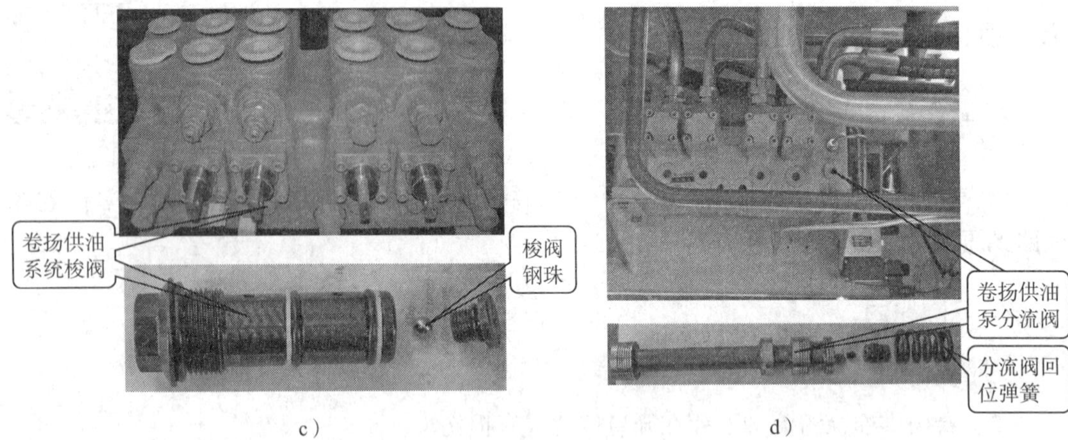

图 2—1—65 主、副卷扬无动作的故障排除方法

七、主卷扬无法降钩

1. 故障描述

上车主卷扬无法降钩。其余动作正常。

2. 故障原因

（1）上车组合阀上的主卷扬下降溢流阀调整不当。

（2）上车组合阀上的主卷扬下降溢流阀密封件损坏或部件损坏。

（3）主卷扬平衡阀无法开启。

3. 故障排除方法

（1）检查、调整、清洗或更换主卷扬下降溢流阀，如图 2—1—66a 所示。

（2）检查、调整、清洗主卷扬平衡阀，如图 2—1—66b 所示。

八、主卷扬无动作

1. 故障描述

上车主卷扬无动作，但有憋压的现象。副卷扬工作正常。

2. 故障原因

（1）多路换向阀上通向主卷扬制动器的油口内有异物，造成主卷扬制动器无法开启。

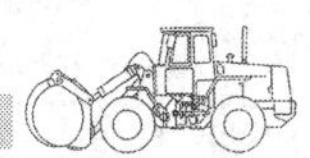

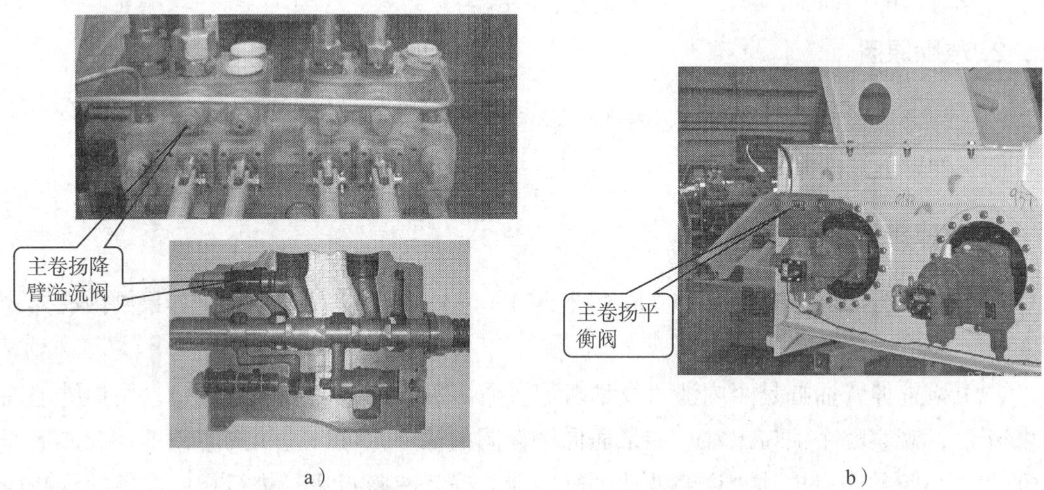

a）　　b）

图 2—1—66　主卷扬无法降钩的故障排除方法

（2）主卷扬制动器研磨烧损，出现卡死状态。

3. 故障排除方法

（1）检查多路换向阀上通向主卷扬制动器的油口及接头单向阀（图 2—1—67a）通道是否畅通。如果有异物，应进行清理。

（2）检修主卷扬制动器，如图 2—1—67b 所示。

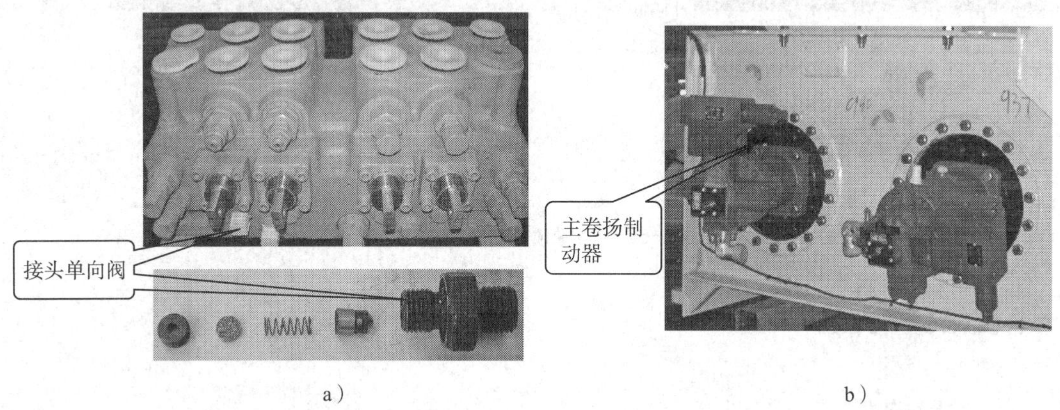

a）　　b）

图 2—1—67　主卷扬憋压的故障排除方法

九、伸臂锁不住

1. 故障描述

起重臂伸出后，伸臂下滑，吊重时下滑更为严重。

2. 故障原因

（1）伸臂油缸上的平衡阀阀芯内部损坏造成内泄。

（2）伸臂油缸内泄。

3. 故障排除方法

（1）查看油缸内伸缩平衡阀阀芯（图 2—1—68a）是否卡住或损伤。如果阀内有异物或损伤，应清洗或更换阀芯。

（2）检查伸臂油缸是否内泄。发动机熄火后，拆开油缸后方两个油口，用棉纱把油口擦干后，观察哪个油口出油。如果通向平衡阀的油口出油，说明阀芯锁不住；如果通向伸缩缸小腔的油口出油，说明伸臂油缸内泄。确认故障点后，进行相应部件的维修或更换。

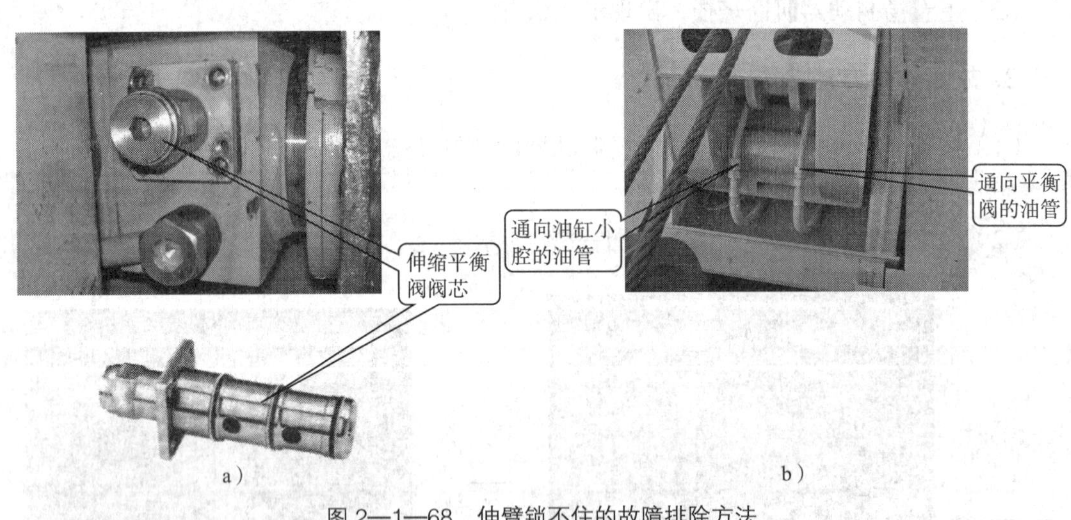

图 2—1—68　伸臂锁不住的故障排除方法

十、变幅有落无起

1. 故障描述

变幅下落正常，但无法升起。

2. 故障原因

（1）变幅阀芯存在问题。

（2）变幅梭阀卡住。

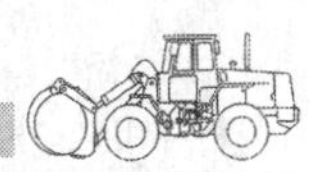

3. 故障排除方法

（1）拆检变幅阀阀芯（图2—1—69a）。如果有问题，应维修或更换。

（2）查看变幅梭阀内钢球是否卡住，如图2—1—69b所示。如果卡住，应维修或更换。

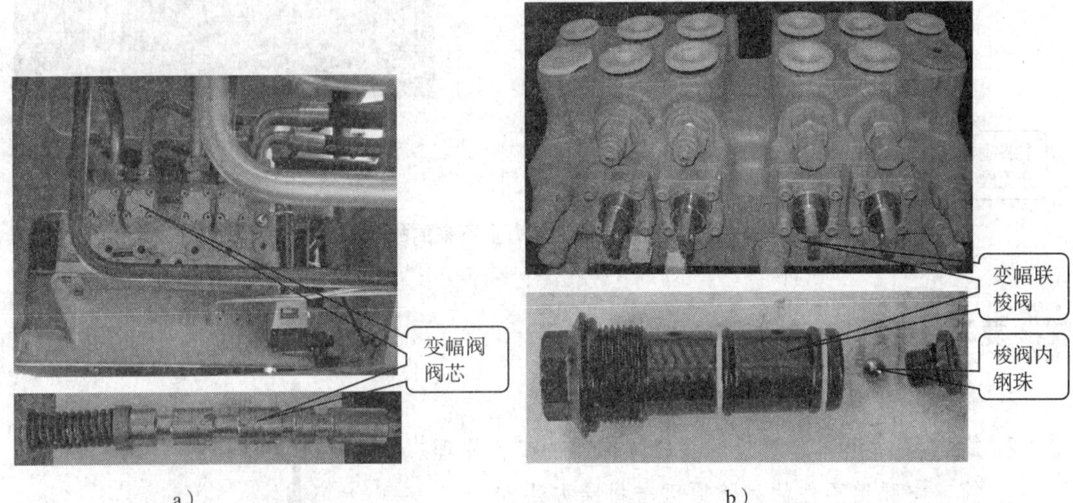

图2—1—69　变幅有落无起的故障排除方法

十一、卷扬或伸变压力上不来

1. 故障描述

卷扬或伸变压力上不来，达不到额定压力值（参考值为20 MPa）。

2. 故障原因

（1）溢流阀有故障。

（2）分流阀有故障。

（3）供油泵有故障。

3. 故障排除方法

（1）检查溢流阀（图2—1—70a）是否卡滞。如果阀芯卡滞，应进行清洗或更换。

（2）检查分流阀阀芯与阀体内孔的配合间隙是否过大，如图2—1—70a所示。如果配合间隙超差，应进行维修或更换阀芯。

（3）检查卷扬供油泵和伸变供油泵是否存在内泄，如图2—1—70b所示。内泄会导致系统压力达不到额定值。通过维修或更换供油泵可以排除故障。

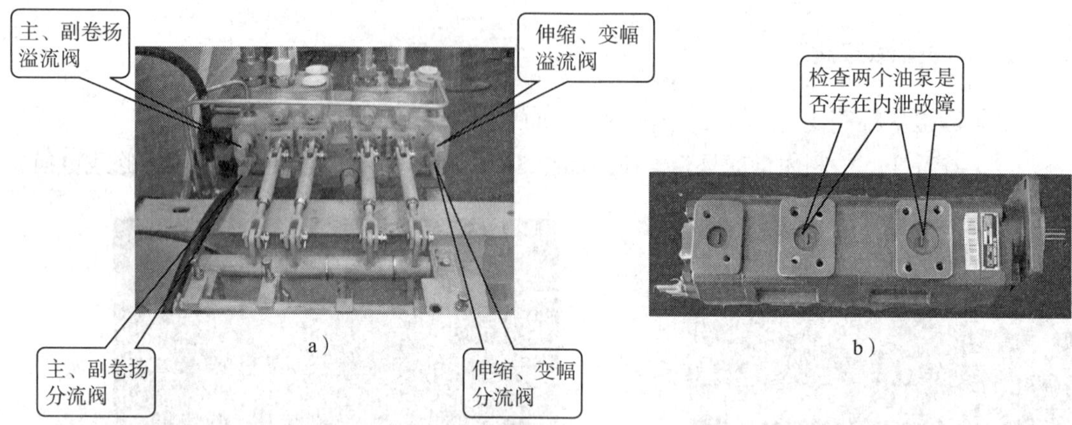

图 2—1—70　卷扬或伸变压力上不来的故障排除方法

复习思考题

1. 简述机械型多路换向阀的结构组成。
2. 简述 20 t 汽车起重机的多路换向阀的工作原理。
3. 简述支腿锁不住的故障原因与排除方法。
4. 简述上车无回转的故障原因与排除方法。
5. 简述上车自动向一侧回转的故障原因与排除方法。
6. 简述上车左右回转速度不相等的故障原因与排除方法。
7. 简述主、副卷扬无动作的故障原因与排除方法。
8. 简述主卷扬无法降钩的故障原因与排除方法。
9. 简述主卷扬无动作的故障原因与排除方法。
10. 简述伸臂锁不住的故障原因与排除方法。
11. 简述变幅有落无起的故障原因与排除方法。

子课题 5　25～50 t 汽车起重机液压系统常见故障分析与排除

学习目标

1. 熟悉 25～50 t 汽车起重机常见故障现象。
2. 掌握 25～50 t 汽车起重机常见故障的故障原因与故障排除方法。

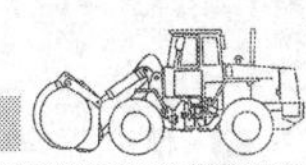

由于 25 ~ 50 t 汽车起重机多属于先导控制型，其多路换向阀结构与 20 t 汽车起重机相比，除控制方式外其余基本相同，且先导控制阀也在前述相关知识中进行了介绍，这里不再重复。

一、水平支腿窜油

1. 故障描述

收回垂直支腿时，4 个水平支腿也往回缩。

2. 故障原因

下车多路换向阀的水平支腿过载溢流阀卡在了开启位置，致使水平油缸大腔油液从溢流阀流回油箱。

3. 故障排除方法

（1）拆下下车多路换向阀的水平支腿过载溢流阀（图 2—1—71a），进行检查。

（2）清除造成卡滞的铁屑或其他杂质，并清洗干净，如图 2—1—71b 所示。

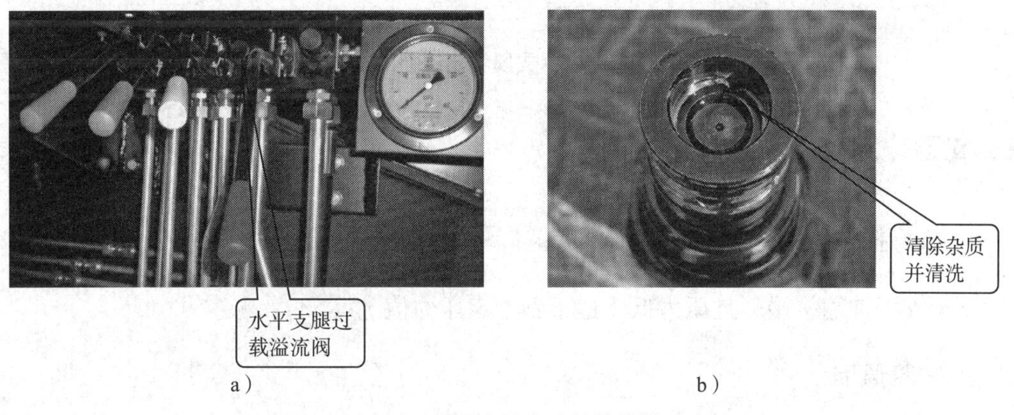

a）　　b）

图 2—1—71　水平支腿窜油的故障排除方法

二、单个水平支腿伸出缓慢

1. 故障描述

水平支腿同时向外伸出时，有一个伸得较慢。

2. 故障原因

（1）多路换向阀定位装置松动。

（2）水平油缸内泄。

3. 故障排除方法

（1）先紧固多路换向阀上水平支腿较慢的那一联阀芯的定位装置，如图 2—1—72a 所示。

（2）如果垂直油管和水平油管互换（图 2—1—72b）后，水平支腿伸出速度正常，说明水平油缸内泄，应更换油缸或密封件。

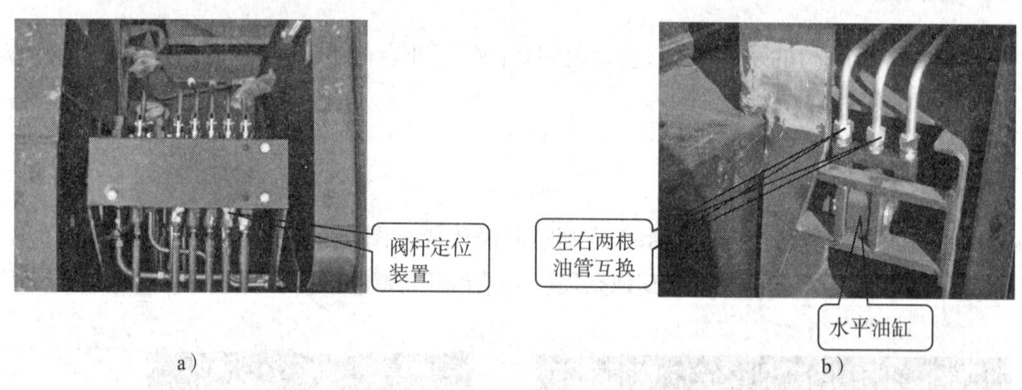

图 2—1—72　单个水平支腿伸出缓慢的故障排除方法

三、支腿伸缩缓慢

1. 故障描述

下车支腿伸缩缓慢，且压力低（达不到额定压力值）。

2. 故障原因

（1）下车多路换向阀溢流阀内部件损坏，造成内泄。

（2）支腿供油泵内泄。

3. 故障排除方法

检查并确认是溢流阀故障还是支腿供油泵故障。

（1）将多路换向阀溢流阀通往液压油箱的油管拆开，把支腿选择手柄放置中位，搬动换向手柄，观察压力表，如图 2—1—73a 所示。

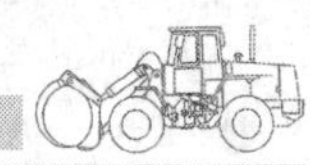

（2）待压力不再升高时，观察多路换向阀所拆开的油口是否有油流出。如果有油流出，表示溢流阀内泄或压力值调整过低，应调整溢流阀压力或清洗、更换溢流阀。如果没有油液流出，则表示油泵损坏，维修或更换支腿供油泵（图 2—1—73b）。

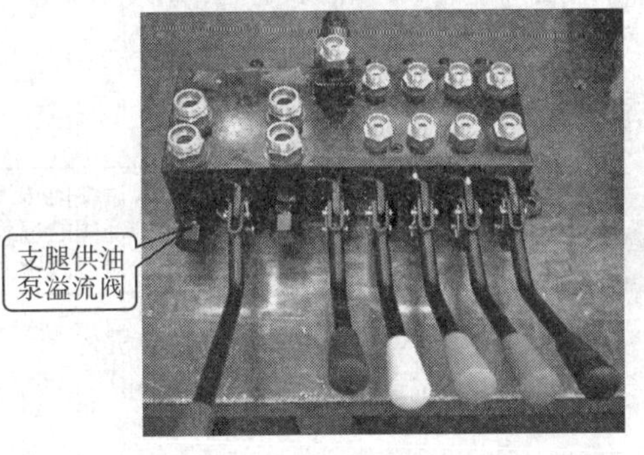

a）

b）

图 2—1—73 支腿伸缩缓慢的故障排除方法

四、第五支腿外伸

1. 故障描述

下车伸出垂直支腿时，第五支腿外伸。

2. 故障原因

下车多路换向阀第五支腿选择阀的阀芯定位松动。

3. 故障排除方法

检查下车多路换向阀第五支腿后面的阀芯定位是否松动，如图 2—1—74 所示。如果第五支腿多路阀芯定位松动，应进行紧固。

图 2—1—74 第五支腿外伸的故障排除方法

五、发动机加速时回转机构不转

1. 故障描述

怠速时上车回转机构回转正常，发动机加速时回转机构反而不回转。

2. 故障原因

上车过载溢流阀的调定压力过低，在怠速时压力未达到其开启点，回转正常。待猛加油时，压力达到其开启点后，溢流阀打开卸荷，故回转机构无法回转。

3. 故障排除方法

将回转缓冲阀上过载溢流阀的压力调高至规定值，如图 2—1—75 所示。

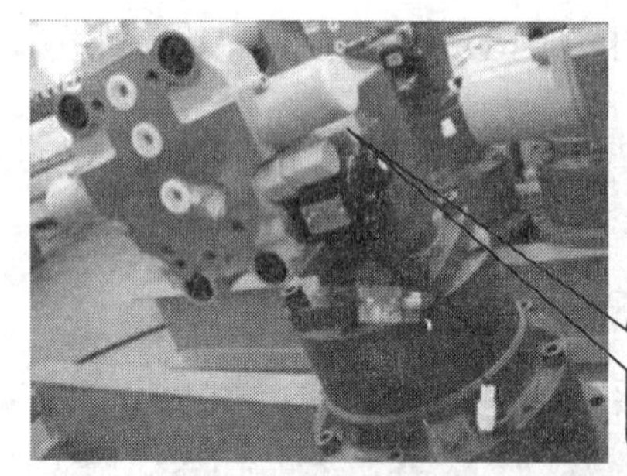

图 2—1—75　发动机加速回转机构不转的故障排除方法

六、上车起重臂伸缩无动作

1. 故障描述

上车起重臂伸缩机构无动作。其余动作正常。

2. 故障原因

（1）上车多路换向阀伸缩梭阀内有异物或钢球卡住。

（2）上车多路换向阀伸缩减压阀阀芯卡死。

3. 故障排除方法

（1）拆开伸缩梭阀（图 2—1—76a），查看里面是否有异物或钢球是否卡住。如果有异物，应清除干净。如果钢球卡住，应修复或更换。

（2）检查伸缩减压阀（图 2—1—76b），查看减压阀芯是否卡住。如果卡住，应将阀芯复位。

七、起重臂缩臂速度慢

1. 故障描述

伸出的起重臂在怠速状态下不能缩回。如果发动机加速，起重臂能略微缩回。

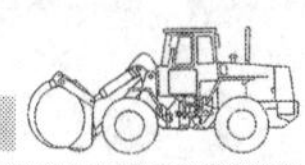

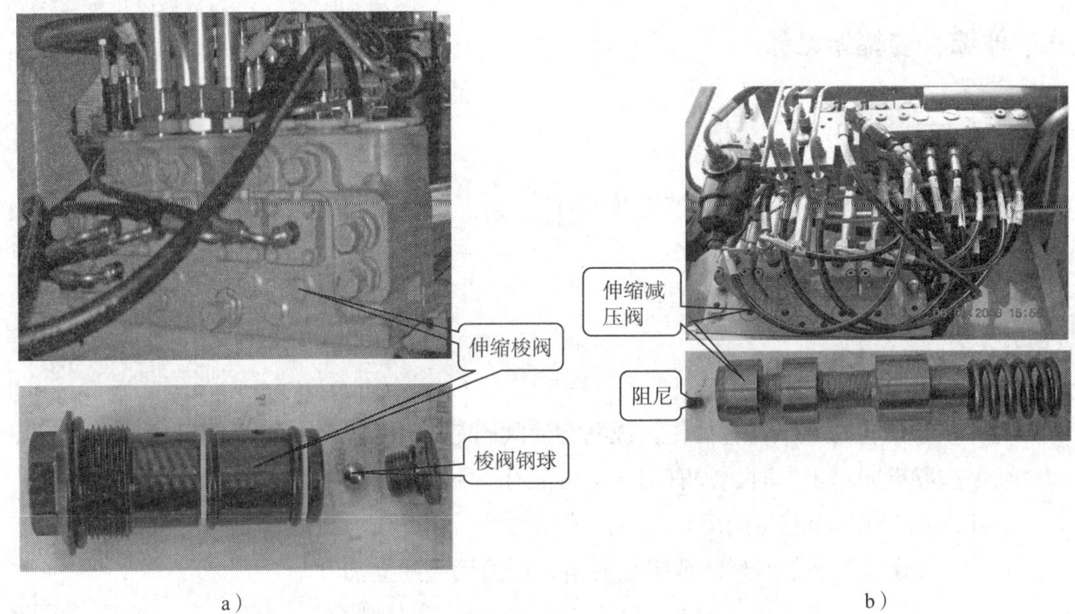

图 2—1—76 上车起重臂伸缩无动作的故障排除方法

2. 故障原因

上车多路换向阀上伸缩联缩臂溢流阀卡在了开启位置，缩臂压力无法建立。

3. 故障排除方法

检查伸缩联缩臂溢流阀（图 2—1—77）是否卡住。如果卡住，应清洗或更换。

图 2—1—77 缩臂速度慢的故障排除方法

八、伸缩、变幅无动作

1. 故障描述

伸缩、变幅无动作故障分两种情况：

（1）和卷扬同时工作时有动作。

（2）和卷扬同时工作时仍没有动作。

2. 故障原因

（1）和卷扬同时工作时有动作，说明合流阀阀芯卡死或合流阀阀芯阻尼脱落。

（2）和卷扬同时工作时仍没有动作，可能有以下两种原因：

1）P2 泵溢流阀阀芯与阀座封闭不严或密封件损坏，压力无法建立。

2）P2 泵分流阀阀芯卡死，或阻尼脱落，压力无法建立。

3. 故障排除方法

（1）和卷扬同时工作时有动作

1）查看合流阀阀芯是否卡死，可以捅一下合流阀阀芯后方，观察阀芯是否复位。

2）查看阀芯阻尼是否脱落。拆合流阀阀芯时，应先用扳手拆开合流阀前端调节处（图 2—1—78a），再拆后面的螺塞（图 2—1—78b）；拿出合流阀阀芯时，应将螺钉拧在合流阀芯后方，手要持平，慢慢拿出。

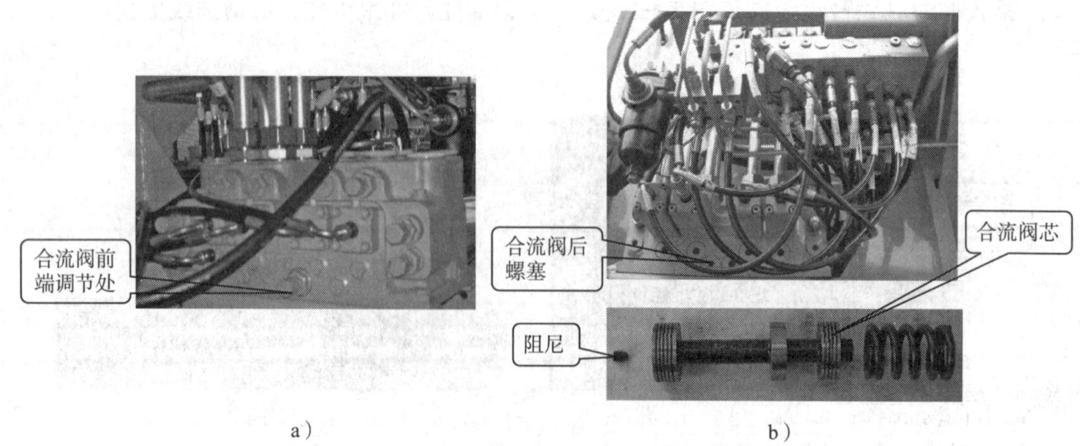

图 2—1—78　合流阀导致伸变无动作的故障排除方法

（2）和卷扬同时工作时仍没有动作

1）检查伸缩、变幅供油泵溢流阀锥阀芯与阀座是否封闭不严，密封挡圈是否损坏，

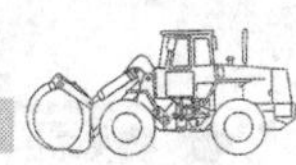

如图 2—1—79a 所示。

2）查看分流阀阀芯是否卡死，可以捅一下分流阀芯后方，查看阀芯是否复位。

3）查看分流阀阀芯阻尼（图 2—1—79b）是否脱落。拆分流阀阀芯时，应先用扳手拆开合流阀前端调节处，再拆后面的螺塞。拿出分流阀阀芯时，应用螺钉拧在分流阀阀芯后方，手要持平，慢慢拿出。

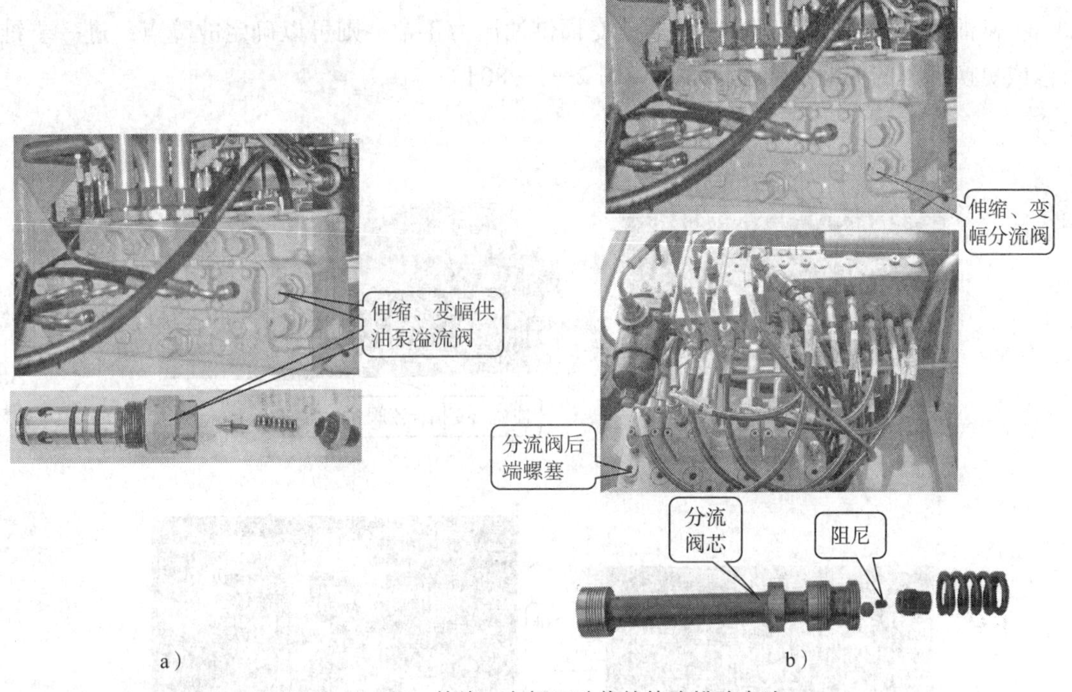

图 2—1—79　伸缩、变幅无动作的故障排除方法

九、伸缩、变幅速度慢

1. 故障描述

伸臂和变幅起升时的速度很慢。

2. 故障原因

（1）伸缩、变幅供油泵的溢流阀、分流阀、合流阀有故障。

（2）伸缩、变幅供油泵供油量不足。

3. 故障排除方法

（1）怠速时，堵住伸缩、变幅供油泵的出油口进行憋压（即负载无穷大），查看伸缩、变幅供油压力值是否正常（供油泵额定压力参考值 18 ~ 20 MPa），如图 2—1—80a 所示。

（2）如果伸缩、变幅供油压力正常，则拆检伸缩、变幅溢流阀、分流阀、合流阀，如图 2—1—80b 所示。

（3）如果伸缩、变幅供油压力不正常，将卷扬供油泵和伸缩、变幅供油泵的供油管连接互换（图 2—1—80c），然后检查伸臂速度和变幅速度是否正常。

供油管连接互换后，如果伸缩、变幅供油压力正常，则可以确定故障点，进一步维修或更换下车的伸缩、变幅供油泵（图 2—1—80d）。

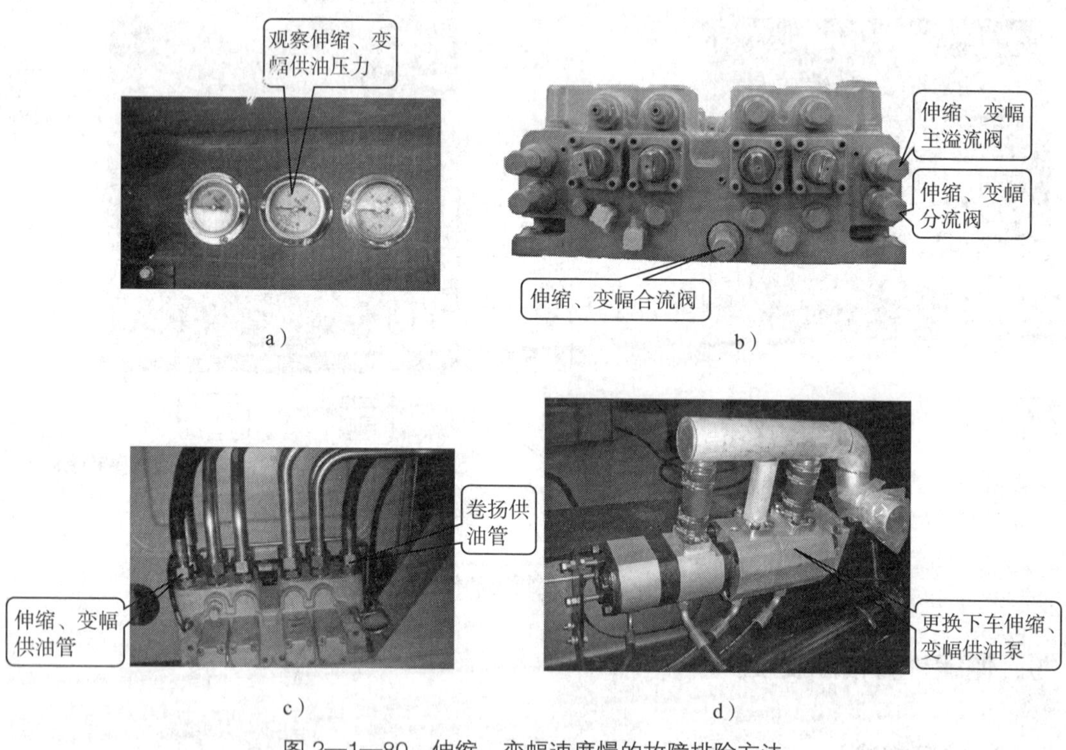

a）　b）　c）　d）

图 2—1—80　伸缩、变幅速度慢的故障排除方法

十、三、四、五节臂伸缩无法切换（五节臂起重机）

1. 故障描述

上车二节臂伸缩正常，三、四、五节臂伸缩无法切换。

2. 故障原因

（1）伸缩电液换向阀的电磁阀断电。

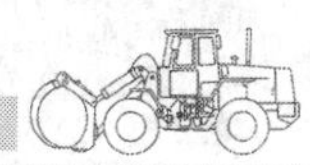

（2）伸缩电液换向阀的电磁阀线圈断路。

（3）伸缩电液换向阀的电磁阀阀芯卡死。

（4）伸缩电液换向阀的电磁阀通往液控口的油道堵塞，液控换向阀阀芯无压力油换向。

（5）电液换向阀液动阀阀芯卡死。

3. 故障排除方法

根据故障产生原因依次排查电磁阀的电磁铁、阀芯和液动阀芯，如图 2—1—81 所示。发现故障点，予以排除。

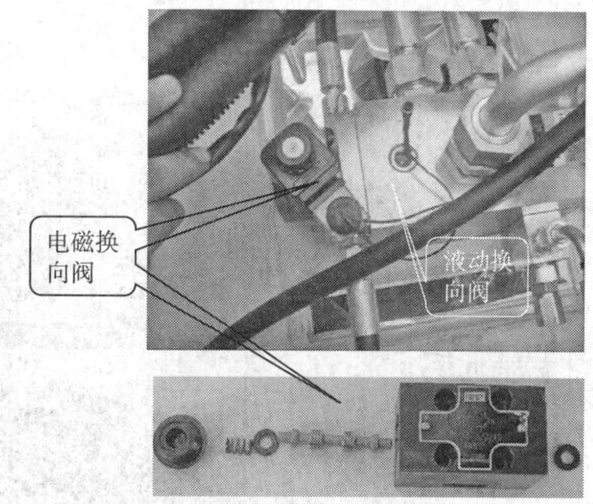

图 2—1—81　三、四、五节臂伸缩无法切换的故障排除方法

十一、先导系统无压力

先导系统
无压力

1. 故障描述

下车支腿动作正常，上车全无动作。

2. 故障原因

（1）先导电磁阀断电或线圈断路。

（2）先导溢流阀内部部件损伤或卡在了开启位置。

（3）先导油泵内泄。

3. 故障排除方法

（1）检查先导电磁阀及其电路，如图 2—1—82a 所示。如果有故障，应维修或更换。

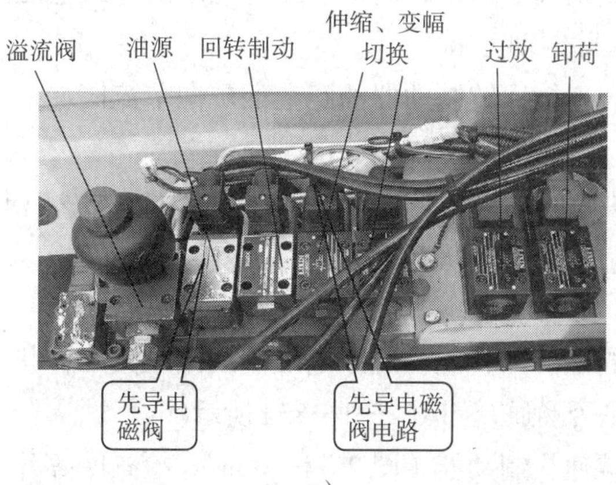

a）

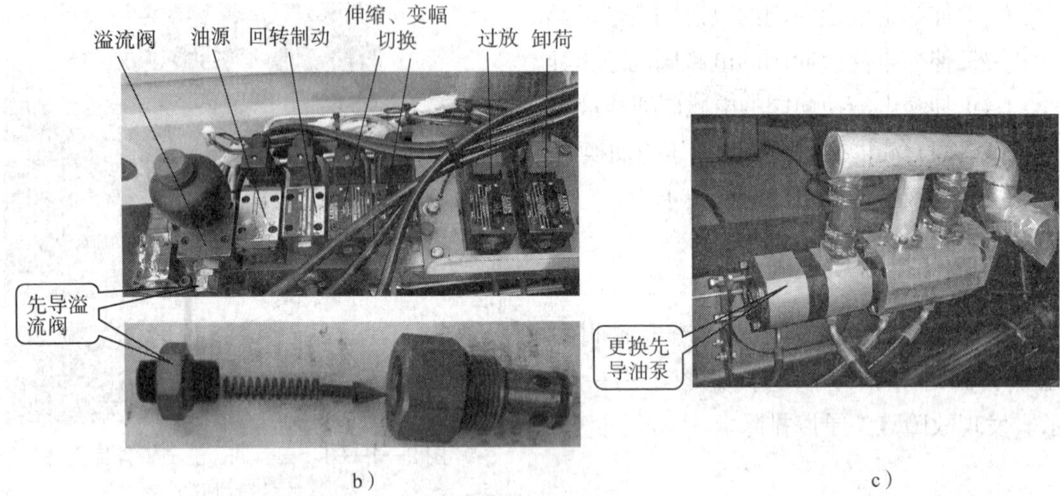

b）　　　　c）

图 2—1—82　先导系统无压力的故障排除方法

（2）检查先导溢流阀是否损伤或卡住，如图 2—1—82b 所示。如果有故障，应清洗或更换。

（3）如果先导油泵（图 2—1—82c）出现内泄，应维修或更换。

十二、上车无回转且憋压

1. 故障描述

现场操纵，观察到上车回转机构无动作，而且憋压。

2. 故障原因

（1）上车先导控制阀上的回转制动解除电磁阀断电或电磁阀线圈断路，使回转制动器无压力油，无法解除制动。

（2）先导控制阀连接回转制动器油路上的单向节流阀堵塞，制动器无压力油，无法解除制动。

（3）回转减速机内回转制动器的摩擦片（又称为制动片）研烧卡死，无法解除制动。

3. 故障排除方法

（1）检查控制阀上的回转制动解除电磁阀线圈及其工作状况，检查连接回转制动器油路的单向节流阀是否畅通，如图 2—1—83a 所示。

（2）拆解回转减速机制动器（图 2—1—83b），检查摩擦片是否发生研烧而卡死。如

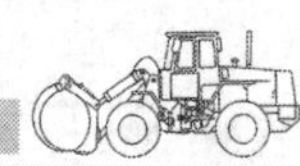

果摩擦片卡死，应进行维修或更换。

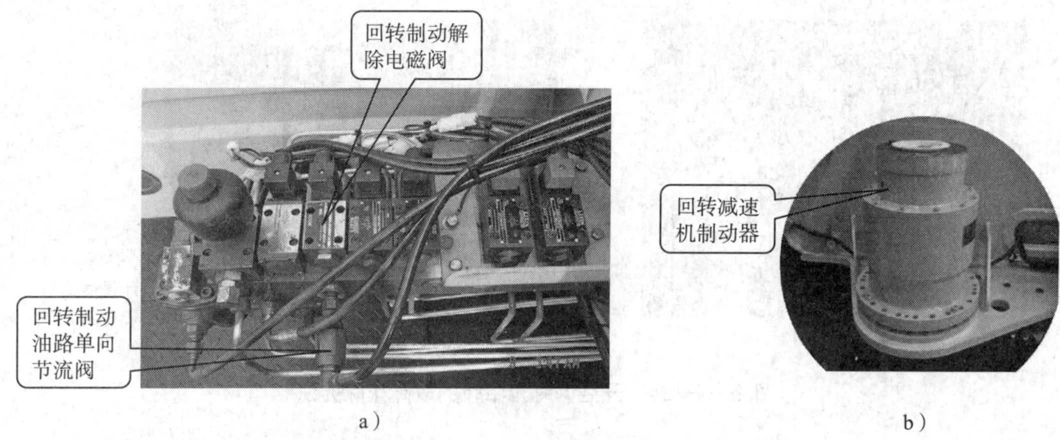

a）　　b）

图 2—1—83　上车无回转的故障排除方法

十三、开空调时上车无回转

1. 故障描述

开空调时，上车回转机构无法转动；不开空调时，上车回转机构工作正常。

2. 故障原因

（1）回转缓冲阀压力不正常。

（2）空调泵压力设定不适当。

3. 故障排除方法

（1）检查回转缓冲阀压力是否正常，如图 2—1—84a 所示。如果其压力不正常，应修理或更换回转缓冲阀。

（2）如果其压力正常，应进一步检查空调泵压力，如图 2—1—84b 所示。如果空调泵压力不正常，应调整。

十四、回转无法立即制动

1. 故障描述

回转先导手柄搬至中位时，转台仍继续转动约 20 cm 才停止。

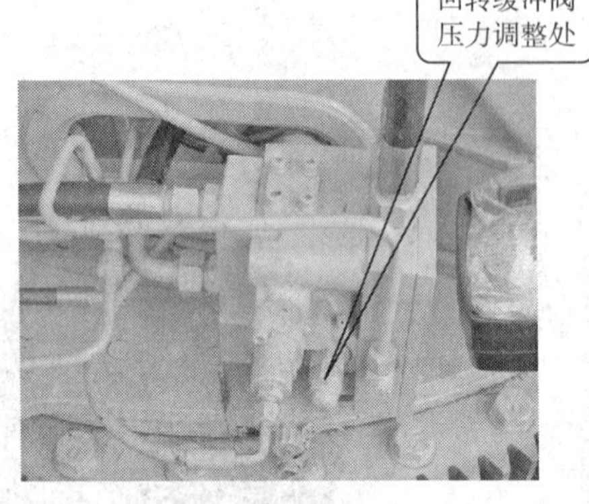

a）

b）

图 2—1—84 开空调时无回转的故障排除方法

2. 故障原因

（1）回转缓冲阀两端的液控接头阻尼孔堵塞，造成回转缓冲阀阀芯复位不快速及时。

（2）回转缓冲阀阀芯复位不畅。

（3）回转制动器故障。

（4）自由回转电磁阀卡滞或电磁铁通电，常有自由回转。

（5）操纵手柄控制阀阀芯复位滞后。

3. 故障排除方法

（1）首先检查回转缓冲阀，包括：液控接头阻尼孔是否堵塞；自由滑转电磁阀是否卡滞，其通电情况是否正常；缓冲阀阀芯复位是否正常，如图 2—1—85a 所示。

（2）检查回转制动器的磨损情况，如图 2—1—85b 所示。如果磨损严重，应进行维修或更换。

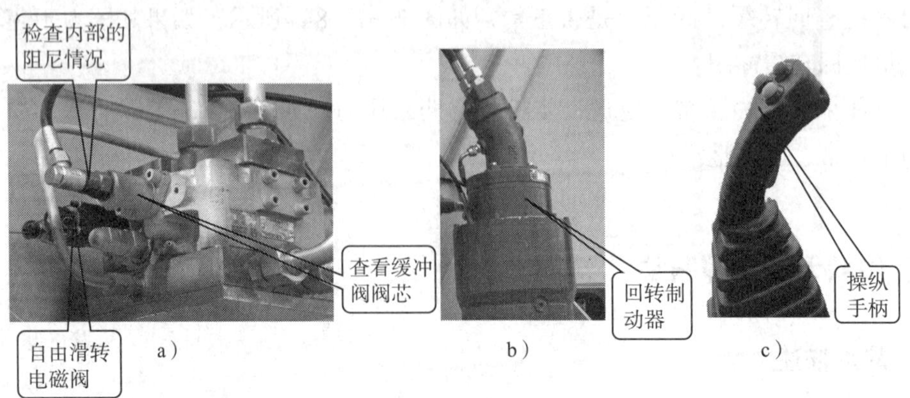

a） b） c）

图 2—1—85 回转无法立即制动的故障排除方法

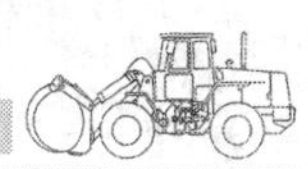

（3）修理或更换操纵手柄（图 2—1—85c）。

十五、上车卷扬无卸荷

1. 故障描述

现场操纵卷扬起升，到达卸荷点卷扬机构未停止，依然有动作。其余动作正常。

2. 故障原因

（1）先导控制阀的卸荷单向阀卡死，无法开启实现压力卸荷。

（2）卸荷电磁阀故障。

（3）力矩限制器故障。

3. 故障排除方法

（1）检查卸荷单向阀复位是否正常，如图 2—1—86a 所示。

（2）拆解卸荷电磁阀，如图 2—1—86b 所示。如果有问题，应维修或更换。

（3）检查力矩限制器主机（图 2—1—86c）及电路系统。

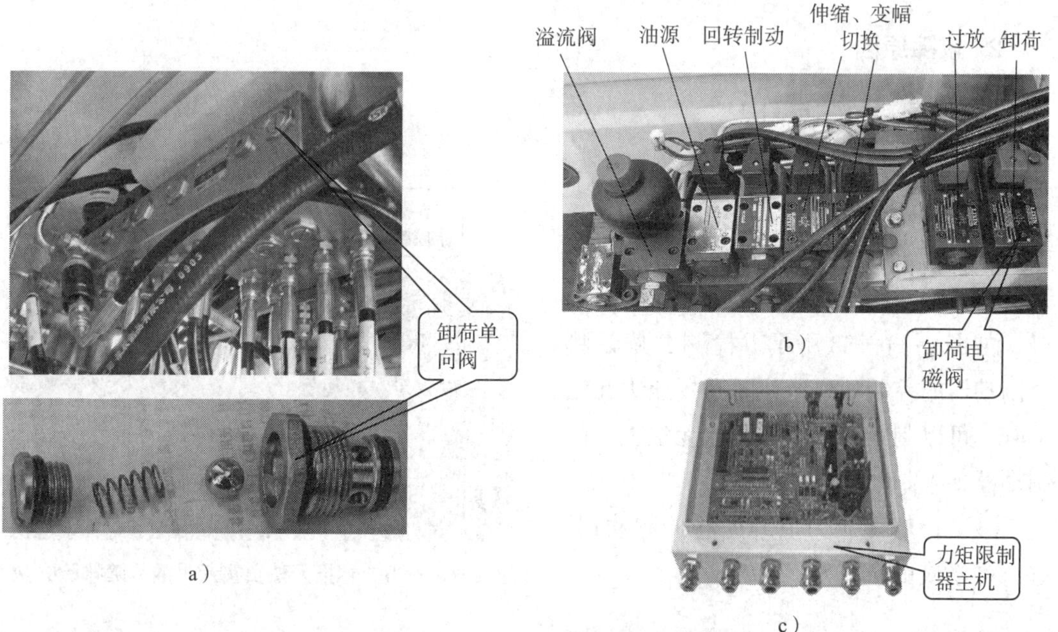

图 2—1—86　上车卷扬无卸荷的故障排除方法

十六、卷扬、变幅误动作

1. 故障描述

操纵卷扬动作时，变幅升起。

2. 故障原因

多路换向阀变幅阀芯未复位。

3. 故障排除方法

将组合阀的变幅阀芯复位，即可排除故障，如图2—1—87所示。

图2—1—87　卷扬、变幅误动作的故障排除方法

十七、卷扬无法负重起吊

1. 故障描述

无负重时卷扬起停正常，但是卷扬无法负重起吊。

2. 故障原因

卷扬制动器已不再制动。

3. 故障排除方法

（1）对主、副卷扬制动器进行憋压，即分别堵住主卷扬、副卷制动器控制油口，如图2—1—88所示。检测并确认哪个制动器的控制油口堵住时卷扬压力无法上升。可以判断造成卷扬压力无法上升的制动器并未制动。

（2）检修无压力上升的卷扬制动器，进行维修或更换。

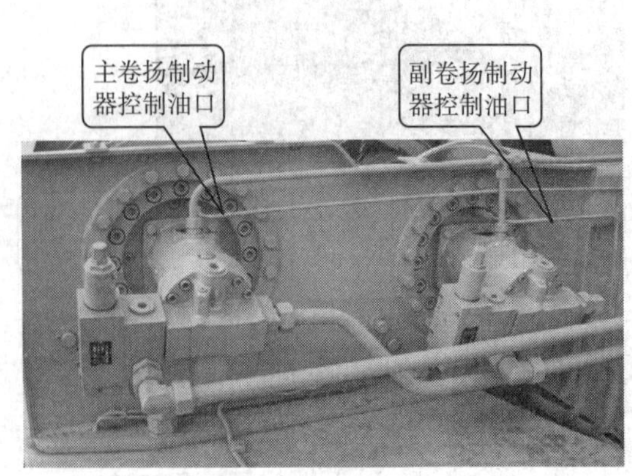

图2—1—88　卷扬无法负重起吊的故障排除方法

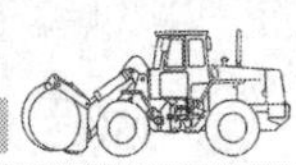

十八、主、副卷扬均起升无力（机械拉杆型汽车起重机）

1. 故障描述

QY25型汽车起重机（机械拉杆型）的主、副卷扬起升均无力，起升压力无法达到规定值（参考压力值20 MPa）。

2. 故障原因

（1）卷扬供油泵溢流阀调整压力过低。

（2）卷扬供油泵溢流阀内的密封件或其他部件损伤。

（3）卷扬供油泵分流阀阀芯卡滞，不能完全复位。

（4）多路换向阀上的卷扬系统梭阀钢球卡死。

（5）卷扬供油泵内泄，无法达到额定压力。

3. 故障排除方法

（1）将主（副）卷扬制动器油管堵住，搬动主（副）卷扬手柄（拉杆），观察压力表的压力值，调整溢流阀（图2—1—89a），再观察压力值是否上升。如果压力上升，则调整压力至额定值即可。如果压力不上升，应检查、清洗、维修溢流阀。

（2）如果溢流阀没有问题，应打开分流阀后部的工艺螺塞（图2—1—89b），检查分流阀阀芯是否卡滞。

（3）将分流阀阀芯的调整螺栓以顺时针方向旋入（图2—1—89c），顶住该阀芯，观察压力是否达到额定值。如果能达到额定压力，应拆检、清洗梭阀（图2—1—89c）。

（4）如果调整梭阀后，压力值仍没有变化，可将卷扬供油泵和伸缩、变幅供油泵的输出油管交换（图2—1—89d），检查卷扬供油泵是否正常。如果更换油管后的伸缩、变幅子系统的压力低于额定压力，可确认卷扬供油泵故障，应进行维修或更换。

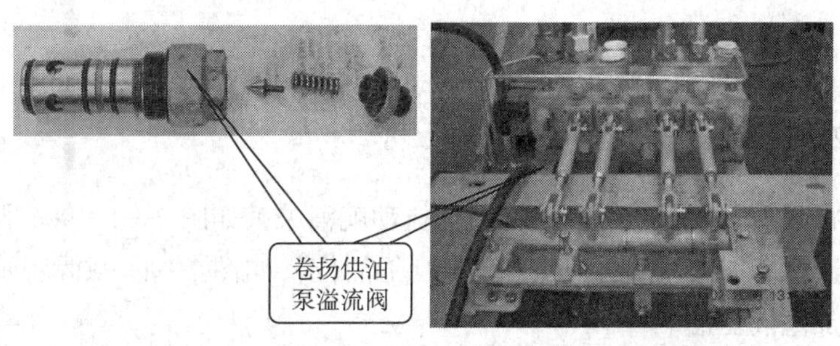

a）

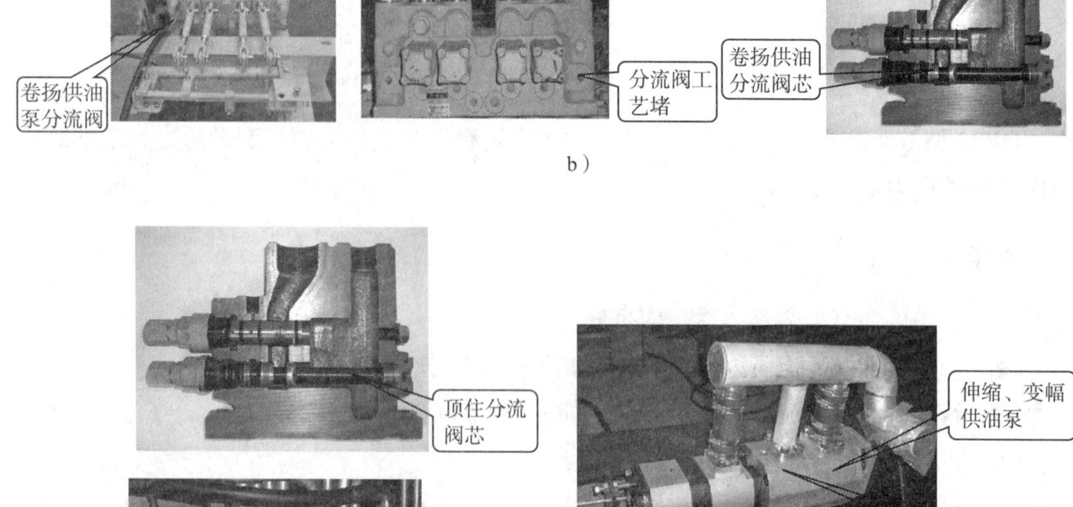

b）

c）　　d）

图 2—1—89　主、副卷扬起升均无力的故障排除方法

十九、卷扬起落发生抖动

1. 故障描述

变幅升起到 60°，起重臂大臂全伸出，卷扬起落发生抖动。

2. 故障原因

油箱被吸空。

3. 故障排除方法

（1）将起重臂大臂缩回一些，卷扬抖动就消失，如图 2—1—90a 所示。

（2）观察液压油箱油标尺，检查液压油位，如图 2—1—90b 所示。如果油位过低，应向油箱加注液压油。

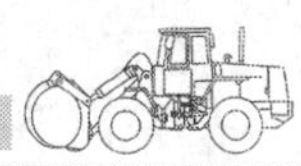

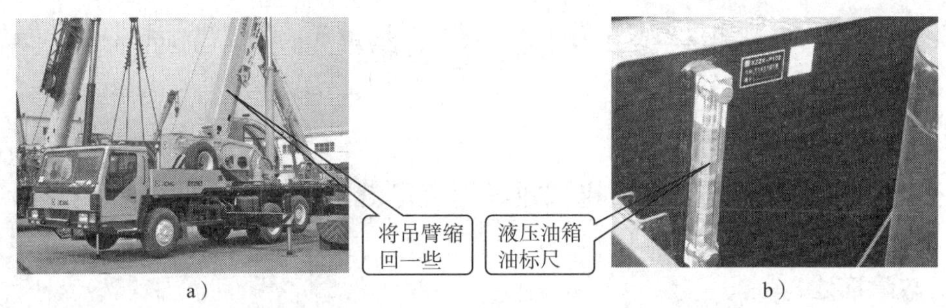

a）　　b）

图 2—1—90　卷扬起落发生抖动的故障排除方法

二十、主卷扬无法降钩

1. 故障描述

上车主卷扬无法降钩。其余动作工作正常。

2. 故障原因

（1）上车多路换向阀上的主卷扬下降溢流阀调整不当。

（2）上车多路换向阀上的主卷扬下降溢流阀密封件损坏或部件损坏。

（3）主卷扬平衡阀无法开启。

3. 故障排除方法

（1）检查调整清洗主卷扬下降溢流阀（图 2—1—91a），观察压力是否能回到额定压力值。

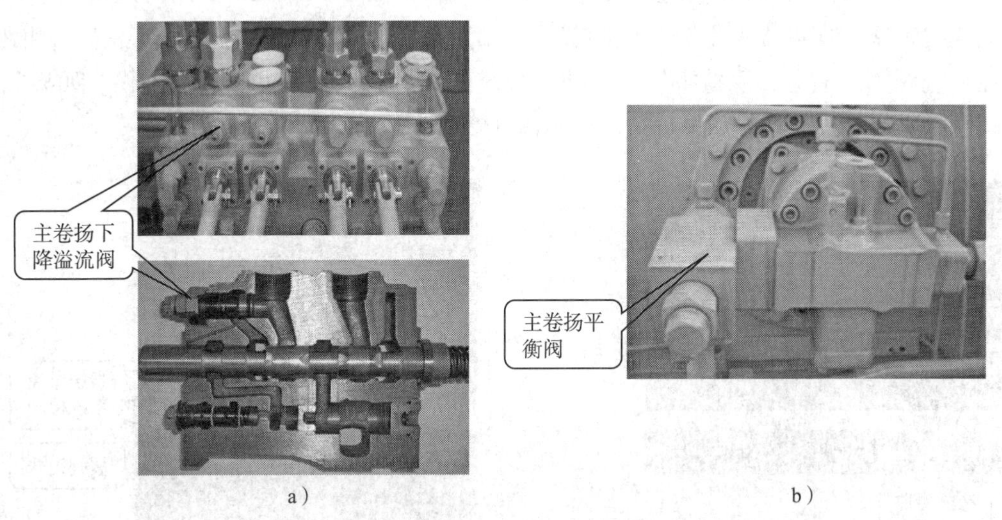

a）　　b）

图 2—1—91　主卷扬无法降钩的故障排除方法

（2）如果压力回到额定值时主卷扬仍无动作，应检查、调整、清洗或更换主卷扬平衡阀（图 2—1—91b）。

二十一、主、副卷扬无动作（机械拉杆型汽车起重机）

1. 故障描述

上车主、副卷扬无动作，观察主、副卷扬无压力。上车的其余动作正常。

2. 故障原因

（1）卷扬供油泵溢流阀卡死或有损伤。

（2）多路换向阀上卷扬起升梭阀卡死。

（3）卷扬供油泵分流阀卡死。

（4）卷扬供油泵内泄。

3. 故障排除方法

（1）检查卷扬供油泵溢流阀（图 2—1—92a），查看溢流阀是否卡死或有损伤。如果存在上述问题，应维修或更换溢流阀。

（2）如果溢流阀没有问题，应检查梭阀（图 2—1—92b）。用呆扳手拆下梭阀，再用内六角扳手将其拆开，检查里面的钢球是否被异物卡住。如果梭阀钢球卡死，应维修或更换梭阀。

（3）如果梭阀正常，应检查卷扬供油泵分流阀（图 2—1—92c）。用内六角扳手拆开分流阀后螺塞，向内推一下分流阀阀芯，观察其是否复位。如果阀芯没有复位，用螺钉拧在分流阀阀芯后方，手持平轻轻地拽出分流阀阀芯，检查阀芯是否有刮伤。如果阀芯有问题，应清洗或更换。如果分流阀阀芯内弹簧较软，应更换为大一号弹簧。

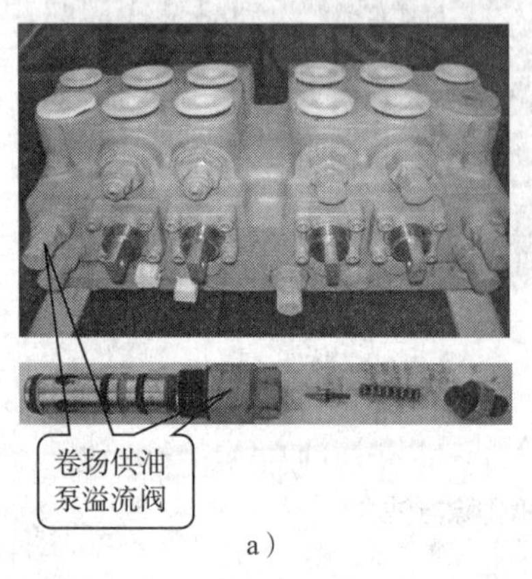

a）

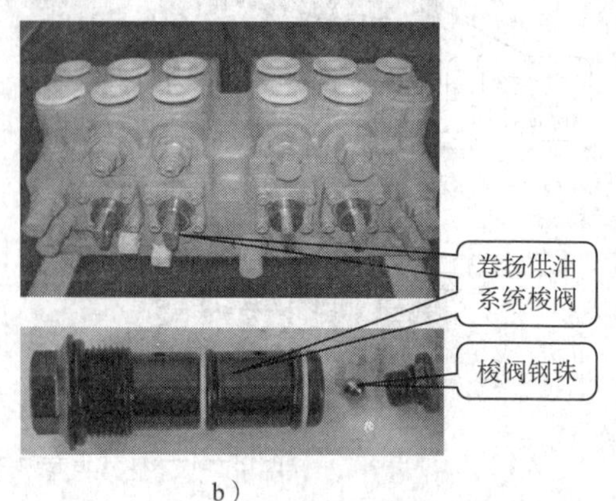

b）

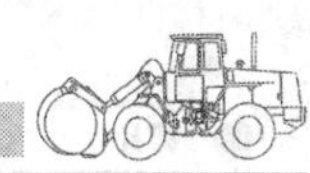

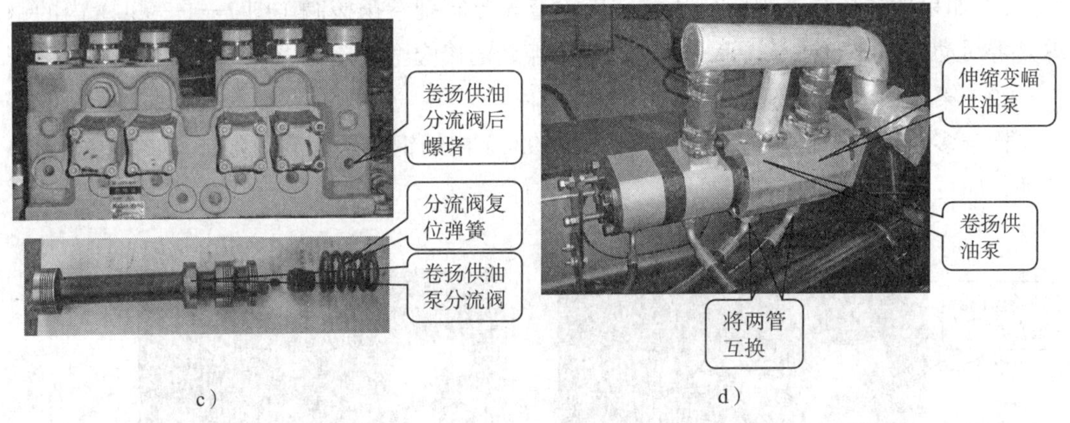

图 2—1—92　主、副卷扬无动作的故障排除方法

（4）如果卷扬供油泵分流阀正常，可将卷扬供油泵和伸缩、变幅供油泵的输出油管互换（图 2—1—92d），检查卷扬供油泵是否正常。如果伸缩、变幅系统的压力值低于额定压力值，可确认卷扬供油泵故障，维修或更换油泵。

二十二、副卷扬无动作（先导控制型汽车起重机）

1. 故障描述

（1）第一种情况：上车副卷扬无动作，先导油路无压力，其余动作工作正常。

（2）第二种情况：上车副卷扬无动作，主卷扬工作正常，主、副卷扬同时工作时也正常。

2. 故障原因

（1）第一种情况

1）副卷扬选择电磁阀故障。

2）先导阀副卷扬梭阀故障。

（2）第二种情况

多路换向阀副卷扬梭阀故障。

3. 故障排除方法

（1）第一种情况

1）检查副卷扬选择电磁阀（图 2—1—93a）是否通电、阀芯是否活动自如。如果有问题，维修或更换副卷扬选择电磁阀。

2）如果副卷扬选择电磁阀正常，应检查先导阀副卷扬梭阀（图 2—1—93b）内的钢珠是否活动自如。如果梭阀钢珠卡死，应更换新的梭阀。

（2）第二种情况

检查多路换向阀副卷扬梭阀（图 2—1—93c）内的钢珠是否活动自如。如果梭阀钢珠卡死，应更换新的梭阀。

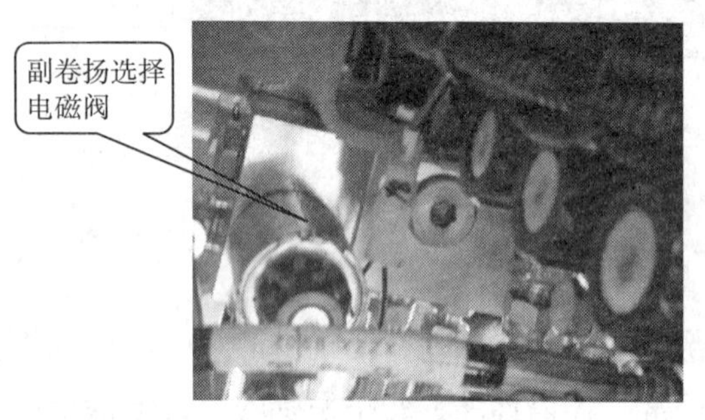

a）

b）

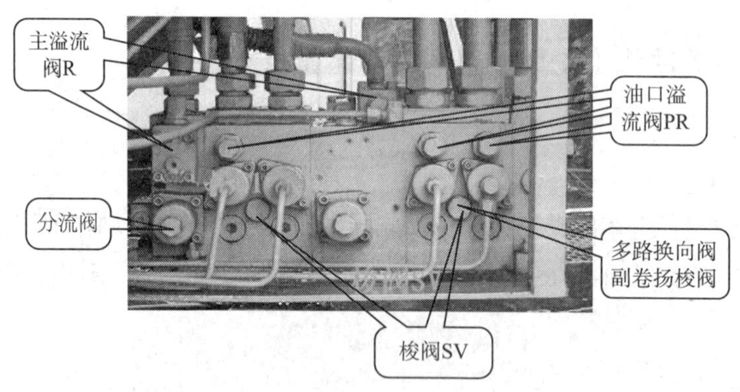

c）

图 2—1—93　副卷扬无动作的故障排除方法

二十三、卷扬下滑

1. 故障描述

当操纵手柄微动起升时，卷扬不升反降；吊重时手柄回中位后，卷扬下滑。

2. 故障原因

（1）卷扬平衡阀失控。

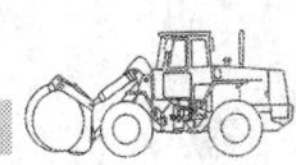

（2）卷扬马达内泄。

（3）卷扬制动器无法保持制动。

3. 故障排除方法

（1）如果手柄拉到起升位置，卷扬下滑，可先排除卷扬平衡阀（图2—1—94a）故障的可能性。

（2）检查卷扬马达（图2—1—94a）是否内泄。如果其内泄，应维修或更换。

（3）检查卷扬制动器是否无法制动（图2—1—94b）。如果无法制动，应维修或更换。

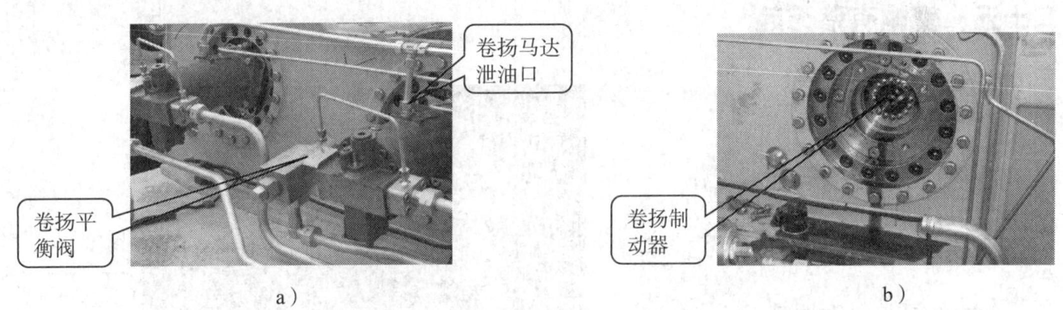

图2—1—94 卷扬下滑的故障排除方法

二十四、变幅全腔起升速度慢

1. 故障描述

上车变幅全腔起升（即变幅手柄扳到最大位置，起升机构获得最大流量）速度慢，变幅机构半腔起升正常。其余动作（如伸缩、卷扬、回转等）工作正常。

2. 故障原因

（1）在工作状态时上车多路换向阀的变幅阀阀芯移动不到位。

（2）上车多路换向阀中变幅减压阀阀芯出现故障，压力补偿不够。

3. 故障排除方法

（1）将变幅阀阀芯处的罩子拿掉，检查变幅阀阀芯调节处（即阀芯的弹簧定位处），如图2—1—95a所示。如果行程不到位，应加垫片。

（2）检查变幅减压阀阀芯或弹簧是否损坏。如果损坏，应维修或更换。

a）

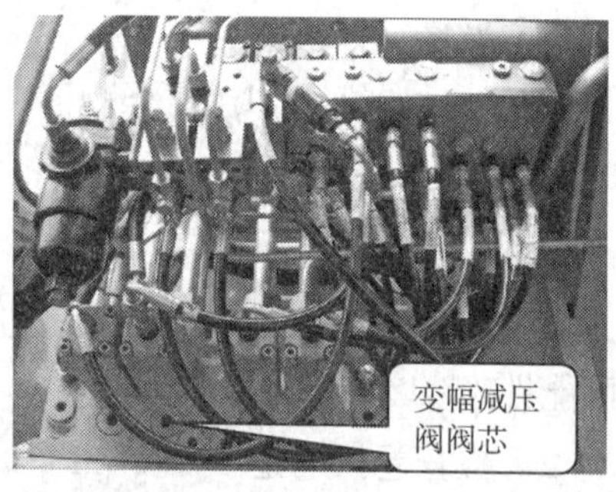

b）

图 2—1—95 变幅全腔起升速度慢的故障排除方法

二十五、变幅有落无起

1. 故障描述

变幅落臂正常，起臂不工作。

2. 故障原因

变幅阀阀芯出现故障。

3. 故障排除方法

拆检变幅阀阀芯（图 2—1—96）。如果其有故障，应更换。

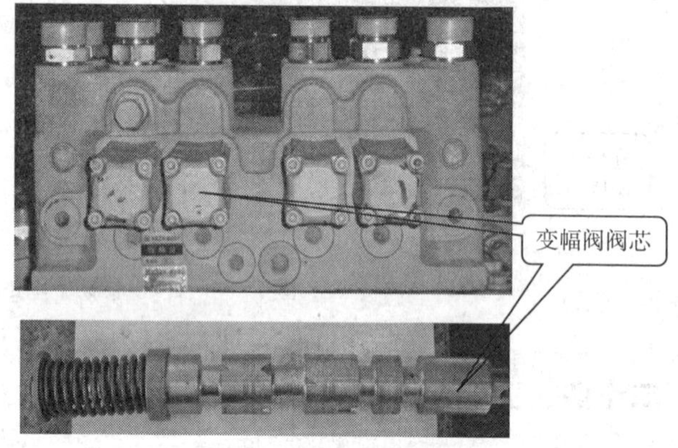

图 2—1—96 变幅有落无起的故障排除方法

二十六、上车无卸荷

1. 故障描述

上车无卸荷，卷扬起升到卸荷点还有动作。

2. 故障原因

（1）先导阀卸荷电磁阀故障。
（2）先导阀卸荷单向阀故障。

3. 故障排除方法

（1）检查卸荷电磁阀（图 2—1—97a）里面是否有异物卡住。如果有异物卡住，应清

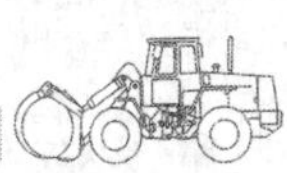

洗或更换卸荷电磁阀。

（2）检查卸荷单向阀（图2—1—97b）开启是否正常。如果未开启，应维修或更换卸荷单向阀。

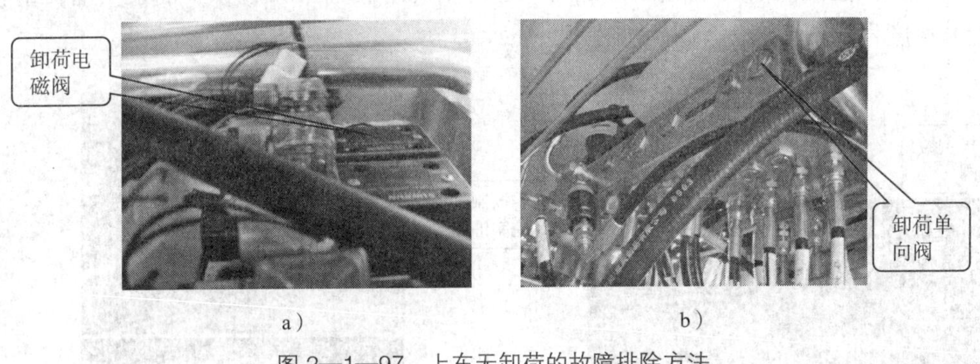

a）　　　　b）

图2—1—97　上车无卸荷的故障排除方法

二十七、主卷扬起升速度不够

1. 故障描述

某25 t汽车起重机主卷扬吊重25 t，起升速度缓慢（只有4.56～4.8 cm/min），但是伸缩、变幅供油泵的外接压力显示正常。

2. 故障原因

（1）多路换向阀上的两个主溢流阀故障。

（2）多路换向阀上的两个分流阀故障。

（3）卷扬供油泵或伸缩、变幅供油泵故障。

（4）主油路油管或中心回转体油道堵塞。

3. 故障排除方法

（1）查看多路换向阀上的两个主溢流阀是否卡死或损坏（图2—1—98a）。如果有故障，应维修或更换溢流阀。

（2）查看多路换向阀上的两个分流阀是否卡死或损坏（图2—1—98a）（用工具顶住分流阀测压力）。如果有故障，应维修或更换分流阀。

（3）摘除主卷扬制动器（即拆掉卷扬制动器控制油管，并堵住制动器控制口），对卷扬供油泵和伸缩、变幅供油泵进行憋压，检查它们的压力是否达标。

（4）如果多路换向阀的主溢流阀、分流阀及卷扬供油泵和伸缩、变幅供油泵均正常，可初步判断故障原因为主油路油管或中心回转体油道堵塞。此时，互换卷扬供油泵和伸缩、变幅供油泵的油压管，检查故障是否排除。如果故障未排除，则检查主油路油管是否堵塞。打开中心回转体上与卷扬供油法兰接头（图2—1—98c）相连的高压胶管接头，检查胶管接头里是否有异物堵塞。因为，这种情况下相当于只有一个油泵供油，主卷扬的起升速度肯定不够。

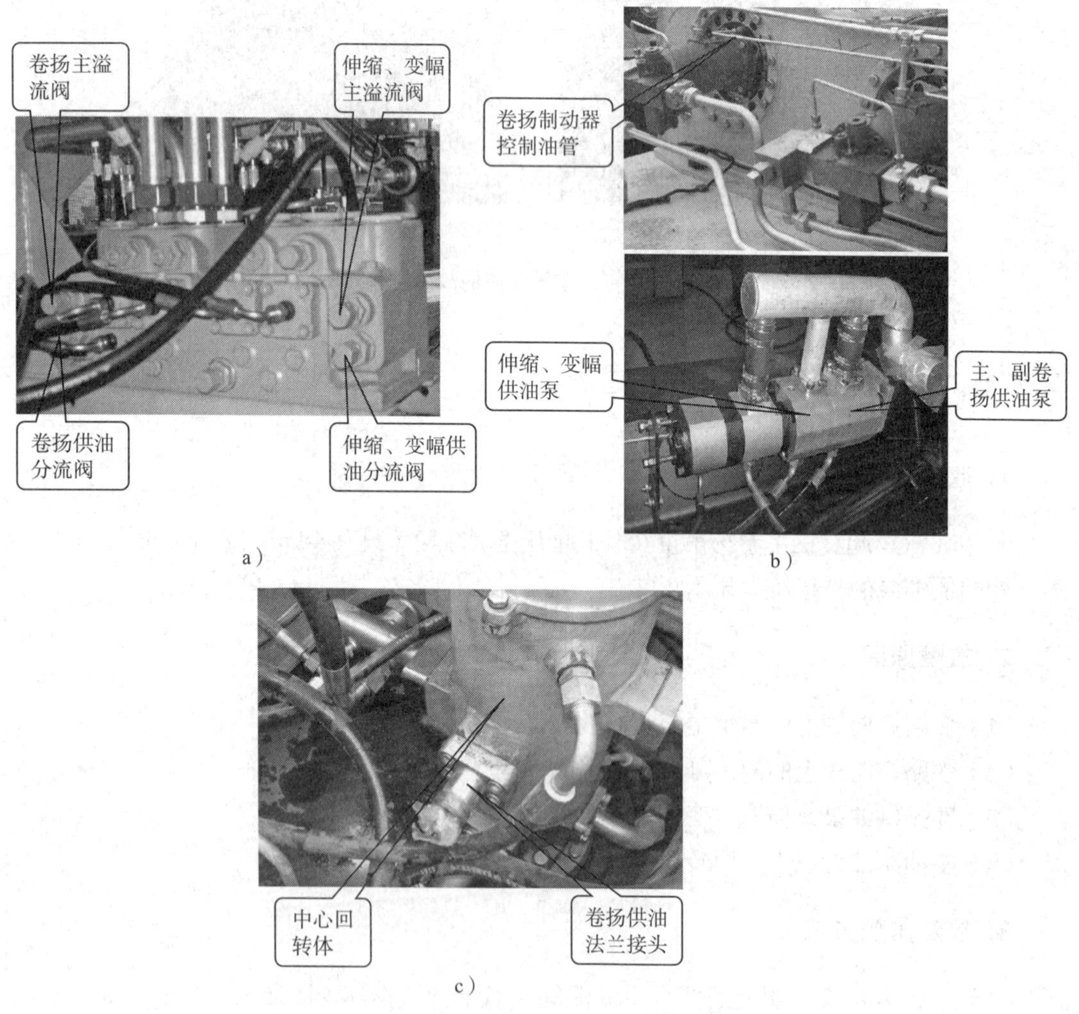

图2—1—98　主卷扬起升速度不够的故障排除方法

二十八、多路换向阀在中位时压力高

1. 故障描述

齿轮泵挂接取力器后，上车多路换向阀各手柄均处于中位，卷扬供油泵和伸缩、变

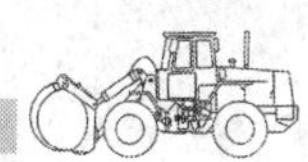

幅供油泵压力过高（达到15 MPa）。

2. 故障原因

（1）两处的分流阀阀芯以机械的方式被卡住（两处阀芯同时被卡住的几率极少）。

（2）分流阀阀芯后端部的阻尼孔（图2—1—99a）被堵塞。

（3）副起升阀阀芯处在起升位置（图2—1—99b），压力拾取孔与起升腔相通（图2—1—99c），与回油路隔断，且副卷扬制动器处于制动状态（图2—1—99d），故压力达15 MPa。

3. 故障排除方法

（1）检查两个供油泵分流阀芯是否以机械的方式被卡住（采用推压复位的方式检查）。如果卡位，应将阀芯复位。

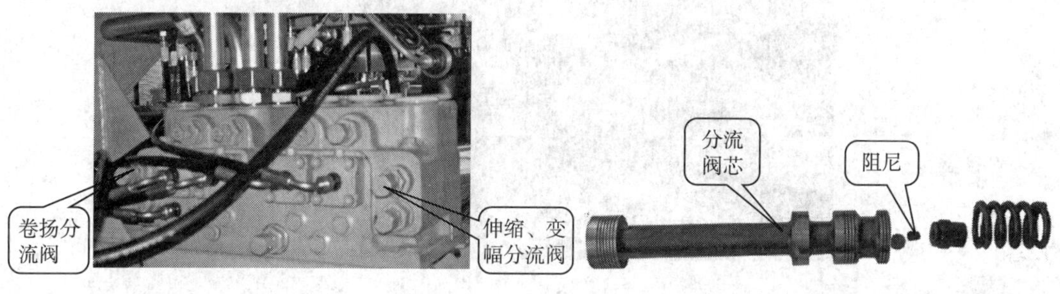

a）

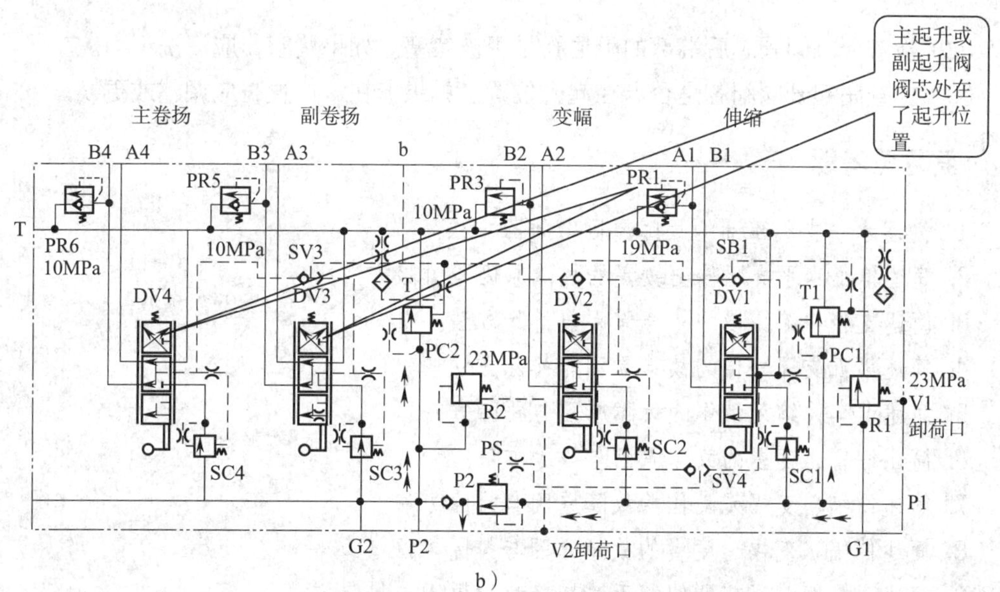

b）

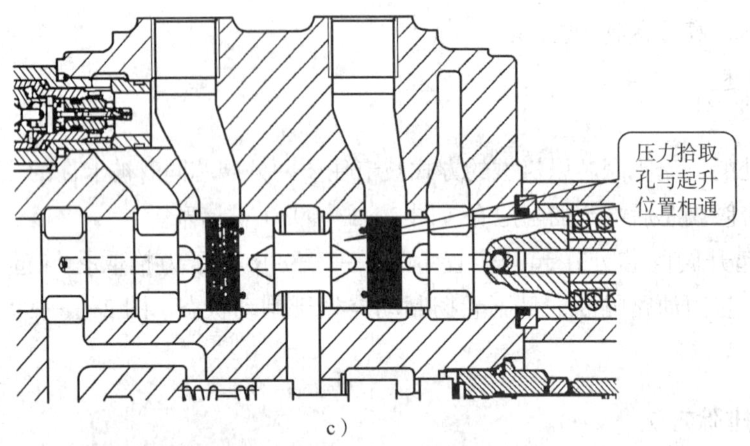

c)

d)

图 2—1—99 卷扬在中位时压力高的故障排除方法

（2）检查分流阀阀芯后端部的阻尼孔是否被堵塞。如果堵塞，应清洗干净。

（3）检查副起升阀阀芯是否卡在起升位置。如果卡在该位置，应调整或更换。

复习思考题

1. 简述水平支腿窜油的故障原因与排除方法。
2. 简述单个水平支腿伸出缓慢的故障原因与排除方法。
3. 简述支腿伸缩缓慢的故障原因与排除方法。
4. 简述第五支腿外伸的故障原因与排除方法。
5. 简述上车伸缩无动作的故障原因与排除方法。
6. 简述缩臂速度慢的故障原因与排除方法。
7. 简述伸缩、变幅无动作的故障原因与排除方法。
8. 简述伸缩、变幅速度慢的故障原因与排除方法。
9. 简述三、四、五节臂伸缩无法切换故障原因与排除方法。

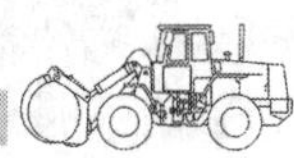

10. 简述先导系统无压力的故障原因与排除方法。
11. 简述上车无回转的故障原因与排除方法。
12. 简述开空调时上车无回转的故障原因与排除方法。
13. 简述回转无法立即制动的故障原因与排除方法。
14. 简述上车卷扬无卸荷的故障原因与排除方法。
15. 简述卷扬无法负重起吊的故障原因与排除方法。
16. 简述卷扬起落抖动的故障原因与排除方法。
17. 简述变幅全腔起升速度慢的故障原因与排除方法。

子课题6　60～70 t汽车起重机液压系统常见故障分析与排除

学习目标

1. 熟悉60～70 t汽车起重机常见故障现象。
2. 掌握60～70 t汽车起重机常见故障的故障原因与故障排除方法。

一、上车无动作

1. 故障描述

操纵上车操纵手柄，各动作均没有。

2. 故障原因

（1）管路中有气。
（2）电气故障导致比例电磁阀断电。
（3）单向节流阀堵塞或流量不足。
（4）主溢流阀故障。

3. 故障排除方法

（1）认清60～70 t汽车起重机上车多路换向阀结构组成及各个组成部件的额定压力值，如图2—1—100a所示。

（2）在上车多路换向阀油压接头处（图2—1—100b）测量油泵初始供油压力。

（3）如果检测不到压力，打开上车多路换向阀P口与中心回转体连接油管（图

2—1—100c），进行放气操作。如果能检测到压力，则进行下一步检查。

（4）检查电气部分。检查通往控制器的接头和熔断器的熔丝（图 2—1—100d）是否完好。如果有损坏，应维修或更换。检查控制器端子是否通电。如果断电，应维修。

（5）检查连接中心回转体的单向节流阀（图 2—1—100e）是否畅通或流量是否足够。因为来自多路换向阀的压力油通过单向节流阀的节流口反馈到主泵的反馈口，以调整主泵的压力和流量。所以，转动单向节流阀的套筒，从而改变节流阀的节流截面，以控制反馈油量的大小。

（6）对主溢流阀憋压，保持压力为 31 MPa。检查主溢流阀（图 2—1—100f）是否卡在了开启位置或是内部零件损坏泄漏。如果有上述问题，应维修或更换。

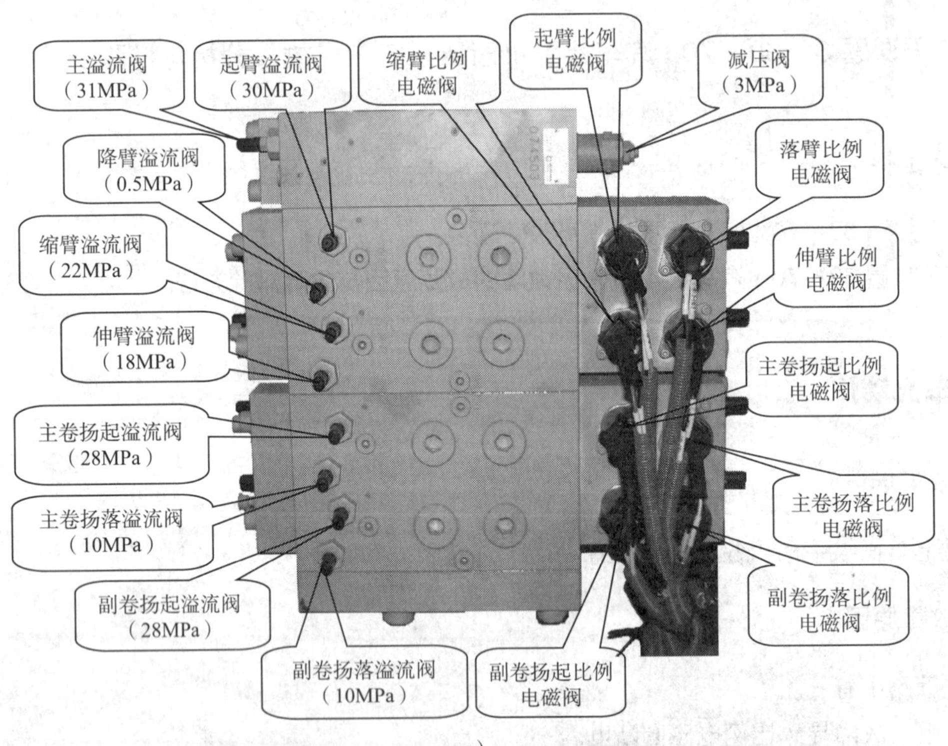

a）

b）

c）

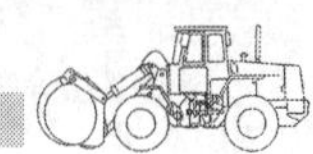

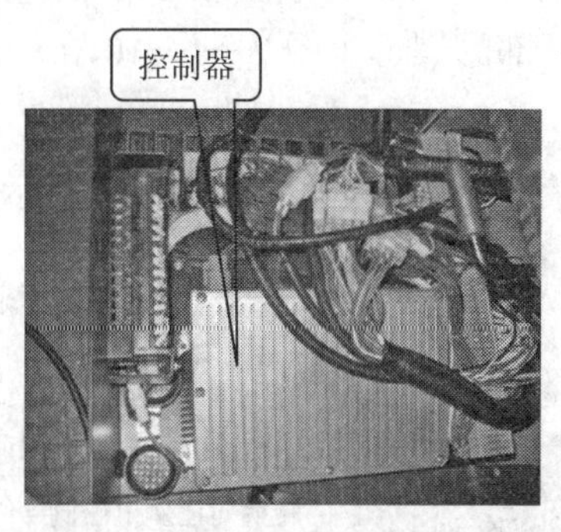

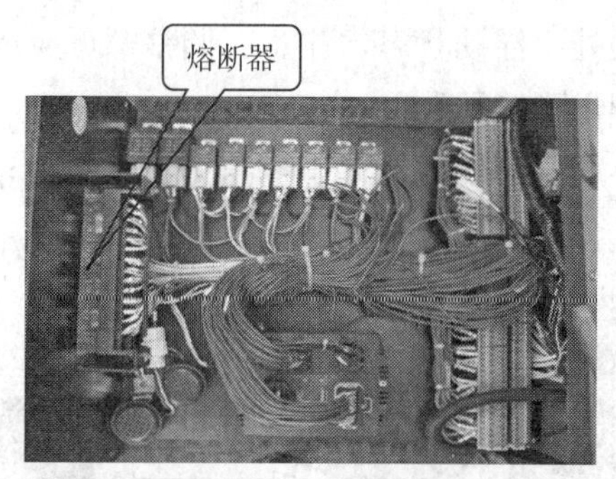

d）

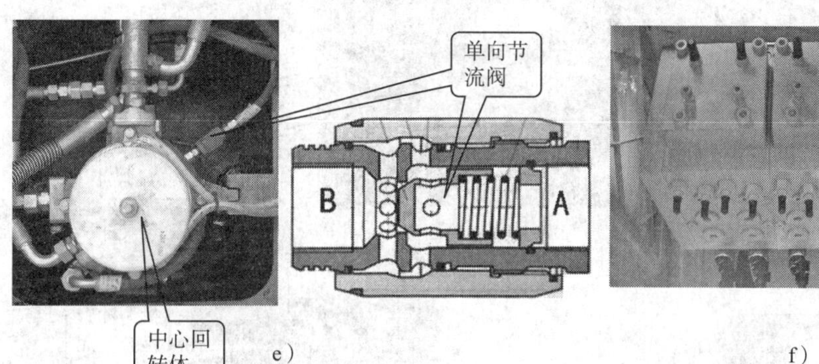

e）

f）

图 2—1—100　上车无动作的故障排除方法

二、上车无自由滑转

1. 故障描述

汽车起重机上车无自由滑转，回转机构工作正常。

2. 故障原因

（1）回转缓冲阀上的压力阀的调整弹簧调整压力过大。

（2）回转缓冲阀上的压力阀的压力油口有压力油。

3. 故障排除方法

（1）认清回转缓冲阀、回转换向阀和回转制动机构的组成，如图 2—1—101a 所示。

（2）检查回转缓冲阀上的压力阀的调整弹簧的调整压力是否过大，或阀芯卡死无法打开。如果有上述问题，应调整或清理。因为液压马达无法在较小的外力作用下旋转，马达无法处于浮动状态。注意：调整螺母应尽量调整下部的螺母（图 2—1—101b），调整上部的螺母可能导致漏油。

（3）检查回转缓冲阀上的压力阀的压力油口是否有油压，如图 2—1—101b 所示。如果有油压，应卸压或维修制动踏板。

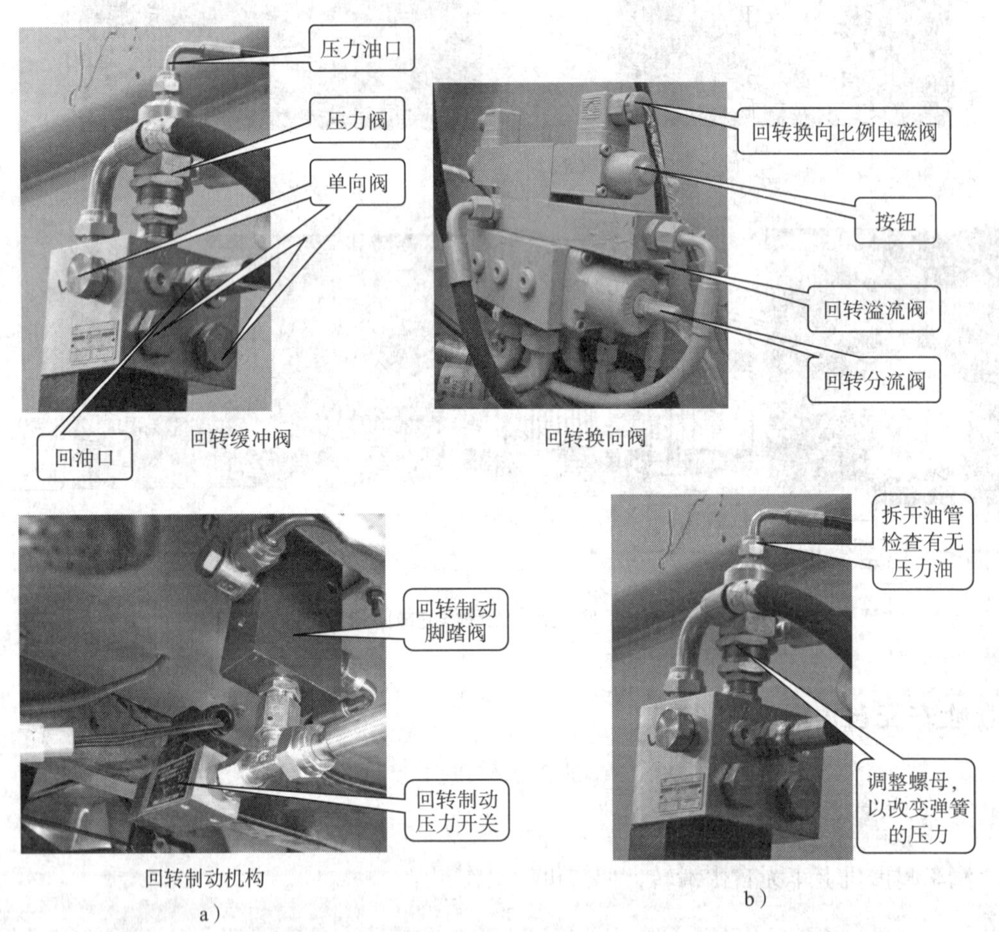

图 2—1—101　无自由滑转的故障排除方法

三、上车无法回转

1. 故障描述

（1）第一种情况：操纵上车回转时，上车无法回转，但不憋压。

（2）第二种情况：操纵上车回转时，上车无法回转，而且憋压。

2. 故障原因

（1）第一种情况

1）下车多路换向阀手柄未回到中位。上车回转液压系统和下车底盘支腿伸缩液压系统共用一个油泵，如果下车多路换向阀的换向手柄未回到中位，则上车回转无法供油，造成上车无法回转。

2）回转换向比例电磁阀无电。

3）回转制动压力开关损坏。

4）压力阀损坏。

5）马达泄漏量大。

（2）第二种情况

1）回转制动电路的开关、熔断器及线路异常。

2）回转制动电磁阀线圈断路、电磁阀阀芯卡死。

3）回转制动器的摩擦片研烧而卡死。

3. 故障排除方法

（1）第一种情况（图2—1—102）

1）检查下车多路换向阀的换向手柄是否已回到中位。如果未回到中位，手动复位换向手柄，如图2—1—102a所示。

2）检查回转换向比例电磁阀（图2—1—102b）是否有电。具体操作如下：

①拔下回转换向比例电磁阀的插头，用万用表直流电压挡测量，搬动旋转手柄，此时万用表上应显示为24 V。

②从电磁阀接线处拆下一根线，将万用表置于电流挡，并将表笔串入线路中，搬动手柄，万用表应显示为300～600 mA。

3）如果回转换向比例电磁阀没有电压或电流，应检查回转制动压力开关（图2—1—102c）是否处于接通状态。可以拔下压力开关插接件（图2—1—102c），然后再进行回转检查。如果有回转动作，就表示压力开关接通。这是因为一旦回转制动压力开关接通，控制器的程序会使回转换向比例电磁阀得不到电流。

压力开关接通的原因主要有以下三个方面：

①回转制动压力开关的开启压力设置过低，需重新调整。

②液压系统泄漏量增大，使泄漏油路压力升高，导致回转制动压力开关接通，对泄油系统进行卸压。

③回转脚踏阀没有复位，调整或维修。

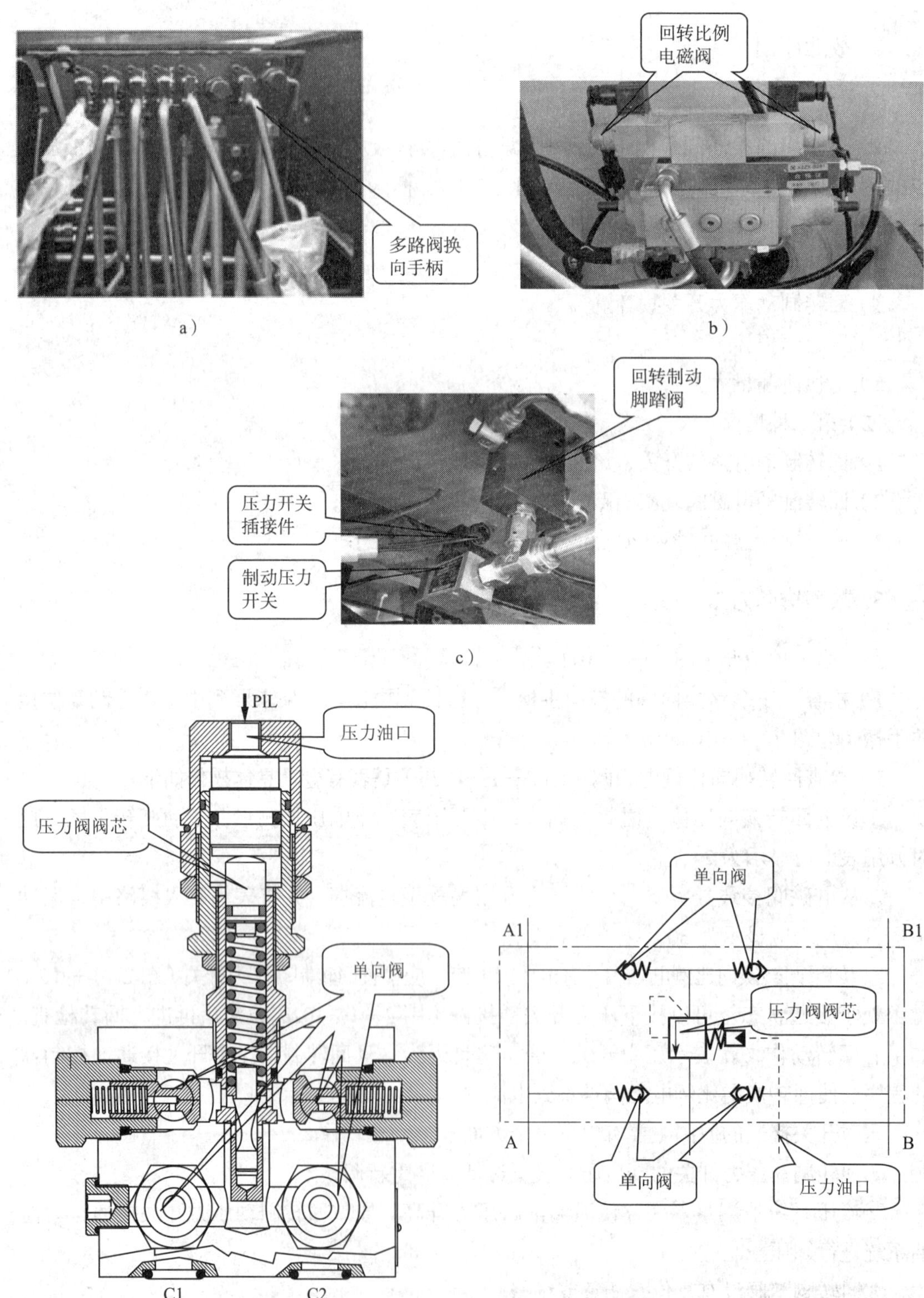

多路阀换
向手柄
a）
回转比例
电磁阀
b）
回转制动
脚踏阀
压力开关
插接件
制动压力
开关
c）
PIL
压力油口
压力阀阀芯
单向阀
C1
C2
单向阀
A1
B1
压力阀阀芯
A
B
单向阀
压力油口
d）

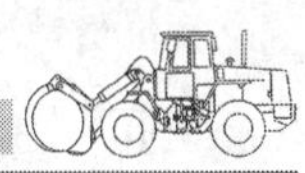

e）

图 2—1—102　无法旋转（不憋压）的故障排除方法

4）按下换向阀上的按钮，检查是否有回转动作，如图 2—1—102d 所示。具体操作如下：

①检查压力阀阀芯是否在开启的位置卡死。如果卡死，会造成回转的压力油泄漏，应清理或更换新的压力阀。

②检查压力阀弹簧是否完好。如果损坏，应更换。

③检查单向阀是否封闭。如果单向阀未封闭，会造成泄漏，应更换单向阀。

5）拆下回转马达泄油口的连接油管，检查泄漏量，如图 2—1—102e 所示。如果泄漏量大，应更换回转马达。

（2）第二种情况

1）检查回转制动电路的开关、熔断器及线路是否异常。如果存在上述问题，应对故障零部件进行维修或更换。

2）检查回转制动电磁阀（图 2—1—103a）线圈是否断路或电磁阀阀芯是否卡死。如果存在上述问题，应对故障零部件进行维修或更换。

3）检修回转制动器（图 2—1—103b）摩擦片。如果摩擦片卡死，应进行更换。

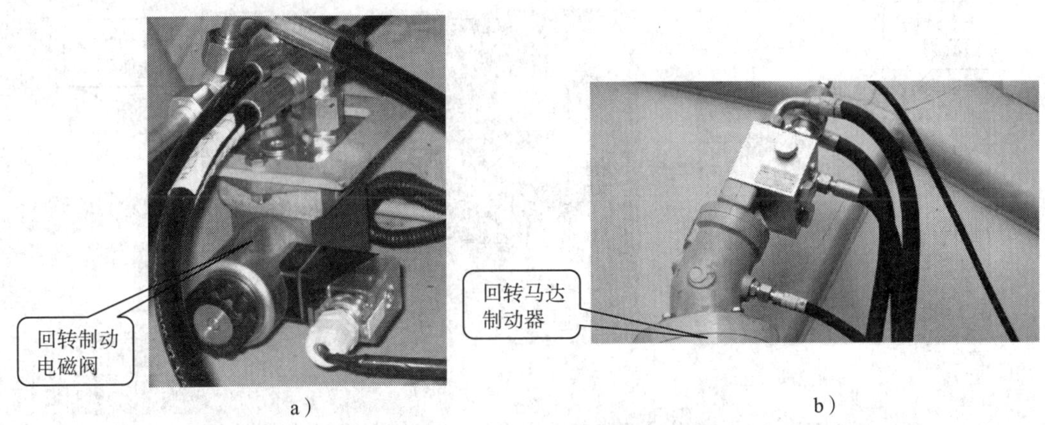

a）　　　　b）

图 2—1—103　无法旋转（憋压）的故障排除方法

四、主卷扬无动作

1. 故障描述

（1）第一种情况：操纵主卷扬升降时，主卷扬无动作，但不憋压。

（2）第二种情况：操纵主卷扬升降时，主卷扬无动作，但憋压。

2. 故障原因

（1）第一种情况

1）主卷扬起溢流阀设置压力过低、溢流阀部件损坏造成内泄，起升油路无法建立压力。

2）主卷扬阀芯卡死，无法换向。

3）主卷扬马达泄漏。

（2）第二种情况

1）制动器阀上的减压阀损坏，无法建立制动器压力，制动无法解除。

2）制动器摩擦片研烧卡死，制动无法解除。

3. 故障排除方法

（1）第一种情况（图 2—1—104）

1）检查主卷扬起溢流阀（图 2—1—104a）设置的压力是否过低。如果压力过低，应调整溢流阀。检查溢流阀部件是否损坏而引起内泄。如果部件损坏，应进行维修或更换。

2）检查主卷扬阀阀芯是否卡死。如果阀芯卡死，应清洗主卷扬阀或更换阀芯。

3）检查主卷扬马达（图 2—1—104b）是否泄漏。如果泄漏量过大，应更换该马达。

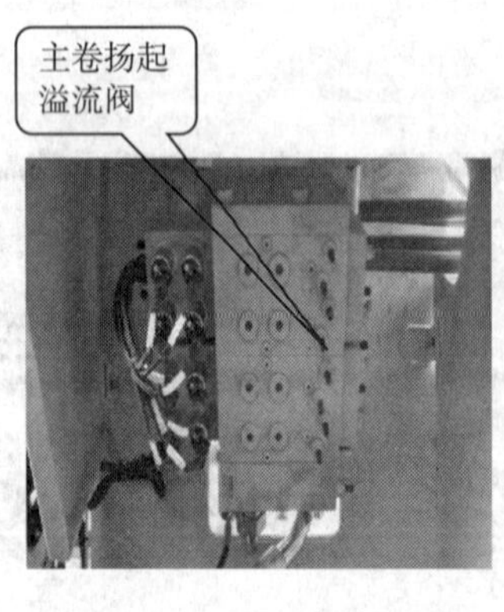

a）

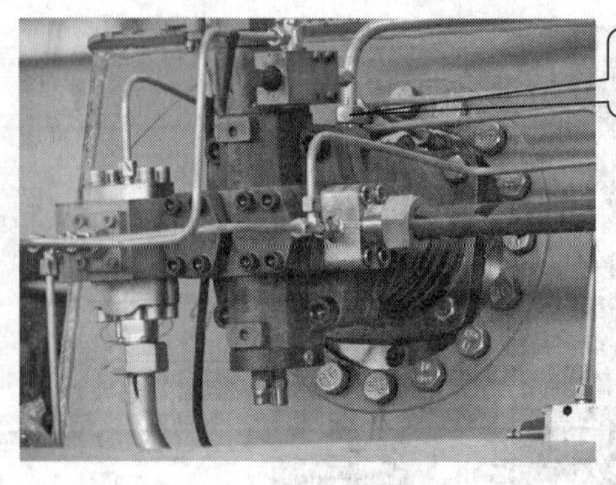

b）

图 2—1—104　主卷扬无动作（不憋压）的故障排除方法

（2）第二种情况

（1）检修制动器阀上的减压阀是否损坏，如图2—1—105a所示。如果损坏，应更换。

（2）检查主卷扬制动器（图2—1—105b）摩擦片是否研烧而卡死。如果摩擦片卡死，会导致制动无法解除，应更换摩擦片。

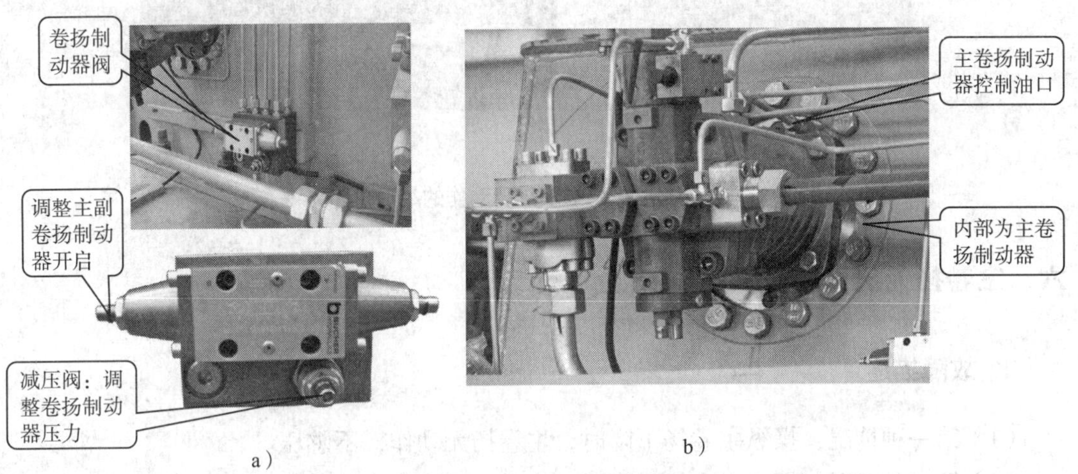

图2—1—105　主卷扬无动作（憋压）的故障排除方法

五、主卷扬起升无动作

1. 故障描述

操纵主卷扬起升时，主卷扬无动作，但主卷扬下落正常。

2. 故障原因

（1）主卷扬起比例电磁阀不通电、线圈断路、阀芯卡死。

（2）主卷扬阀芯内泄过大。

（3）主卷扬马达内泄过大。

3. 故障排除方法

（1）检查主卷扬起比例电磁阀（图2—1—106a）的线路是否正常、线圈是否断路、阀芯是否损坏。如果存在上述问题，应对电磁阀的线路或零部件进行维修或更换。

（2）检查主卷扬阀芯是否内泄过大，维修或更换新阀芯。

（3）检查主卷扬马达泄漏油口（图2—1—106b），观察其泄漏量是否过大。如果存在上述问题，应对马达进行维修或更换。

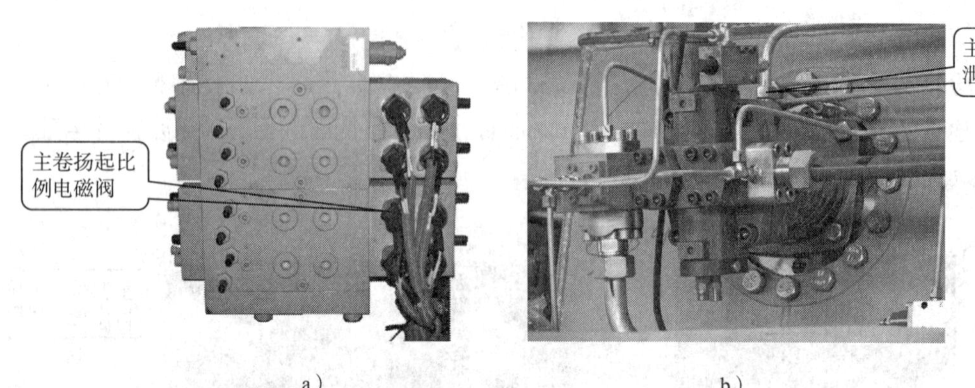

a） b）

图 2—1—106 主卷扬起升无动作的故障排除方法

六、主卷扬无法下降

1. 故障描述

（1）第一种情况：操纵主卷扬下降时，主卷扬无动作，不憋压。

（2）第二种情况：操纵主卷扬下降时，主卷扬无动作，但是憋压。

2. 故障原因

（1）第一种情况

1）主卷扬下降溢流阀内部部件损坏，无法建立压力。

2）多路换向阀上的主卷扬落比例电磁阀无电（断路）。

3）多路换向阀上的主卷扬落比例电磁阀的线圈断路或阀芯卡死。

4）主卷扬阀芯内泄。

（2）第二种情况

1）多路换向阀上的主卷扬落溢流阀的开启压力设置过低，造成平衡阀无法开启。

2）主卷扬平衡阀内部故障或其控制油路堵塞，造成平衡阀无法开启。

3）主卷扬制动器阀上的减压阀损坏，无法建立制动器压力，无法解除制动。

4）主卷扬制动器摩擦片研烧而卡死，制动无法解除。

3. 故障排除方法

（1）第一种情况

1）检查主卷扬落溢流阀（图 2—1—107）内的部件是否损坏。如果部件损坏，应维修或更换溢流阀。

2）检查多路换向阀上的主卷扬落比例电磁阀（图2—1—107）是否断路。如果出现断路，紧固导线连接处或更换新导线。

3）检查多路换向阀上的主卷扬落比例电磁阀阀芯是否卡死。如果阀芯卡死，应清洗或更换电磁阀。

4）检查主卷扬阀芯是否内泄。如果存在内泄，应清洗或更换阀芯。

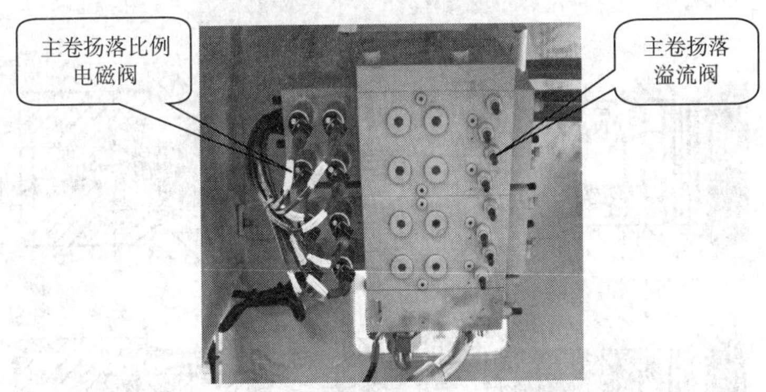

图2—1—107　主卷扬无法下降（不憋压）的故障排除方法

（2）第二种情况

1）检查主卷扬落溢流阀的开启压力设置是否过低。如果压力设置过低，应调节至规定压力。

2）检查主卷扬平衡阀（图2—1—108a）是否内部零件出现故障。如果其内部零件存在故障，应维修或更换。

（3）检查主卷扬平衡阀滤芯、阻尼孔是否堵塞，如图2—1—108b所示。如果堵塞，应清洗或更换。

（4）检修制动器阀上的减压阀。

（5）检查卷扬制动器摩擦片是否研烧而卡死。如果摩擦片卡死，应维修摩擦片或更换制动器。

七、副卷扬无动作

1. 故障描述

（1）第一种情况：操纵副卷扬起落时，副卷扬无动作，但不憋压。

（2）第二种情况：操纵副卷扬起落时，副卷扬无动作，但憋压。

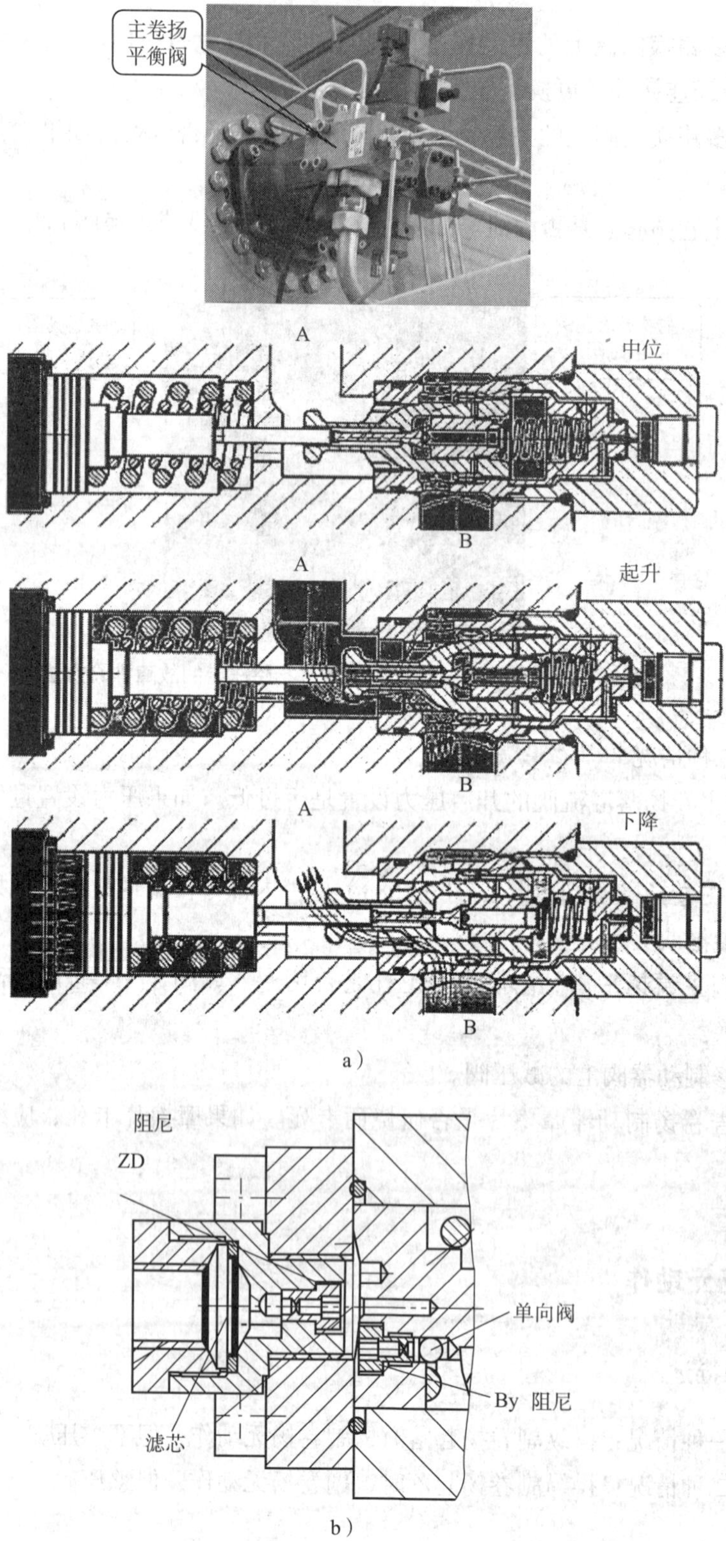

a）

b）

图 2—1—108　主卷扬无法下降（憋压）的故障排除方法

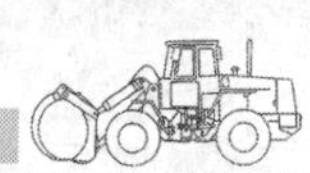

2. 故障原因

（1）第一种情况

1）副卷扬选择开关电路故障。

2）副卷扬起溢流阀的压力设置过低，起升溢流阀部件损坏而导致内泄，无法建立压力。

3）副卷扬阀芯卡死，无法换向。

4）副卷扬马达泄漏。

（2）第二种情况

1）多路换向阀副卷扬降钩溢流阀的压力设定过低，造成平衡阀无法开启。

2）副卷扬平衡阀内部故障、控制油路堵塞，造成平衡阀无法开启。

3）副卷扬制动器阀上的减压阀损坏，无法建立制动器压力，无法解除制动。

4）副卷扬制动器摩擦片研烧卡死，无法解除制动。

3. 故障排除方法

（1）第一种情况

1）检查副卷扬选择开关控制电路是否断路。

2）检查副卷扬起溢流阀（图 2—1—109a）的压力设定是否过低、溢流阀部件是否损坏内泄。如果上述问题存在，应调高溢流阀压力，或维修甚至更换溢流阀部件。

3）检查副卷扬阀阀芯是否卡死。如果阀芯卡死，应维修或更换阀芯。

4）检查副卷扬马达泄漏油口（图 2—1—109b）的泄漏量是否过大。如果泄漏量过大，应维修或更换副卷扬马达。

a）

b）

图 2—1—109　副卷扬无动作（不憋压）的故障排除方法

（2）第二种情况

1）检查副卷扬平衡阀滤芯、阻尼孔是否堵塞。

2）检查副卷扬下降溢流阀压力设定是否过低。

3）检查副卷扬平衡阀。如果其内部故障，进行维修或更换。如果其控制油路堵塞，应进行清洗。

4）检查副卷扬制动器阀上的减压阀。如果其损坏，进行维修或更换。

5）检查副卷扬制动器摩擦片是否研烧而卡死。如果摩擦片卡死，应维修或更换。

八、副卷扬起升无动作

1. 故障描述

操纵副卷扬起升时，副卷扬无动作，而卷扬降落工作正常。

2. 故障原因

（1）副卷扬起比例电磁阀不通电、线圈断路、阀芯卡死。

（2）副卷扬阀芯内泄过大。

（3）副卷扬马达内泄过大。

3. 故障排除方法

（1）检查副卷扬起比例电磁阀线路是否正常、线圈是否断路、阀芯是否损坏。如果存在上述问题，应维修电路或更换电磁阀（图 2—1—110）。

（2）检查副卷扬阀阀芯内泄是否过大。如果内泄过大，应维修或更换阀芯。

（3）检查副卷扬马达内泄是否过大。如果内泄过大，应维修或更换马达。

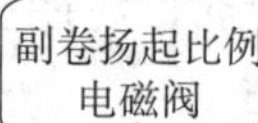

图 2—1—110　副卷扬起升无动作故障的排除方法

九、副卷扬无法下降

1. 故障描述

（1）第一种情况：操纵副卷扬下降时，吊钩不下降，但不憋压。

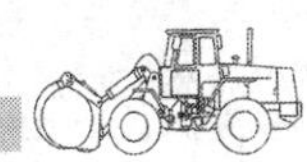

（2）第二种情况：操纵副卷扬下降时，吊钩不下降，但憋压。

2. 故障原因

（1）第一种情况

1）副卷扬落溢流阀内的部件损坏，油路无法建立压力。

2）多路换向阀上的副卷扬落比例电磁阀不通电、线圈断路、阀芯卡死。

3）副卷扬阀阀芯内泄。

（2）第二种情况

1）多路换向阀副卷扬落溢流阀的压力设定过低，造成平衡阀无法开启。

2）平衡阀控制油路堵塞，造成平衡阀无法开启。

3）平衡阀内部故障，造成平衡阀无法开启。

3. 故障排除方法

（1）第一种情况（图2—1—111）

1）检查副卷扬落溢流阀。如果其内部存在故障，应维修或更换。

2）检查多路换向阀上的副卷扬落比例电磁阀是否断电、线圈是否断路或阀芯是否卡死。如果出现上述问题，应检修电路或更换电磁阀。

3）检查副卷扬阀阀芯是否内泄。如果存在内泄，应对阀芯进行维修或更换。

图2—1—111　副卷扬无法下降（不憋压）的故障排除方法

（2）第二种情况

1）检查多路换向阀副卷扬落溢流阀的设定压力。如果压力设定过低，应调整到规定压力。

2）检查平衡阀控制油路是否堵塞。如果油路堵塞，应进行清洗。

3）检查平衡阀内部是否出现故障。如果存在内部故障，应维修或更换平衡阀。

十、变幅起升无动作

1. 故障描述

操纵变幅机构起升时，变幅无动作，但是变幅降落工作正常。

2. 故障原因

（1）多路换向阀上控制起臂的溢流阀的压力设定过低。

（2）控制起臂的比例电磁阀不通电、线圈短路或阀芯卡死。

（3）变幅阀芯内泄或卡死。

3. 故障排除方法

（1）检查起臂溢流阀（图 2—1—112）的设定压力。如果压力过低，应将压力调整至额定值。

（2）检查起臂比例电磁阀（图 2—1—112）是否断电、线圈是否断路、阀芯是否卡死。如果存在上述问题，应维修或更换。

（3）检查变幅阀芯是否内泄或卡死。如果存在上述问题，应维修或更换变幅阀。

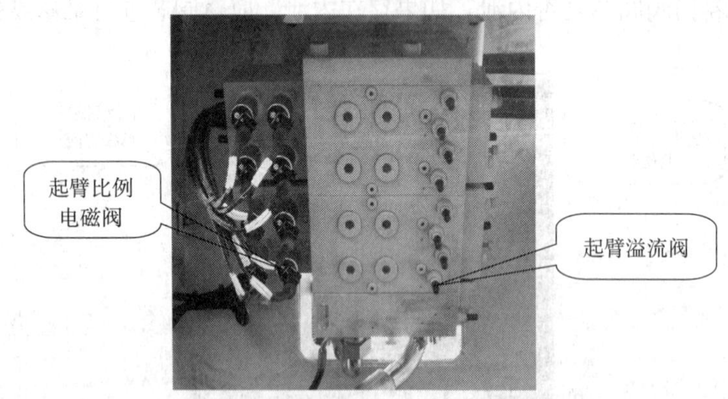

图 2—1—112　变幅起无动作的故障排除方法

十一、变幅落无动作

1. 故障描述

操纵变幅机构降落时，变幅无动作。变幅起升动作正常。

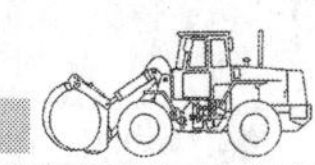

2. 故障原因

（1）多路换向阀上的降臂比例电磁阀断电、线圈断路、阀芯卡死，变幅油缸大腔的油无法流回油箱。

（2）变幅平衡阀上的比例电磁阀断电、线圈断路。

（3）开启平衡阀的先导压力过低。

（4）平衡阀上的滤芯或阻尼孔堵塞，造成平衡阀无法开启。

3. 故障排除方法

（1）检查多路换向阀上的降臂比例电磁阀（图2—1—113a）是否断电、线圈是否断路、阀芯是否卡死。如果存在上述问题，应检修电路或维修电磁阀。

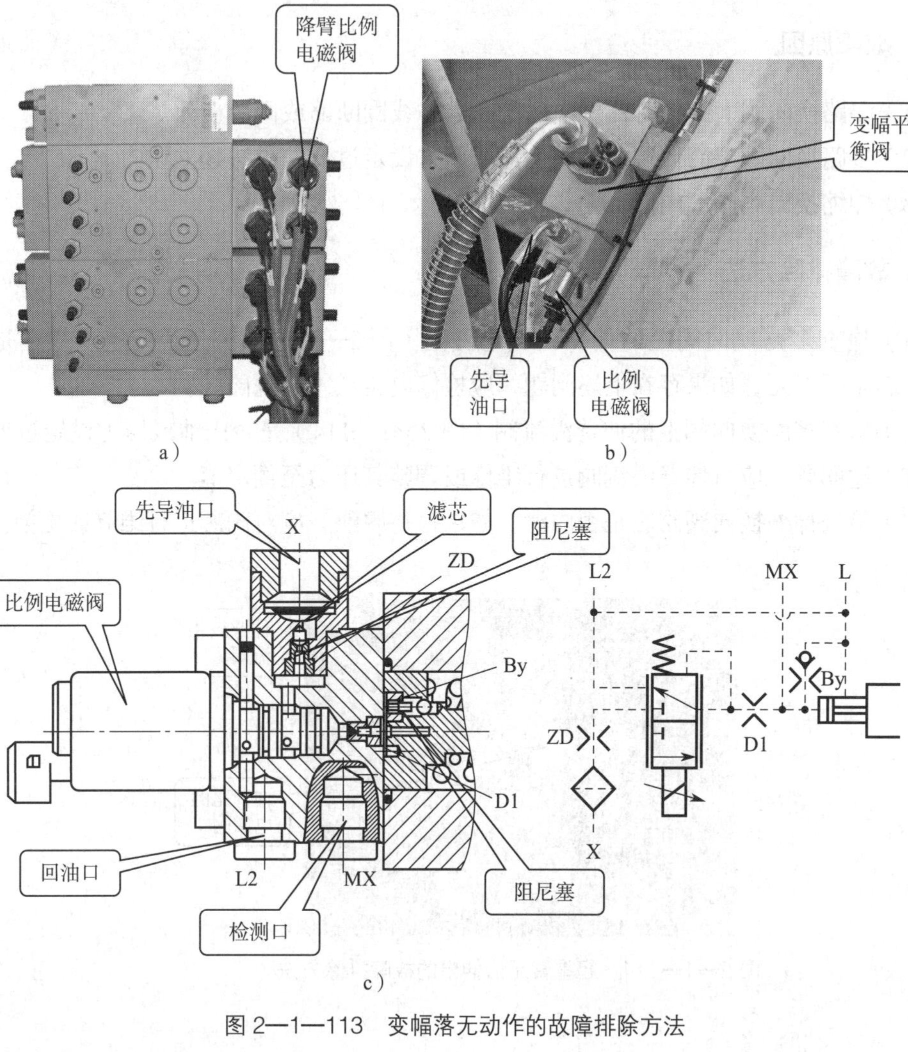

a）

b）

c）

图2—1—113　变幅落无动作的故障排除方法

（2）检查变幅平衡阀上的比例电磁阀是否断电、线圈是否断路。如果存在上述问题，应检修电路。如果正常，应检测平衡阀先导油口处开启平衡阀的先导压力是否过低。如果压力过低，应检查控制油路，如图 2—1—113b 所示。

（3）打开平衡阀的检测口（图 2—1—113c），观察是否有压力油流出。如果没有油流出，检查先导油口连接的油管是否有油，滤芯、阻尼孔是否堵塞。

十二、起重臂无法伸出

1. 故障描述

操纵起重臂外伸，起重臂无动作，不憋压。

2. 故障原因

（1）多路换向阀上的伸臂比例电磁阀断电、线圈断路或阀芯卡死。

（2）多路换向阀上的伸臂溢流阀内泄或压力设定过低，无法建立压力。

（3）伸缩换向阀阀芯内泄。

3. 故障排除方法

（1）检查多路换向阀上的伸臂比例电磁阀（图 2—1—114）是否断电、线圈是否断路、阀芯是否卡死。如果存在上述问题，应检修电路或维修电磁阀。

（2）检查多路换向阀上的伸臂溢流阀（图 2—1—114）是否内泄或压力设定过低。如果存在上述问题，应对伸臂溢流阀进行维修或调整其压力至额定值。

（3）检查伸缩换向阀阀芯是否内泄。如果存在内泄，应对阀芯进行维修或更换。

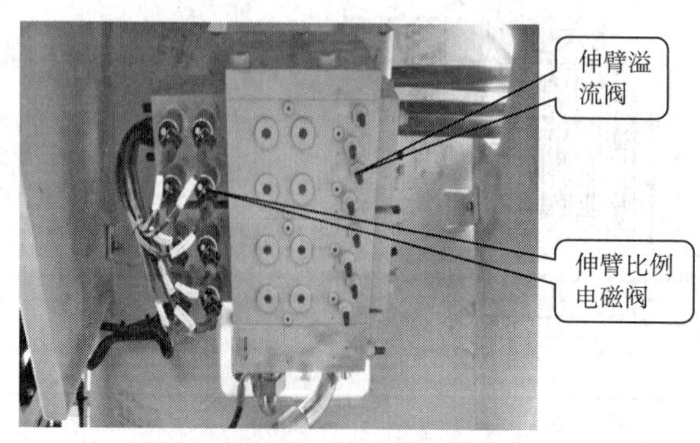

图 2—1—114　起重臂无法伸出的故障排除方法

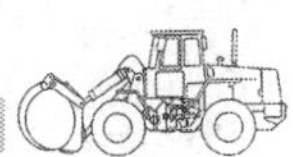

十三、缩臂无动作

1. 故障描述

（1）第一种情况：起重臂回缩时无压力，起重臂无法缩回。

（2）第二种情况：起重臂回缩时憋压，起重臂无法缩回。

2. 故障原因

（1）第一种情况

1）多路换向阀上的缩臂比例电磁阀断电、线圈断路或阀芯卡死。

2）多路换向阀伸缩换向阀芯内泄。

3）多路换向阀缩臂溢流阀的压力设定过低，或缩臂溢流阀内部损坏而导致内泄。

（2）第二种情况

伸缩油缸的平衡阀卡死，无法开启。

3. 故障排除方法

（1）第一种情况（图2—1—115）

1）检查多路换向阀上的缩臂比例电磁阀是否断电、线圈是否断路、阀芯是否卡死。如果存在上述问题，应检修电路或维修电磁阀。

2）检查多路换向阀伸缩换向阀芯是否内泄。如果存在内泄，应对阀芯进行维修或更换。

3）检查多路换向阀缩臂溢流阀压力设定是否过低、溢流阀内部件是否损坏而导致内泄。如果存在上述问题，应将压力调节到额定值，或更换溢流阀。

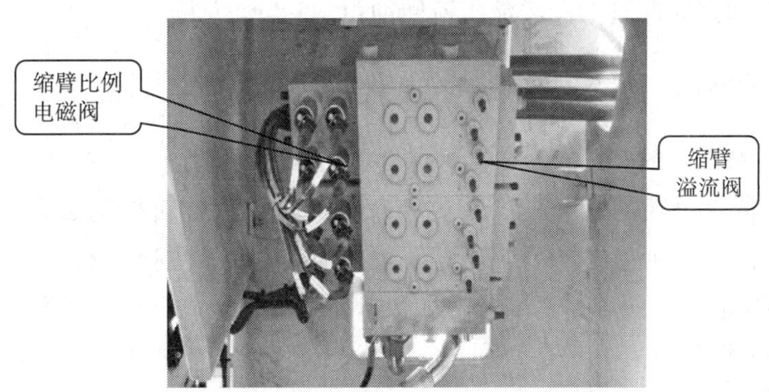

图2—1—115　缩臂无动作（不憋压）的故障排除方法

（2）第二种情况（图 2—1—116）

检修伸缩油缸的平衡阀，如有必要进行更换。

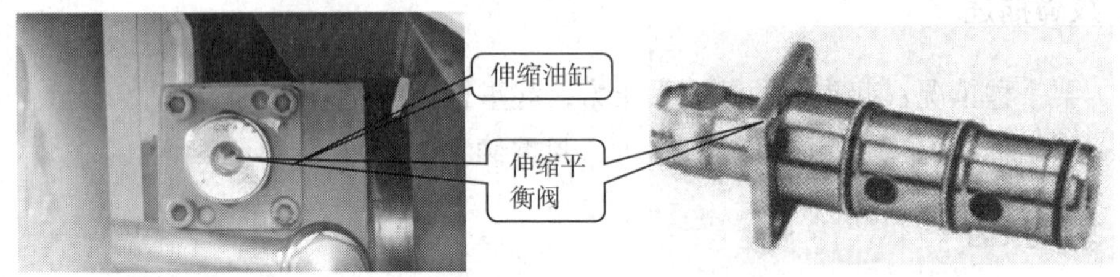

图 2—1—116　缩臂无动作（憋压）的故障排除方法

十四、三、四、五节臂无法伸缩

1. 故障描述

第一种情况：三、四、五节臂无法伸缩，只有二节臂可以伸缩。

第二种情况：三、四、五节臂只是无法伸出，缩臂正常。

2. 故障原因

（1）第一种情况

1）伸臂组合换向阀上的二节臂与三、四、五节臂转换电磁阀（图 2—1—117）断电、线圈断路。

2）转换电磁阀阀芯卡死，始终处于二节臂伸缩状态。

（2）第二种情况

防芯管弯曲电磁阀阀芯卡死在开启位置，或单向阀封闭不严，使供给第二级油缸伸出的部分压力油通过防芯管弯曲溢流阀流回油箱。

3. 故障排除方法

（1）第一种情况

1）检查伸臂组合换向阀上的二节臂与三、四、五节臂转换电磁阀（图 2—1—117）是否断电、线圈是否断路。如果存在上述问题，检修电路，更换线圈。

2）检查转换电磁阀阀芯是否卡死。如果卡死，应维修或更换电磁阀。

（2）第二种情况

检查防芯管弯曲电磁阀是否卡死在开启位置、单向阀是否封闭不严。如果存在上述问题，清洗或更换防芯管弯曲电磁阀，或更换单向阀。

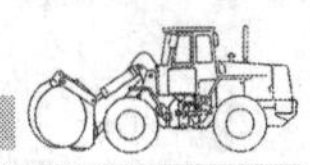

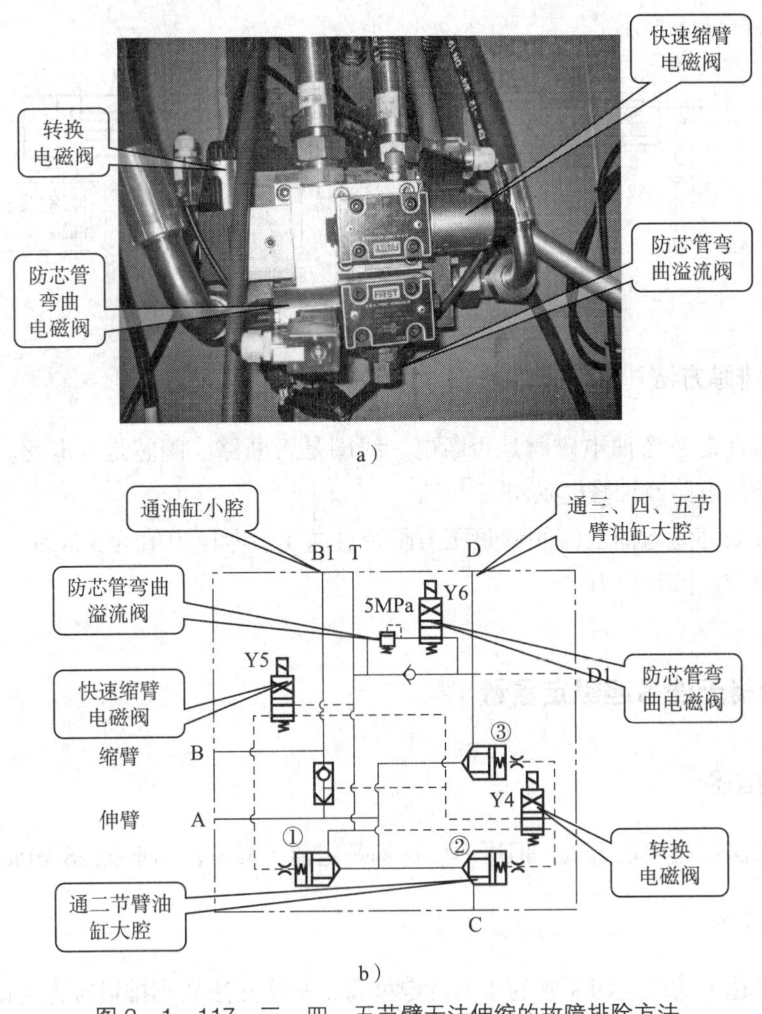

a）

b）

图 2—1—117　三、四、五节臂无法伸缩的故障排除方法

a）伸臂组合换向阀外形图　b）伸臂组合换向阀液压工作原理图

十五、缩二节臂时三、四、五节臂外伸

1. 故障描述

回缩二节臂时，三、四、五节臂向外伸出。

2. 故障原因

（1）防芯管弯曲电磁阀断电、线圈断路或阀芯卡死，使电磁阀无法开启。

（2）防芯管弯曲溢流阀的压力设定过高，一级伸缩缸内通往芯管内的油无法流出，导致油液流向二级伸缩油缸的大腔，因此推动二级油缸伸出，并带动三、四、五节臂伸出，如图 2—1—118 所示。

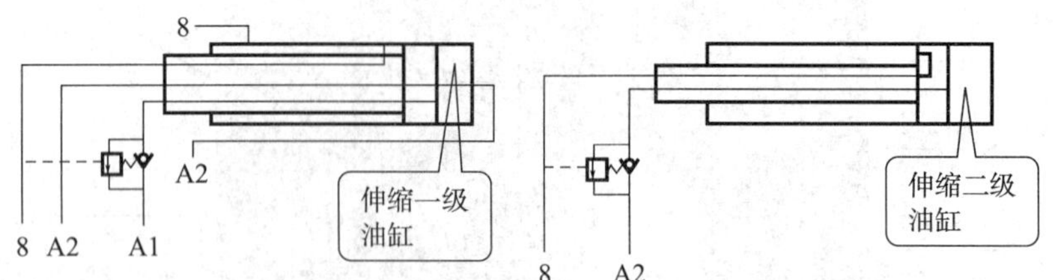

图 2—1—118　起重臂伸缩油缸液压工作原理图

3. 故障排除方法

（1）检查防芯管弯曲电磁阀是否断电、线圈是否断路、阀芯是否卡死。如果存在上述问题，应检修电路或维修电磁阀。

（2）检查防芯管弯曲溢流阀调整压力是否过高（参考压力值为 5 MPa）。如果压力过高，应重新设定溢流阀压力。

十六、主卷扬无法吊起额定重量

1. 故障描述

主卷扬无法吊起额定重量，但压力已达到额定值（参考压力值为 28 MPa）。

2. 故障原因

主卷扬马达上的压力切断阀的压力设定过高，马达无法从小排量转为大排量。

3. 故障排除方法

（1）拔掉主卷扬马达上的比例电磁阀（图 2—1—119）的连接导线，再起吊重物。如果已能吊起额定起重量，说明马达上的压力切断阀的压力设定过高。

（2）将压力切断阀（图 2—1—119）的压力调整至规定压力即可。

十七、液压系统无法达到额定工作压力

1. 故障描述

操纵变幅机构起升来检查液压系统压力时，系统压力无法到达额定值（参考压力值为 30 MPa）。即使调整多路换向阀的主溢流阀，系统压力仍无法到达额定值。

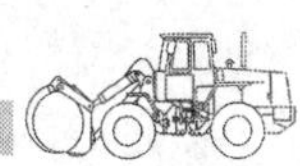

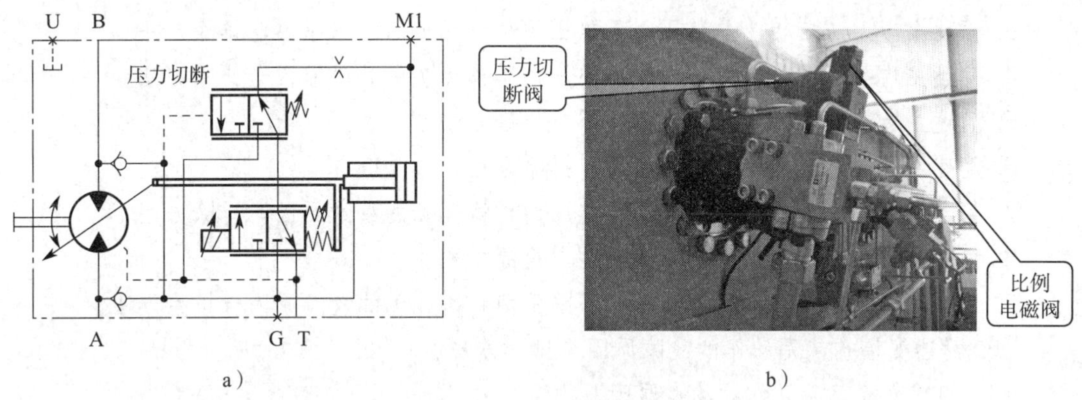

a)　　　　b)

图 2—1—119　主卷扬无法吊起额定重量的故障排除方法

a)主卷扬马达变量机构工作原理图　b)主卷扬马达变量机构外形图

2. 故障原因

主泵上的压力切断阀的压力设定过低。

3. 故障排除方法

检查主泵上压力切断阀的压力设定是否过低。主泵主要有力士乐泵和派克泵两种，如图 2—1—120 所示。不同型号的主泵上压力切断阀位置不同，调整压力的部位不同，可有针对地进行压力调整。

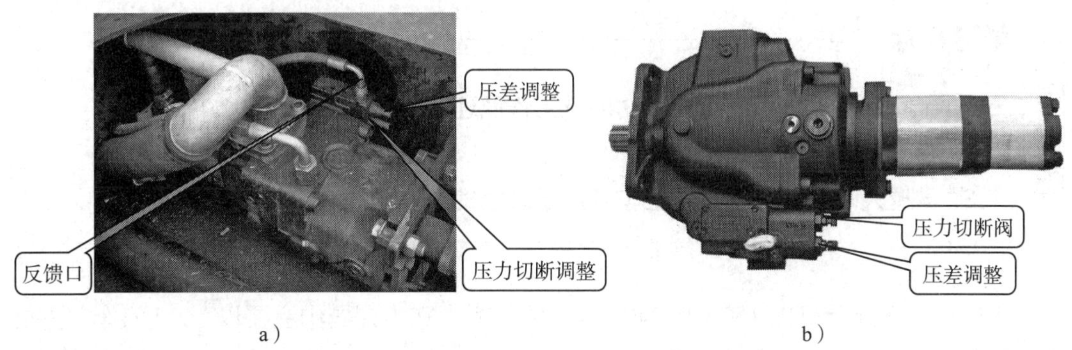

a)　　　　b)

图 2—1—120　液压系统无法达到最高工作压力的故障排除方法

a)力士乐泵　b)派克泵

复习思考题

1. 简述上车无动作的故障原因与排除方法。
2. 简述上车无自由滑转的故障原因与排除方法。

3. 简述上车无法旋转（分憋压、不憋压两种情况）的故障原因与排除方法。
4. 简述主卷扬无动作（分憋压、不憋压两种情况）的故障原因与排除方法。
5. 简述主卷扬起升无动作的故障原因与排除方法。
6. 简述主卷扬无法下降的故障原因与排除方法。
7. 简述副卷扬无动作（分憋压、不憋压两种情况）的故障原因与排除方法。
8. 简述副卷扬起升无动作的故障原因与排除方法。
9. 简述副卷扬无法下降（分憋压、不憋压两种情况）的故障原因与排除方法。
10. 简述变幅升起无动作的故障原因与排除方法。
11. 简述变幅落无动作的故障原因与排除方法。
12. 简述起重臂无法伸出的故障原因与排除方法。
13. 简述缩臂无动作（分憋压、不憋压两种情况）的故障原因与排除方法。
14. 简述三、四、五节臂无法伸缩的故障原因与排除方法。

课题 2　大吨位汽车起重机液压系统维修

子课题 1　大吨位汽车起重机液压元件及液压系统认知

学习目标

1. 了解底盘液压系统组成、功能及工作原理。
2. 熟悉上车液压系统的组成。
3. 掌握大吨位汽车起重机上车各液压系统的工作原理。

大吨位汽车起重机以 160 t 和 240 t 为主要代表。在本课题中主要以 160 t 汽车起重机为例进行介绍，其余大吨位汽车起重机可参照该车型的知识内容。

一、底盘液压系统组成及工作原理

1. 底盘液压系统组成

底盘液压系统由液压油箱总成、液压油泵、支腿阀组、散热阀组、液压油缸、液压

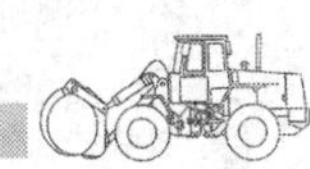

马达及液压系统管路构成，如图 2—2—1 所示。

图 2—2—1　底盘液压系统组成图

1—液压油箱　2—支腿阀组　3—液压油缸　4—液压系统管路　5—液压马达　6—液压油泵

液压油箱总成供给液压油，液压油泵将压力油供给各个支腿阀组，支腿阀组控制支腿的伸缩动作。支腿阀组共有四组，分别位于起重机支腿的左前、右前、左后、右后。散热阀组用来控制液压散热系统，散热马达用来驱动散热风扇的旋转。

（1）液压油箱总成

液压油箱总成包含液压油箱、液位液温计和截止阀，如图 2—2—2 所示。

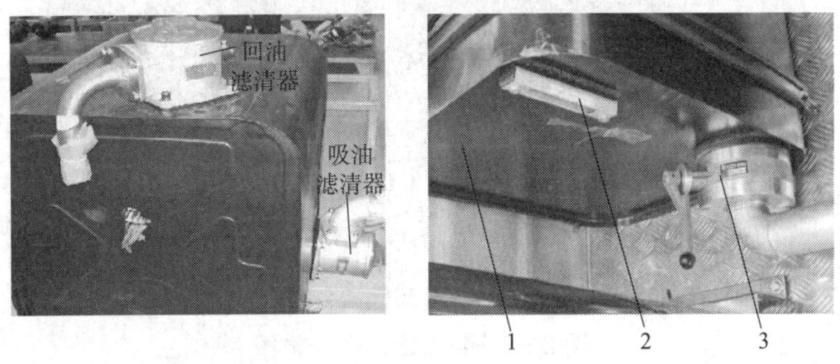

图 2—2—2　汽车起重机底盘的液压油箱总成

1—液压油箱　2—液位液温计　3—截止阀

（2）液压油泵

液压油泵是液压系统的动力元件。它由泵体、超高压钢丝编织胶管等组成。它的作用是将电动机的机械能转换成液体的压力能。液压油泵的结构形式一般有齿轮泵、叶片泵和柱塞泵。

（3）液压马达

液压马达是液压系统的一种执行元件。它将液压泵提供的液体压力能转变为其输出轴的机械能（转矩和转速）。液体是传递力和运动的介质。液压马达（又称为油马达）主要应用于注塑机械、船舶、工程机械、建筑机械、煤矿机械、矿山机械、冶金机械、船舶机械、石油化工、港口机械等。液压马达的外形与结构如图 2—2—3 所示。

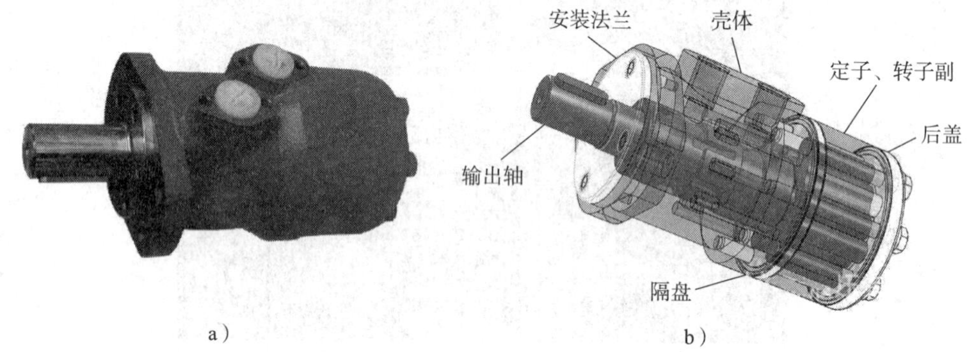

图 2—2—3　液压马达的外形与结构

a）外形　b）结构

（4）散热阀组

液压驱动系统的散热阀组的外形如图 2—2—4 所示。

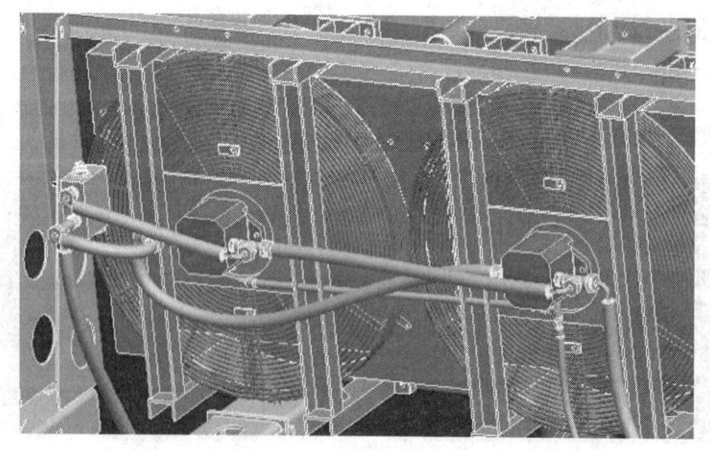

图 2—2—4　散热阀组外形图

2. 底盘液压系统的工作原理

160 t 汽车起重机底盘的支腿动作、散热器风扇转动均为全液压驱动，其支腿伸缩动作由液压油缸来驱动，风扇旋转动作由液压马达来驱动。支腿动作包括水平支腿、垂直支腿的伸缩（伸出和缩回）。风扇旋转动作由液压马达带动风扇叶片进行旋转。160 t（大吨位）汽车起重机底盘液压系统工作原理如图 2—2—5 所示。

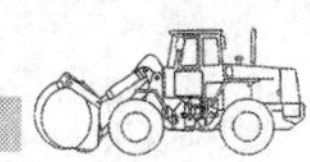

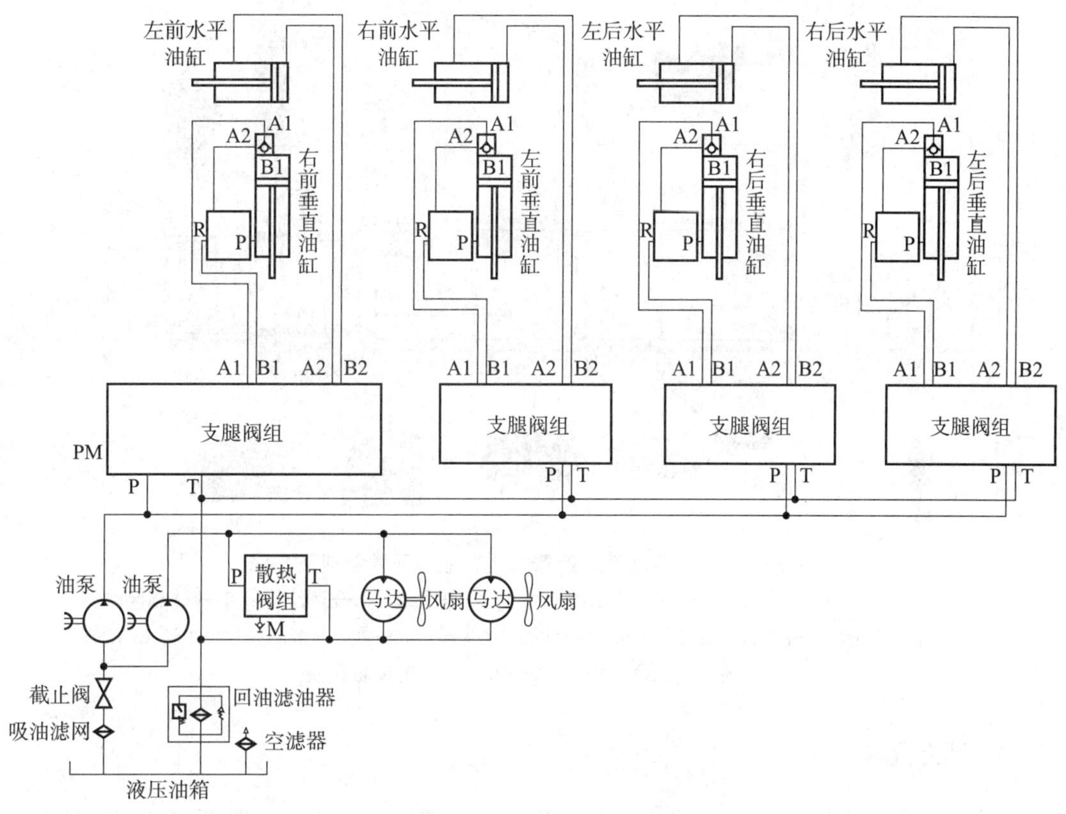

图 2—2—5　160 t（大吨位）汽车起重机底盘液压系统工作原理

与小吨位汽车起重机底盘相比，大吨位汽车起重机底盘除了独立使用定量液压泵外，其控制原理基本相同。只是在支腿伸缩的控制方式上略有差异：小吨位汽车起重机底盘采用手动控制阀进行控制，而大吨位汽车起重机底盘采用电磁换向阀进行控制。大吨位汽车起重机底盘液压系统的工作原理可参照小吨位汽车起重机底盘液压系统的工作原理，这里不再赘述。

另外，大吨位汽车起重机底盘还采用了液压转向和油气悬挂两项技术。为了满足子系统的不同压力需要，大吨位汽车起重机底盘液压系统还需要能够实现多种压力切换。

二、上车液压系统元件

按照元件在液压系统中的功能和作用的不同，大吨位汽车起重机上车液压系统的元件可分为动力元件、控制元件、执行元件、辅助元件。下面将围绕上车液压系统的各主要组成元件来介绍大吨位汽车起重机上车液压系统。160 t 汽车起重机上车液压元件组成及布局如图 2—2—6 所示。

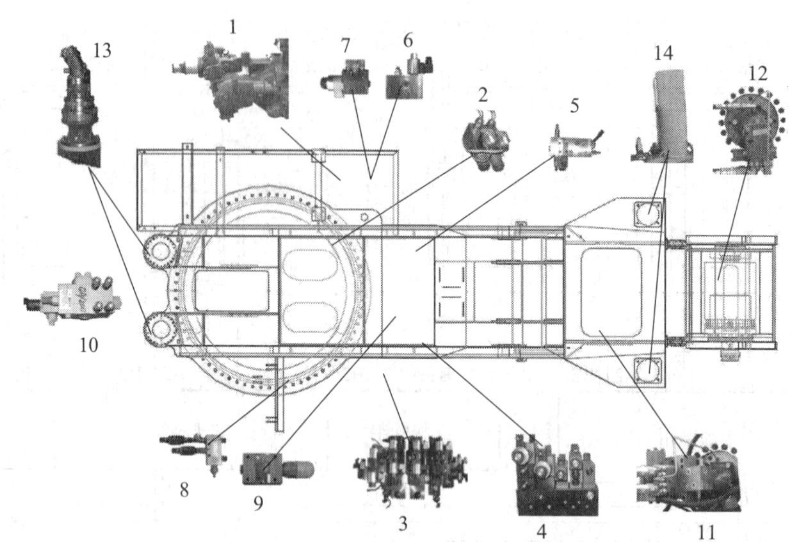

图 2—2—6　160 t 汽车起重机上车液压元件组成及布局

1—主油泵　2—遥控模块　3—主阀（油路集成块）　4—辅助阀　5—缸臂销阀　6—回转制动阀　7—回转缓冲阀　8—操纵室油缸平衡阀　9—伸缩缸溢流阀　10—变幅平衡阀　11—主卷扬部分　12—副卷扬部分　13—回转机构　14—配重油缸部分

1. 动力元件

160 t 汽车起重机液压系统的动力元件是由多个液压泵组成的串联泵组（即主油泵），其外形与结构组成如图 2—2—7 所示。

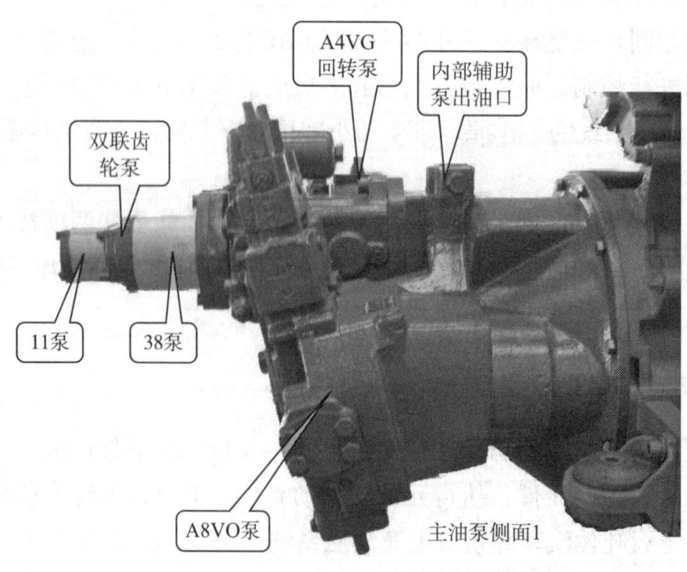

a）

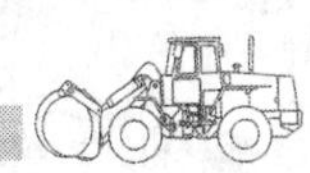

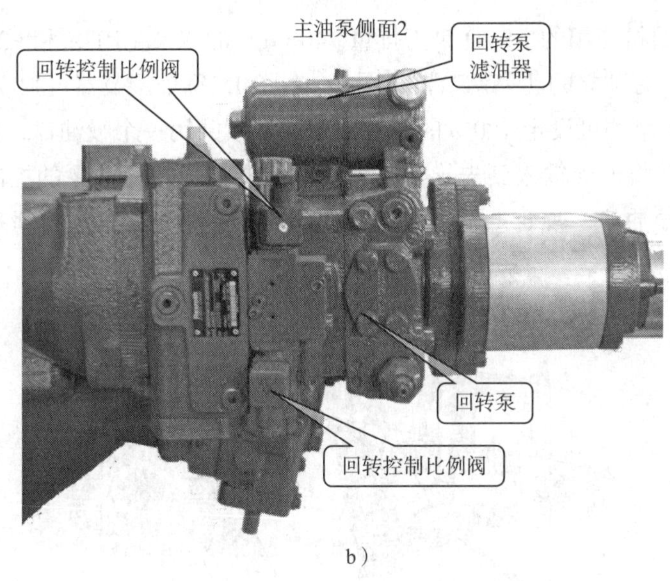

b）

图 2—2—7　主油泵外形与结构组成

a）主油泵侧面 1　b）主油泵侧面 2

（1）主油泵（A8VO 变量泵）

主油泵为变量泵，是将机械能转换成液压能的装置。变量泵通过变量机构改变主轴和缸体轴线之间倾斜的角度，从而改变输出流量。变量泵的输入转矩取决于自身的排量，进、出油口的压力差，输出的流量取决于自身的排量和输入转速。输出转矩一定时，排量越大，变量泵的压力就越小；输出转速一定时，排量越大，变量泵的流量就越高。这就是变量泵的基本工作原理。图 2—2—8 所示为 A8VO 变量泵的外形与结构。

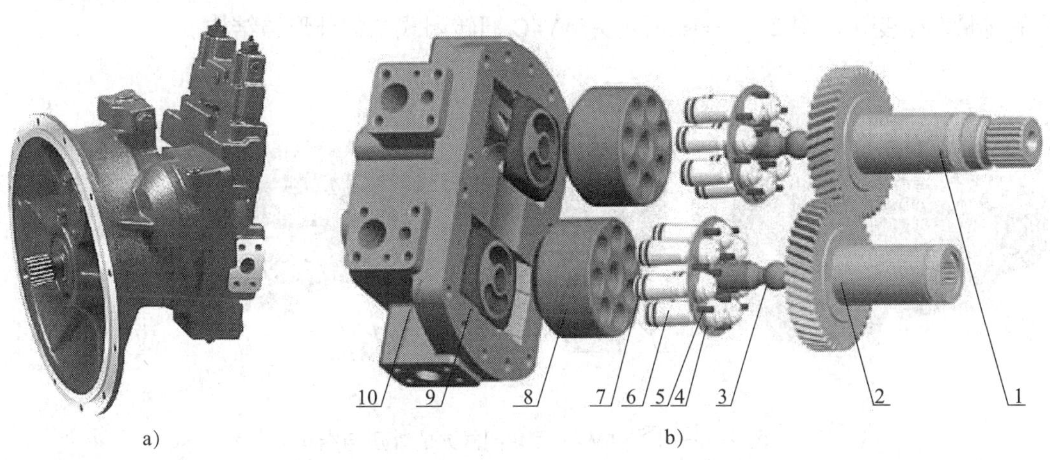

a)　b)

图 2—2—8　A8VO 变量泵的外形与结构

a）外形　b）结构

1—主轴　2—驱动轴　3—中心轴　4—压板（七孔板）　5—螺钉　6—柱塞

7—柱塞密封圈　8—泵体　9—配油盘　10—后盖

160 t 汽车起重机使用的 A8VO 泵为排量 140 mL/r 的双泵（P1 泵和 P2 泵），具有恒功率控制。每个泵具有独立的功率调节器（图 2—2—9），每个调节器可独立实现功率设定，且各不相同，每个泵均可设定 100% 的驱动功率。双泵共用一个吸油口，内部装有带溢流阀的辅助油泵，并将油液输入到先导油路。外部的遥控模块向油泵的控制部分输入不同流量和压力的先导油液，改变主泵斜轴的角度，可控制主泵在最大排量和最小排量之间无级变化。

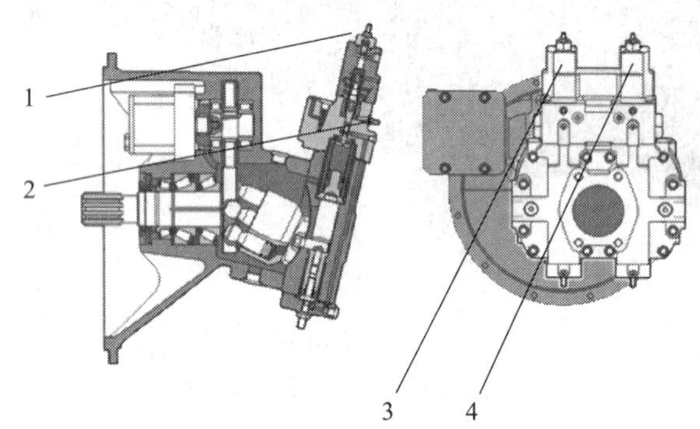

图 2—2—9　A8VO 变量泵的调节螺钉及变量机构

1—变量调节螺钉　2—功率调节螺钉　3—左变量机构　4—右变量机构

（2）回转闭式泵（A4VG 回转泵）

160 t 汽车起重机回转系统采用闭式系统，即动力元件液压油泵与执行元件回转马达首尾相连，通过控制液压油泵的排量来改变回转的运动速度。回转闭式泵为电比例斜盘式变量柱塞泵，通过手柄角度的变化控制闭式泵先导比例电磁阀的控制电流，使液压油泵的排量发生变化。图 2—2—10 所示为 AV4G 回转闭式泵的外形与结构。

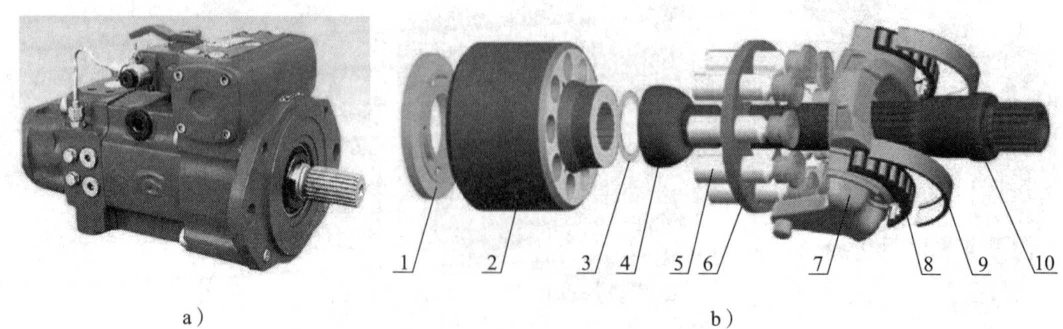

图 2—2—10　AV4G 回转闭式泵的外形与结构

a）外形　b）结构

1—配油盘　2—泵体　3—垫圈　4—球铰　5—柱塞滑靴　6—回程盘

7—手柄　8—月牙轴承　9—月牙轴承座　10—传动轴

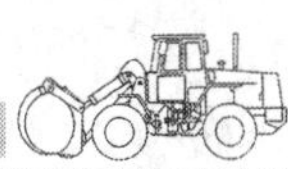

（3）辅助油泵

160 t 汽车起重机使用的辅助泵分别为排量为 38 mL/r 和 11 mL/r 的齿轮泵，主要供给配重油缸、操纵室翻转油缸和转台锁止油缸使用。

2. 控制元件

上车液压系统中主要控制元件为主阀、辅助阀和其他控制阀，其主要作用是控制主起升系统、副起升系统、变幅系统、伸缩系统和辅助系统的所有动作。

（1）主阀

160 t 汽车起重机上车采用的主阀有三个三位开关式电液换向阀和一个两位开关式电液换向阀，以控制主、副卷扬的起落，起重臂的伸缩和变幅。两个三位开关式电磁阀控制 P2 泵部分压力的转换和起重臂自动伸缩时的部分工作。五个两位开关式电磁阀控制 P1 泵和 P2 泵的合流、P2 泵的部分压力转换等。八个溢流阀控制液压系统的各部分所需的压力。除此之外，还集成了一些插装阀、单向阀和阀块等。控制主阀的外形如图 2—2—11 所示。

图 2—2—11　控制主阀的外形

1—电磁阀　2—电液换向阀　3—溢流阀

1）电磁阀

电磁阀结构原理较为简单，且在本专业前述课程中已详细介绍，这里不再重复。

2）电液换向阀

液动换向阀采用先导压力油来推动阀芯换向，从而实现对大流量换向阀的控制。由于用来推动阀芯换向的控制流量不必很大，可采用普通小规格的电磁换向阀作为先导控制阀，并与液动换向阀组合安装在一起，实现以小容量的电磁换向阀来控制大通径液动换向阀的阀芯换向。这就是电液换向阀。

160 t 汽车起重机主阀（油路集成块）上有四个电液换向阀，分别控制主卷扬、副卷扬、起重臂起落和伸缩。其外形和工作原理示意图如图 2—2—12 所示。

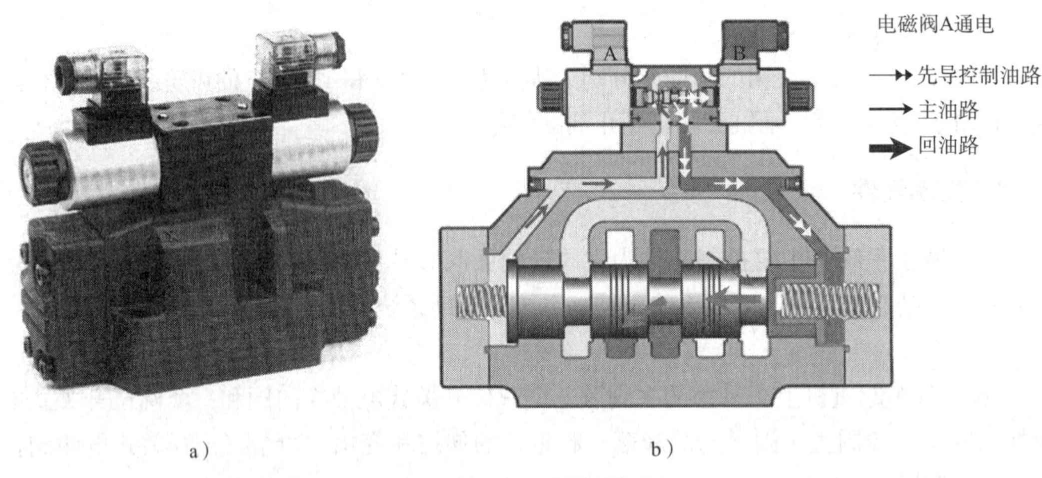

a）　　b）

图 2—2—12　电液换向阀

a）外形　b）工作原理示意图

3）多级溢流阀

P2 泵向起升系统、伸臂系统和变幅系统供油，由于各个系统工作所需的压力不同，必须为各个系统设置不同压力值的溢流阀。所以，在 P2 泵供油系统中设置了多级溢流阀。

通过电磁阀将多个直动溢流阀与溢流阀主阀芯连接，利用电磁阀不同工作位置的切换，实现系统中的多级压力控制，如图 2—2—13a 所示。

① F4（8 MPa）控制压力。当 Y32 电磁阀断电不工作，P2 泵油路的油液通过 Y32 由 F4 溢流阀控制压力为 8 MPa，如图 2—2—13b 所示。

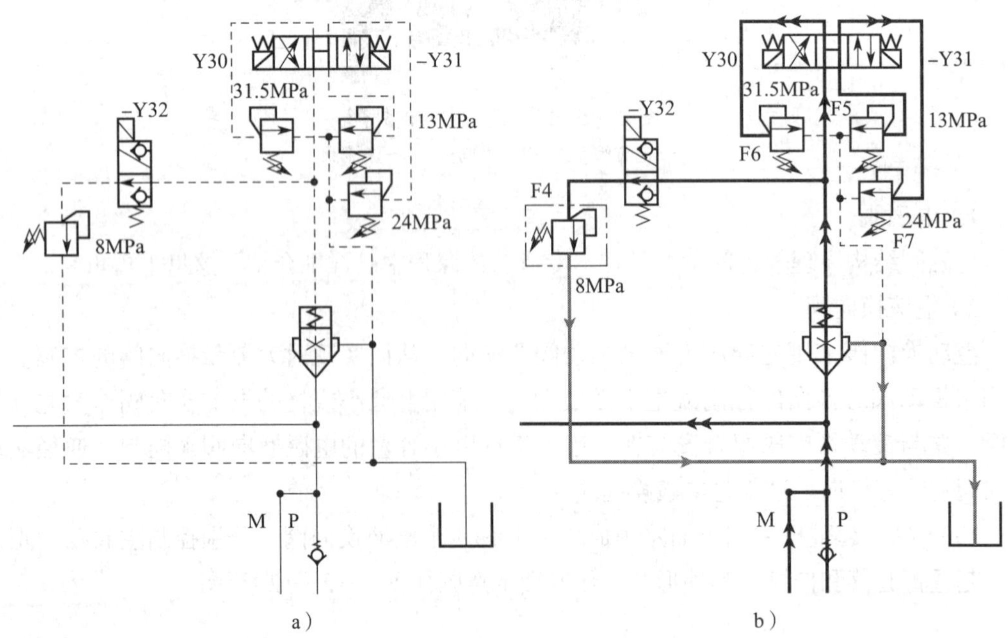

a）　　b）

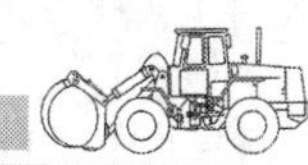

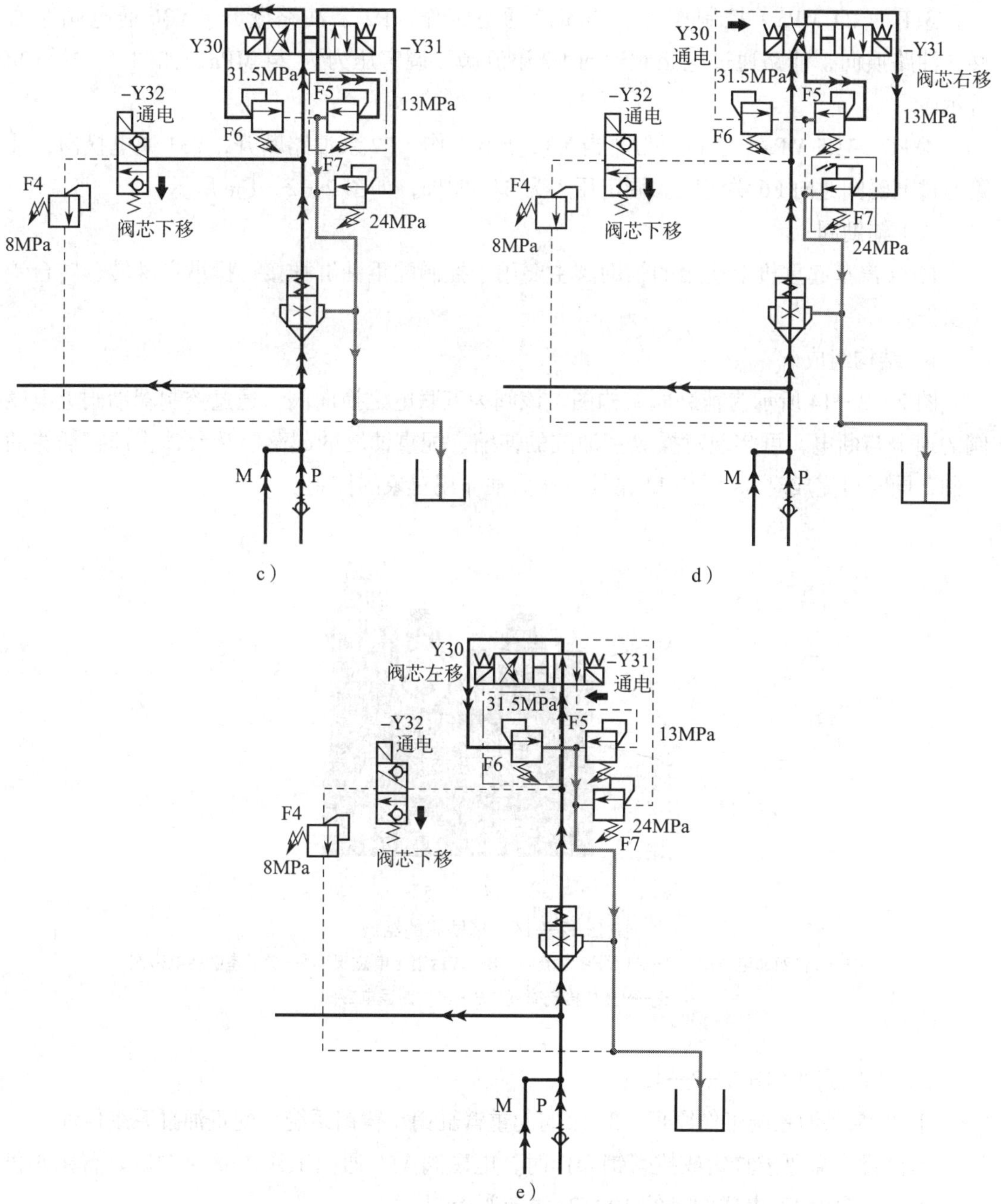

c）　　　　　　　　d）

e）

图 2—2—13　多级溢流阀的压力切换工作原理图

a）压力切换液压线路　b）F4 工作　c）F5 工作　d）F7 工作　e）F6 工作

② F5（13 MPa）控制压力。当 Y32 电磁阀通电工作，通向 F4 溢流阀的油路被切断，P2 泵油路的油液通过 H 形的中位机能由 F5 溢流阀控制压力为 13 MPa，如图 2—2—13c 所示。

③ F7（24 MPa）控制压力。当 Y32 通电工作，P2 泵油路断开，Y30 通电阀芯右移，油路换向，油路通过电磁阀通向 F7 溢流阀。调定压力为 24 MPa，如图 2—2—13d 所示。

④ F6（31.5 MPa）控制压力。当 Y32 通电工作，P2 泵油路断开，Y31 通电换向，油路通过电磁阀通向 F6 溢流阀。调定压力为 31.5 MPa，如图 2—2—13e 所示。

（2）辅助阀

160 t 汽车起重机上使用的辅助阀主要用于控制配重油缸挂接、操纵室翻转、转台锁止操作。

1）结构组成

图 2—2—14 所示为辅助阀结构图。该阀为五联电磁换向阀，通过控制辅助阀上电磁阀的通电与断电，可实现对操纵室油缸的伸缩、配重油缸的起落、转台锁止油缸插拔的控制，同时可完成对 38 泵和 11 泵控制压力油作用对象的控制。

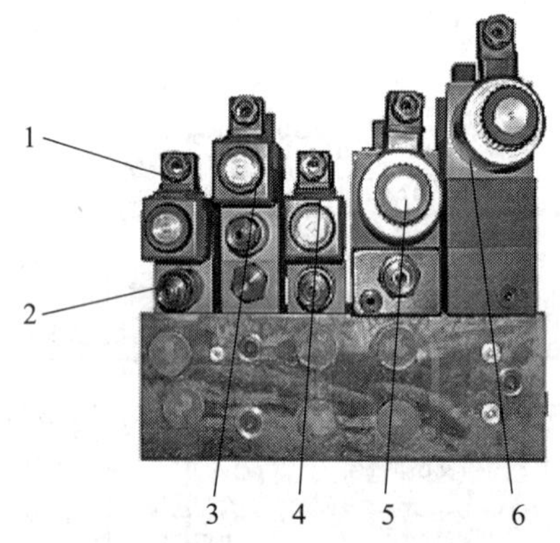

图 2—2—14　辅助阀的组成

1—二位四通电磁阀　2—21 MPa 溢流阀　3—转台锁止电磁阀　4—操纵室翻转电磁阀　5—配重挂接电磁阀　6—三位四通电磁阀

2）工作原理（图 2—2—15）

① 38 泵供油系统工作原理。38 泵向起重臂缸销、臂销系统和配重油缸系统供油。

起重臂当需要拔缸销或拔臂销操作时，电磁阀 Y6b 通电工作，38 泵向缸、臂销阀供油，系统压力由 Y6 电磁阀上的 10 MPa 溢流阀控制。

当操纵配重油缸提升时，电磁阀 Y6a 和电磁阀 Y3b 同时通电工作，油缸提升，系统压力由 Y6 电磁阀上的 21 MPa 溢流阀控制。

当操纵配重油缸下降时，电磁阀 Y6a 和电磁阀 Y3a 同时通电工作，油缸下降，系统压力由 Y3 电磁阀上的 10 MPa 溢流阀控制。

当缸、臂销系统和配重油缸系统不工作时，液压油通过电磁阀 Y6 的中位流回油箱。

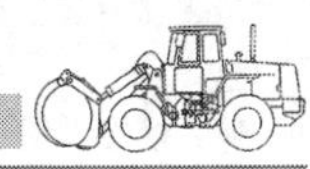

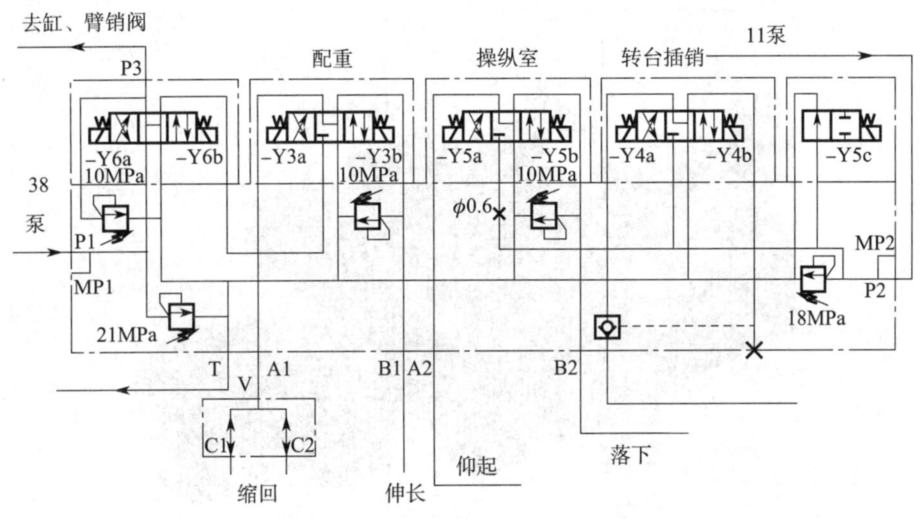

图 2—2—15　辅助阀工作原理图

② 11 泵供油系统工作原理。11 泵向操纵室翻转油缸、转台锁止系统供油，当起重臂自动伸缩时还向伸缩油缸供油。

当起重臂自动伸缩找位时，电磁阀 Y5c 工作，11 泵向伸缩油缸供油，系统压力由电磁阀 Y5c 上的 18 MPa 溢流阀控制。

当转台锁止系统要解除锁止时，电磁阀 Y5c、Y4b 通电工作，11 泵向转台锁止油缸供油，系统压力由电磁阀 Y5c 上的 18 MPa 溢流阀控制。

锁止转台时，电磁阀 Y5c、Y4a 通电工作，打开辅助阀内的液控单向阀，锁止油缸的油流回油箱。系统压力由电磁阀 Y5c 上的 18 MPa 溢流阀控制。

操纵室翻转系统仰起操纵室时，电磁阀 Y5c、Y5a 通电工作，11 泵向操纵室翻转油缸供油，系统压力由电磁阀 Y5c 上的 18 MPa 溢流阀控制。

放下操纵室时，电磁阀 Y5c、Y5b 通电工作，11 泵向操纵室翻转油缸供油，系统压力由电磁阀 Y5b 上的 10 MPa 溢流阀控制。

（3）缸、臂销控制阀

大吨位汽车起重机起重臂采用的是单缸插销式控制，即通过单个伸缩油缸来回伸缩实现每节臂伸出或缩回，臂与臂之间通过臂销锁止，防止起重臂下滑。

1）结构组成

缸、臂销控制阀的主要功能是控制伸缩油缸上缸销和臂销（T 形槽）的运动。当缸销油缸进油时，缸销将会在压力油的作用下回缩；当臂销油缸进油时，T 形槽会在臂销油缸的作用下下降。当缸臂销控制阀复位时，缸销或者臂销油缸中的液压油将会回油箱，缸销或者 T 形槽会在弹簧力的作用下复位。缸、臂销及 T 形槽的外形如图 2—2—16 所示。

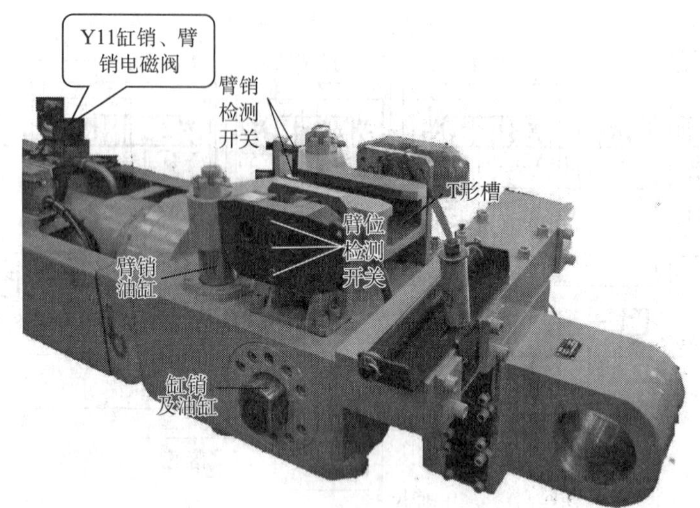

图 2—2—16 缸、臂销及 T 形槽的外形

图 2—2—17 所示为缸、臂销控制阀，该阀通过 8 MPa 减压阀、10 MPa 溢流阀提供给缸臂销油缸稳定压力的压力油，从而实现对缸、臂销的控制。

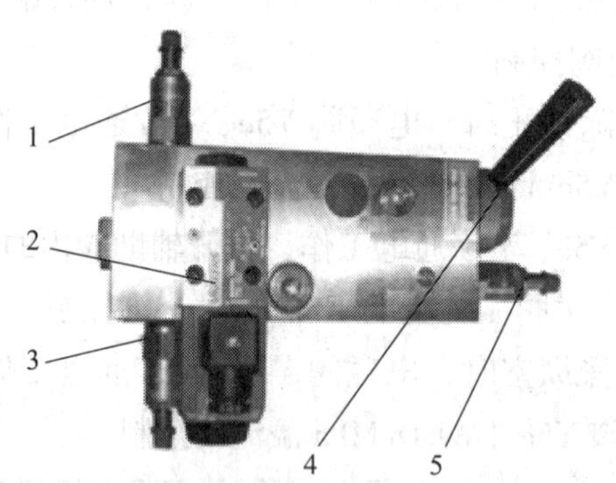

图 2—2—17 缸、臂销控制阀的结构

1—9 MPa 溢流阀 2—电磁阀 3—10 MPa 溢流阀 4—旋转手柄 5—8 MPa 减压阀

2）工作原理（图 2—2—18）

①拔销。当进行拔缸、臂销作业时，按下缸、臂销开关，辅助阀上的电磁阀 Y6b 和缸、臂销阀上的电磁阀 Y10 通电阀芯移动，从 38 泵来的液压油通过辅助阀上的 Y6b 电磁阀进入缸、臂销阀，通过减压阀、旋转阀再经过 Y10 电磁阀后进入伸缩油缸芯管，最后进入伸缩缸上的电磁阀 Y11。Y11 电磁阀控制缸销油缸或臂销油缸活塞杆回缩。

②插销。当 Y10 电磁阀断电而阀芯复位时，缸销油缸或臂销油缸内的液压油通过 Y11 电磁阀（参见图 2—2—35）、伸缩油缸芯管和 Y10 电磁阀后流回油箱。缸销油缸或臂销油缸活塞杆靠弹簧的力量伸出。

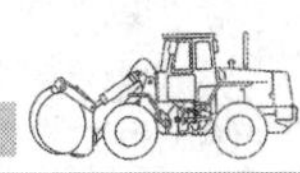

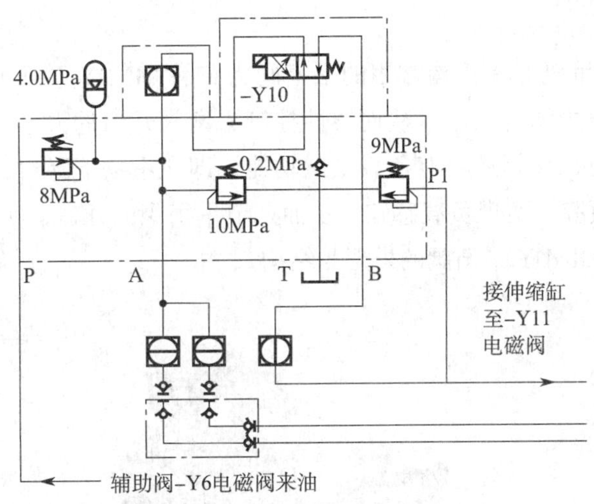

图 2—2—18　缸、臂销控制阀工作原理

（4）平衡阀

在起重机上平衡阀是非常关键的液压元件之一，其作用主要是控制负载静止或保持负载的下落、回缩速度。汽车起重机上车液压系统中的平衡阀主要有卷扬平衡阀、变幅平衡阀和伸缩平衡阀。

1）卷扬平衡阀

160 t 汽车起重机具有主、副双卷扬系统，每个卷扬系统各有一个平衡阀。下面以 160 t 汽车起重机的卷扬系统常用的力士乐 BVD 平衡阀为例介绍。

图 2—2—19 所示为力士乐 BVD 平衡阀外形与结构示意图。该平衡阀为双向平衡阀，即在卷扬起落时均起平衡截流作用；内部有补油回路，防止液压马达下降时出现吸空；内置减压阀，给卷扬制动器提供压力适当的压力油，实现制动器的开启与关闭。

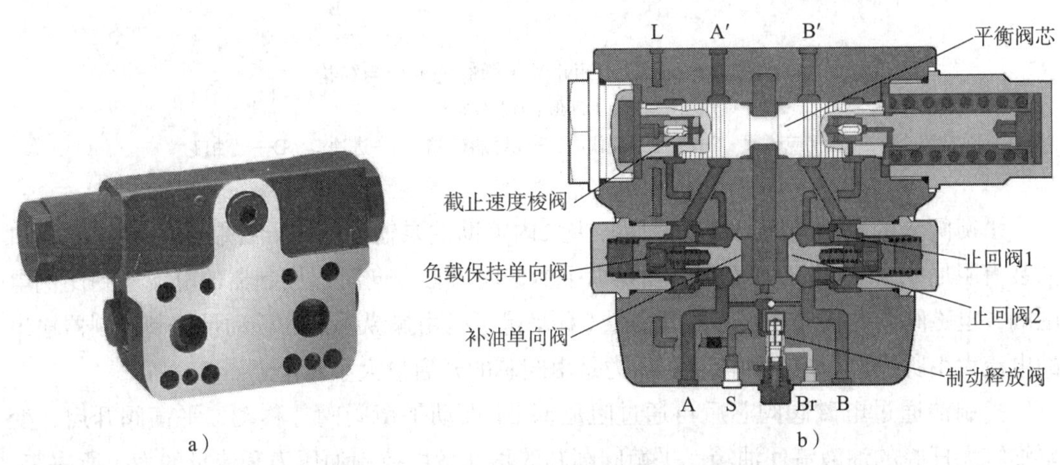

图 2—2—19　力士乐 BVD 平衡阀的外形与结构示意图
a）外形　b）结构示意图

2）变幅平衡阀

QY160 t 汽车起重机变幅机构常用的平衡阀为布赫 CINDY 系列平衡阀。该平衡阀能够按比例控制先导压力油的大小，从而线性控制平衡阀开口的大小，实现变幅缸下降速度的良好控制。同时，该阀还具有负载敏感功能，即在重物下降时，通过将负载压力油引入到平衡阀的弹簧腔，实现负载感知，从而调节平衡阀的开口，实现变幅缸稳定下降。图 2—2—20 所示为 CINDY 平衡阀的外形与结构。

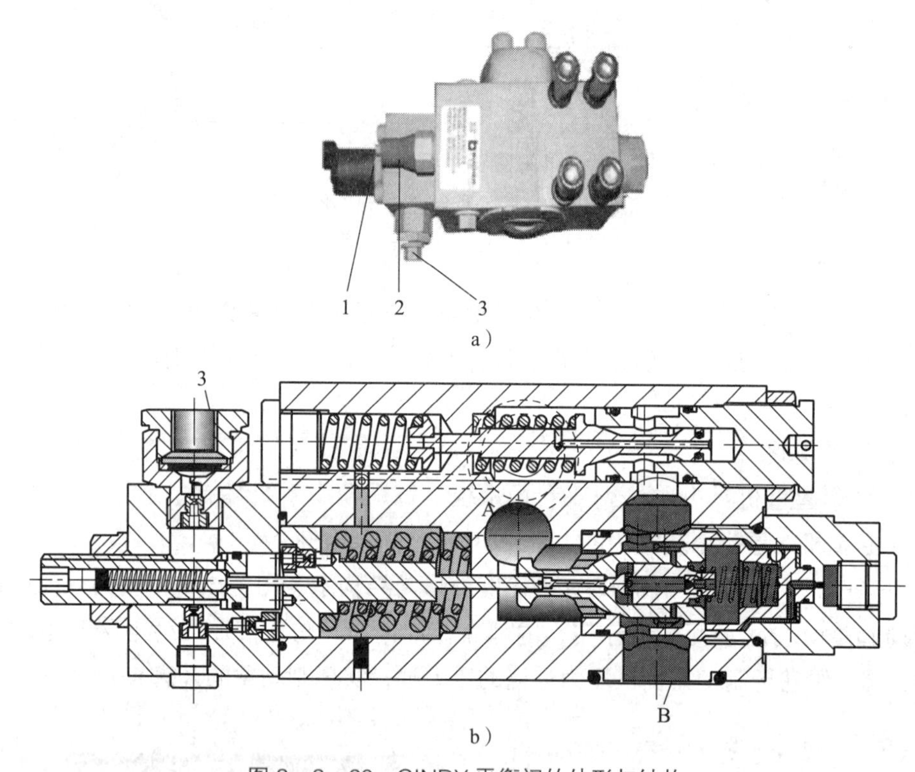

图 2—2—20　CINDY 平衡阀的外形与结构

a）外形　b）结构

1—比例电磁阀　2—安全溢流阀　3—先导油口 M　A—进油口　B—出油口

平衡阀上的电磁阀为比例电磁阀。主泵内辅助油泵输出的先导控制油由 M 口（油口内装有阻尼塞 ZD）进入平衡阀。当操纵手柄偏向落臂方向时，控制器的电流通到比例电磁阀，电磁阀阀芯移动。阀芯的开启量（移动量）是由操纵手柄的移动量控制控制器输出的电流大小所决定。控制油流量和压力是由阀芯的开启量大小而定。

控制油通过电磁阀阀芯后再通过阻尼塞 D1 推动平衡阀阀芯移动，平衡阀开启，变幅油缸无杆腔的油液流回油箱。平衡阀阀芯的移动量由控制油压力和流量的大小所决定。图 2—2—21 所示为变幅平衡阀局部剖视图和工作原理图。

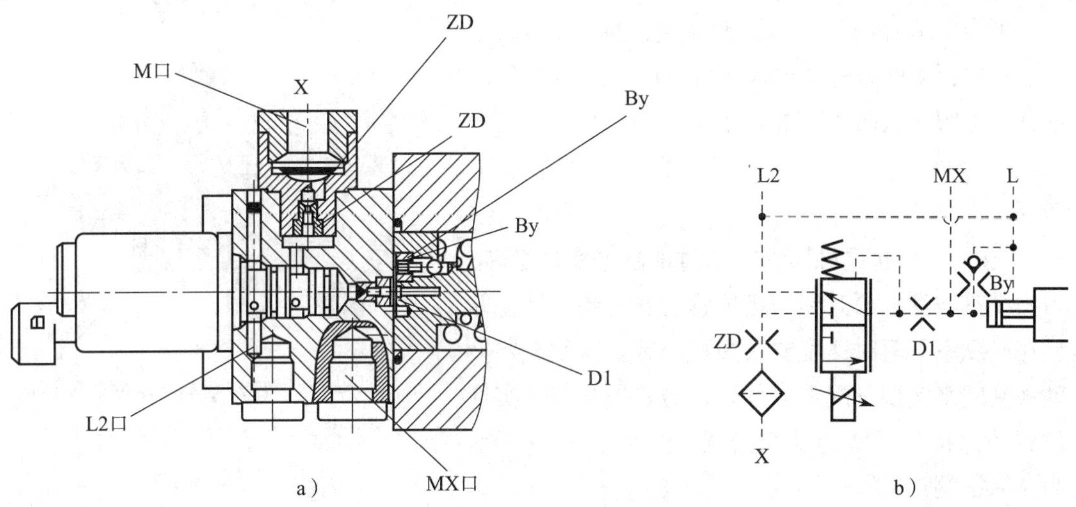

图 2—2—21　变幅平衡阀局部剖视图和工作原理

a）局部剖视图　b）工作原理

3）伸缩平衡阀

汽车起重机伸缩缸在伸出时，伸缩平衡阀只起导通作用，并且在伸缩缸停止伸缩时，能保持伸缩缸不回缩；在伸缩缸回缩时，平衡阀通过改变开口大小，来控制伸缩缸缩回的速度。图 2—2—22 所示为伸缩平衡阀的剖面图。

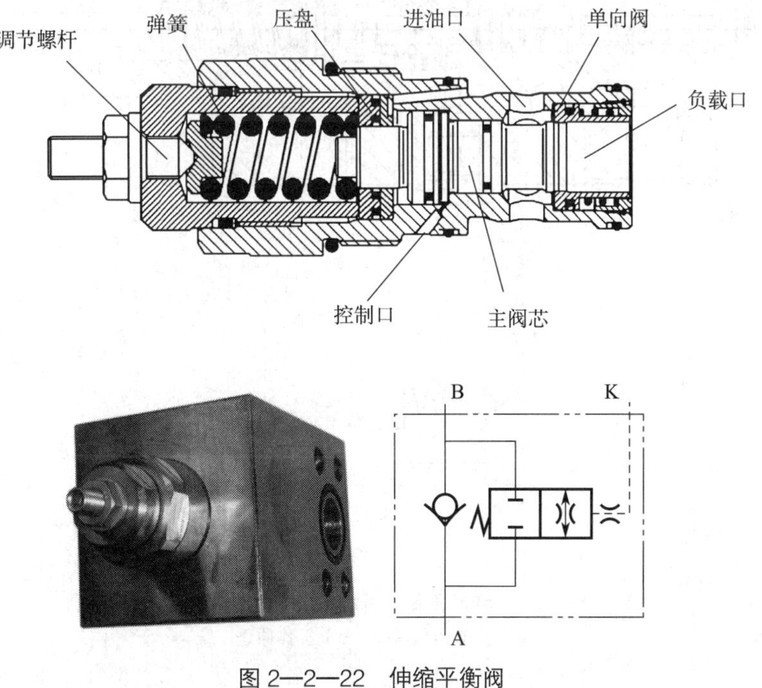

图 2—2—22　伸缩平衡阀

平衡阀 B 口与伸缩油缸无杆腔相通；A 口与主阀端相连；K 口为先导控制油口，压力油通过 K 口推开平衡阀，从而实现重物回缩。

4）配重、操纵室油缸平衡阀（辅助油缸平衡阀）

160 t 汽车起重机操纵室通过油缸来实现翻转。当操纵室被油缸顶升到一定位置后就需要保持，并且在操纵室下落时速度要求慢且稳定。这就需要借助平衡阀来实现。配重油缸同样需要平衡阀来实现位置的保持和下降速度的控制。图 2—2—23 所示为操纵室翻转平衡阀外形。

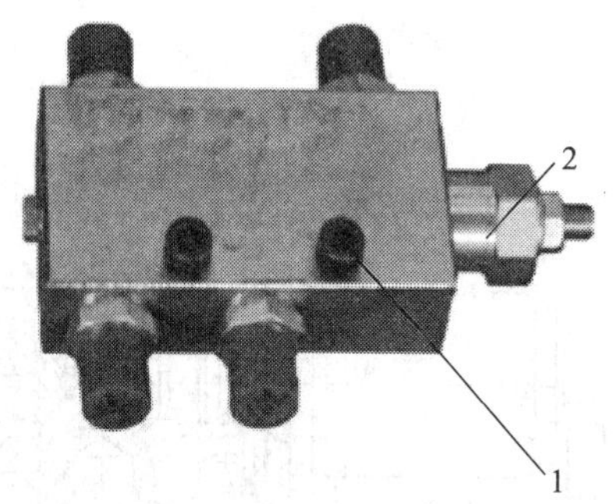

图 2—2—23　操纵室翻转平衡阀的外形
1—安装螺钉　2—平衡阀调节螺钉

图 2—2—24 所示为辅助油缸平衡阀结构示意图和工作原理图，按下操纵室翻转开关控制操纵室仰起时，辅助阀 Y5b 电磁阀通电，压力油经 U2 口进入平衡阀，通过阀内的单向阀后，由 M 口进入操作室翻转油缸的大腔，油缸运动，操作室仰起。

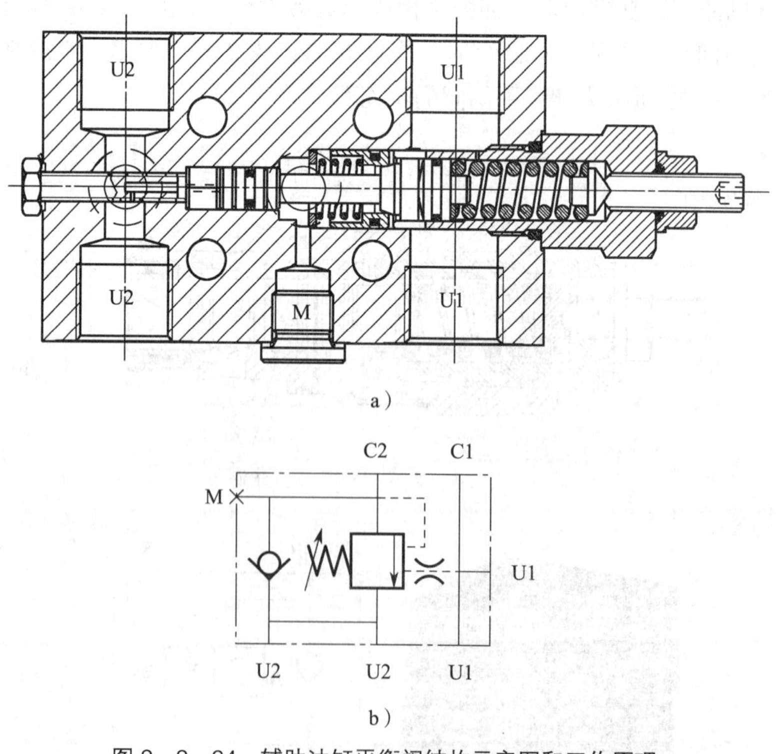

图 2—2—24　辅助油缸平衡阀结构示意图和工作原理
a）结构示意图　b）工作原理

要使操纵室落下时，按开关使其弹起，辅助阀 Y5a 电磁阀通电，压力油通过 U1 口流

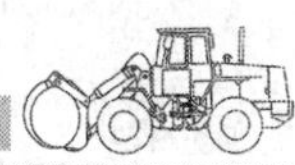

入油缸小腔，由于平衡阀阀芯在弹簧力的作用下处于关闭状态，油缸大腔的液压油无法流回油箱，此时U1口的压力增高，直至克服弹簧力，推开平衡阀阀芯，油缸大腔的液压油才能流回油箱。平衡阀开启压力的大小可以通过调整开启压力调整处的螺钉完成。

（5）回转缓冲阀和自由滑转阀

1）回转缓冲阀

回转缓冲阀的外形和工作原理如图2—2—25所示。160 t汽车起重机采用了回转制动缓冲阀。回转制动时，该阀能够有效保证制动器延时关闭，减少制动冲击，使回转制动更加平稳。

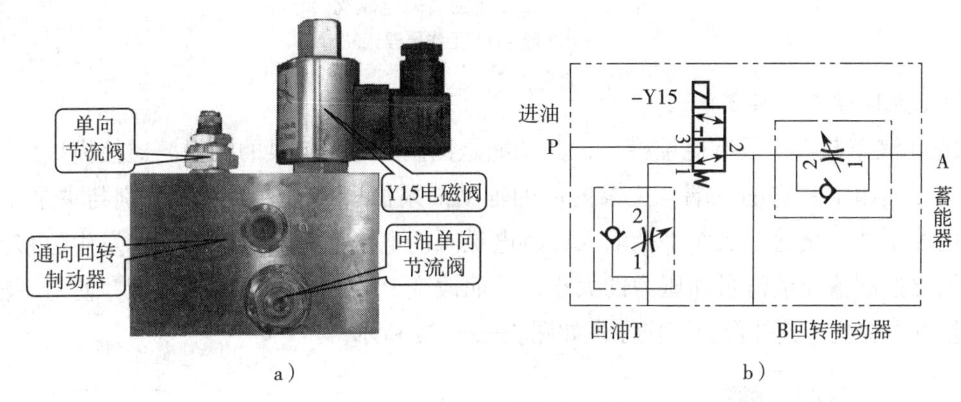

图2—2—25　回转缓冲阀
a）外形　b）工作原理

由主泵内辅助油泵所供的压力油经P口进入回转制动阀内，此时电磁阀Y15断电不工作，压力油不能到达回转制动器内，回转制动器处于制动状态。

按下回转制动解除开关，电磁阀Y15通电，阀芯移动，压力油通过电磁阀进入回转制动器，回转制动快速解除。进入电磁阀Y15的部分压力油通过可调单向节流阀的节流口进入蓄能器。

当回转制动解除开关处于关闭状态时，电磁阀Y15断电，阀芯复位，关闭通道；回转制动器内的液压油通过制动阀内的单向节流阀的节流口流回油箱，制动器缓慢关闭。同时，蓄能器内的液压油流回油箱。

2）自由滑转阀

为使吊钩中心与被吊重物的中心保持在一条直线上，以保证起吊的安全性和可靠性，160 t汽车起重机设置了自由滑转阀。其外形和工作原理如图2—2—26所示。

转台旋转时，电磁阀Y14不通电，回转马达A、B两腔不相通，马达正常旋转。当按下手柄上的自由滑转开关时，电磁阀Y14通电，阀芯移动，回转马达A、B两腔相通，马达处于平衡状态，转台在外力的作用下滑转。

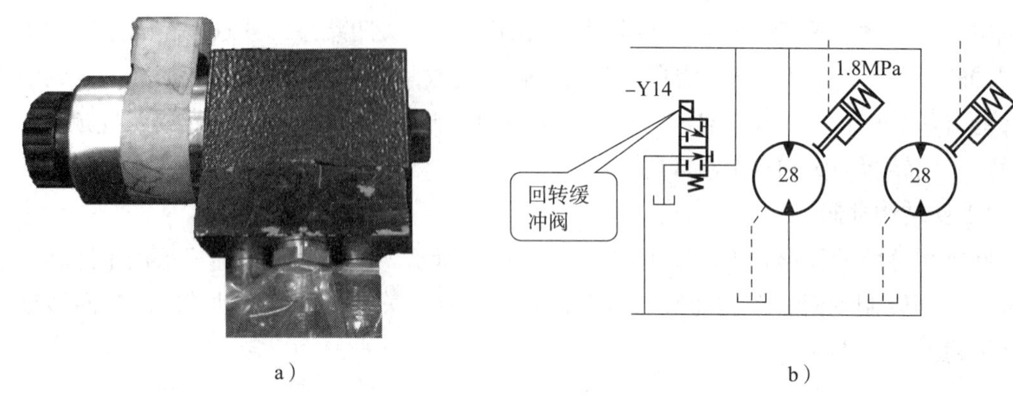

图 2—2—26　自由滑转电磁阀
a）外形　b）工作原理

（6）遥控模块

160 t 汽车起重机设有遥控模块，其功能是控制 A8VO 双泵的排量。遥控模块由两个比例电磁阀组成，它的一端与主泵内部的辅助油泵油口接通，另一端分别与主泵（P1、P2）的控制油口接通。操作手柄输入比例电磁阀的电流使比例电磁阀阀芯发生位移，改变了输出控制液压油流量和压力的大小，从而改变 P1 或 P2 泵的斜轴角度，使主泵输出的流量发生变化。其外形和工作原理如图 2—2—27 所示。

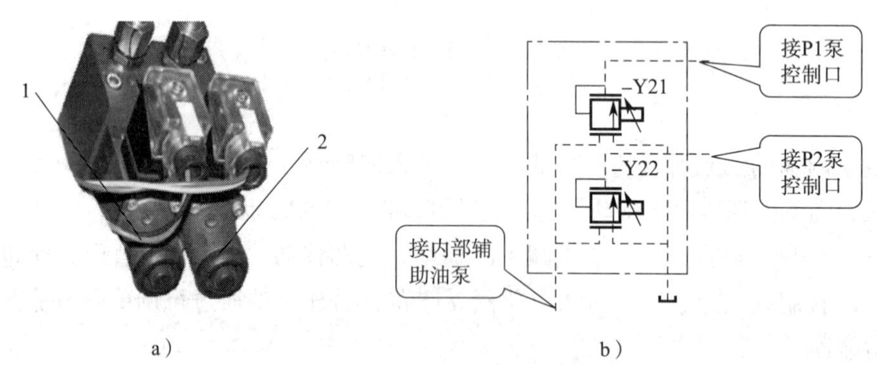

图 2—2—27　遥控模块
a）外形　b）工作原理
1—比例电磁阀 Y21　2—比例电磁阀 Y22

3. 执行元件

起重机上车主要的执行元件为液压马达和油缸，包括主卷扬马达、副卷扬马达、回转马达、伸缩油缸、变幅油缸、配重油缸和翻转油缸。

（1）马达

马达的旋转可带动卷扬或转台旋转，从而实现重物的起落或转台的左右回转运动。

160 t 汽车起重机卷扬分为主、副卷扬。

主卷扬使用的马达为变量马达，电比例控制变量，并且具有压力切断保护。副卷扬一般使用定量马达，但是有些大吨位（如 300 t）汽车起重机副卷扬马达会根据实际需要配置变量马达。图 2—2—28 所示为主卷扬变量马达结构组成图。

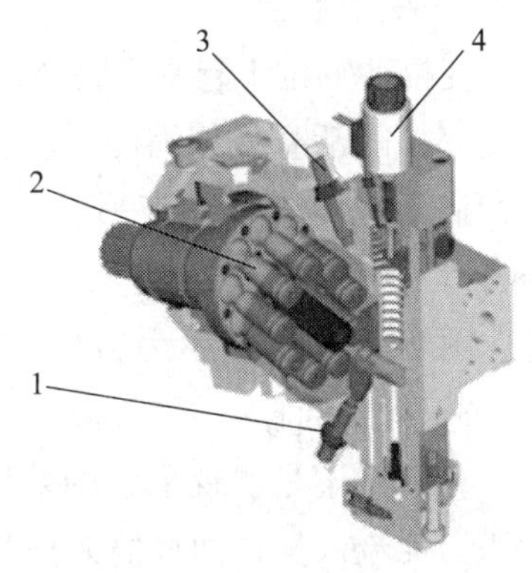

图 2—2—28　主卷扬变量马达
1—最大排量调节螺钉　2—柱塞
3—最小排量调节螺钉　4—电比例换向阀

当操纵主卷扬手柄时，来自主阀的压力油带动马达旋转，马达初始位置处于油缸最大摆角；来自控制器的电流使比例电磁阀通电，阀芯移动。当主卷扬油路压力低于压力切断阀压力时，马达摆角移动至最小摆角，马达高速旋转（此时，马达为高速度、小转矩状态）。随着外载荷增大，油路压力逐渐增大，直至大于或等于压力切断阀调整压力。此时，压力切断阀关闭，马达摆角摆至最大摆角，马达低速旋转（此时马达为低速度、大转矩状态）。调整压力切断阀的弹簧力，可调整马达变量时的压力。

（2）油缸

160 t（大吨位）汽车起重机的油缸包括伸缩油缸、变幅油缸、配重油缸和翻转油缸。

1）伸缩油缸

160 t 汽车起重机伸缩系统采用单个伸缩油缸来回伸缩使每节起重臂都能伸出或缩回。单缸插销式结构在缸头位置设置有缸销油缸、臂销油缸，缸销油缸用于控制缸销的伸缩，臂销油缸用于控制燕尾槽的上下运动，实现对起重臂臂销的拔插。伸缩缸缸头还集成了臂销检测开关、臂位检测开关，以实现对单缸插销系统的电气控制。图 2—2—29 所示为 160 t 汽车起重机伸缩油缸。

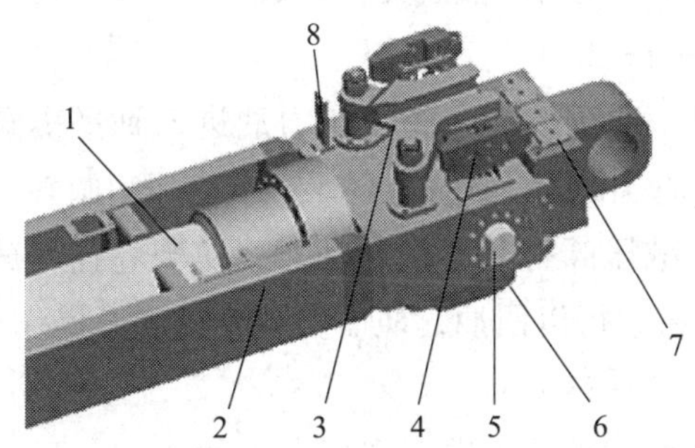

图 2—2—29　160 t 汽车起重机伸缩油缸
1—伸缩油缸缸筒　2—伸缩缸滑道　3—燕尾槽　4—臂位检测开关　5—缸销
6—缸头下滑块　7—伸缩缸平衡阀　8—臂销检测开关

2）变幅油缸

变幅油缸位于起重臂底部，用于支撑起重臂，通过改变变幅缸活塞杆伸缩的长度，可改变起重臂的角度，从而满足起重臂多角度吊装的需求。变幅油缸依靠重力自行下落，其下落的速度不能过快，应保证平稳、慢速。图 2—2—30 所示为 160 t 汽车起重机变幅油缸。

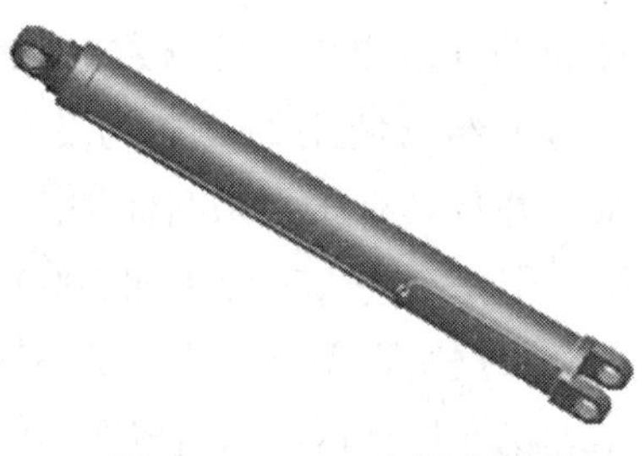

图 2—2—30　变幅油缸

3）配重油缸

它的作用是实现配重的挂接。在需要进行配重挂接时，控制辅助阀通电，将泵输出的压力油流入配重油缸的无杆腔（大腔），使配重油缸活塞杆下落；挂接上配重后，控制辅助阀，使压力油流入配重缸的有杆腔（小腔），使活塞杆收回，从而实现配重的挂接。配重在下落时，配重油缸平衡阀控制下降速度，以保证慢速、平稳、同步。

4）操纵室翻转油缸

操纵室在进行翻转操作时，压力油进入翻转油缸的大腔，从而实现操纵室向上翻转；操纵室在下落时，系统利用翻转平衡阀来实现速度的控制。

三、上车液压系统的工作原理

大吨位汽车起重机上车液压系统按功能可分为五个部分，即起升液压子系统、变幅液压子系统、伸缩液压子系统、回转液压子系统和辅助液压子系统。下面围绕五个子系统来介绍 160 t 汽车起重机上车液压系统的工作原理。

1. 起升液压子系统

图 2—2—31 所示为 160 t 汽车起重机起升系统液压原理图，其结构由起升马达、起升平衡阀、制动器控制阀和制动器等液压元件组成。

（1）卷扬起升（图 2—2—32）

进行卷扬起升操作时，通过控制主阀使压力油进入到平衡阀的 B 口，压力油通过平衡阀内置的单向阀进入到起升液压马达的 A 口，推动马达旋转。起升侧压力油同时也会通过平衡阀内置换向阀和减压阀打开卷扬制动器，实现卷扬释放。当压力油推开平衡阀内置的主换向阀时，马达将会得以回油，从而实现卷扬起升操作。

（2）卷扬下降（图 2—2—33）

卷扬下降时，控制主阀使压力油进入到平衡阀的 A 口；压力油通过平衡阀内置的单向阀进入到起升液压马达的 B 口，推动马达旋转。下降侧压力油同时也会通过平衡阀内置换向阀和减压阀打开卷扬制动器（解除制动），实现卷扬释放。当压力油推开平衡阀内置的主换向阀时，马达回油，从而实现卷扬下降。

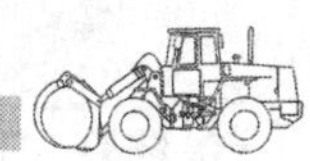

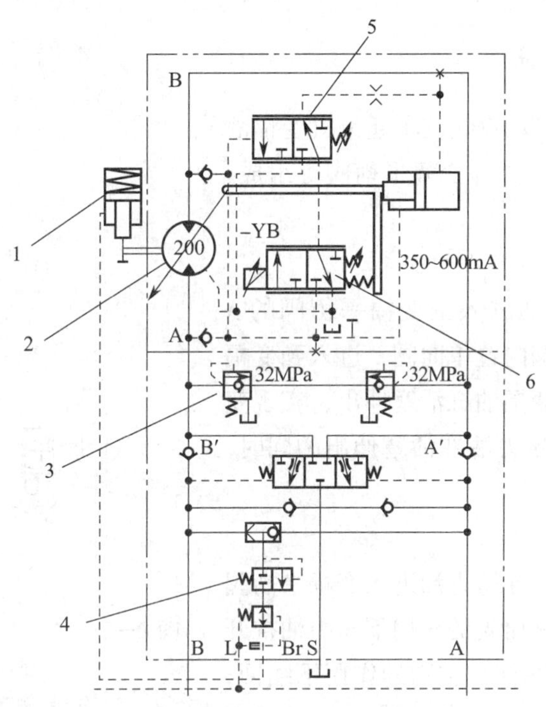

图 2—2—31　起升系统液压原理图

1—制动器　2—变量马达　3—高压溢流阀　4—制动器控制阀

5—液压马达压力切断阀　6—液压马达变量电磁阀

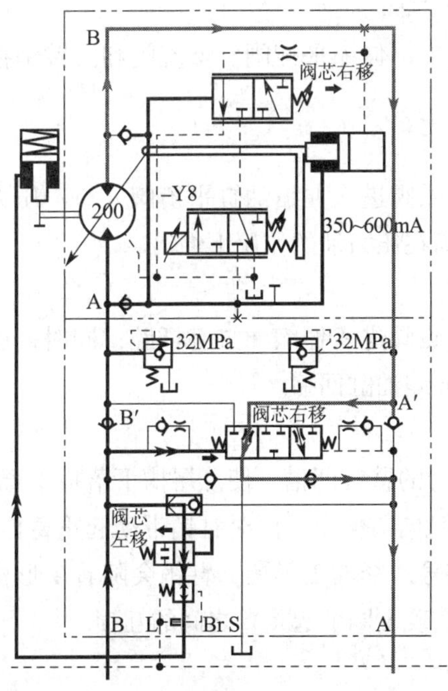

图 2—2—32　卷扬起升工作原理示意图

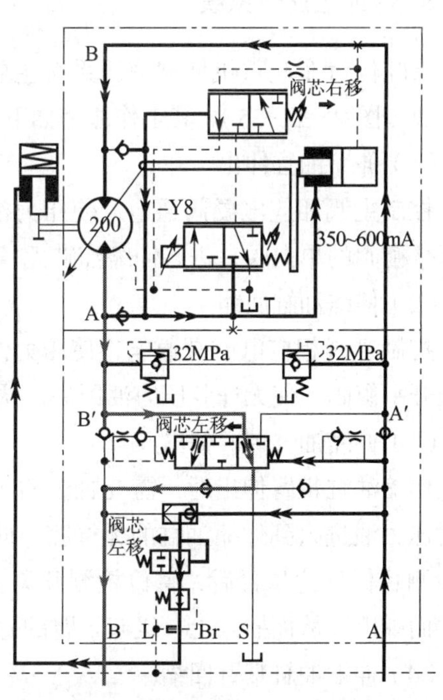

图 2—2—33　卷扬下降工作原理示意图

2. 变幅液压子系统

图 2—2—34 所示为 160 t 汽车起重机变幅液压子系统，主要由变幅缸、变幅平衡阀等组成。其工作原理如下：

（1）变幅起

控制主阀使压力油进入到变幅平衡阀的 A 口；压力油推开平衡阀内置单向阀，进入到变幅油缸的无杆腔，推动变幅油缸活塞伸出，实现变幅起操作。有杆腔的压力油在活塞伸出的同时，通过主阀回到油箱。

（2）变幅落

控制主阀通电，先导压力油进入变幅平衡阀的先导油腔；在比例减压阀的作用下压力油推开平衡阀，变幅油缸活塞杆在重物的作用下缩回；无杆腔压力油通过变幅平衡阀回到油箱，从而实现变幅下落操作。改变变幅平衡阀上比例电磁铁的电流，可以控制变幅缸的下落速度。

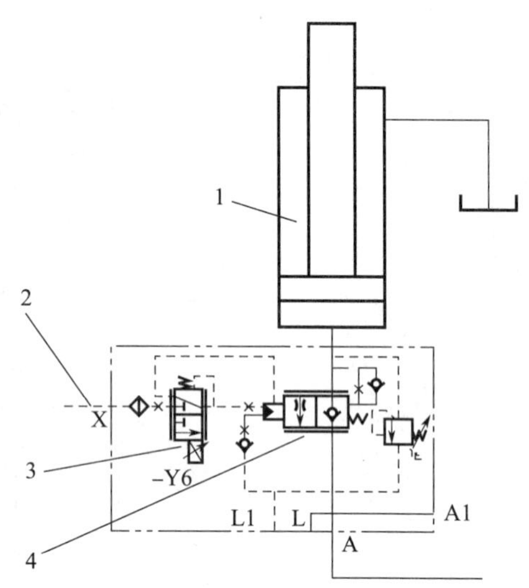

图 2—2—34　变幅液压子系统工作原理图
1—变幅油缸　2—先导油源
3—比例电磁阀　4—平衡阀

3. 伸缩液压子系统

大吨位汽车起重机伸缩液压系统主要由伸缩缸、伸缩平衡阀、溢流阀和缸臂销控制阀组成（图 2—2—35）。其工作原理如下：

（1）伸缩油缸伸出

控制主阀相应电磁阀通电，使压力油通过电磁阀进入伸缩油缸平衡阀入口；压力油推开平衡阀的单向阀，进入伸缩油缸无杆腔；缸筒在压力油的作用下伸出。

（2）伸缩油缸回缩

控制主阀相应电磁阀通电，使压力油通过电磁阀进入伸缩油缸有杆腔；同时，压力油推开平衡阀，使无杆腔压力油回油，从而实现伸缩油缸回缩。

（3）伸缩油缸带臂伸出

伸缩油缸带臂伸出时，需要缸销插入相应节臂的臂位凹槽，使燕尾槽下落拔下臂销；此时压力油进入到伸缩油缸的无杆腔，伸缩缸缸筒向前伸出，同时缸销带动起重臂伸出。当检测目标到达位置后，臂位检测开关会发出信号，释放 T 形槽，臂销会随着 T 形槽的释放而弹出，从而插入上一级起重臂的臂销孔，实现不同节起重臂之间的互锁。

（4）伸缩油缸带臂回缩

伸缩油缸带臂回缩时，需要缸销插入相应节臂臂位凹槽，使燕尾槽下落拔下臂销；

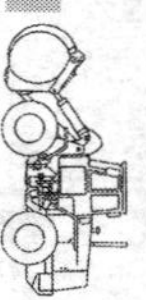

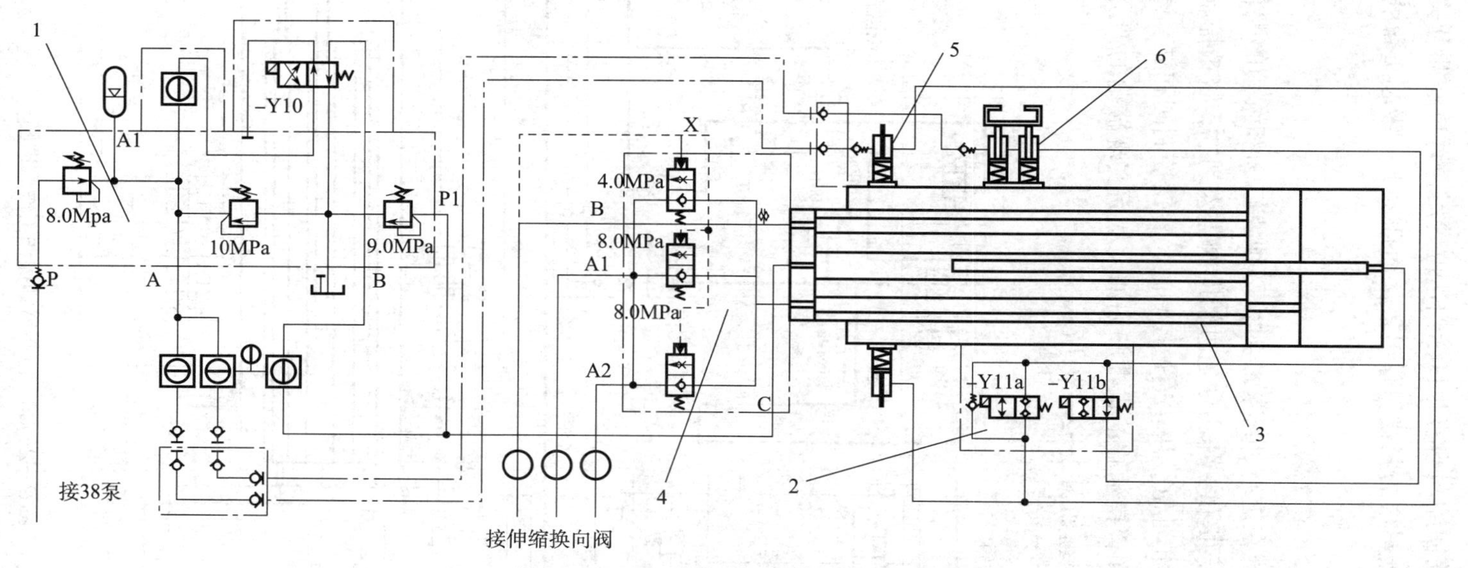

图 2—2—35　伸缩液压系统工作原理图

1—缸臂销阀　2—缸臂销切换阀　3—伸缩油缸　4—平衡阀　5—缸销　6—臂销

此时压力油进入到伸缩油缸的有杆腔，同时压力油打开伸缩油缸的平衡阀，实现无杆腔回油，从而使伸缩缸缸筒回缩。当检测目标到达位置后，臂位检测开关会发出信号，释放燕尾槽，臂销会随着燕尾槽的释放而弹出，从而插入上一级起重臂的臂销孔，实现不同节起重臂之间的互锁。

（5）缸、臂销操作

单缸插销式伸缩系统在进行伸缩操作时，必须要缸销和臂销的配合才能实现。缸、臂销的控制压力油由 38 泵提供，压力油通过辅助阀进入到缸、臂销控制阀的 P 口，经过 8 MPa 减压阀后供缸、臂销油缸使用。通过控制缸、臂销控制阀和缸、臂销切换阀上的电磁铁，可实现缸销油缸和臂销油缸的进油和回油，从而实现缸销的伸出和回缩、燕尾槽的上升和下落。其工作原理如图 2—2—36 所示。

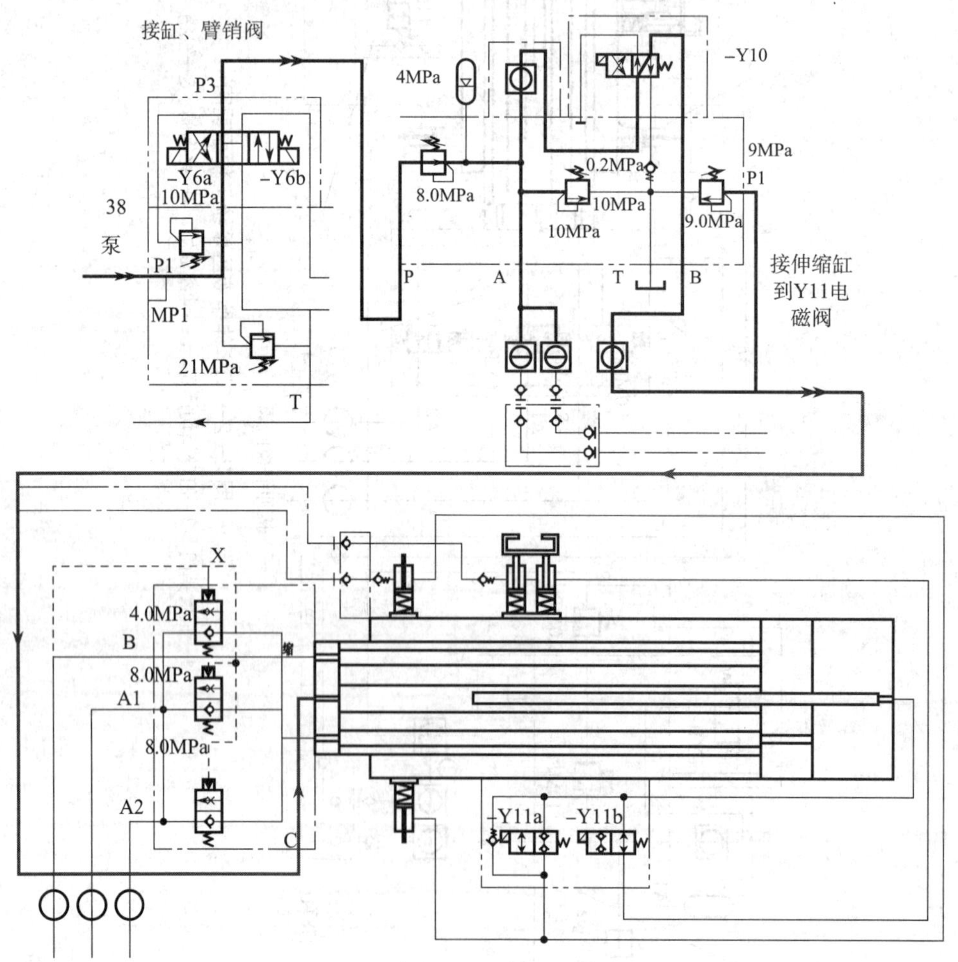

图 2—2—36　缸、臂销操作工作原理图

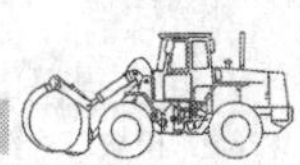

4. 回转液压子系统

回转液压子系统主要由回转液压泵、回转马达、自由滑转阀和回转缓冲阀等组成。其工作原理图如图2—2—37所示。

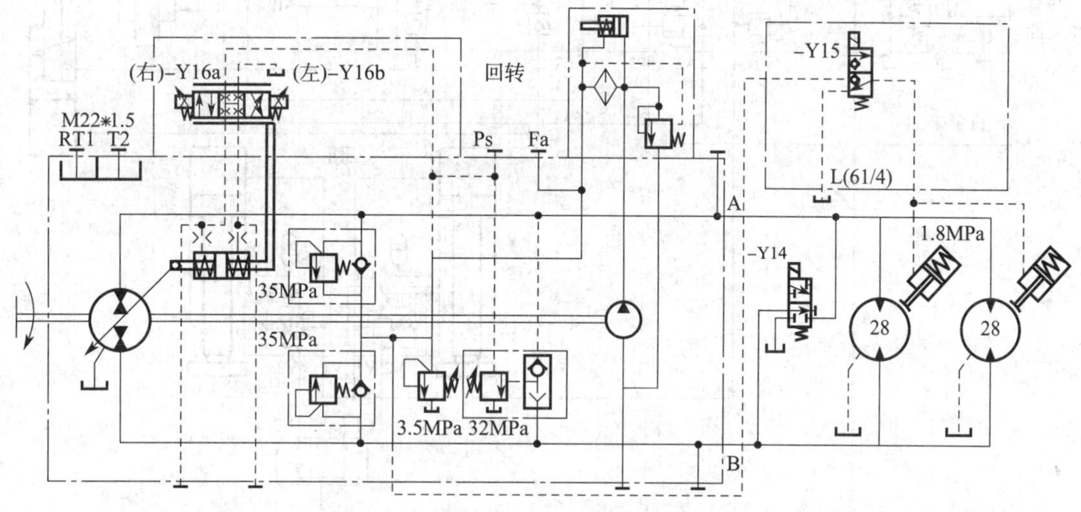

图2—2—37　回转液压子系统工作原理图

（1）回转操作

回转系统采用的是闭式回路，回转液压泵和回转马达直接用软管相连，系统不存在节流损失，故系统效率较高。在进行回转操作时，压力油由液压泵输出，推动回转马达旋转，从而实现转台回转操作。回转马达的回油直接被液压泵吸入。回转速度是通过液压泵上比例电磁阀的电流实现控制的。

（2）自由滑转操作

当自由滑转阀通电时，回转马达的左、右腔相通，马达处于浮动状态。当吊装重物不在起重臂正下方时，通过自由滑转功能，可实现转台的自由滑转，从而使起重臂摆动到正确位置。

5. 辅助液压子系统

辅助液压子系统工作原理图如图2—2—38所示。

（1）配重挂接

操纵配重挂接时，压力油进入辅助阀，通过控制配重控制联电磁阀通电，使压力油进入分流集流阀的V口，压力油经过分流集流阀之后均分为二路（误差3%），分别进入左、右配重油缸有杆腔平衡阀，推开平衡阀内置单向阀进入配重油缸有杆腔，从而实现配重的提升。当需要配重下落时，压力油进入配重油缸的无杆腔，同时压力油会打开配

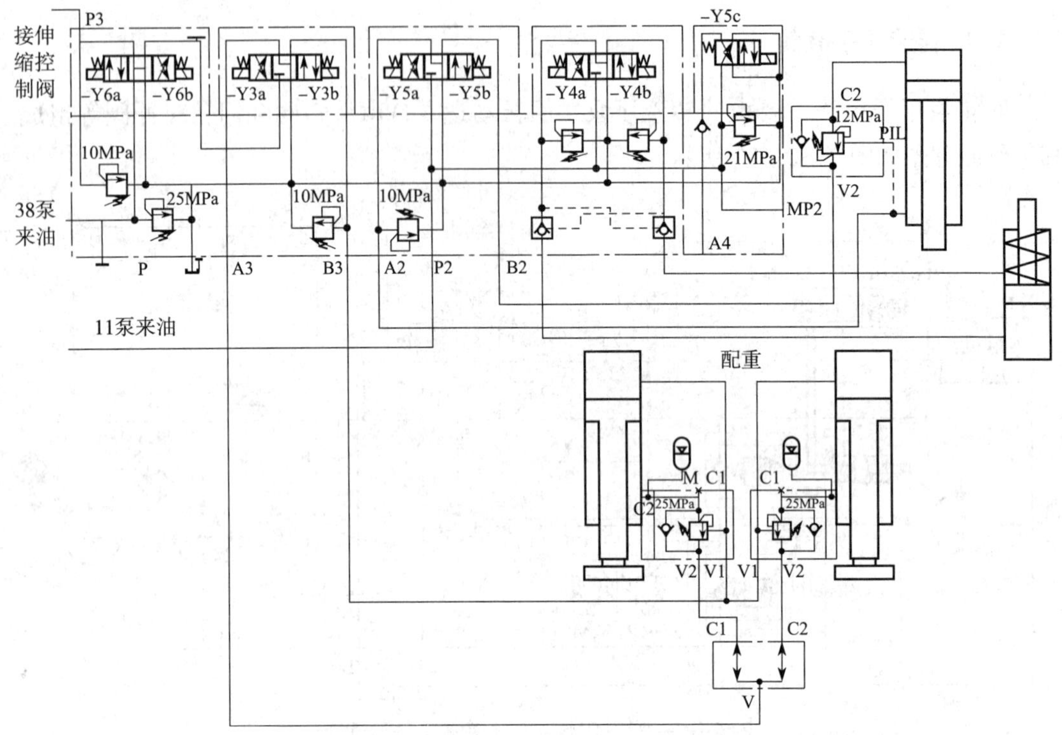

图 2—2—38　辅助液压子系统工作原理图

重油缸有杆腔平衡阀，使有杆腔液压油回油，从而实现配重的下落。

（2）操纵室翻转

操纵室翻转时，压力油进入辅助阀，通过控制操纵室控制联电磁阀通电，使压力油顺利进入操纵室翻转油缸无杆腔平衡阀 V2 口，压力油推开平衡阀内置单向阀进入操纵室翻转油缸的无杆腔，推动活塞杆伸出，从而实现操纵室向上翻转。当电磁阀反向通电时，压力油进入操纵室翻转油缸的有杆腔；同时压力油推开无杆腔平衡阀，使无杆腔压力油回油，推动活塞杆回缩，从而实现操纵室下落。因为平衡阀的存在，所以操纵室下落非常平稳。

（3）转台锁止

辅助阀另有一联用于控制转台的锁止，具体控制对象为转台锁止油缸。当需要进行转台锁止时，压力油会进入辅助转台锁止控制联，通过控制该联电磁阀通电，压力油经过液控单向阀进入锁止缸无杆腔，推动锁止油缸活塞伸出，锁住转台，从而实现转台回转被锁止。当控制电磁阀反向通电时，压力油进入锁止缸有杆腔，使活塞杆缩回，从而实现转台锁止解除。

（4）其他控制

辅助子系统除了完成上述三种主要控制功能外，还控制缸、臂销进油的通断以及自

动伸缩时 11 泵的供油；另外，辅助子系统还具有副起重臂控制阀，用于控制副起重臂油缸，辅助完成副起重臂的安装；液压油散热器采用油马达驱动，由 11 泵供油。

复习思考题

1. 简述大吨位汽车起重机底盘结构组成。
2. 简述液压油箱的组成。
3. 简述液压泵的功能与结构形式。
4. 简述大吨位汽车起重机底盘液压系统的工作原理。
5. 简述 160 t 汽车起重机上车液压系统的组成。
6. 简述大吨位汽车起重机动力元件的组成。
7. 简述多级溢流阀的工作原理。
8. 简述辅助阀的结构组成。
9. 简述回转缓冲阀的工作原理。
10. 简述缸、臂销阀的工作原理。
11. 简述伸缩油缸的结构组成。
12. 简述大吨位汽车起重机起升子系统的工作原理。
13. 简述大吨位汽车起重机变幅子系统的工作原理。
14. 简述大吨位汽车起重机伸缩子系统的工作原理。
15. 简述大吨位汽车起重机回转子系统的工作原理。

子课题 2　大吨位汽车起重机液压系统常见故障分析与排除

学习目标

1. 熟悉大吨位汽车起重机常见故障现象。
2. 掌握大吨位汽车起重机常见故障的故障原因与故障排除方法。

一、支腿不伸缩或伸缩速度慢

1. 故障描述

支腿无法伸出，无法回缩或伸缩动作很缓慢。

2. 故障原因

（1）溢流阀故障。

（2）电磁阀故障。

（3）油缸活塞密封损坏。

（4）垂直油缸液控单向阀无法正常工作。

3. 故障排除方法

（1）拧动调节溢流阀（图 2—2—39a），观察压力表是否有反应，从而检查左前支腿阀上的溢流阀工作是否正常。如果有故障，应将溢流阀拆下来清洗或更换。

（2）用万用表检查相关的电磁阀（图 2—2—39b）是否通电。如果不通电，应更换相应的电磁阀。

（3）检查垂直油缸（图 2—2—39c）是否有内泄、漏油现象。如果密封不严而出现泄漏，应更换密封件。

（4）检查安装在垂直油缸上的液控单向阀（图 2—2—39d）是否损坏。如果损坏，应维修或更换。

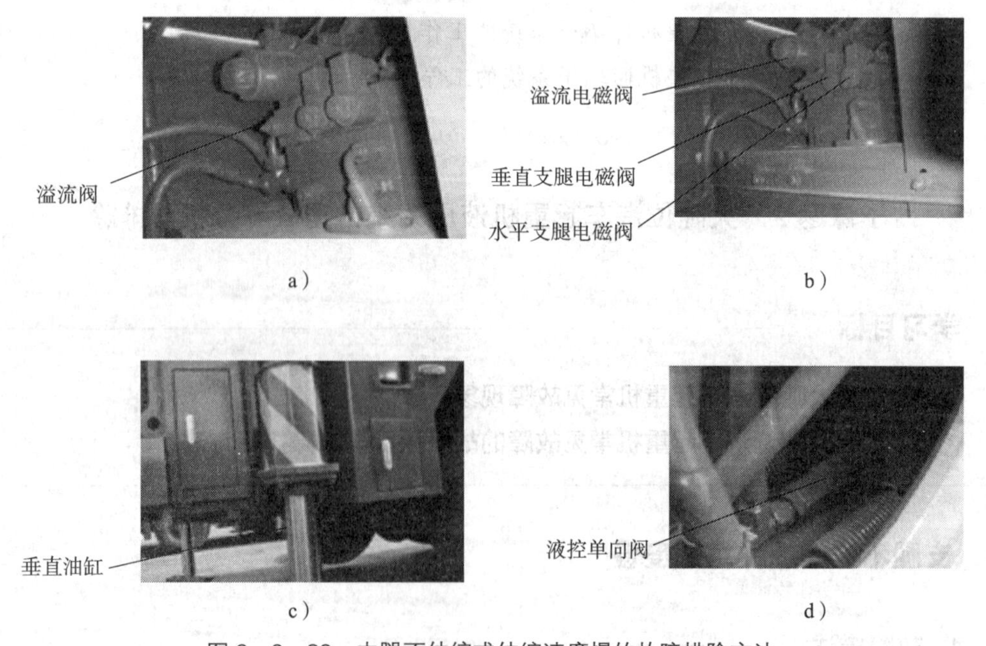

图 2—2—39　支腿不伸缩或伸缩速度慢的故障排除方法

二、支腿系统压力低

1. 故障描述

支腿系统压力达不到额定压力值。

2. 故障原因

（1）溢流阀设定压力较低。

（2）如果溢流阀压力经过调整后，系统压力仍然低，故障主要原因是油泵泄油量较大。

3. 故障排除方法

（1）拧动左右的溢流阀调压螺钉（图 2—2—40a）来重新调整水平方向和垂直方向支腿的压力，使压力值满足规定要求（压力参考值：水平压力 12 MPa，垂直压力 21 MPa）。

（2）如果系统压力仍然低，应检修或更换油泵（图 2—2—40b）。

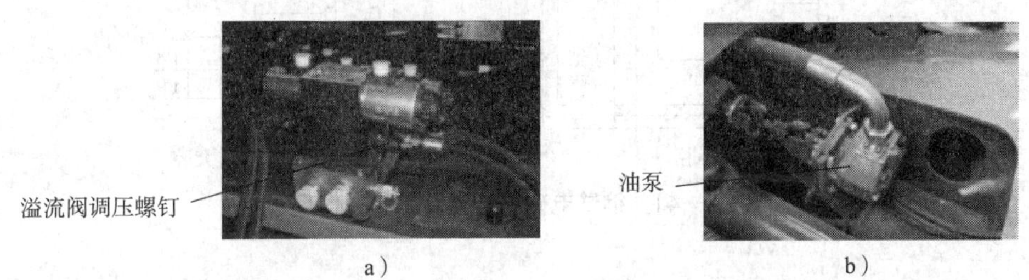

图 2—2—40　支腿系统压力低的故障排除方法

三、缩臂无动作但是无憋压

1. 故障描述

起重臂没有回缩动作，且伸缩液压子系统无压力。

2. 故障原因

根据缩臂液压子系统图 2—2—41 结合图 2—2—42 得知，缩臂时电磁阀 Y21、Y32、Y31、Y12a、Y12b1、Y36 应通电。其中，Y21 遥控模块控制主泵压力和流量；Y32、Y31 实现缩臂 24MPa 压力的建立，Y12a、Y12b1、Y36 实现缩臂的换向和油液合流。因此，缩臂时子系统无压力的可能原因如下：

（1）电磁阀 Y21、Y32、Y31 故障。

（2）缩臂溢流阀压力低或损坏。

3. 故障排除方法

（1）检查遥控模块 Y21（图 2—2—42a）是否通电。如果未通电，应检修电路，排除故障。

（2）检查压力电磁阀 Y32、Y31（图 2—2—42c）是否断电或卡滞。如果存在问题，应检修电路或维修电磁阀。

（3）检查多级溢流阀组的压力是否正常，如图 2—2—42c 所示。缩臂参考压力值为 24 MPa。如果压力不正确，应维修或更换 24 MPa 溢流阀。

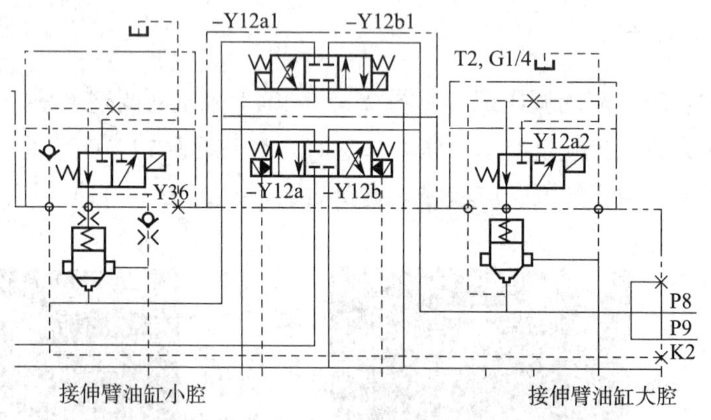

图 2—2—41　缩臂电磁阀位置及工作原理示意图

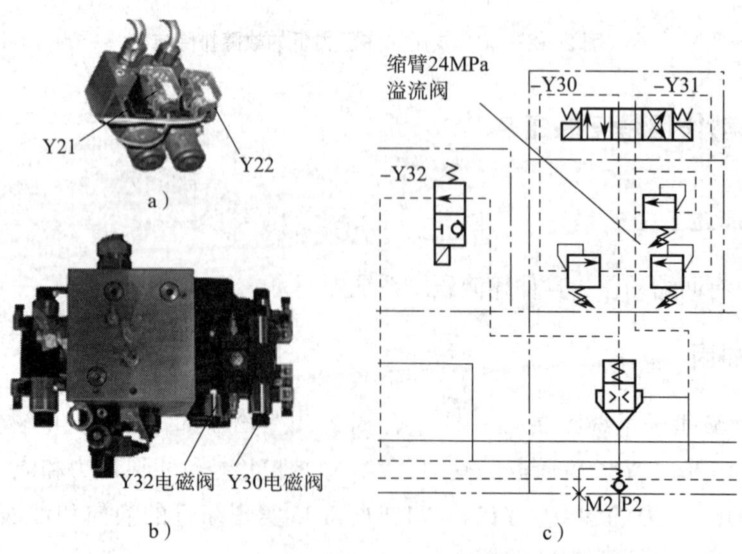

图 2—2—42　缩臂无动作且无憋压的故障排除方法

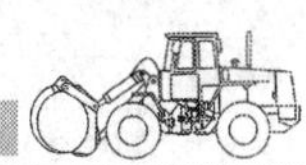

四、缩臂无动作且有憋压

1. 故障描述

缩臂无动作，但伸缩液压子系统有压力。

2. 故障原因

基于故障现象，应考虑与压力建立相关的液压阀以外的电磁阀和平衡阀。

（1）Y12a、Y12b1、Y36 电磁阀断电或损坏、卡滞。

（2）平衡阀故障。

3. 故障排除方法

（1）检查 Y12a（图 2—2—43a）、Y12b1、Y36 电磁阀是否断电或损坏、卡滞，检修电路、维修或更换电磁阀。

（2）检查平衡阀控制油口（图 2—2—43b）的压力是否过低或是否堵塞，调整或清理。

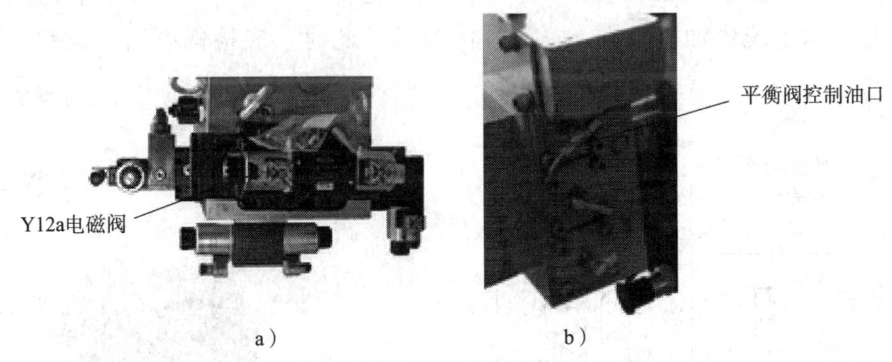

图 2—2—43　缩臂无动作且有憋压的故障排除方法

五、伸臂无动作且无憋压

1. 故障描述

伸臂无动作，且伸缩液压子系统无压力。

2. 故障原因

根据工作原理图（图 2—2—41）可知，伸臂时应是电磁阀 Y21、Y32、Y12b、Y12a1

通电（其中 Y21、Y32 参见图 2—2—42），同时 Y12a2 必须断电。其中，Y21 遥控模块控制主泵压力和流量；Y32 实现伸臂 13MPa 压力的建立，Y12a1、Y12b 实现缩臂的换向和油液合流，Y12a2 实现油液向变幅系统供油的切换。由于伸臂时无压力，故分析可能产生的原因如下：

（1）Y21 电磁阀断电、卡滞或损坏。

（2）Y32 电磁阀断电、卡滞或损坏。

（3）多级溢流阀组中的 13 MPa 的溢流阀卡滞或损坏。

（4）Y12a2 电磁阀通电。

3. 故障排除方法

（1）检查 Y21 电磁阀是否断电、卡滞或损坏。如果有问题，检修电路、维修或更换电磁阀。

（2）检查 Y32 电磁阀是否断电、卡滞或损坏。如果有问题，检修电路、维修或更换电磁阀。

（3）检查多级溢流阀组中的设定压力值为 13 MPa 的溢流阀（图 2—2—44a）是否卡滞或损坏。如果有问题，应维修或更换。

（4）检查电磁阀 Y12a2（图 2—2—44b）是否通电或卡滞。如果伸臂时 Y12a2 通电，油液将向变幅系统供油，如图 2—2—44c 所示。此时，应检修电路、维修或更换电磁阀。

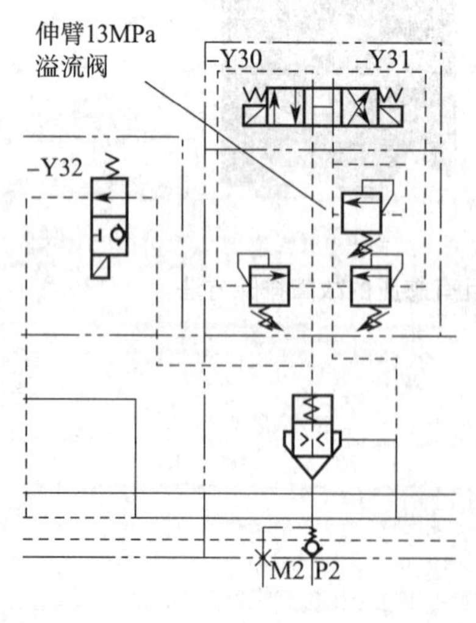

a）

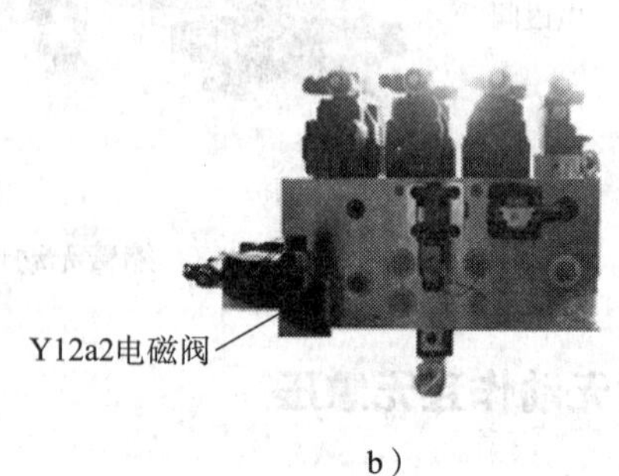

b）

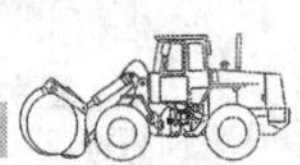

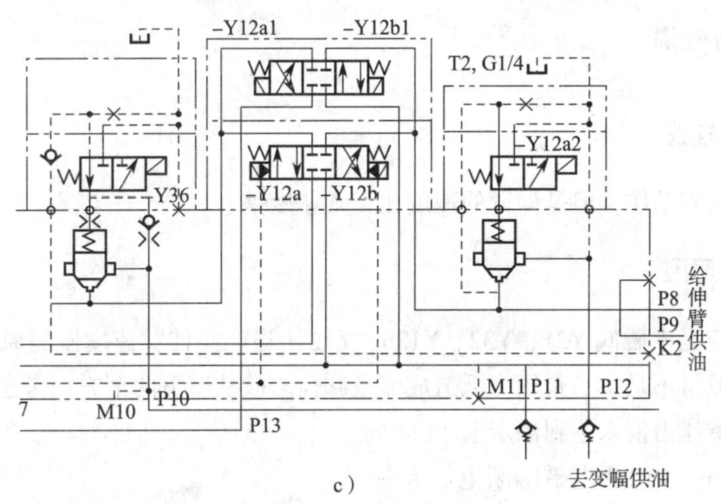

c）

图 2—2—44　伸臂无动作且无憋压的故障排除方法

六、伸臂无动作且有憋压

1. 故障描述

伸臂无动作，但伸臂系统有压力，缸销阀、臂销阀工作正常。

2. 故障原因

伸臂时，电磁阀 Y21、Y32、Y12b、Y12a1 应通电。由于伸臂时有压力，故应考虑以下原因：

（1）换向电磁阀 Y12b、Y12a1 不通电或卡滞，造成压力油无法进入伸缩油缸。

（2）压力没达到带臂伸出的规定压力值 13 MPa。

3. 故障排除方法

（1）检查电磁换向阀 Y12b、Y12a1 是否断电或卡滞。如果有问题，应检修电路、维修或更换电磁阀。

（2）在测压口（图 2—2—45）测量伸臂压力值是否为 13 MPa。如果达不到规定压力值，应检测溢流阀是否卡滞或损坏。如果溢流阀有问题，应维修或更换。

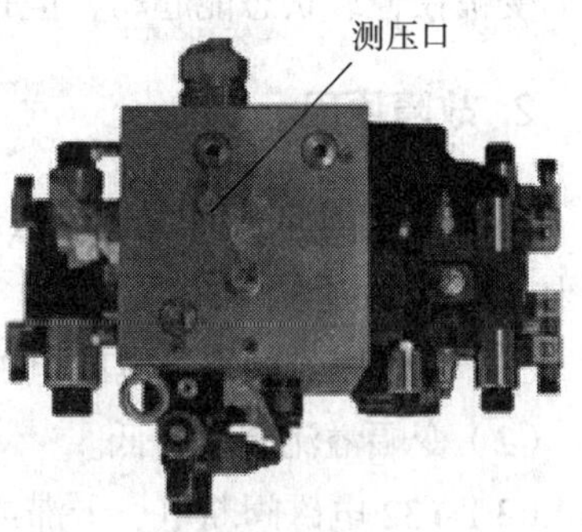

图 2—2—45　伸臂无动作且有憋压的故障排除方法

七、伸臂动作慢

1. 故障描述

虽然伸臂有动作，但是伸臂的速度比正常速度慢。

2. 故障原因

伸臂时应是电磁阀 Y21、Y32、Y12b、Y12a1 通电。伸臂速度慢的原因有两种：一是未合流造成流量不足；二是压力低造成流量卸荷。故从以下两个方面考虑：

（1）伸臂压力值未达到额定值 13 MPa。

（2）Y12b、Y12a1 电磁阀断电、卡滞或损坏。

3. 故障排除方法

（1）在测压口测量伸臂压力值。

（2）检查 Y12b、Y12a1（图 2—2—46）电磁阀是否断电、卡滞或损坏。如果有问题，应检修电路、维修或更换电磁阀。

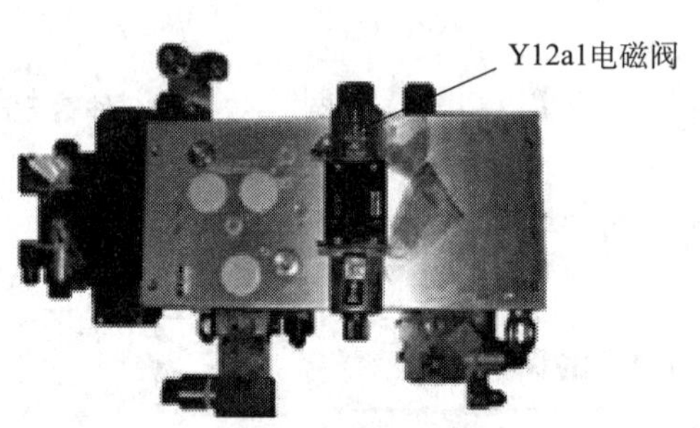

图 2—2—46　伸臂动作慢的故障排除方法

八、变幅起升无力

1. 故障描述

变幅在轻载状态能起动，但是在重载状态下无法吊起重物。

2. 故障原因

变幅轻载能起升而重载无法起升，说明电磁阀没有问题，问题出在变幅子系统的压力上。具体原因分析如下：

（1）Y30 电磁阀未通电或电磁阀卡滞。

（2）变幅溢流阀压力低。

（3）Y32 电磁阀断电、卡滞或损坏。

3. 故障排除方法

按如图 2—2—47 所示电路图进行检测，排查故障点，更换损坏的电气元件。

（1）在 M2 测压口测量变幅起升的最大压力，检查 Y30、Y31 的通电关系是否正确。变幅起升应是 Y30 通电。

（2）调整变幅溢流阀压力为 31.5 MPa。

（3）检查 Y32 电磁阀是否通电、卡滞或损坏。变幅起升时 Y32 电磁阀应通电接通，以建立压力。

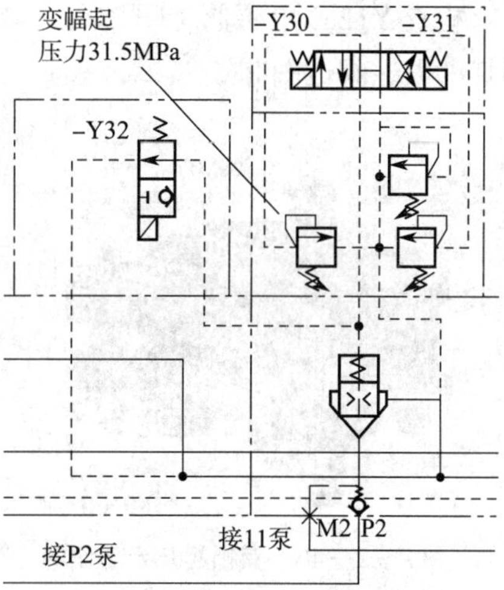

图 2—2—47　变幅起升无力的故障排除方法

九、变幅起升无动作

1. 故障描述

变幅起升无动作，且变幅子系统无压力。

2. 故障原因

由于变幅起升无动作且无压力，首先检查溢流阀，再检查泵的遥控模块电磁阀。

3. 故障排除方法

按如图 2—2—48 所示电路图及步骤进行检测，排查故障点，更换损坏的电气元件。

（1）检查 Y30 电磁阀是否通电，变幅起升时 Y30 应该通电。调整溢流阀压力为 31.5 MPa。

（2）检查遥控模块 Y21 是否通电。

十、变幅起升无动作且憋压

1. 故障描述

变幅起升无动作，但是系统有压力。

2. 故障原因

由于起升无动作且憋压，说明溢流阀和泵已经工作，需要检查换向电磁阀。

3. 故障排除方法

检查 Y12a2 电磁阀（图 2—2—49）是否通电或电磁阀阀芯卡滞。确定故障点，更换损坏的电磁阀或阀芯。

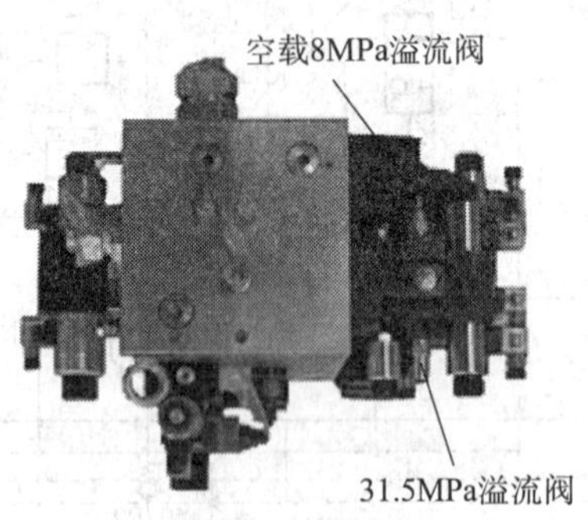

图 2—2—48　变幅起升无动作的故障排除方法

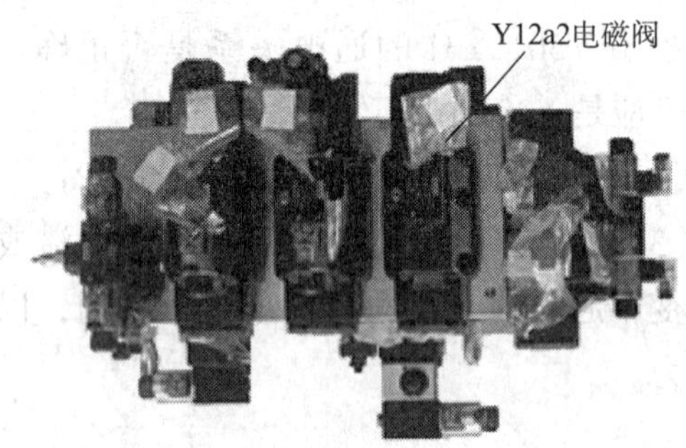

图 2—2—49　变幅起升无动作且憋压的故障排除方法

十一、变幅落无动作

1. 故障描述

操纵变幅下落，但是起重臂变幅无动作。

2. 故障原因

因为变幅机构是依靠起重臂自重进行下落的，所以与子系统压力无关。应考虑以下两项内容：

（1）变幅比例电磁阀断电、卡滞或损坏。

（2）变幅平衡阀上的控制口堵塞。

3. 故障排除方法

按如图 2—2—50 所示进行检测，排查故障点，更换损坏的电气元件。

（1）检查平衡阀上的 Y13b 电磁阀是否通电、卡滞或损坏，如有问题，应检修电路、维修或更换电磁阀。

（2）检查平衡阀上的控制口是否堵塞，如果堵塞，应清除异物。

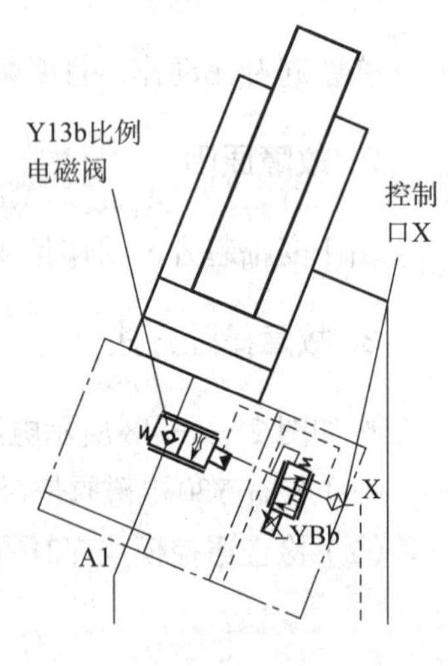

a）

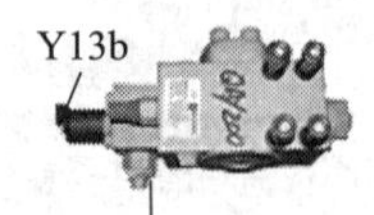

平衡阀控制口，内有阻尼

b）

图 2—2—50　变幅落无动作的故障排除方法

十二、卷扬单绳最大吊重时无法起吊

1. 故障描述

卷扬单绳轻载时起吊正常，但是负重达到最大单绳吊重时卷扬无法起吊。

2. 故障原因

吊重轻载时正常，说明卷扬起升动作基本正常，只是起升子系统的压力有问题。

（1）P1 泵主溢流阀压力调定过低。

（2）主卷扬马达溢流阀压力调定过低。

（3）主卷扬马达压力切断阀压力调定过高。

3. 故障排除方法

按如图 2—2—51 所示进行检测，排查故障点，调整压力或更换损坏的电气元件。

（1）将 40 MPa 压力表接在 M1 测压口处，操作卷扬起手柄，使 Y18b 电磁阀通电，观察压力表的值，调节 P1 溢流阀至压力 32 MPa 左右，如图 2—2—51a 所示。

（2）将主卷扬的制动器油管堵住，检测压力是否达到 32 MPa，如图 2—2—51b 所示。如果压力过低，应进行调整。

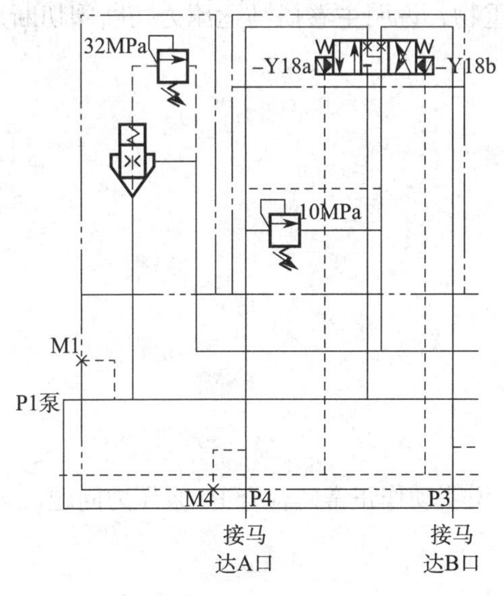

a）

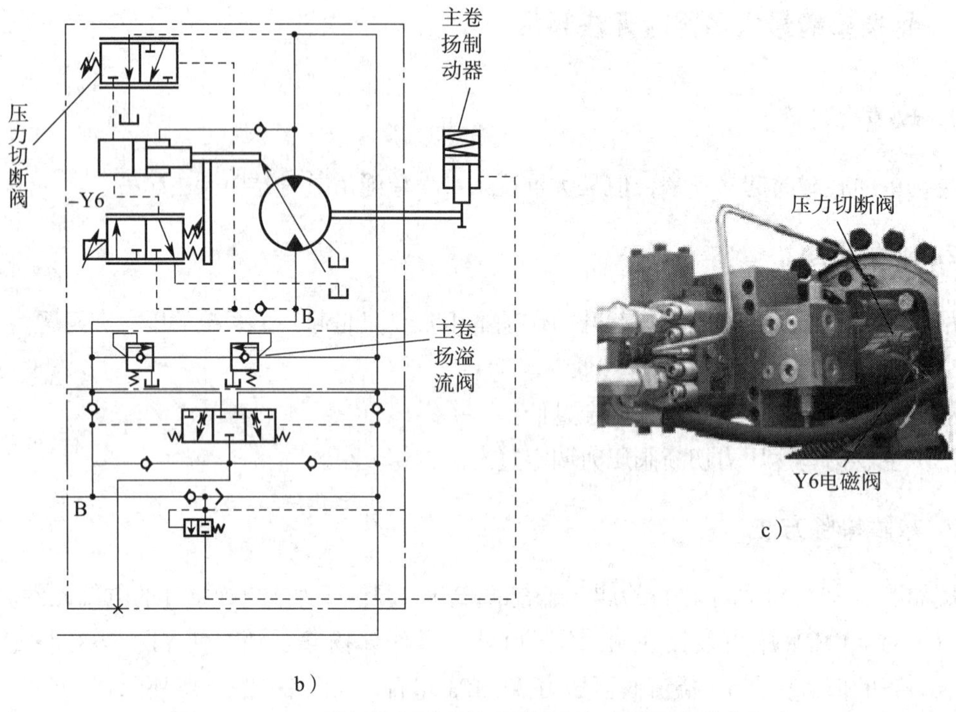

b）

c）

图 2—2—51　卷扬单绳最大吊重时吊不起来的故障排除方法

（3）如果上述两项压力均正常，此时将主卷扬马达上的变量电磁阀 Y6（图 2—2—51c）的插头拔掉，观察是否能提起重物，能提起重物，说明主卷扬马达压力切断阀切断压力调整过高，应调节压力切断阀的压力。

十三、卷扬工作压力低

1. 故障描述

卷扬单泵工作正常，双泵工作压力低。

2. 故障原因

吊重单泵工作时正常，双泵合流压力低，说明动作正常，检查 P2 泵压力问题。

3. 故障排除方法

将 40 MPa 压力表接在 M2 测压口处，把 Y13a 电磁阀阀头拆掉，如图 2—2—52 所示；操作变幅起手柄观察压力表的值，调节变幅溢流阀至压力 32 MPa 左右。

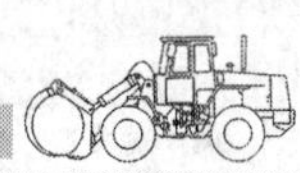

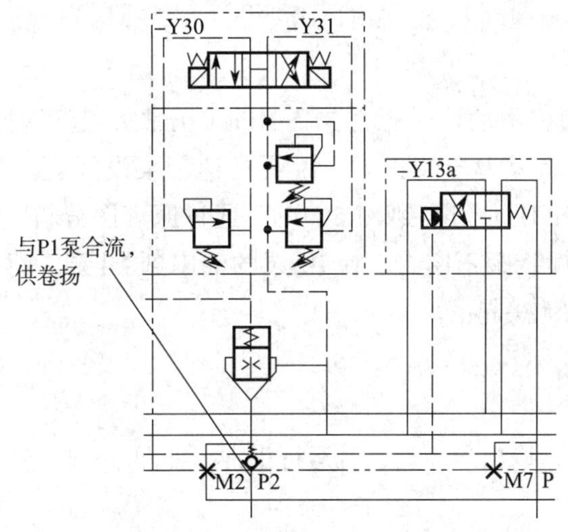

图 2—2—52　卷扬工作压力低的故障排除方法

十四、卷扬制动器关闭慢

1. 故障描述

卷扬工作中扳动停止手柄时，制动器关闭慢。

2. 故障原因

卷扬制动器的控制是通过马达上减压阀将主油路的压力减小后作用在制动器上的，出现故障的原因是制动器油路与回油路不畅通。

3. 故障排除方法

将减压阀阀芯前部增加合适的垫片，使回油路畅通，如图 2—2—53 所示。

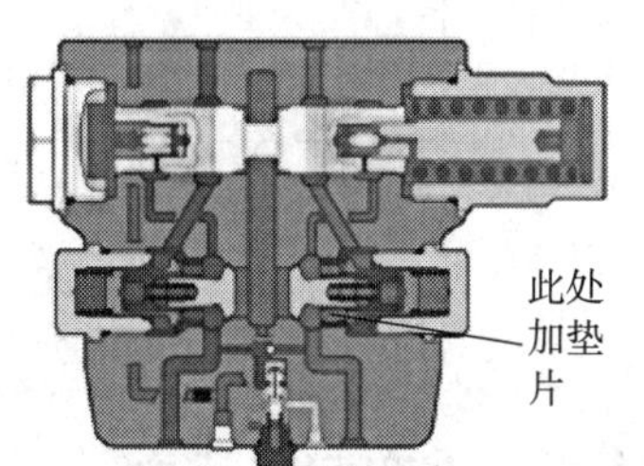

图 2—2—53　卷扬制动器关闭慢的故障排除方法

十五、副卷扬单泵工作慢且无法起吊重物

1. 故障描述

副卷扬单泵工作慢，无法起吊重物，但是合流正常。

2. 故障原因

单泵测 M1 口压力，不动作时压力 31.5 MPa（正常），起吊时压力只有 8 MPa 左右，在阀后测量情况一样。因为合流正常，说明马达、泵没问题。单泵工作时 P2 泵只有 8 MPa 压力，合流后 P2 压力切换到 31.5 MPa。通过原理图分析，单泵工作时如果 Y23b 电磁阀常开，会造成插装阀不密封，使 P1 泵的油串到 P2 泵，而此时 P2 泵的压力只有 8 MPa 左右，所以重物无法起吊。

3. 故障排除方法

将 Y23b 拆下清洗，取出卡滞物，试运行正常，如图 2—2—54 所示。

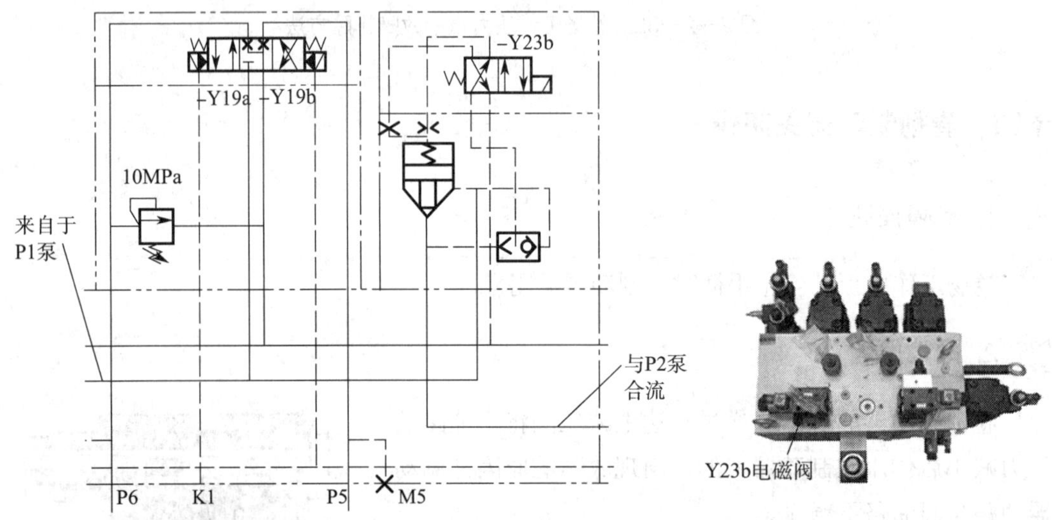

图 2—2—54　副卷扬单泵工作慢且无法起吊重物的故障排除方法

十六、上车回转无力

1. 故障描述

上车回转无力。

2. 故障原因

当 Y14 电磁阀通电时，回转马达 A、B 口连通，呈浮动状态，此时操作回转机构转动，转动无力。

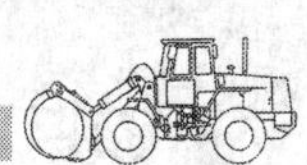

3. 故障排除方法

检查 Y14 电磁阀（图 2—2—55）是否通电，检查电磁阀阀芯是否卡滞或损坏。如果有问题，应检修电路、清洗或维修电磁阀。

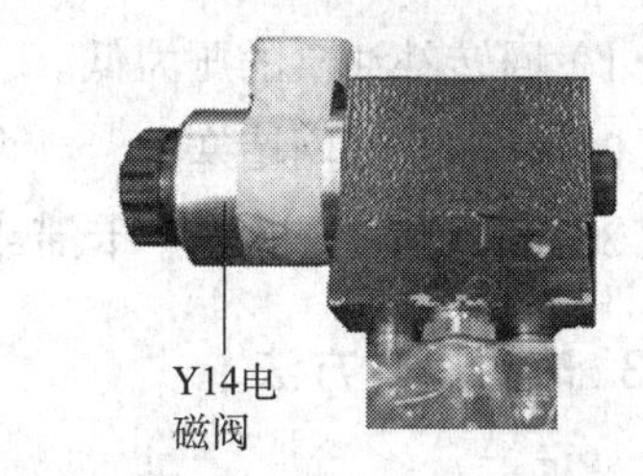

图 2—2—55　回转无力的故障排除方法

十七、上车无法回转，且不憋压

1. 故障描述

上车回转时无动作，但是不憋压。

2. 故障原因

（1）Y16a、Y16b 电磁阀工作不正常。

（2）回转泵、回转马达本身泄漏。

3. 故障排除方法

（1）用万用表测量 Y16a、Y16b 电磁阀（图 2—2—56）接头是否有电流，若断电，应检修电路；用万用表测量线圈是否烧坏。如果线圈烧坏，应更换线圈，或更换电磁阀。

（2）如果电磁阀正常，可用扳手分别拆开回转泵、回转马达泄油口；操纵回转手柄，观察泵、马达是否泄油。如果存在泄漏，应更换泄漏的回转泵或回转马达。

图 2—2—56　回转转不动（不憋压）的故障排除方法

十八、上车无法回转且憋压

1. 故障描述

上车回转时无动作，并且憋压。

2. 故障原因

回转憋压说明泵工作正常，回转制动器没有打开。可能的故障原因：

（1）回转补油泵的压力低。

（2）补油泵滤网堵塞。

（3）Y15 电磁阀断电、卡滞或损坏。

3. 故障排除方法

（1）因为回转制动器的压力油使用的是补油泵的油，因此测量回转制动器的压力就是测补油泵的压力值，补油泵压力应为 3.5 MPa。如果压力低，应清洗、调整补油泵溢流阀或是更换补油泵。

（2）检查补油泵滤油器滤网。如果堵塞，应清洗或更换滤网。

（3）用万用表测量回转制动阀的 Y15 电磁阀接头（图 2—2—57），检查是否通电；用万用表测量线圈是否烧坏，如烧坏，应更换线圈；检查电磁阀阀芯是否卡滞，如果卡滞，应清洗电磁阀阀芯。

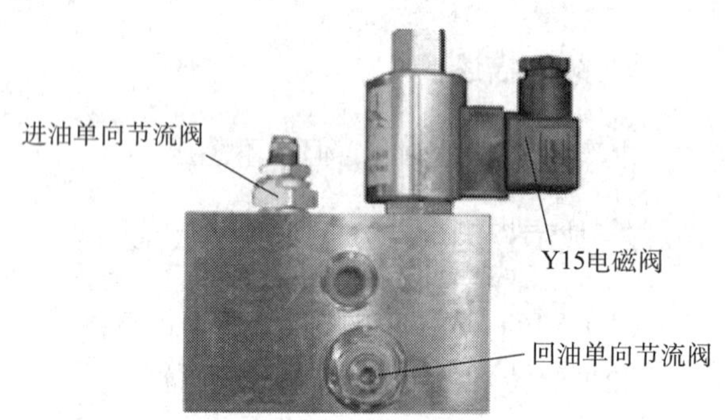

图 2—2—57　回转转不动且憋压的故障排除方法

十九、满配重无法起吊

1. 故障描述

空动作或轻载配重时正常，满配重时无法起吊。

2. 故障原因

空动作或轻载配重时正常，说明管路没问题。故障原因主要是 38 泵主溢流阀的设定压力不正常。

3. 故障排除方法

将 40 MPa 压力表接到辅助阀的测压接头，操纵配重起吊的开关，观察压力表的压力值，用合适的扳手调节 38 泵主溢流阀至 20 MPa 左右，如图 2—2—58 所示。

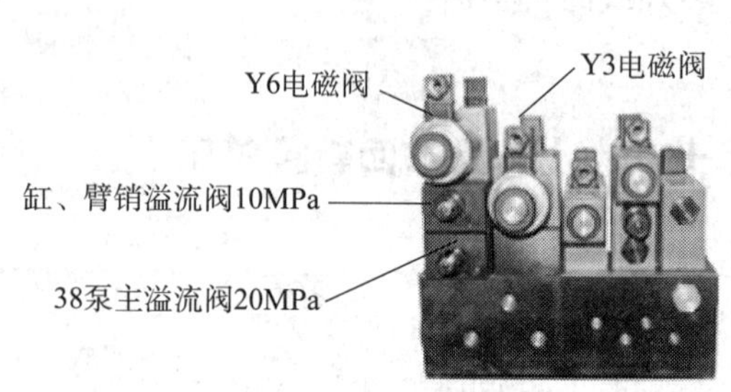

图 2—2—58　满配重无法起吊的故障排除方法

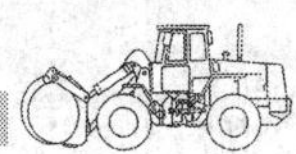

二十、操纵室无法翻转

1. 故障描述

操纵操纵室向上翻转时，无法翻转。

2. 故障原因

11 泵主溢流阀 F4 的设定压力低。

3. 故障排除方法

将 40 MPa 压力表接到辅助阀的测压接头，操纵操纵室翻转开关，观察压力表的压力值，用合适的扳手调节 11 泵主溢流阀 F4 的压力至 18 MPa 左右，如图 2—2—59 所示。

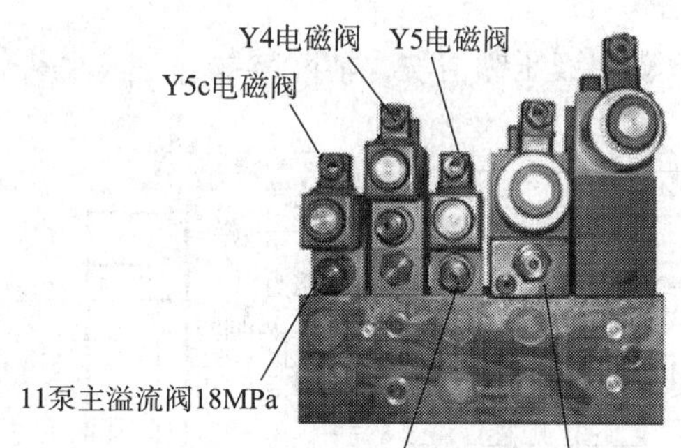

图 2—2—59　操纵室翻转起不来的故障排除方法

二十一、操纵室翻转状态下自动下落

1. 故障描述

操纵室不能保持翻转状态而自动下落。

2. 故障原因

（1）操纵室油缸平衡阀（限速锁）卡滞。
（2）开启压力调节不到位。

3. 故障排除方法

（1）使用合适的扳手将操纵室油缸平衡阀上用于开启压力的调节螺杆往里调节，如

图 2—2—60 所示。

（2）拆开平衡阀清洗。

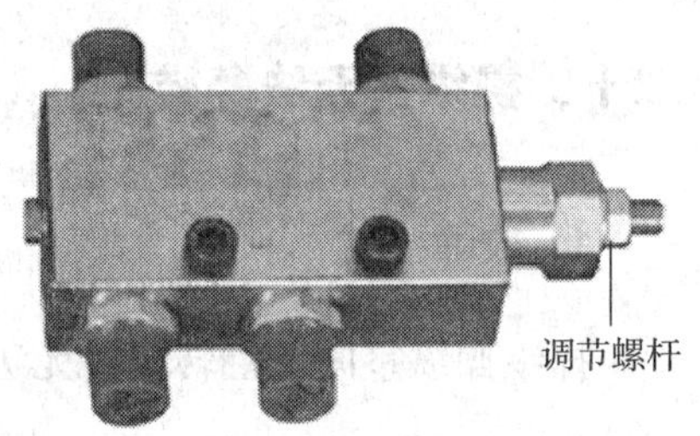

图 2—2—60 操纵室翻转状态下自动下落的故障排除方法

二十二、转台锁止销不保持锁止

1. 故障描述

转台锁止销不保持锁止状态，锁止销自动下落。

2. 故障原因

辅助阀处转台锁止销的双向液压锁有异物而造成卡滞。

3. 故障排除方法

如图 2—2—61 所示，拆下双向液压锁清洗，清除异物。

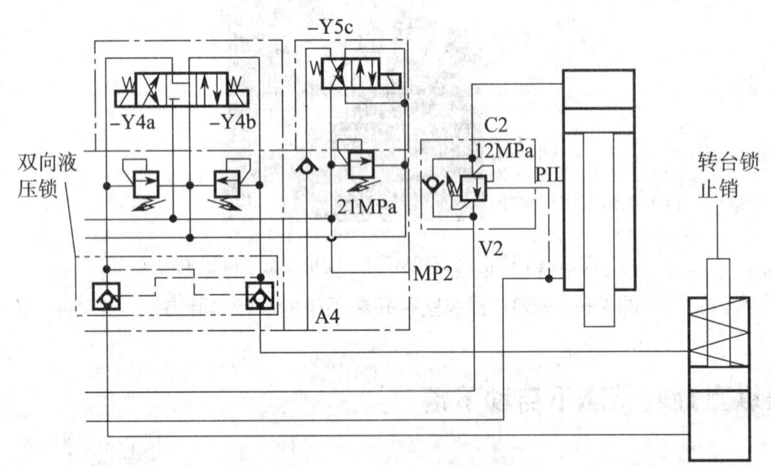

图 2—2—61 转台锁止销不保持锁止的故障排除方法

二十三、缸销、臂销无法拔出

1. 故障描述

缸销、臂销无法拔出。

2. 故障原因

臂销的拔出和插入由辅助阀上的 Y6a 电磁阀和伸缩控制阀上的 Y10 电磁阀控制。而

缸销的拔出和插入由辅助阀上的 Y6a 电磁阀、伸缩控制阀上的 Y10 电磁阀、伸缩油缸上的 Y11 电磁阀控制。伸缩控制阀上有一个 9 MPa 减压阀、两个 10 MPa 溢流阀和一个旋阀。

（1）臂销无法拔出的故障原因

1）伸缩控制阀 Y10 上的减压阀、溢流阀和辅助阀的设定压力不正常。

2）伸缩控制阀 Y10 上的减压阀卡死，造成 Y10 无压力。

（2）缸销无法拔出的故障原因

1）与臂销相同的设定压力故障原因。

2）伸臂内伸缩油缸上的 Y11 电磁阀卡死。

3. 故障排除方法

1）应首先检测伸缩控制阀的压力，压力值为 9 ~ 10 MPa。当压力值小于正常值时，应检查减压阀和溢流阀（包括辅助阀上的 10 MPa 溢流阀）是否正确设定。如果压力不正常，调整压力达到规定值，如图 2—2—62a 所示。

2）伸缩控制阀没有压力时，应检查减压阀是否卡死。如果卡死，应维修或更换减压阀。

3）如果缸销无法拔出，还应检查伸臂内伸缩油缸上的 Y11 电磁阀（图 2—2—62b）是否卡死。如果卡死，应维修或更换 Y11 电磁阀。

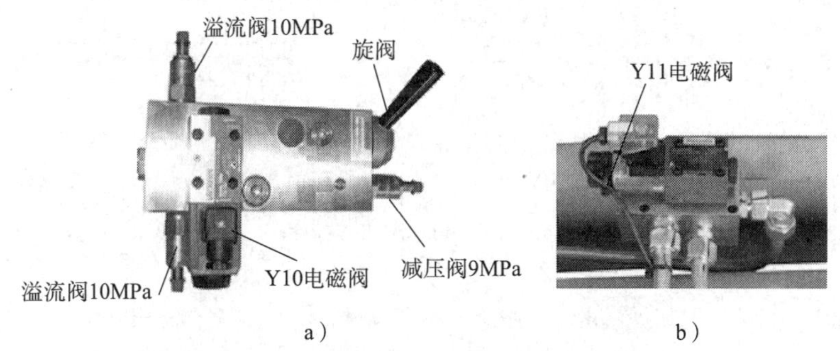

图 2—2—62　缸臂销无法拔出的故障排除方法

复习思考题

1. 简述支腿不伸缩或伸缩速度慢的故障原因与排除方法。
2. 简述支腿系统压力低的故障原因与排除方法。
3. 简述缩臂无动作，但是无憋压的故障原因与排除方法。
4. 简述伸臂无动作，且无憋压的故障原因与排除方法。
5. 简述伸臂无动作，且有憋压的故障原因与排除方法。
6. 简述伸臂动作慢的故障原因与排除方法。

7. 简述变幅起升无力的故障原因与排除方法。
8. 简述变幅起无动作的故障原因与排除方法。
9. 简述变幅落无动作的故障原因与排除方法。
10. 简述卷扬工作压力低的故障原因与排除方法。
11. 简述卷扬制动器关闭慢的故障原因与排除方法。
12. 简述上车回转无力的故障原因与排除方法。
13. 简述上车无法回转且憋压的故障原因与排除方法。
14. 简述满配重无法起吊的故障原因与排除方法。
15. 简述操纵室翻转状态下自动下落的故障原因与排除方法。

模块三 汽车起重机电气系统维修

电气系统是汽车起重机控制的中枢和神经系统，其工作性能直接影响汽车起重机作业的可靠性和安全性。本模块介绍汽车起重机的电气元件及电气系统、汽车起重机电气系统常见故障原因与排除方法，使学习者实现熟练掌握工程机械电气系统故障排除的目标。

课题 1　中、小吨位汽车起重机电气系统维修

子课题 1　中、小吨位汽车起重机电气系统认知

学习目标

1. 了解中、小吨位汽车起重机电气系统组成。
2. 熟悉中、小吨位汽车起重机电气元件的分类、结构及功用。
3. 掌握中、小吨位汽车起重机电气符号及工作原理。

一、中、小吨位汽车起重机电气系统组成

1. 驾驶室电器

驾驶室电器是驾驶员与车辆本身、外界沟通的桥梁，驾驶员通过各仪表、指示器获得车辆的运行状况，并通过各种开关、踏板完成对车辆的操作。汽车起重机底盘驾驶室电器主要由仪表、操纵开关、电子油门踏板、仪表盘线束、熔丝、断路保护器、继电器以及音响、空调、刮水器电动机等电气元件组成，如图 3—1—1 所示。

仪表包括发动机转速表、发动机水温表、发动机机油压力表、车速里程表、燃油表、电压表、双针气压表等。操纵开关包括起动开关、灯光开关、取力开关、熄火开关、诊断开关等。

2. 底盘线束

底盘线束是汽车起重机底盘的神经，各种电气元件通过其实现对底盘的控制、操纵等动作，是一个非常重要的电气部件。底盘线束由大梁线束、发动机线束、ABS 线束、电刷总成等部分组成。

3. 操纵室电器

操纵室电器如图 3—1—2 所示。

4. 转台电器

转台电器主要通过转台线束将控制板与转台上的灯、电磁阀、开关等连接起来，并与回转电刷连接，给上、下车传递信号。

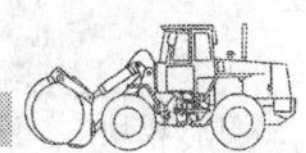

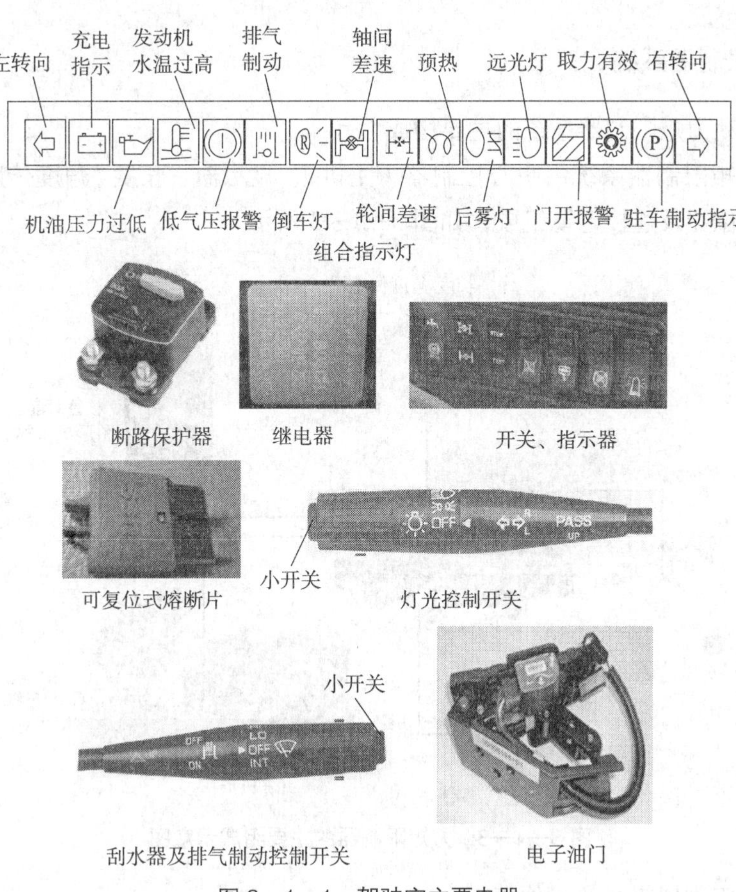

图 3—1—1　驾驶室主要电器

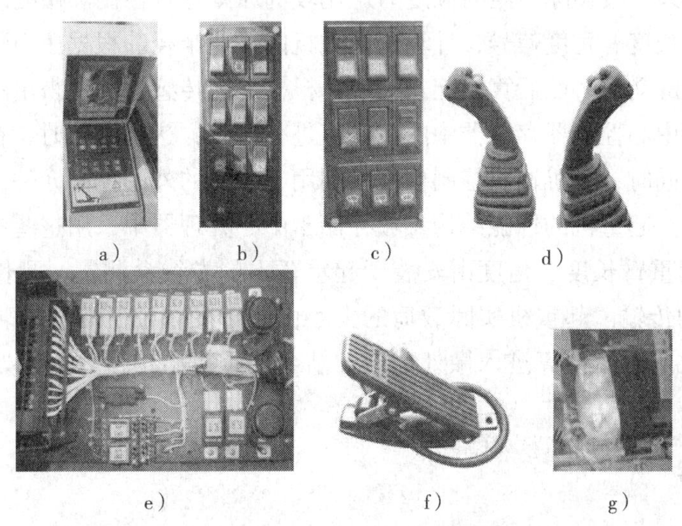

图 3—1—2　操纵室电器

a）仪表箱　b）左控制器　c）右控制器　d）左、右操纵手柄　e）控制板　f）脚踏开关　g）工作灯

5. 力矩限制器系统

（1）全自动力矩限制器系统的主要构成

全自动力矩限制器系统由中心控制器（主机）、显示器、长度/角度传感器、压力传感器、高度限位器及连接电缆组成，如图 3—1—3 所示。

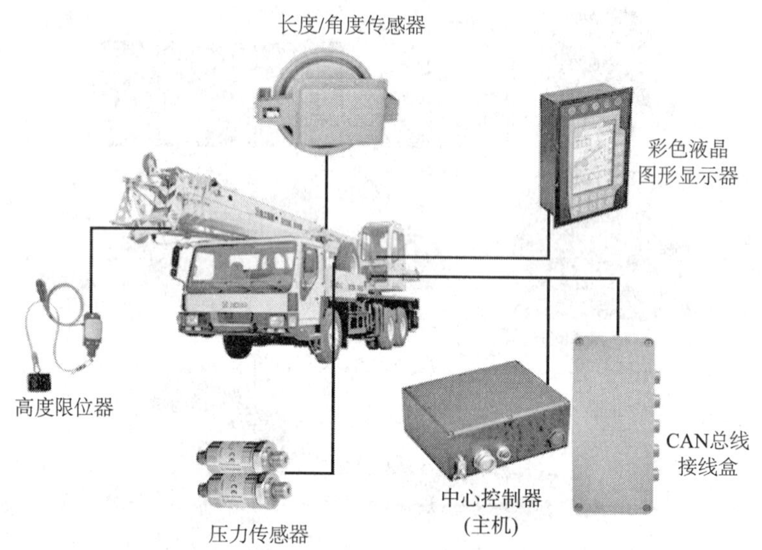

图 3—1—3　力矩限制器的主要组成示意图

（2）力矩限制器系统的工作原理

力矩限制器系统按实际力矩与额定力矩比较的原则进行控制。微处理器根据各传感器输入的起重臂长度、角度信号，计算出起重机的作业半径。根据压力传感器输入的信号计算出变幅缸的受力，然后算出起重力矩。根据压力传感器测量得出的实际值在微处理器中与存储在中心控制器存储器中的额定值进行比较，达到极限时，在显示器上发出过载报警信号。同时，主机输出控制信号，利用起重机的外围控制元件，使起重机的危险动作自动停止。起重机的性能结构参数存储于中心处理器中，用这些参数来计算操作状况的数据。起重臂长度、角度由安装于起重臂上的卷线盒测量，测长线同时用于高度限位器信号的传输。起重机实际载荷的大小由装于变幅油缸有杆腔、无杆腔上的压力传感器测量之后，经换算进入微处理器，结合起重机结构参数由微处理器经复杂计算得出。

6. 照明系统

照明系统指安装在起重机上的各种灯具，主要用于照明、示廓、发送信号等，前部照明灯具包括前照灯、前转向灯、前行车灯、前示廓灯、前雾灯，后部灯具包括示廓灯、

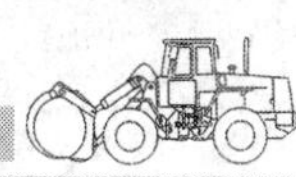

后雾灯、后转向灯、后行车灯、制动车灯、倒车灯、牌照灯、工作灯、臂头灯等，车身部分安装侧标志灯，如图 3—1—4 ~ 图 3—1—7 所示。

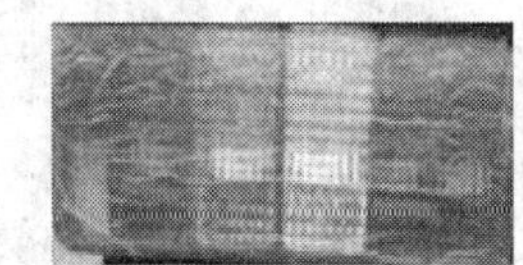

图 3—1—4　后组合信号灯

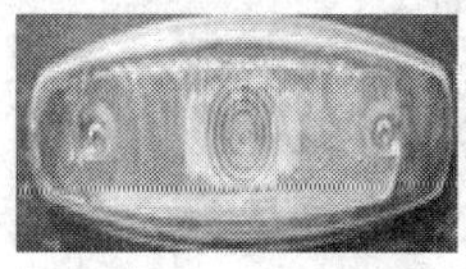

图 3—1—5　侧标志灯

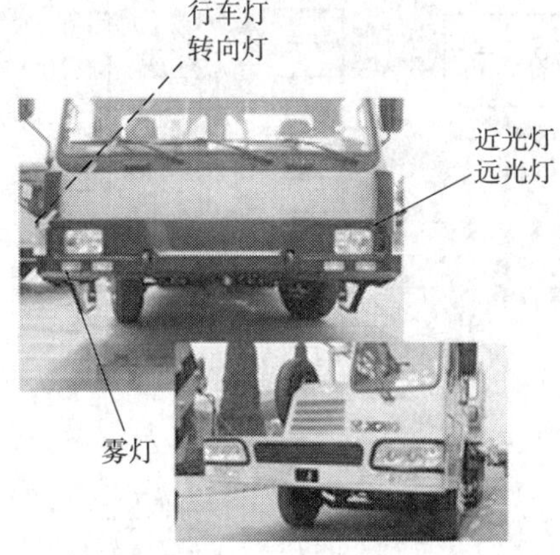

图 3—1—6　车头灯光示意图

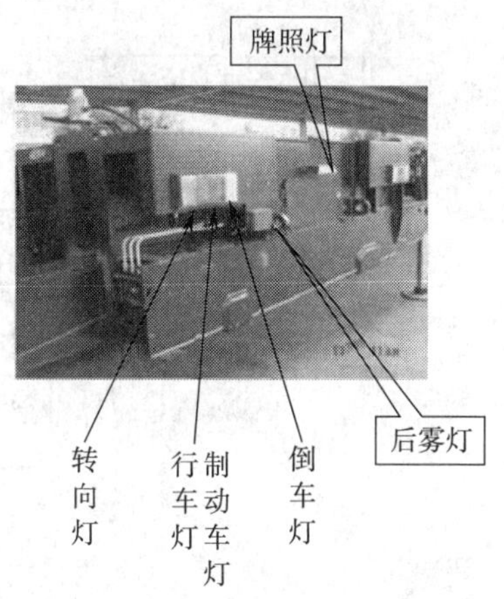

图 3—1—7　车尾灯光示意图

7. 电源系统

汽车起重机供电系统为直流 24 V 单线制电源，负极搭铁，系统采用两只 12 V 蓄电池串联和一只发电机供整车用电。汽车起重机起动时由蓄电池提供电能，当发动机运行后，由发电机发出的 28（1 ± 0.3%）V 直流电源提供车辆电能，并同时给蓄电池充电，如图 3—1—8 ~ 图 3—1—11 所示。

上车电源由下车提供，当下车挂上取力器之后，由下车经过中心回转体第一个通道、14 芯插座的第一个端口给上车供电。

a）

b）

图 3—1—8　蓄电池及交流接触器

a）蓄电池　b）交流接触器

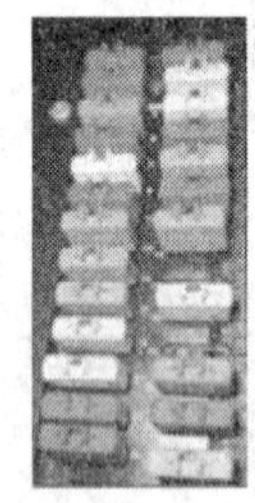

图 3—1—9　副驾驶前面的电源熔断器

图 3—1—10　中心回转体电刷及其插座

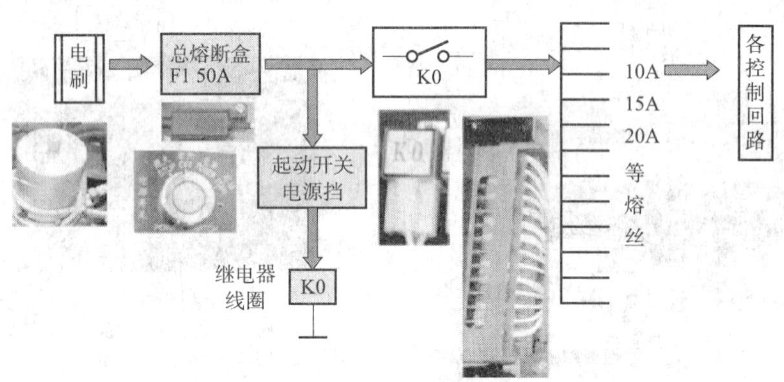

图 3—1—11　电源分布及熔断器

8. 发动机控制系统

小吨位汽车起重机只有一个发动机。发动机的控制都是将一些信号传递给发动机控制器，通过控制器实现对发动机的控制，如图 3—1—12 所示。

在驾驶室里可以完成发动机起动、熄火及油门的操作。挂上取力器之后，在操纵室里可以进行起动、熄火及油门的操作；在支腿操纵手柄旁可以进行支腿油门操作。上车发动机控制信号都是经过中心回转体电刷传递给下车。

a）

b）

图 3—1—12　发动机控制系统

a）发动机　b）控制器

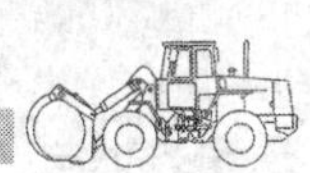

二、中、小吨位汽车起重机常用电气元件

1. 预热起动开关

预热起动开关的外形、底部接线端子、挡位示意及电路符号如图 3—1—13 所示。其文字代号为 S。它控制电源的接通、断开，用于起动、关闭汽车起重机的发动机，以及接通、断开预热器。常用的 JK406C 型预热起动开关通断表见表 3—1—1。

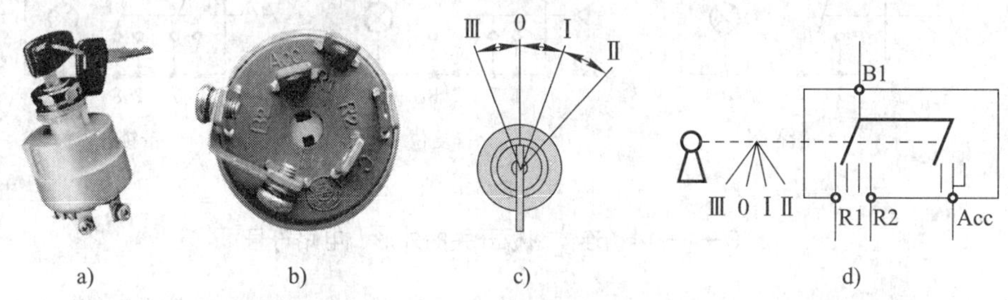

图 3—1—13　预热起动开关外形图及底部接线端子
a）外形　b）底部接线端子　c）挡位示意　d）电路符号

表 3—1—1　　　JK406C 型预热起动开关的通断表

挡位	接线柱						备注
	B1	B2	Acc	R1	R2	C	
预热或熄火（Ⅲ）	●	●		●			短时工作，可自动复位
空挡（0）	●	●					钥匙可自由插进、拔出
接通电源（Ⅰ）	●	●	●				
起动（Ⅱ）	●	●	●		●	○	短时工作，可自动复位 再次起动时必须回到 0 位

2. 面板安装式翘板开关

面板安装式翘板开关的外形、电路符号如图 3—1—14 所示。它的文字代号为 S。面板安装式翘板开关实现对各种汽车电器的功能控制，如各种车灯、仪表、电磁阀及传感器的通断等。常用的面板安装式翘板开关有 JK931 型、JK932 型。

面板安装式翘板开关按挡位数，可分为两挡、三挡两种；按指示灯，有带指示灯和不带指示灯两种；按操作方式，有揿动、揿动带自动复位、揿动带锁扣（须先拨开锁扣后才能揿动，可防止误揿动）三种；按标准电压及额定电流，有 DC12V（16 A）、DC24V（8 A）两种。

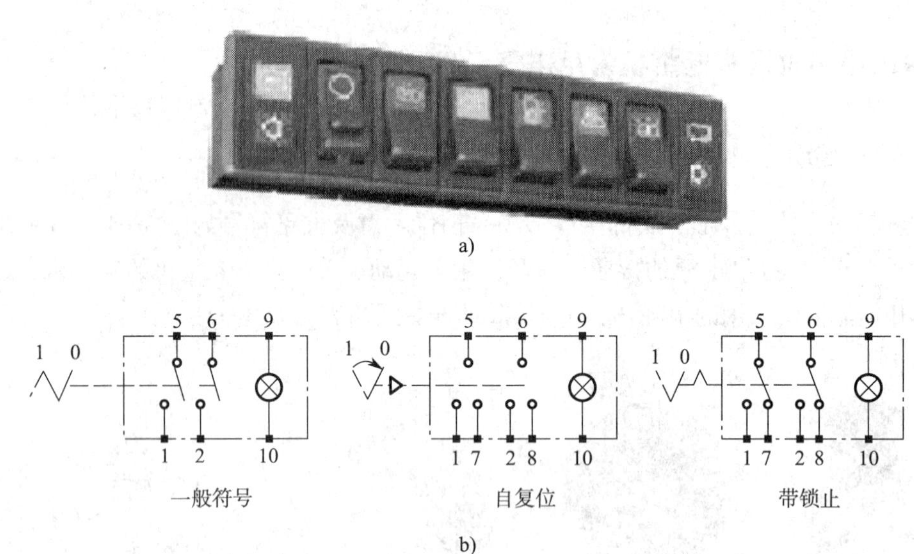

图 3—1—14　连体翘板开关的外形、电路符号

3. 熔断器

熔断器是一种安装在电路中，保证电路安全运行的电气元件。熔断器的外形、电路符号如图 3—1—15 所示。其文字代号为 F。当电路及电器发生故障或异常，为了防止因电流的升高可能烧毁线路及电器，电路中的熔丝就会在电流异常升高到一定程度时，自身熔断切断电流，从而保护电路及电器。

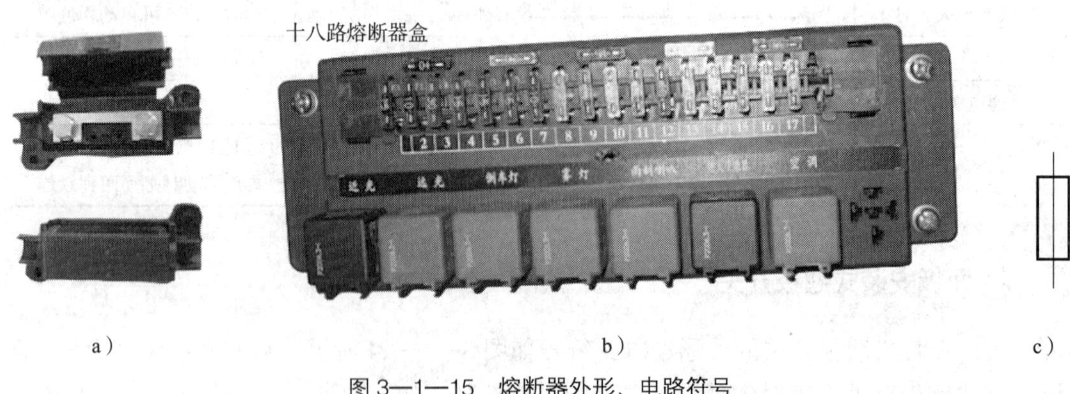

图 3—1—15　熔断器外形、电路符号

a）熔断器　b）熔断器盒　c）电路符号

更换熔断器时一定要关闭点火开关。新换熔丝应与原配熔断器规格一致，不能任意加大熔断器的电流等级，更不能用其他导电物代替。如果换上去的熔断器马上又烧断了，说明电路已发生故障，应排除故障后再装上熔断器，千万不能用加大熔断器规格来处理，否则可能扩大故障范围及引起火灾。

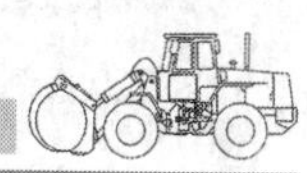

4. 继电器

继电器的外形、电路符号如图 3—1—16 所示。其文字代号为 K。继电器一方面可以扩大控制范围，如多触点继电器控制信号达到某一定值时，可以通过触点组的不同形式，同时换接、开断、接通多路电路；另一方面可以起放大作用，如用一个微小的控制量控制大功率的电路。例如，JQ201S—PLO 型继电器在汽车起重机中用于切换负载，功率大，抗冲、抗振性高。

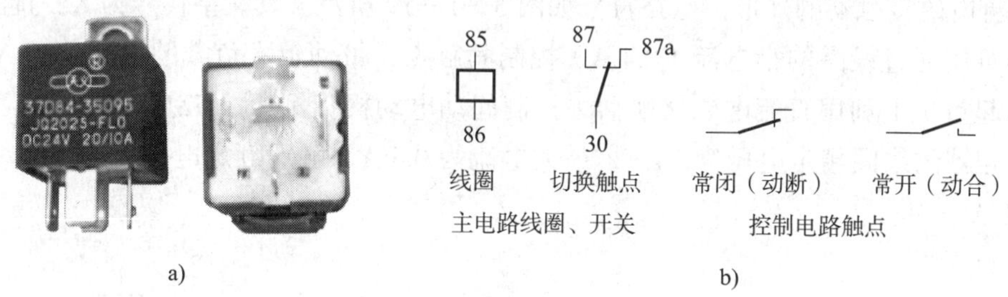

图 3—1—16　继电器的外形、电路符号

a）外形　b）线圈、开关和触点

电磁式继电器一般由铁芯、线圈、衔铁、触点簧片等组成。电磁继电器的工作原理如图 3—1—17 所示。只要在线圈两端加上一定的电压，线圈中就会流过一定的电流，从而产生电磁效应，衔铁就会在电磁力吸引的作用下克服复位弹簧的拉力吸向铁芯，从而带动常开触点吸合，常闭触点断开。当线圈断电后，电磁吸力也随之消失，衔铁就会在复位弹簧弹力作用下返回原来的位置，使常开触点断开，常闭触点吸合。衔铁的吸合、释放，实现了导通、切断电路的目的。继电器的常开、常闭触点的区分：在继电器线圈未通电时，处于断开状态的动、静触点称为常开触点，处于接通状态的动、静触点称为常闭触点。

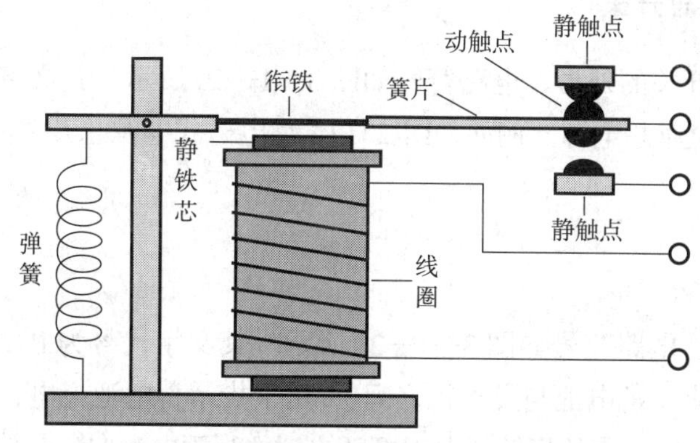

图 3—1—17　继电器结构示意与工作原理图

5. 闪光继电器

闪光继电器的外形、电路符号如图 3—1—18 所示。其文字代号为 K。闪光继电器以一定的频率（如 85 次 /min）接通与断开电路，控制转向灯的明暗。例如，SG 系列闪光继电器的电压为 24 V，功率为 60 W/130 W，频闪次数为 85 次 /min。

6. 直流电磁接触器

直流电磁接触器的外形、电路符号如图 3—1—19 所示。其文字代号为 K。直流电磁接触器可用通过线圈的小电流（0.4 A）控制其触点，带动较大负载的电流（50 A），如在汽车起重机上利用直流电磁接触器去控制起动电动机。例如，MZJ—50 A/006 型直流电磁接触器的线圈额定电压为 24 V，最大电流为 0.4 A，触点额定电压为 48 V，负载电流为 50 A。

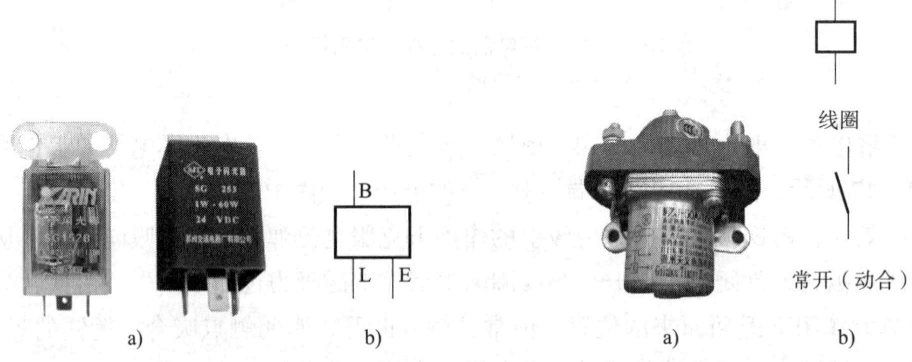

图 3—1—18　闪光继电器的外形、电路符号
a）外形　b）电路符号

图 3—1—19　直流电磁接触器的外形、电路符号
a）外形　b）电路符号

7. 电磁式电源总开关

电磁式电源总开关的外形、电路符号如图 3—1—20 所示。其文字代号为 K。它用于控制汽车起重机的全车总电源。例如，DK2312A 型电磁式电源总开关的额定电压为 24 V，额定电流为 300 A。

8. 电流表

电流表的外形、电路符号如图 3—1—21 所示。其文字代号为 P。电流表串联在汽车起重机的充电电路中（蓄电池与发电机之间），用于指示蓄电池充电、放电状态。当发电机向蓄电池充电时，电流表的指针指向正极区（+）；当蓄电池向负载放电量大于发电机的充电量时，电流表的指针指向负极区（–）。例如，DL922B 型电流表的额定电流为 30 A。

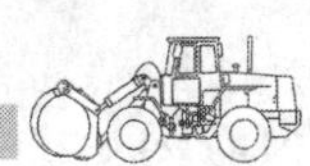

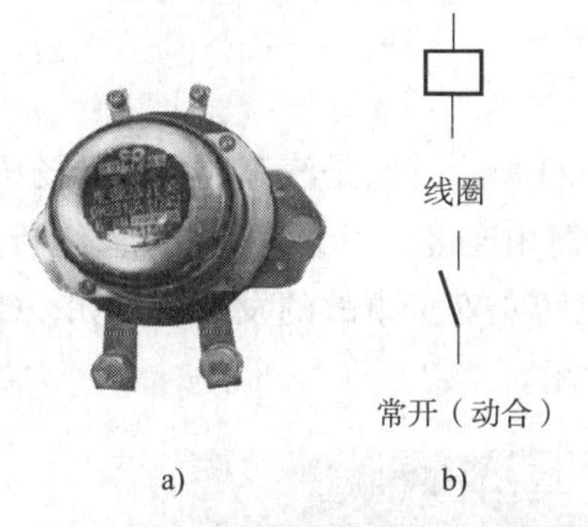

图 3—1—20　电磁式电源总开关的外形、电路符号
a）外形　b）线圈、触点

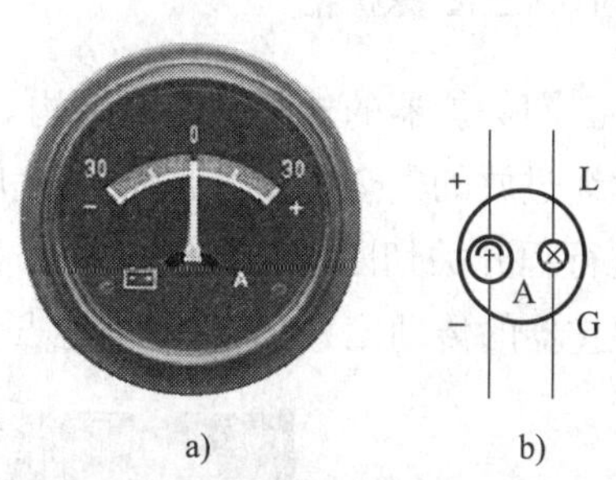

图 3—1—21　电流表外形及电路符号
a）外形图　b）电路符号

由于电流表接线柱承受电流比较大，不太安全，因此现在的汽车大都使用充电指示灯来观察蓄电池充电、放电状态。放电状态时，充电指示灯发亮；充电状态时，充电指示灯熄灭。

因为汽车起重机是负极搭铁，所以电流表负接线柱（－）应接蓄电池的火线（正极），正接线柱（+）接交流发电机的火线。电流表的正、负极性不可接反。

9. 组合开关

组合开关的外形、电路符号如图 3—1—22 所示。其文字代号为 S。组合开关分为灯光组合开关和刮水器组合开关，用于控制汽车起重机的转向、超车时的灯光指示、变光与喇叭，以及刮水器的启停、工作模式及洗涤器的启闭。

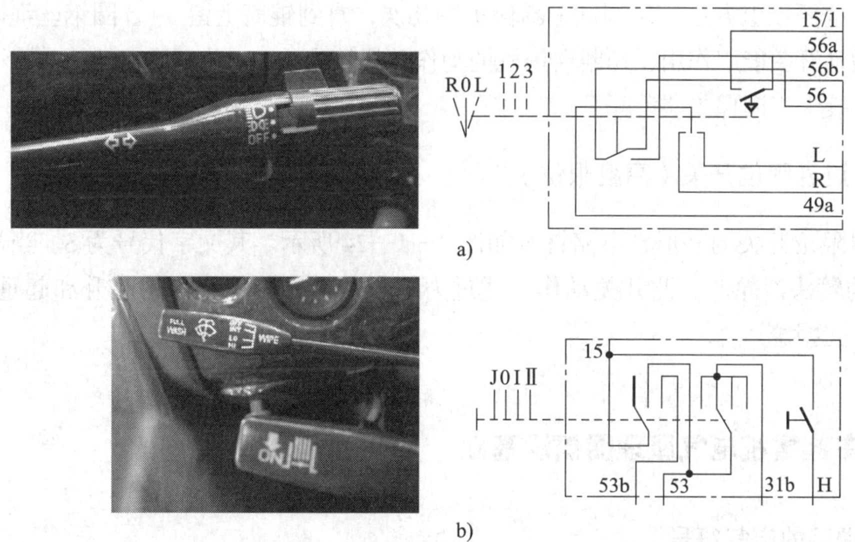

图 3—1—22　组合开关的外形、电路符号
a）灯光组合开关　b）刮水器、洗涤器组合开关

10. 三圈保护器

三圈保护器的外形、内部结构如图 3—1—23 所示。它是汽车起重机卷扬机构中防止钢丝绳过放的安全装置。其与卷扬机构中的卷筒相连接，当卷筒上的钢丝绳接近放完时，通过行程开关切断卷扬机构的动作并报警，以防止安全事故的发生。例如，GF185 型三圈保护器的传动比 i=185，输出触点为常开 / 常闭。

a)

b)

图 3—1—23　三圈保护器外形图及内部结构
a）外形　b）内部结构

三圈保护器的调整说明如下：

（1）放开卷扬上的钢丝绳，并在辊筒上留 3 ~ 5 圈钢丝绳，打开三圈保护器后壳。

（2）沿着放钢丝绳的反方向转动凸轮，直到凸轮在该方向上触碰微动开关并使其工作时，用活扳手拧紧凸轮上的外六角螺母。

（3）按照以上方法反复调试三圈保护器几次，直到辊筒上留 3 ~ 5 圈钢丝绳时三圈保护器的微动开关能起作用，切断卷扬机的动作并报警为止。

（4）装上三圈保护器后壳。

11. 过卷限位开关（高度限位）

过卷限位开关的外形、电路符号如图 3—1—24 所示。其文字代号为 S。当吊钩接近起重臂的臂头滑轮时，此开关动作，通过力矩限制器控制停止吊钩起升和起重臂伸出，同时声、光报警。

三、汽车起重机电气原理图识读基础

1. 常用的电气符号

电气原理图中常用电气元件的名称、图形符号与文字代号见表 3—1—2。

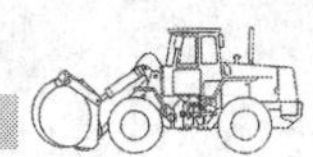

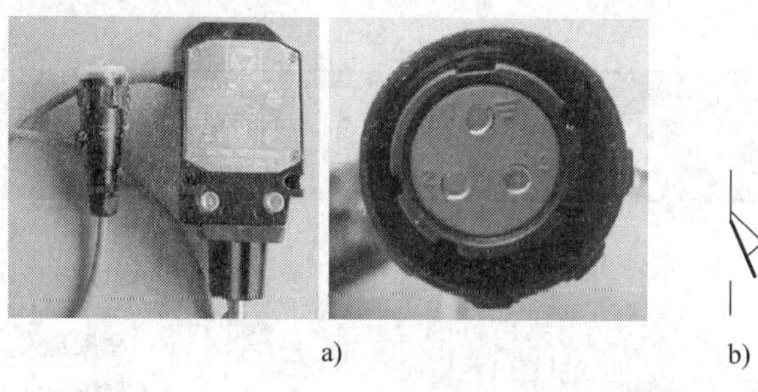

图 3—1—24　过卷限位开关的外形、电路符号
a）外形　b）电路符号

表 3—1—2　　常用电气元件的名称、图形符号与文字代号

名称	图形符号与文字代号	名称	图形符号与文字代号	名称	图形符号与文字代号
蓄电池	G	接插件	X	收录机	B
起动电动机	50 30 M M 31	继电器线圈	K	闪光器	B S L E
发电机	B+ D+ G E	常开触点	K	脚踏开关	S
仪表（带背景灯）	+ L P - G	常闭触点	K	按钮开关	S 常开　S 常闭
熔断器	F	切换触点	K	起动开关	S B1 0 I II Acc R2

续表

名称	图形符号与文字代号	名称	图形符号与文字代号	名称	图形符号与文字代号
灯	灯的一般符号 H代表指示灯 E代表其他灯	二极管	V	翘板开关（带指示灯）	S 1 0
双灯丝	E	传感器（变阻）	R	行程开关	S　S 常开　常闭
喇叭	H	导电滑环	WO	动能操作开关	S
蜂鸣器	H	电磁阀	Y	机械操作开关	S

2. 常用标志

汽车起重机常用标志的含义及图形见表 3—1—3。

表 3—1—3　　汽车起重机常用标志的含义及图形

标志的含义	标志的图形	标志的含义	标志的图形	标志的含义	标志的图形
总电源		过卷		危险报警	
蓄电池		过放		总灯光	

续表

标志的含义	标志的图形	标志的含义	标志的图形	标志的含义	标志的图形
低气压		副卷		倒车灯	
暖风扇		点烟器		前照灯	
预热器		取力器		示廓灯	
排气制动		自由滑转		警灯	
熄火		差速器		远光灯	
发动机		音响		近光灯	
制动		伸臂		风扇	
水温		变幅		暖风	
机油压力		过载解除		滤油器阻塞	
前方区域		驻车		第五支腿	
仪表灯		顶灯		第五支腿过载	
刮水喷淋		收音机		支腿过载	
前刮水器		燃油		支腿半伸	
上刮水器				系统压力建立	

续表

标志的含义	标志的图形	标志的含义	标志的图形	标志的含义	标志的图形
喇叭		左转向		变幅、伸缩切换	
冷却风扇		右转向		换臂	
冷起动		后雾灯			
空调		前雾灯			

3. 图幅分区

以汽车起重机图幅分区示例介绍图幅分区的方法。如图 3—1—25 所示，边框的竖边方向（行）用大写拉丁字母编号，横边方向（列）用阿拉伯数字编号；编号的顺序从标题栏相对的左上角开始；分区数为偶数。

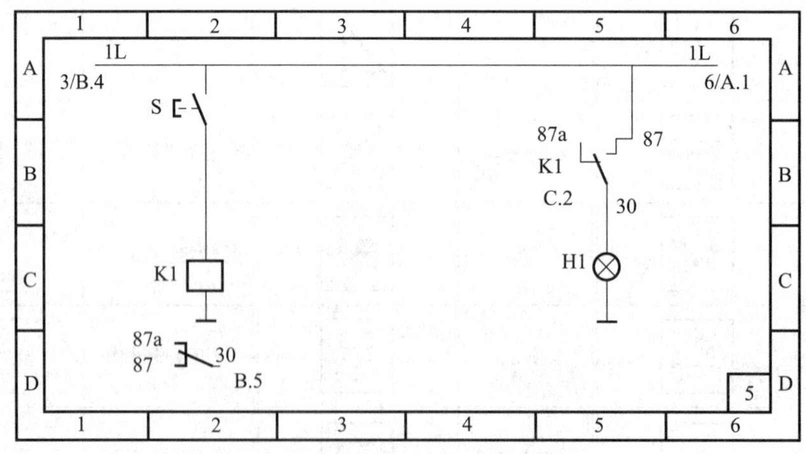

图 3—1—25　汽车起重机图幅分区示例

（1）行的代号为拉丁字母 A ~ D，分为 4 行。

（2）列的代号为阿拉伯数字 1 ~ 6，分为 6 列。

（3）区的代号为字母（行代号）和数字（列代号）的组合，字母在左，数字在右，中间用“.”连接。

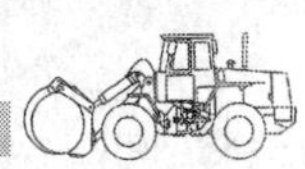

例如，图3—1—25中继电器K1线圈的位置为C行2列，区号为C.2；K1的触点的位置为B行5列，区号为B.5；而图幅左上角处标注的“1L（3/B.4）”表示电源来自图样第3页的B行4列，图幅右上角处标注的“1L（6/A.1）”表示电源去向为图样第6页的A行1列。

4. 汽车起重机电气装置的常用安装位置符号

汽车起重机电气装置的常用安装位置符号见表3—1—4。

表3—1—4　　汽车起重机电气装置的常用安装位置符号

符号	安装位置	符号	安装位置	符号	安装位置
+F	车架	+P20	仪表盘	+P1	操纵室

5. 项目代号

在图上通常用一个图形符号表示的基本件、部件、组件、功能单元、设备、系统等称为项目。项目的大小可能相差很大，电容器、端子板、发电机、电源装置、电力系统等都可以称为项目。

（1）项目代号的组成

一个完整的项目代号由四个部分组成：高层代号，其前缀符号为“=”；位置代号，其前缀符号为“+”；种类代号，其前缀符号为“-”；端子代号，其前缀符号为“:”。

1）高层代号是指系统或设备中任何较高层次项目的代号。例如：某电气系统中的一个控制箱项目代号中，其中电气系统的代号可称为高层代号；该控制箱中的一个开关的项目代号，其中控制箱的代号可称为高层代号。所以，高层代号具有该项目“总代号”的含义。

2）位置代号是指项目在组件、设备、系统中的实际位置的代号。

3）种类代号是指用以识别项目种类的代号。

4）端子代号是指项目具有端子标记时表示端子标记的代号。

（2）项目代号举例

以某产品项目代号为例说明其组成，如图3—1—26所示。

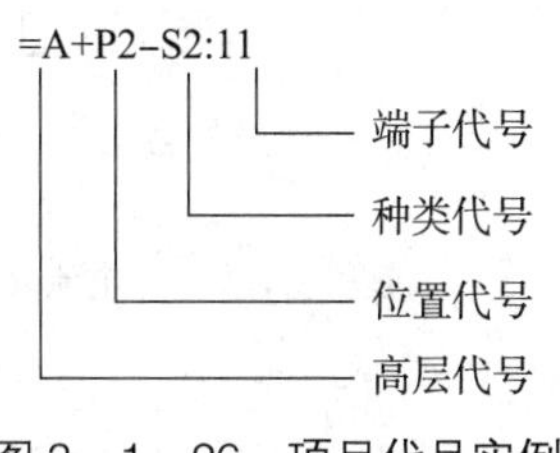

图3—1—26　项目代号实例

四、汽车起重机电气原理图识读

1. 底盘起动及充电电路

底盘起动及充电电路如图 3—1—27 所示。充电指示灯通路：接通电源开关 K1，蓄电池正极经 K1、电流表 P1、熔断器 F3、充电指示灯 H1、发电机 D+ 磁场绕组、发电机 E 搭铁端形成通路，充电指示灯亮起。

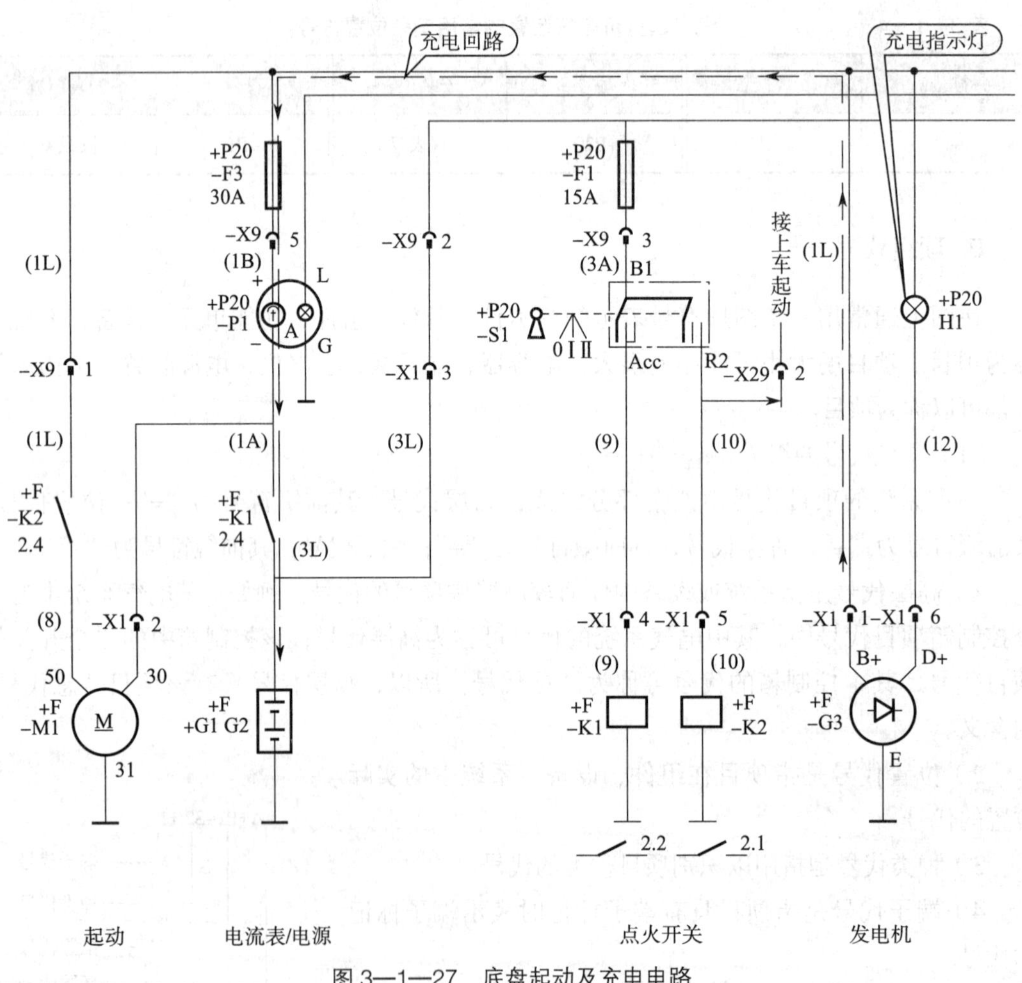

图 3—1—27　底盘起动及充电电路

当发动机发动后，发电机的电压达到或高于蓄电池电压时，充电指示灯两端电压相等，充电指示灯灭，提示发电机已正常发电。

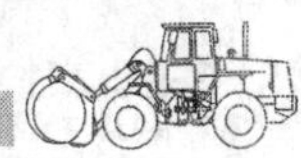

2. 底盘刮水器电路

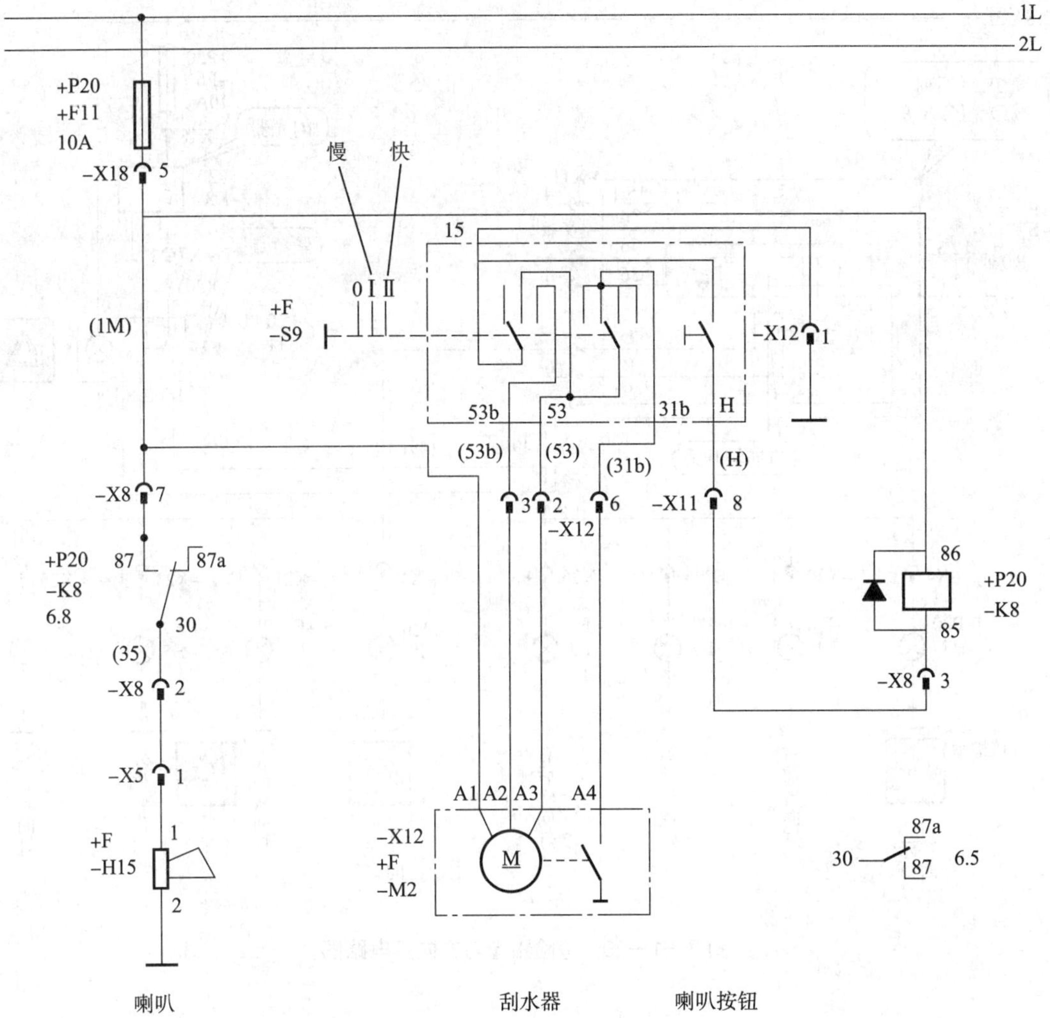

图 3—1—28　底盘刮水器电路

底盘刮水器电路工作原理如图 3—1—28 所示。

刮水器低速工作：刮水器开关 S9 置Ⅰ挡，刮水器电动机 A3（53 号线）端子接地，刮水器慢速工作。

刮水器高速工作：刮水器开关 S9 置Ⅱ挡，刮水器电动机 A2（53b 号线）端子接地，刮水器快速工作。

刮水器内置复位开关作用：当控制刮水器的开关在任意时刻断开时，保证刮水片停在驾驶窗玻璃的边侧。

3. 危险报警与方向灯电路

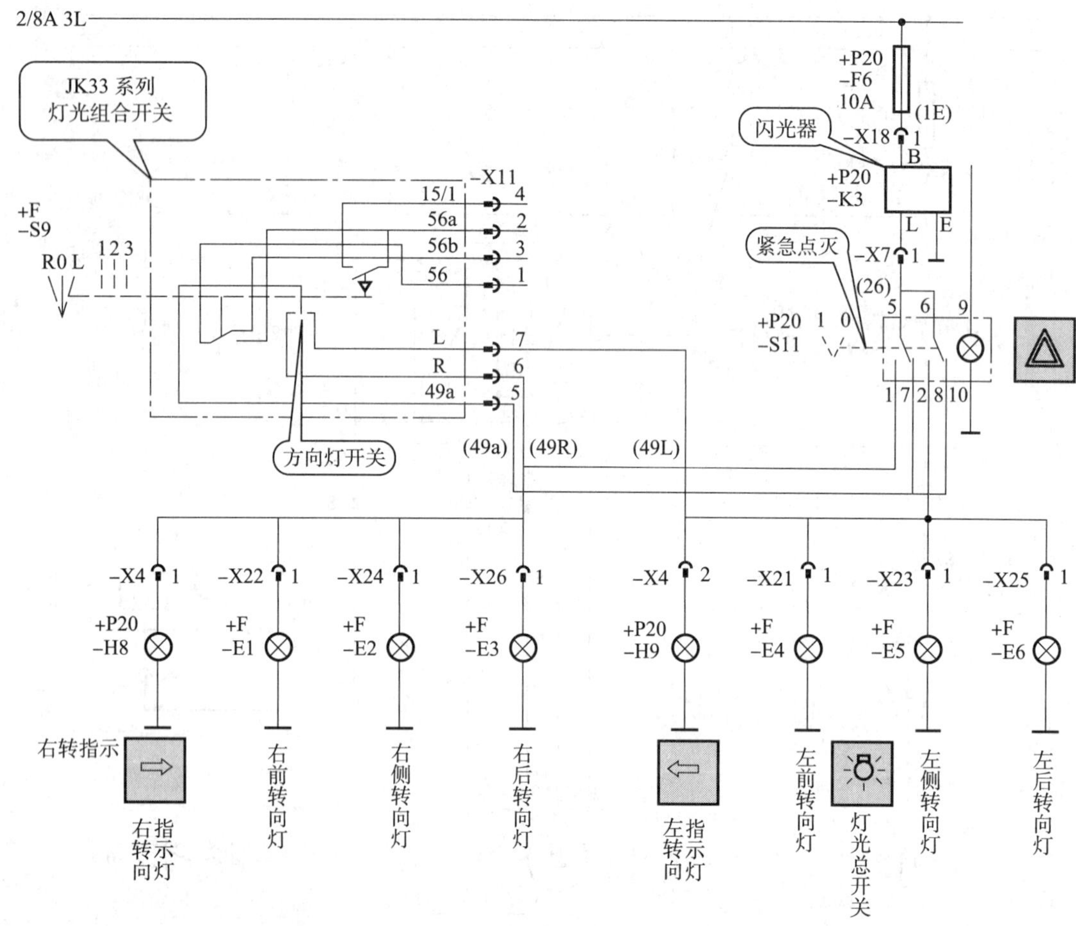

图 3—1—29　危险报警与方向灯电路图

危险报警与方向灯电路工作原理如图 3—1—29 所示。

（1）危险报警

闭合紧急点灭开关 S11（从 0 位至 1 位），26 号线和 49L 号线、49R 号线同时接通，闪光继电器 K3 的 L 端将间歇输出 24 V 电信号通过 26 号线给左右转向灯（包括右转向指示灯、右前转向灯、右侧转向灯、右后转向灯和左转向指示灯、左前转向灯、左侧转向灯、左后转向灯），左、右转向灯间歇闪烁。

（2）左转向灯间歇闪烁

将组合开关操纵杆往左扳动，开关 S9 打至 L 挡位，49a 号线和 49L 号线接通，闪光继电器 K3 的 L 端将间歇输出 24 V 电信号→ 26 号线→开关 S11 → 49a 号线→ 49L 号线→左转

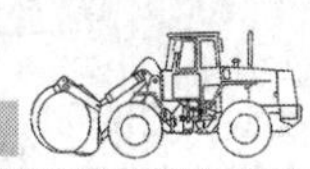

向灯，左转向灯间歇闪烁。

（3）右转向灯间歇闪烁

将组合开关操纵杆往右扳动，开关S9打至R挡位，49a号线和49R号线接通，闪光继电器K3的L端将间歇输出24 V电信号→26号线→开关S11→49a号线→49R号线→右转向灯，右转向灯间歇闪烁。

（4）超车灯与远、近光灯电路

超车灯与远、近光灯电路工作原理如图3—1—30所示。

1）超车灯亮

组合开关操纵杆往上挑，超车灯开关闭合，1D号线和56a号线接通，K5继电器线圈通电，其常开触点87和30闭合，1J号线和30号线接通，此时远光指示灯H13、E14和E15远光灯丝同时点亮。

2）远光灯亮

组合开关拧至前照灯挡位，操纵杆往下按，远、近光开关至下位，2L号线和56a号线接通，K5继电器线圈通电，其常开触点87和30闭合，1J号线和30号线接通，此时远光指示灯H13、E14和E15远光灯丝同时点亮。

3）近光灯亮

组合开关拧至前照灯挡位，操纵杆在中位，远、近光开关至上位，2L号线和56b号线接通，K4继电器线圈通电，其常开触点87和30闭合，1J号线和32号线接通，此时E14和E15近光灯丝同时点亮。

4. 上车电路

（1）系统压力建立电路

如图3—1—31所示，将翘板开关打到系统压力建立位置，则图中S14开关处于1位置，常开触点接通，继电器K3、K11线圈通电，先导阀中的电磁换向阀Y0线圈通电，同时指示灯H5点亮，系统压力电路接通；将翘板开关打到取消系统压力位置，则图中S14开关处于0位置，常开触点断开，继电器K3、K11线圈断电，电磁换向阀Y0线圈断电，同时指示灯H5熄灭，系统压力电路断开。另外，左、右手柄上还有两个按钮（图中的左—单、右—单），短时间操作时也可使用它来实现系统压力建立。

（2）伸缩、变幅切换电路

如图3—1—32所示，汽车起重机的伸缩、变幅切换控制有两种：一种是点动按钮控制，另一种是翘板开关控制。操作者可根据实际情况灵活选择使用。当松开S18按钮，同时将翘板开关S19置于0位时，电磁换向阀Y4、Y5线圈断电，变幅指示灯H9点亮，此时汽车起重机为变幅控制。当按下S18按钮时，或将翘板开关S19置于1位时，电磁换向阀Y4、Y5线圈通电，伸缩指示灯H8点亮，此时为汽车起重机伸缩控制。

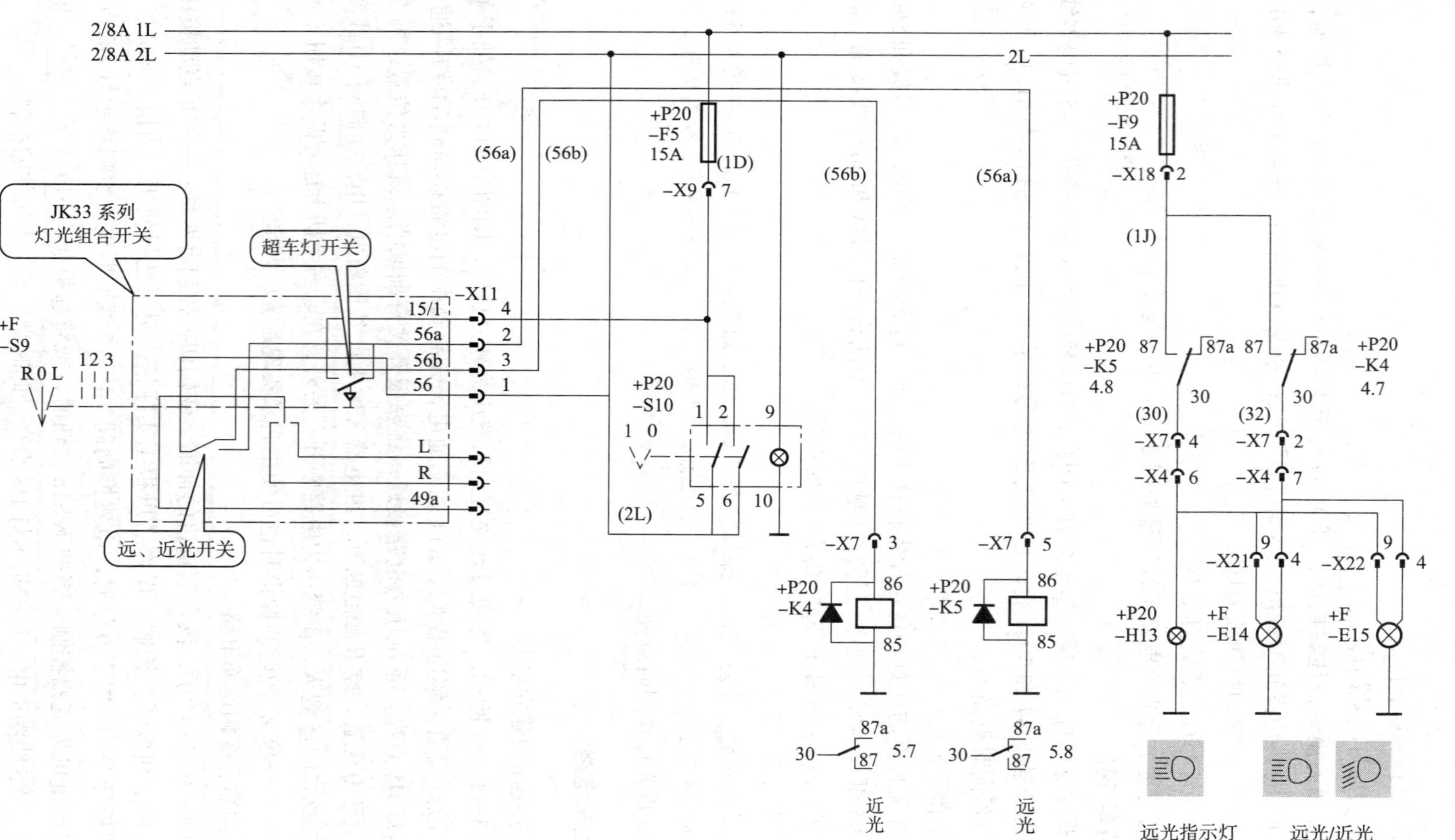

图 3—1—30 超车灯与远、近光灯电路图

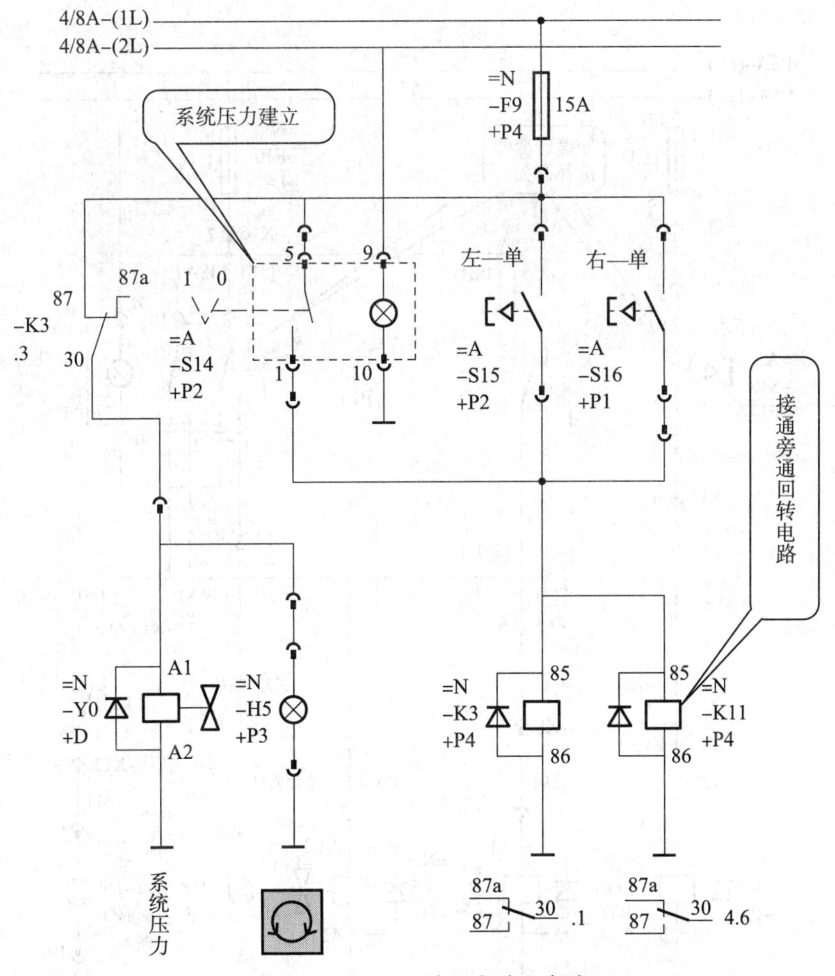

图 3—1—31　系统压力建立电路

（3）自由回转电路

如图 3—1—33 所示，同伸缩、变幅切换控制一样，自由回转控制也分为点动和连续控制两种，系统压力建立后，继电器 K11 线圈通电，K11 常开触点闭合，将翘板开关 S12 置于 1 位，或按下按钮 S13，继电器 K2 线圈通电，K2 常开触点闭合，电磁换向阀 Y3 通电，同时指示灯 H14 点亮，回转制动解除。此时按下 S17 或 S11，继电器 K1 线圈通电，K1 常开触点闭合，电磁换向阀 Y2 通电，指示灯 H7 点亮，实现自由回转。

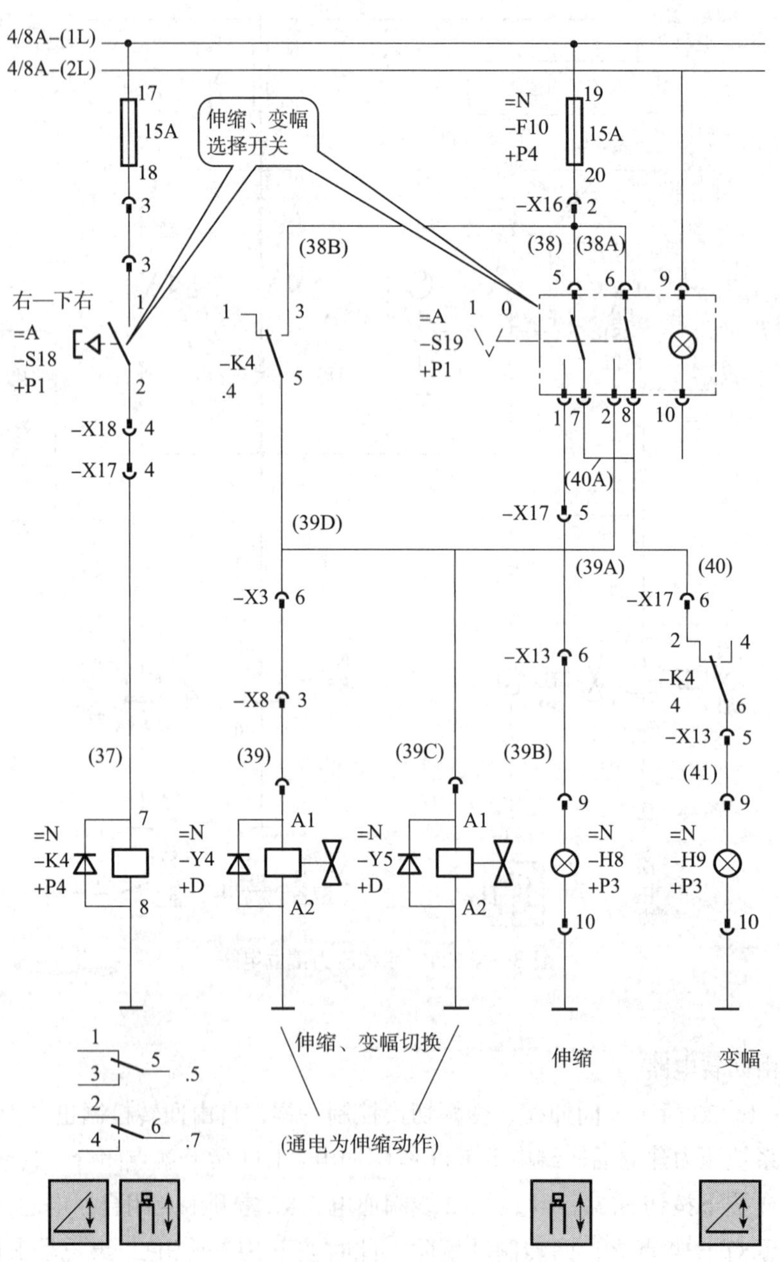

图 3—1—32　伸缩、变幅切换电路

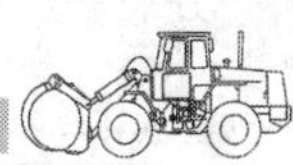

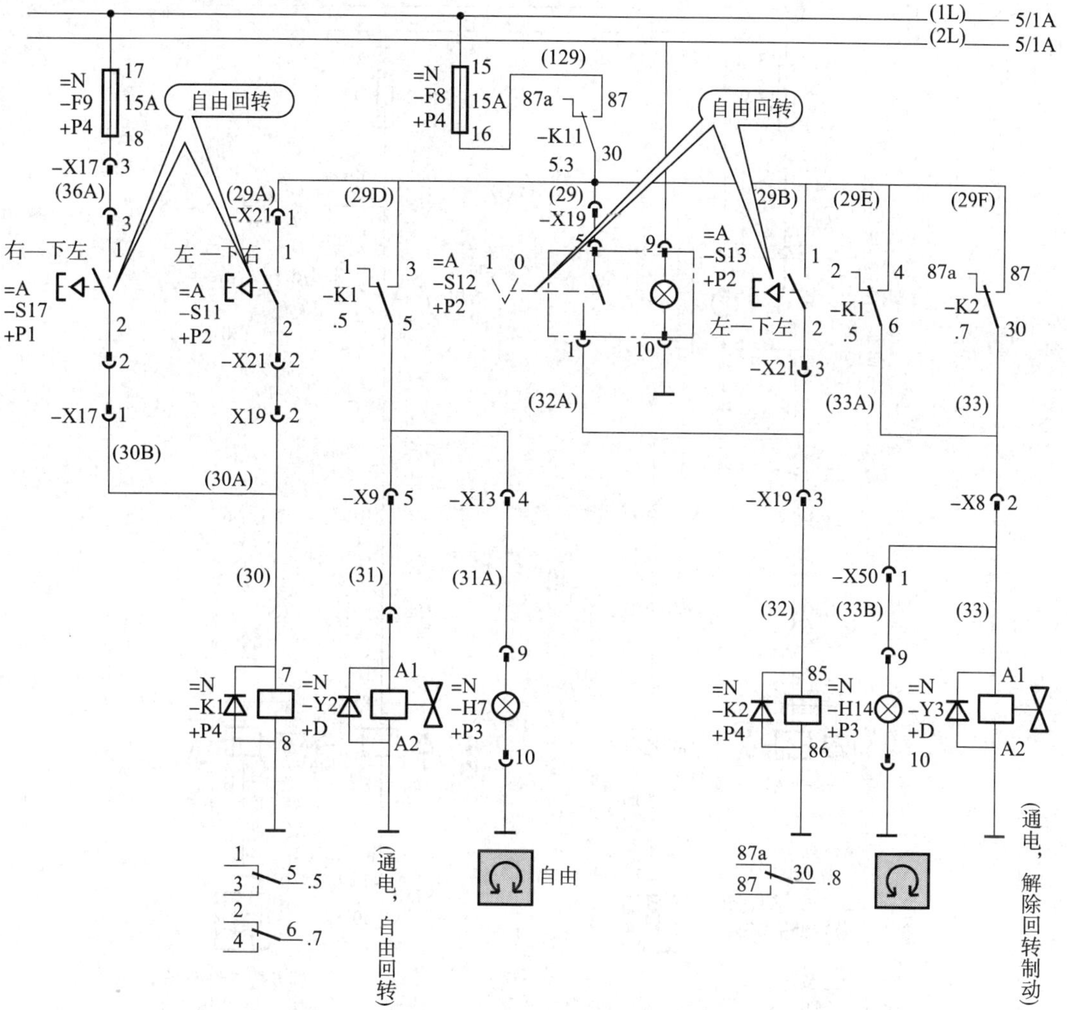

图 3—1—33　自由回转电路

（4）换臂与副卷扬工作选择电路

换臂与副卷扬工作选择电路工作原理如图 3—1—34 所示。

1）二节臂与三、四、五节臂切换

将翘板开关 S10 置于 0 位时，电磁换向阀 Y1 断电，此时二节臂工作；当 S10 置于 1 位时，电磁换向阀 Y1 通电，换臂指示灯 H6 点亮，此时三、四、五节臂可工作。

2）副卷扬工作选择

当脚踏开关 S29 未踩下时，其常开触点断开，继电器 K12 断电，K12 常开触点断开，电磁换向阀 Y8 断电，副卷扬不工作；当脚踏开关 S29 被踩下时，其常开触点处于闭合状态，继电器 K12 通电，K12 常开触点闭合，电磁阀 Y8 通电，副卷扬工作。

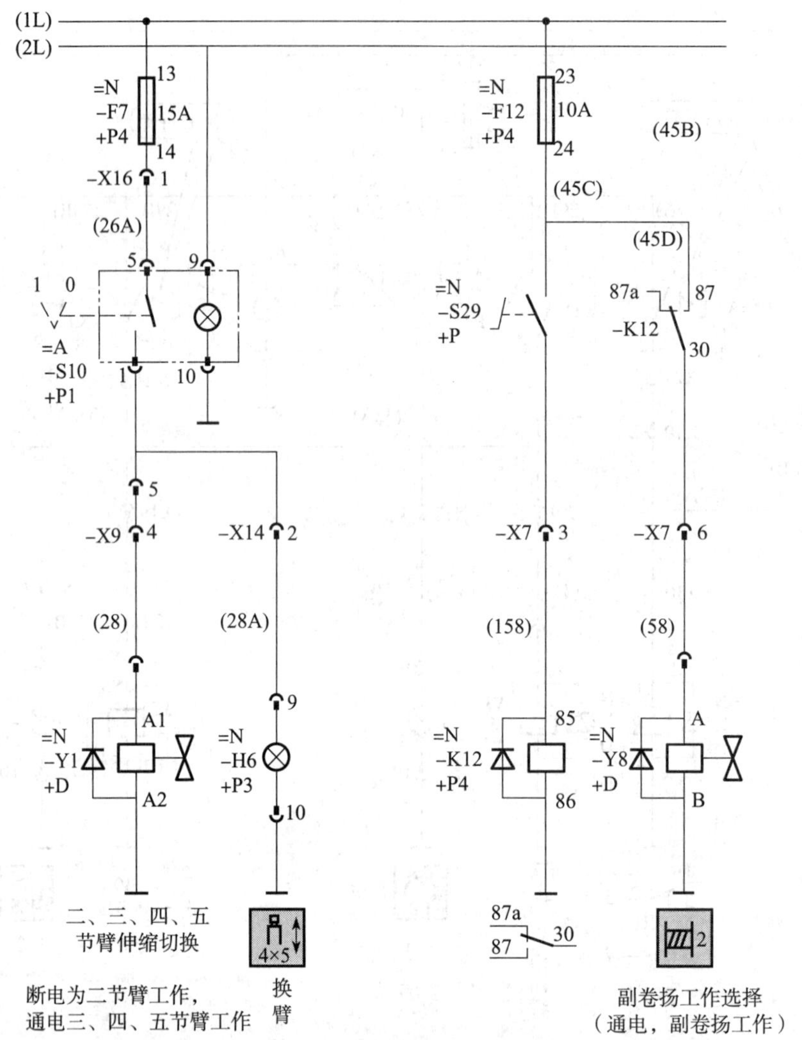

图 3—1—34 换臂与副卷扬工作选择电路

（5）过卷、过放、过载电路

过卷、过放、过载电路工作原理如图 3—1—35 所示。

1）过卷时，限位开关 S23 或 S24 常开触点闭合，闪光继电器 K6 通电，输出脉冲信号，过卷报警灯 H10 闪亮，同时报警蜂鸣器 B2 响。

2）过放时，A2 或 A3 常开触点闭合，电磁阀 Y7 通电，停止卷扬降落，同时闪光继电器 K7 通电，输出脉冲信号，过放报警指示灯 H11 闪亮，同时报警蜂鸣器 B2 响。将 S21 旋转至 1 位置，可解除此报警信号。

3）过载时，电磁阀 Y6 通电卸荷。此时，如果将 S20 旋至 1 位置，其常开触点与汽车起重机中央控制器接通，继电器 K5 通电，K5 常闭触点断开，切断卸荷电路。

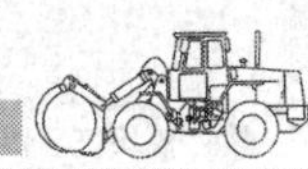

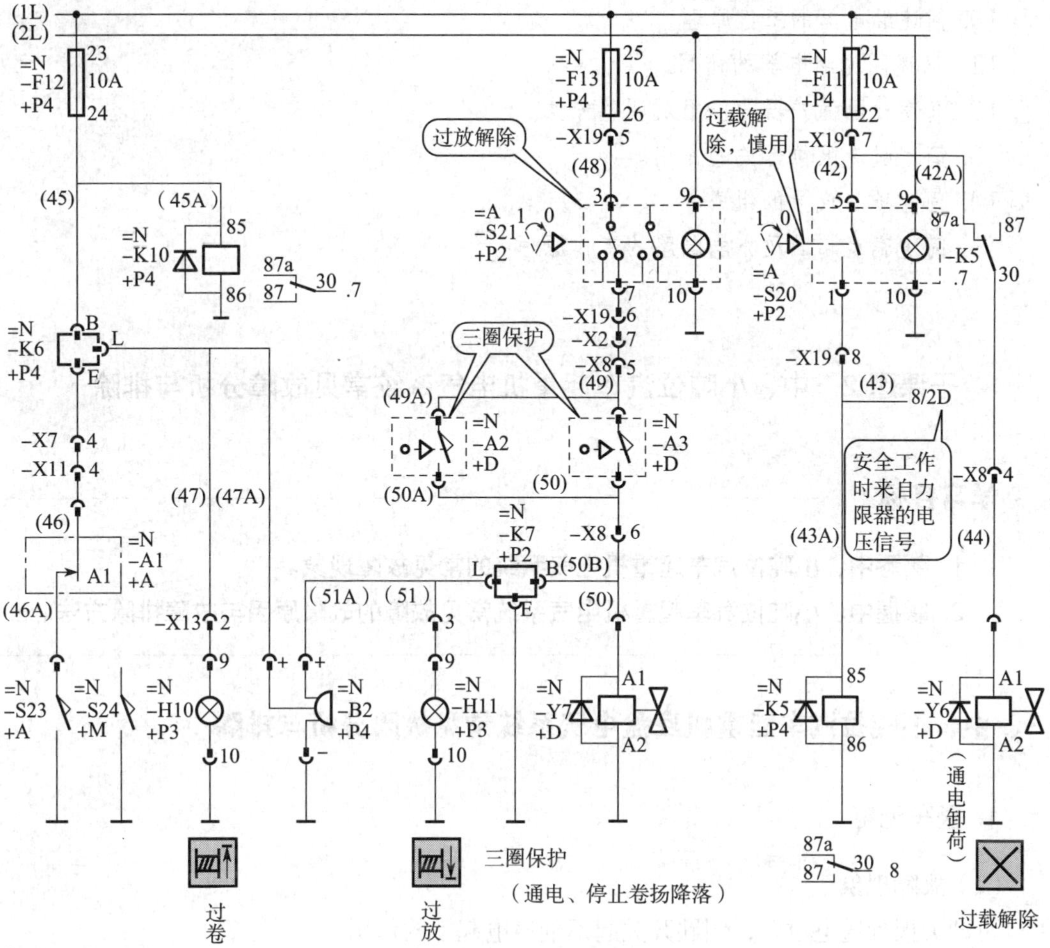

图 3—1—35 过卷、过放、过载电路

复习思考题

1. 简述驾驶室电气系统组成。
2. 操纵开关包括哪些?
3. 驾驶室仪表包括哪些元件?
4. 简述操纵室电气系统组成。
5. 简述力矩限制器组成。
6. 简述力矩限制器工作原理。
7. 简述照明系统组成。
8. 简述预热起动开关的作用。
9. 简述熔断器的作用。

10. 简述继电器的工作原理。
11. 简述闪光继电器的作用。
12. 简述三圈保护器的作用及调整方法。
13. 简述过卷限位开关的作用。
14. 简述项目代号的组成。
15. 简述底盘起动及充电电路的工作原理。

子课题 2　中、小吨位汽车起重机电气系统常见故障分析与排除

学习目标

1. 熟悉中、小吨位汽车起重机电气系统的常见故障现象。
2. 掌握中、小吨位汽车起重机电气系统常见故障的故障原因与故障排除方法。

一、中、小吨位汽车起重机底盘电气系统常见故障分析与排除

1. 整车无电

（1）故障现象

总开关扳到通电位置，钥匙开关起不到通电起动的作用。

（2）故障原因

1）蓄电池无电。

2）线束接线端子 X1:3、X1:4 损坏。（说明：数字 3 和 4 分别代表端子代号，下同）

3）熔断器 F1、F2 损坏。

4）钥匙开关损坏。

5）电流表损坏。

6）K0 继电器损坏。

（3）故障排除方法

正常通电后，按如图 3—1—36 所示电路图及步骤进行检测，排查故障点，更换损坏的电气元件。

1）蓄电池正极对地电压应为 24 V。

2）线束接线端子 X1:3 电压应为 24 V，X1:4 电压应为 24 V。

3）熔断器 F2:2 电压应为 24 V，F1:2 电压应为 24 V。

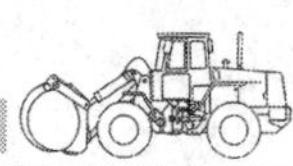

4）钥匙开关：原始位置 S1:B 电压应为 24 V；开到Ⅰ挡 S1:Br 电压应为 24 V；开到Ⅱ挡 S1:R2 电压应为 24 V。

5）电流表 P1:1、P1:2 两端对地电压均为 24 V。

6）K1 继电器：当钥匙开关开到Ⅰ挡时，K1:86 电压应为 24 V，K1:30 电压应为 24 V，K1:87 电压应为 24 V。

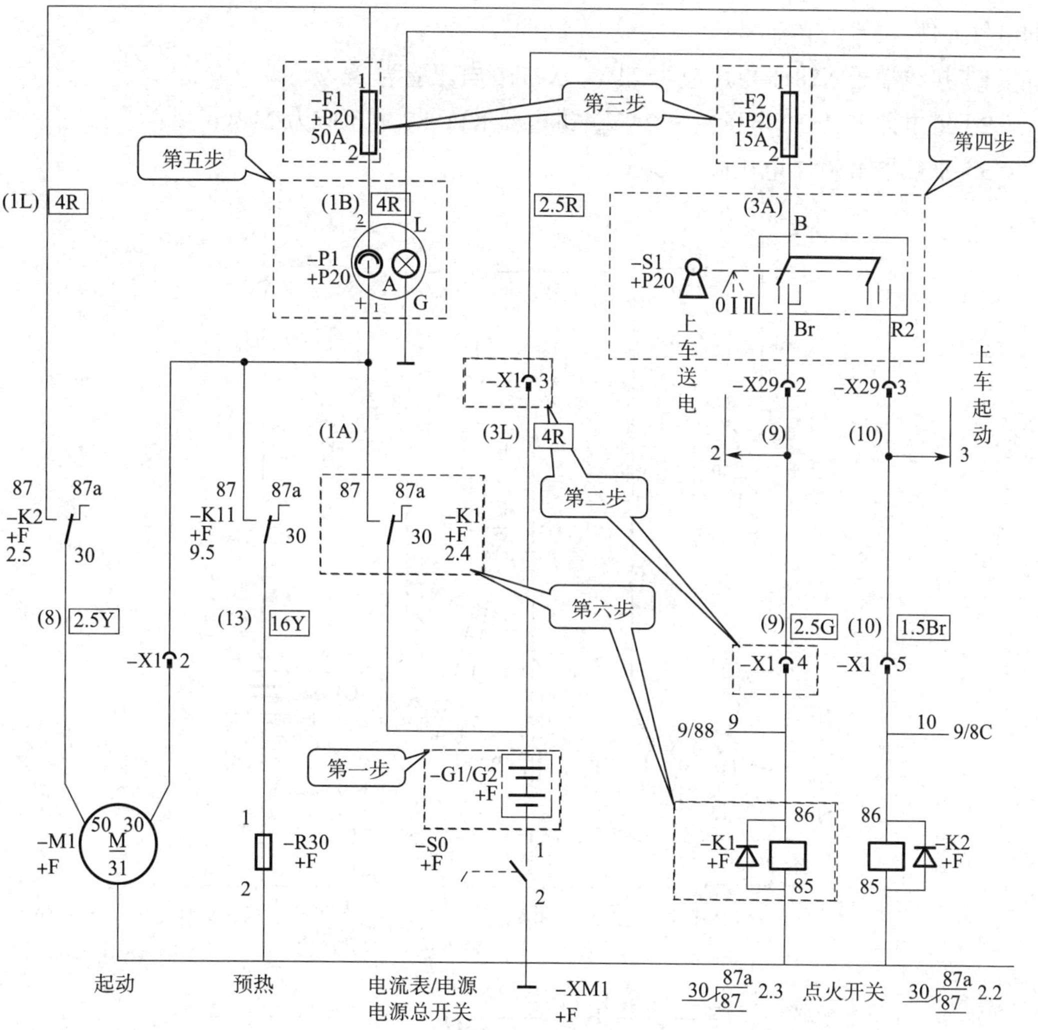

图 3—1—36　整车无电的故障排除方法

2. 低温不起动

（1）故障现象

气温在 −15℃以下时发动机不起动。

（2）故障原因

1）接线端子 X78:5、X77:6 损坏。

2）K11 继电器损坏。

3）加热器 R30 损坏。

（3）故障排除方法

正常通电后，按如图 3—1—37 所示电路图及步骤进行检测，排查故障点，更换损坏的电气元件。

1）接线端子 X78:5 电压应为 24 V，X77:6 电压应为 24 V。

2）继电器 K11:30 电压应为 24 V，继电器 K11:87 电压应为 24 V。

3）加热器 R30:1 电压应为 24 V。

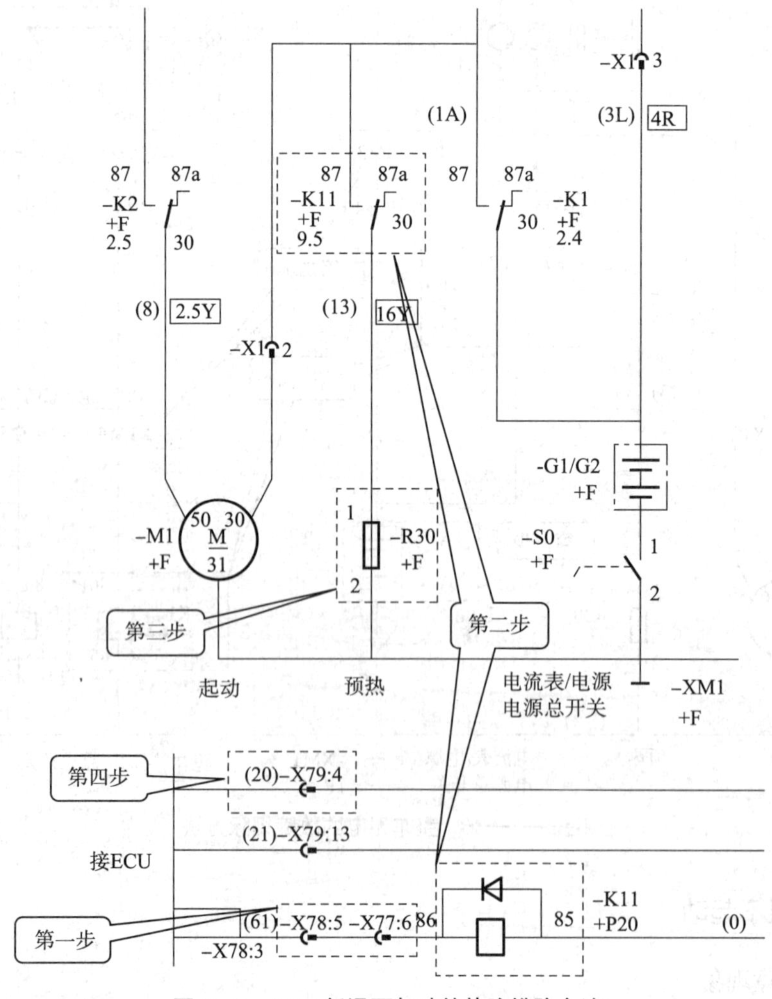

图 3—1—37　低温不起动的故障排除方法

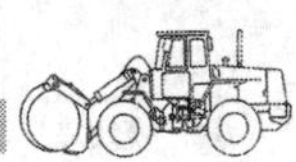

4）低温加热起动后，ECU 的 X79:4（20 号线）输出一个开关量，使预热指示灯点亮。

3. 驾驶室仪表和照明灯不亮

（1）故障现象

其他电器都处于正常状态，驾驶室仪表和照明灯不亮。

（2）故障原因

1）熔断器 F5 损坏。

2）行车灯开关 S10 损坏。

3）组合开关 S9 损坏。

4）接线端子 X4:3 损坏。

（3）故障排除方法

正常通电后，按如图 3—1—38 所示电路图及步骤进行检测，排查故障点，更换损坏的电气元件。

1）熔断器 F5:2 电压应为 24 V。

2）行车灯开关 S10:2 电压应为 24 V。

3）组合开关 S9:1、S9:2 电压应为 24 V。

4）接线端子 X4:3 电压应为 24 V。

4. 发动机仪表及其指示信号灯无显示

（1）故障现象

发动机燃油表、水温表、机油压力表及其指示信号灯全部不显示，其他电路工作正常。

（2）故障原因

熔断器 F4 损坏。

（3）故障排除方法

按如图 3—1—39 所示电路图及步骤检测熔断器 F4:2（4L 号线），电压应为 24 V，确定故障点，更换损坏的熔断器。

5. 发动机水温表不显示数据

（1）故障现象

发动机水温表不显示数据，其他正常。

（2）故障原因

1）水温传感器损坏。

2）水温表损坏。

3）接线端子 X2:1 损坏。

（3）故障排除方法

正常通电后，按如图 3—1—40 所示电路图及步骤进行检测，排查故障点，更换损坏的电气元件。

1）接线端子 X2:2（15 号线）是否有开路现象。

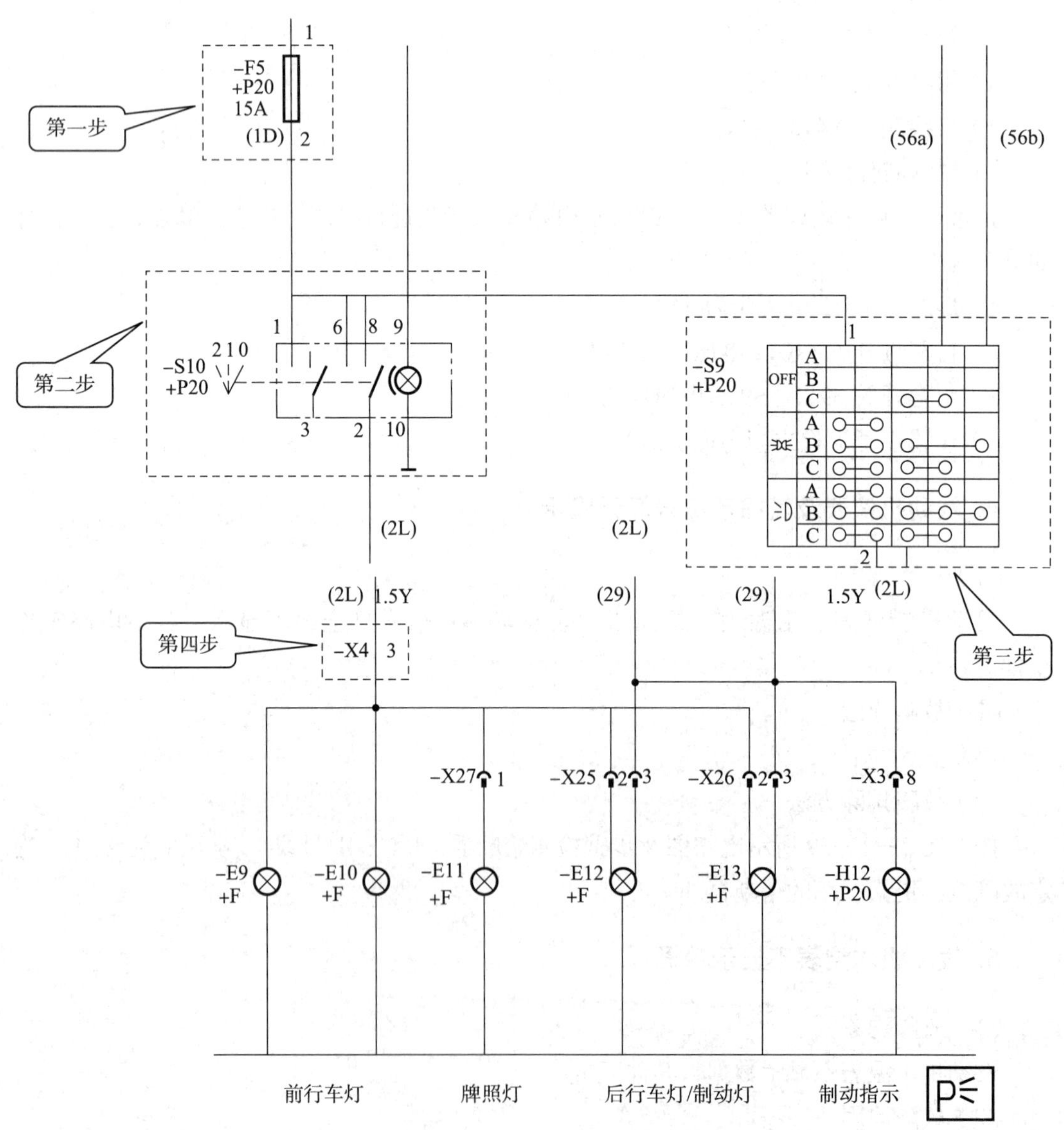

图 3—1—38　驾驶室仪表和照明灯不亮的故障排除方法

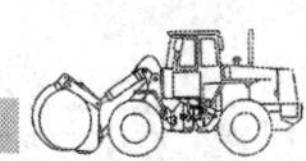

2）水温表 P3:I 端口电压应为 24 V。

3）水温传感器 R2:1 对地电阻约 287 Ω。

6. 发动机机油压力大而警示灯不报警

（1）故障现象

发动机机油压力足够大，但警示灯不报警，其他工作正常。

（2）故障原因

1）接线端子 X2:1（14 号线）损坏。

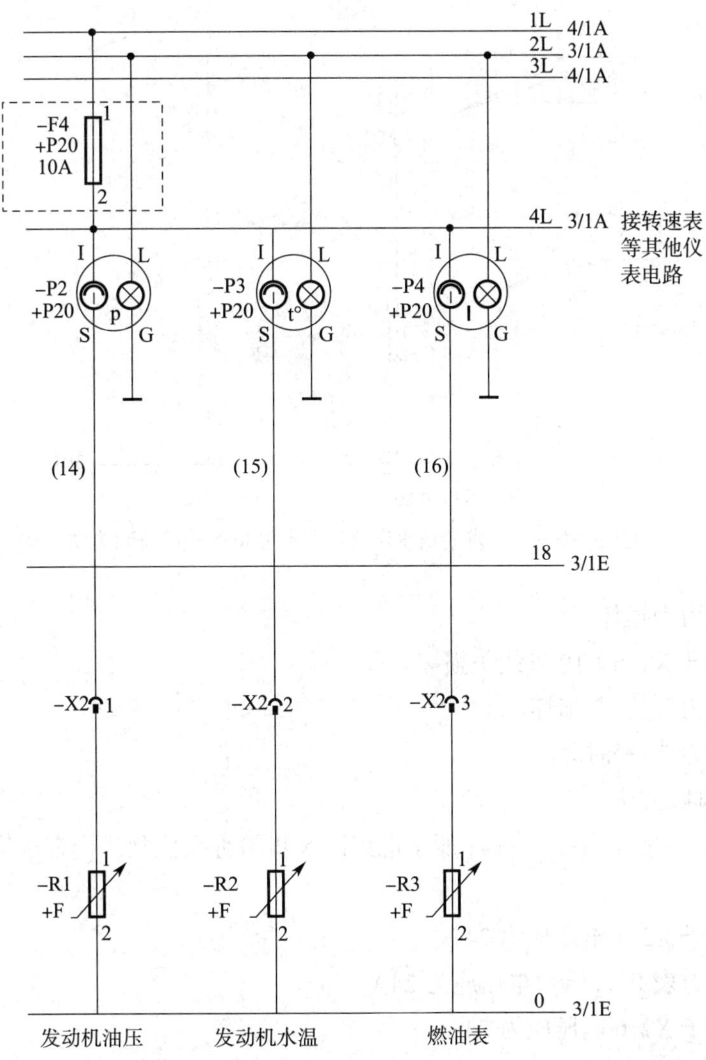

图 3—1—39　发动机仪表及其指示信号灯无显示的故障排除方法

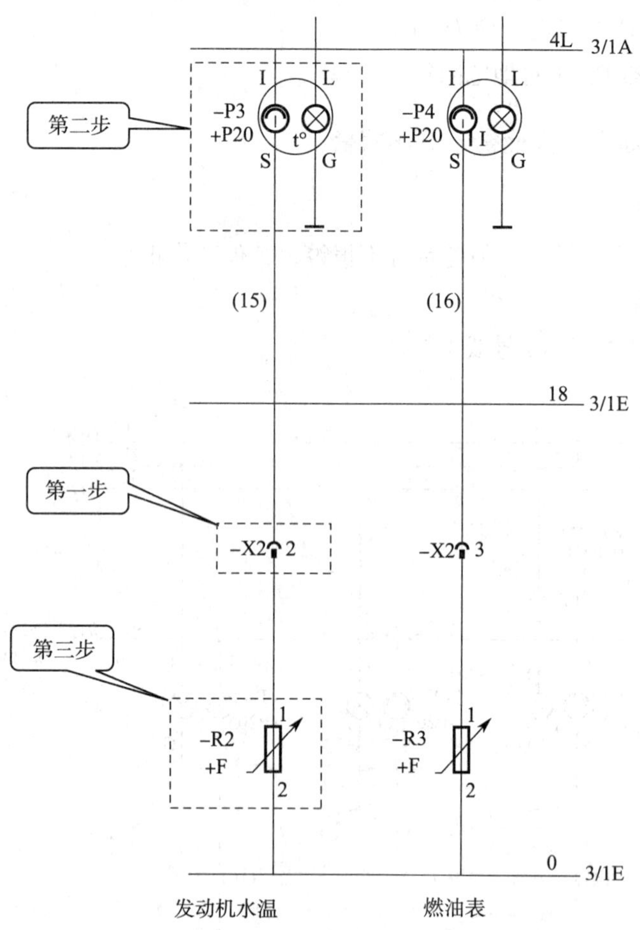

图 3—1—40　发动机水温表不显示数据的故障排除方法

2）机油压力表损坏。

3）接线端子 X2:6（19 号线）损坏。

4）机油压力开关 S2 损坏。

5）机油压力传感器损坏。

（3）故障排除方法

正常通电后，按如图 3—1—41 所示电路图及步骤进行检测，排查故障点，更换损坏的电气元件。

1）接线端子 X2:1 电压应为 24 V。

2）机油压力表 P2:I 端口电压应为 24 V。

3）接线端子 X2:6 电压应为 24 V。

4）机油压力开关 S2:2 电压应为 24 V。

5）机油压力传感器 R1:1 对地电阻约 10 Ω。

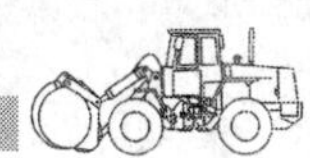

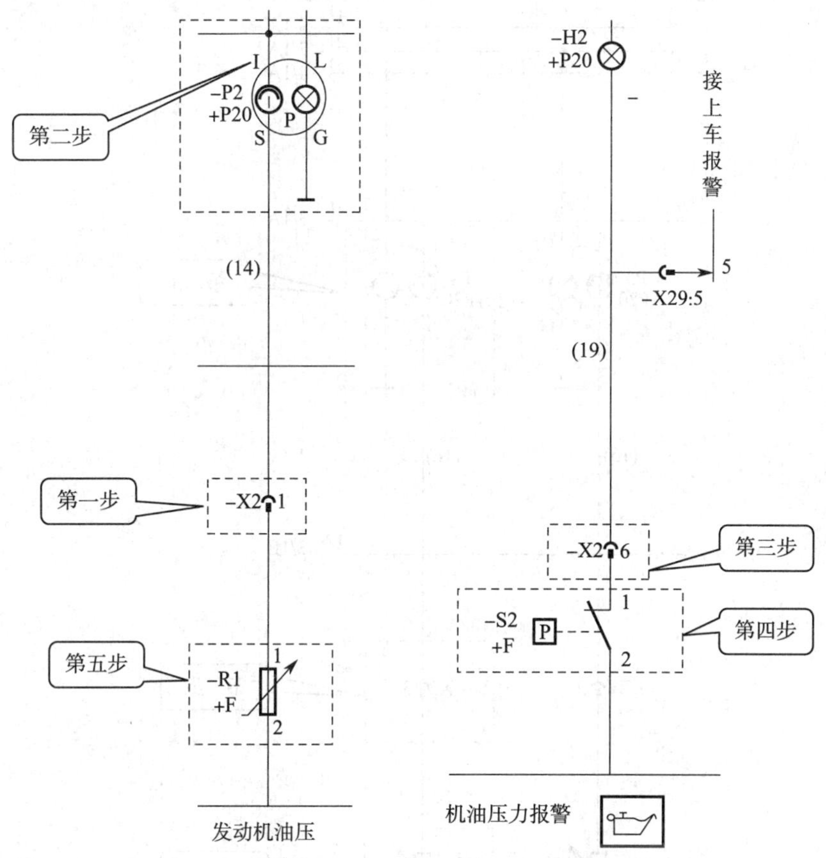

图 3—1—41　发动机机油压力大而警示灯不报警的故障排除方法

7. 发动机燃油表不显示数据

（1）故障现象

发动机燃油表不显示数据，其他工作正常。

（2）故障原因

1）接线端子 X2:3 损坏。

2）燃油表损坏。

3）燃油传感器损坏。

（3）故障排除方法

正常通电后，按如图 3—1—42 所示电路图及步骤进行检测，排查故障点，更换损坏的电气元件。

1）接线端子 X2:3（16 号线）电压应为 24 V。

2）燃油表 P4:I 端口电压应为 24 V。

3）燃油传感器 R3:1 对地电阻约 30 ~ 240 Ω。

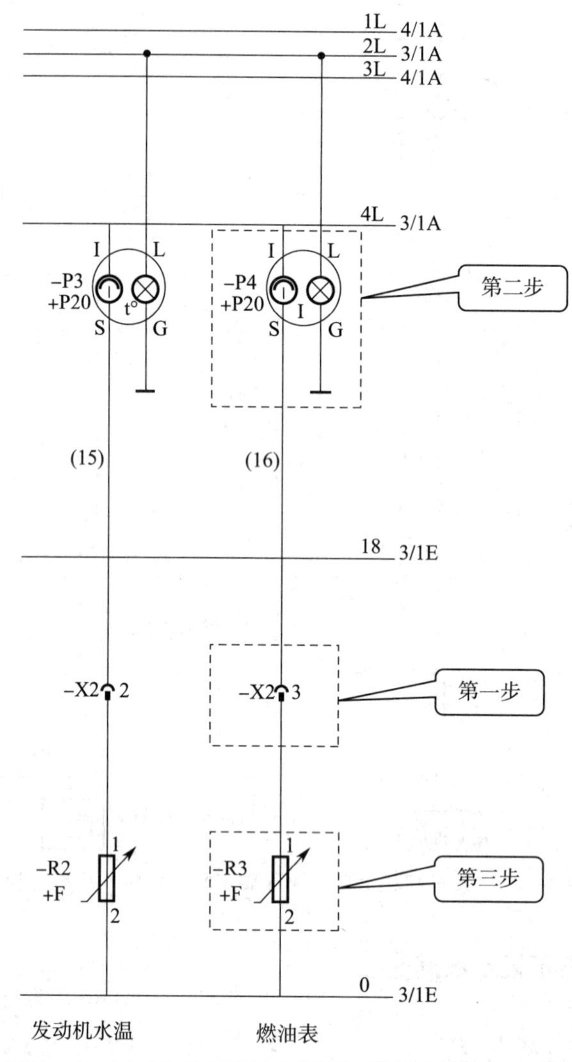

图 3—1—42　发动机燃油表不显示数据的故障排除方法

8. 无低气压报警

（1）故障现象

低气压时气压报警灯不亮。

（2）故障原因

1）接线端子 X3:1 损坏。

2）气压开关 S5 损坏。

3）气压报警灯 H5 损坏。

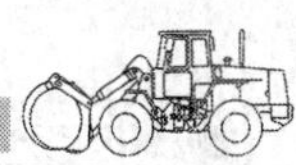

（3）故障排除方法

正常通电后，按如图 3—1—43 所示电路图及步骤进行检测，排查故障点，更换损坏的电气元件。

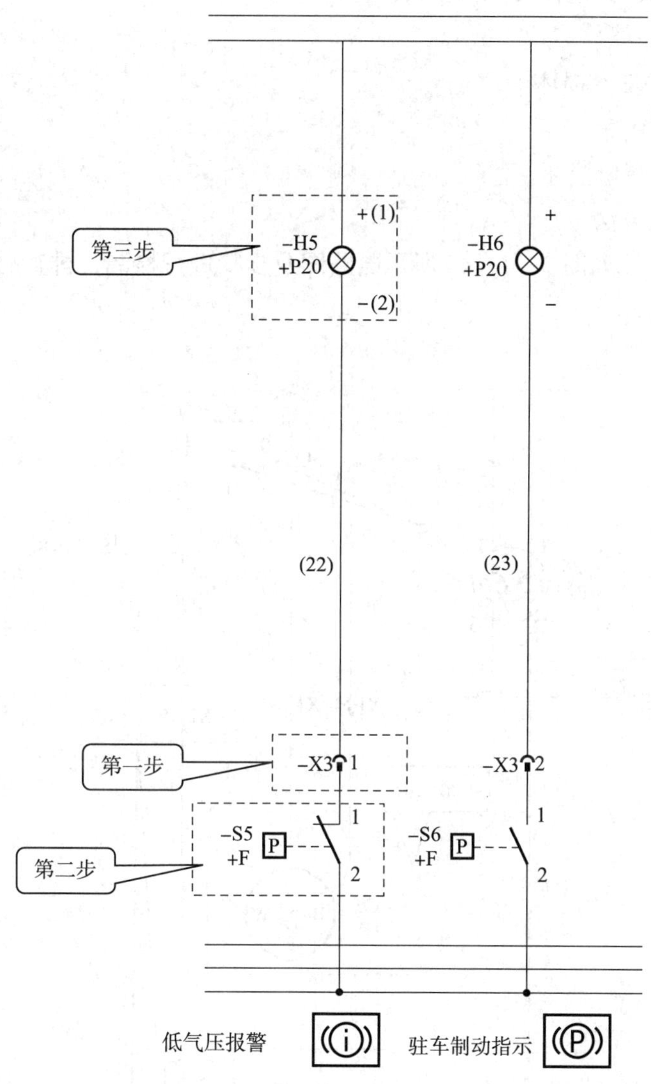

图 3—1—43　无低气压报警的故障排除方法

1）检查接线端子 X3:1（22 号线）是否接触良好。

2）压力开关 S5：用万用表测气压低时两触点接通为完好，用万用表测气压低时两触点断开为损坏。

3）确认报警灯接上的是有效电源仍不亮，说明报警灯损坏，报警灯 H5:1 电压应为 24 V。

9. 转速表不显示

（1）故障现象

转速表不显示，其他仪表工作正常。

（2）故障原因

1）接线端子 X2∶5 损坏。

2）转速表损坏。

3）发电机 W 端口损坏。

（3）故障排除方法

正常通电后，按如图 3—1—44 所示电路图及步骤进行检测，排查故障点，更换损坏的电气元件。

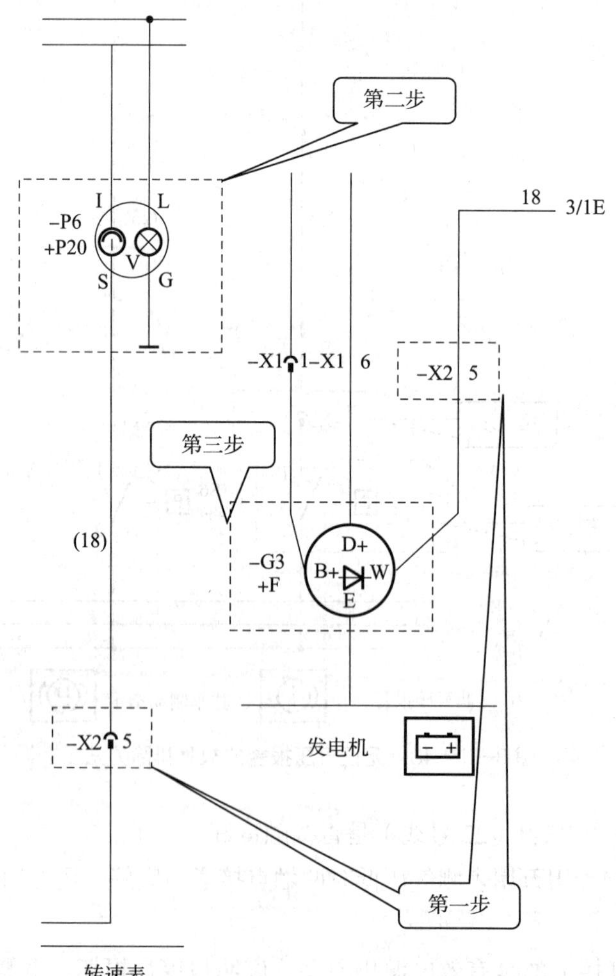

图 3—1—44　转速表不显示的故障排除方法

1）检查接线端子 X2:5（18 号线）是否接触良好。

2）转速表 S 端口正常输出 DC 6 ~ 16 V，无显示则损坏。

3）发电机 W 端口正常输出用万用表测 DC 6 ~ 16 V。

10. 雾灯不亮

（1）故障现象

按下雾灯开关时，雾灯不亮。其他前照灯正常。

（2）故障原因

1）熔断器 F10 损坏。

2）雾灯开关 S15 损坏。

3）继电器 K7 损坏。

4）雾灯接线端子 X4:8（前）、X28:1（后）损坏。

5）雾灯灯泡损坏。

（3）故障排除方法

正常通电后，按如图 3—1—45 所示电路图及步骤进行检测，排查故障点，更换损坏的电气元件。

1）熔断器 F10:2 电压应为 24 V。

2）当雾灯开关 S15 打到 1 挡时，S15:5 电压应为 24 V。

3）当打开雾灯开关 S15 时，继电器 K7:86（33 号线）、K7:30（34 号线）电压应为 24 V。

4）当打开雾灯开关 S15 时，前雾灯接线端子 X4:8 电压应为 24 V，后雾灯接线端子 X28:1 电压应为 24 V。

5）检查灯泡是否损坏。

11. 无倒车警示灯及倒车喇叭

（1）故障现象

倒车时所有倒车警示（倒车警示灯闪烁和倒车喇叭鸣响）都没有。

（2）故障原因

1）熔断器 F7 损坏。

2）倒车开关 S12 损坏。

3）倒车继电器 K6 损坏。

4）接线端子 X4:4、X25:4、X26:4 损坏。

5）倒车喇叭和灯泡损坏。

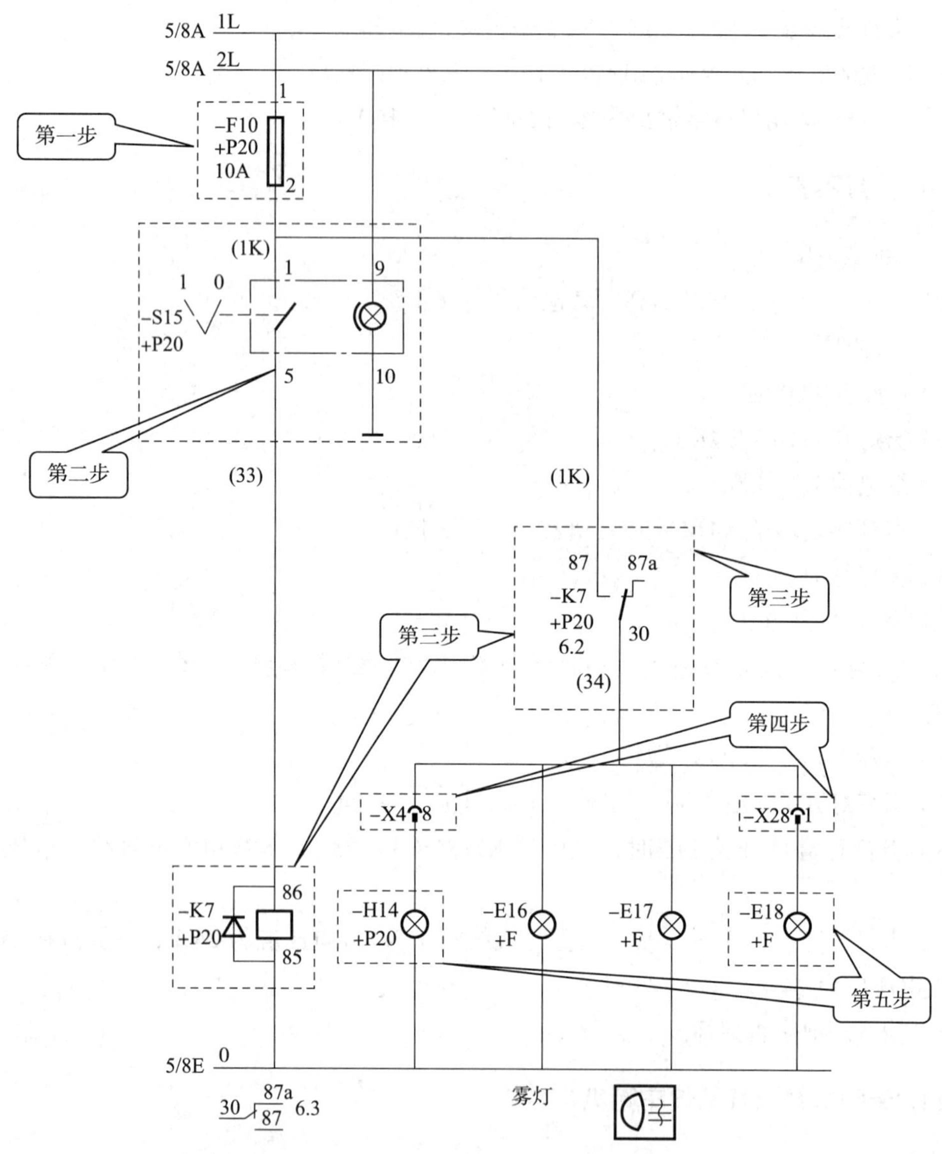

图 3—1—45　雾灯不亮的故障排除方法

（3）故障排除方法

按如图 3—1—46 所示电路图及步骤进行检测，排查故障点，更换损坏的电气元件。

1）熔断器 F7:2 电压应为 24 V。

2）用万用表通断挡判断倒车开关 S12 是否完好。

3）挂上倒挡时，继电器 K6:30 电压应为 24 V。

4）前接线端子 X4:4（28 号线）电压应为 24 V，后接线端子 X25:4（28 号线）电压应为 24 V，后接线端子 X26:4（28 号线）电压应为 24 V。

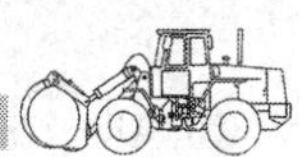

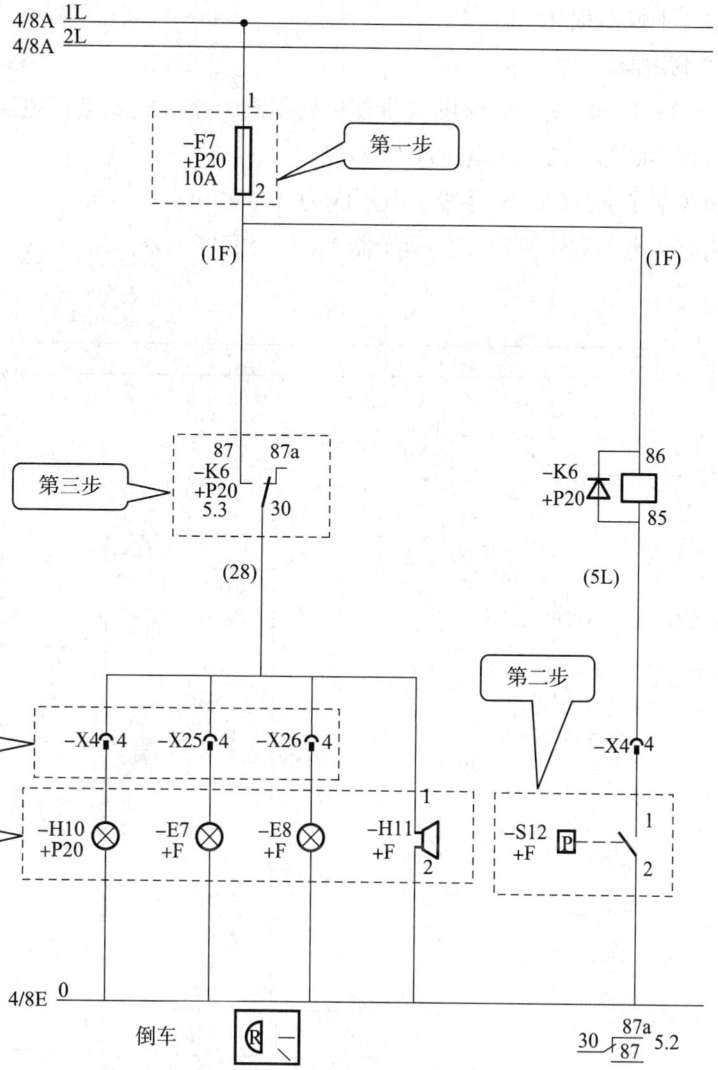

图 3—1—46　无倒车警示灯及倒车喇叭的故障排除方法

5）用有（电）源法判断倒车喇叭 H11 和倒车警示灯 H10、E7、E8 灯泡是否功能完好。

12. 空气干燥器不工作

（1）故障现象

电源正常，但是空气干燥器不工作。

（2）故障原因

1）熔断器 F12 损坏。

2）接线端子 X3:6 损坏。

3）空气干燥器损坏。

（3）故障排除方法

按如图 3—1—47 所示电路图及步骤进行检测，排查故障点，更换损坏的电气元件。

1）检查熔断器 F12:2，电压应为 24 V。

2）接线端子 X3:6（1N 号线）电压应为 24 V。

3）用有（电）源法判断空气干燥器 Y2 是否完好。

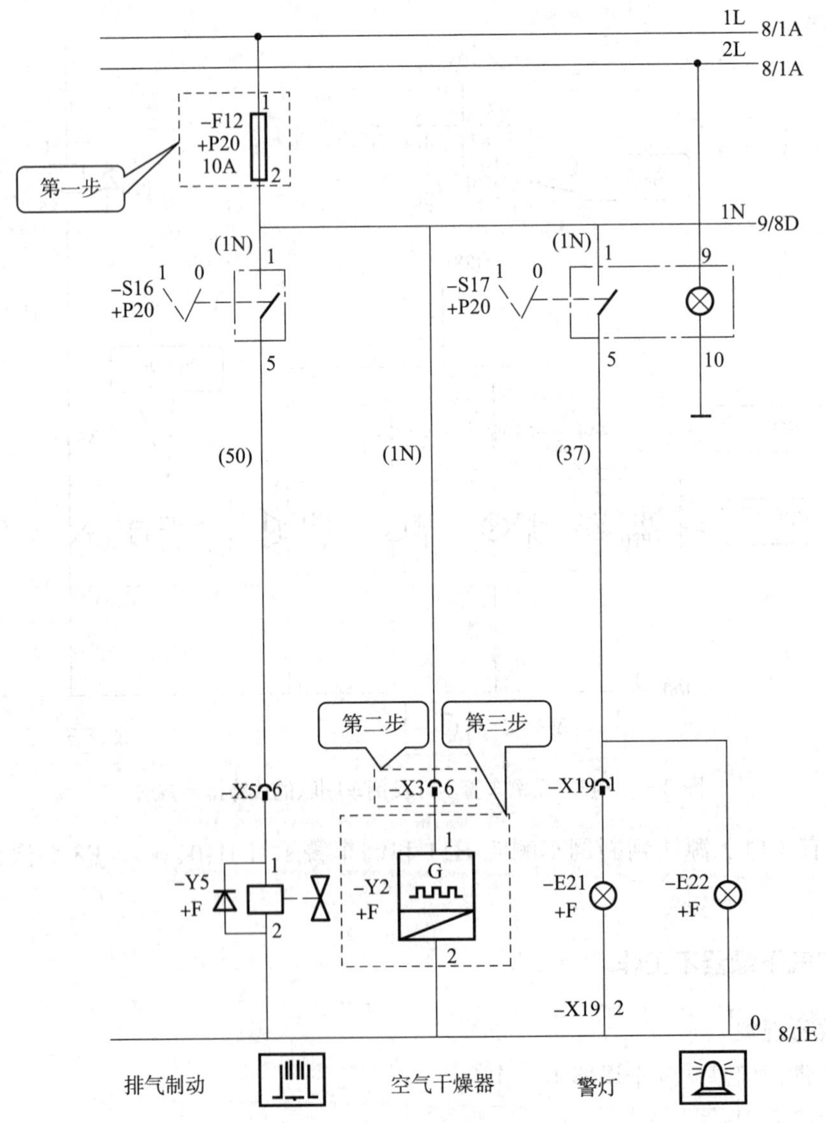

图 3—1—47　空气干燥器不工作的故障排除方法

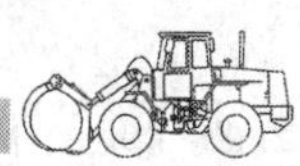

13. 上车无电源

（1）故障现象

下车各种动作正常，没给上车提供电源。

（2）故障原因

1）熔断器 F15 损坏。

2）X2:7 接线端子损坏。

3）中心回转体滑环下部 X29:1 接线端子接触不良。

4）回转体上部接线端子 1 号线损坏。

（3）故障排除方法

正常通电后，按如图 3—1—48 所示电路图及步骤进行检测，排查故障点，更换损坏的电气元件。

1）熔断器 F15:2 电压应为 24 V。

2）接线端子 X2:7（3C 号线）电压应为 24 V。

3）中心回转体滑环下部 X29:1 电压应为 24 V。

4）回转体上部接线端子 1 号线电压应为 24 V。

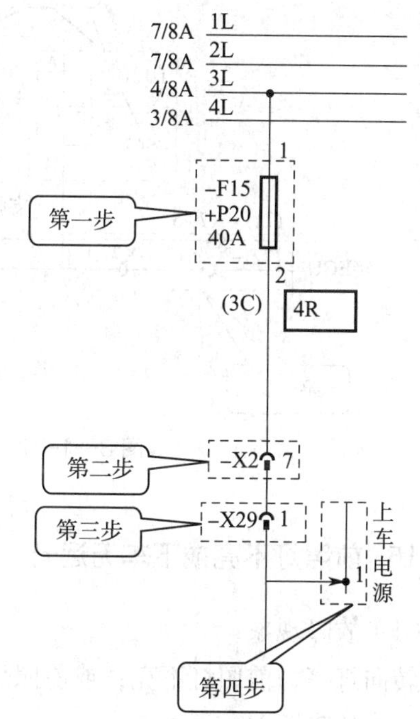

图 3—1—48　上车无电源的故障排除方法

14. 支腿无油门

（1）故障现象

下车驾驶室有油门，但支腿无油门。

（2）故障原因

1）熔断器 F12 损坏。

2）支腿油门开关损坏。

3）X77:1、X79:12（72 号线）接线端子损坏。

（3）故障排除方法

正常通电后，按如图 3—1—49 所示电路图及步骤进行检测，排查故障点，更换损坏的电气元件。

1）熔断器 F12:2（1N 号线）电压应为 24 V。

2）支腿油门开关 S61:B 电压应为 24 V，S62:B 电压应为 24 V。

3）接线端子 X77:1、X79:12（72 号线）电压应为 24 V。

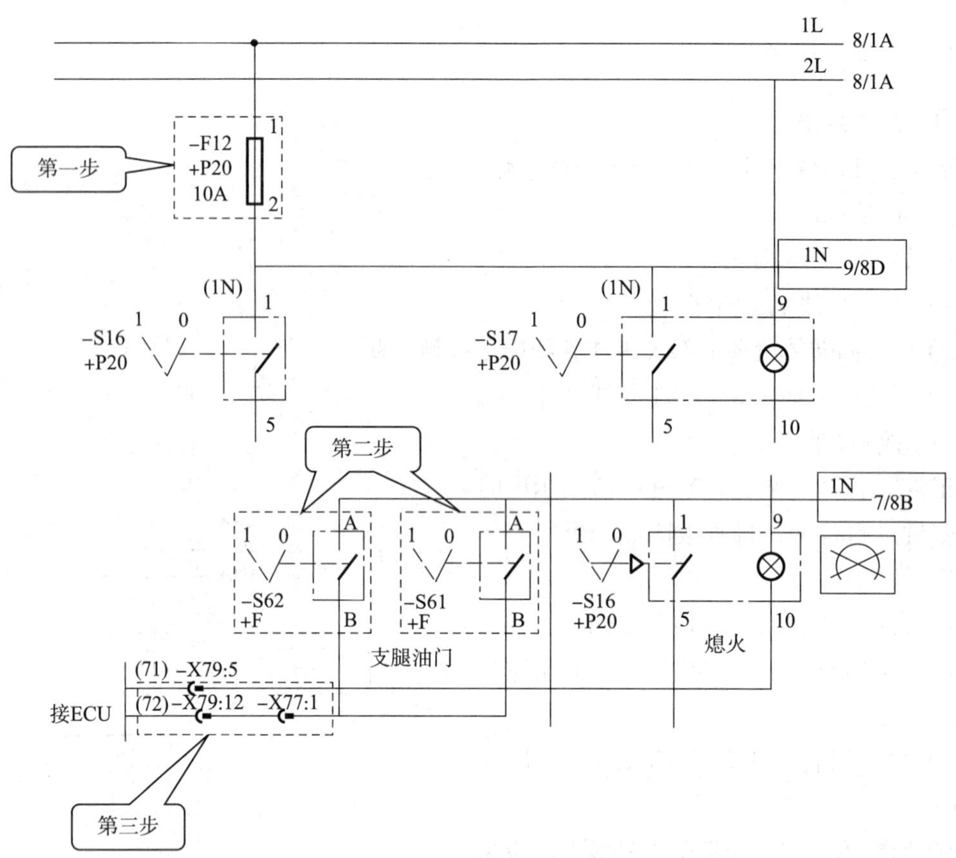

图 3—1—49　支腿无油门的故障排除方法

15. 前照灯不亮或下车无远光

（1）故障现象

转向灯亮，前照灯不亮；或前照灯近光灯亮，远光灯不亮。

（2）故障原因

1）组合开关前照灯开关 S9:56a、S9:56b 触点损坏。

2）继电器 K4、K5 损坏。

3）前照灯损坏。

（3）故障排除方法

按如图 3—1—50 所示电路图及步骤进行检测，排查故障点，更换损坏的电气元件。

1）组合开关前照灯开关扳到前照灯工作位置

远光灯位置：S9:56a 触点电压应为 24 V，继电器 K4 不工作，继电器 K5 工作。

近光灯位置：S9:56b 触点电压应为 24 V，继电器 K5 不工作，继电器 K4 工作。

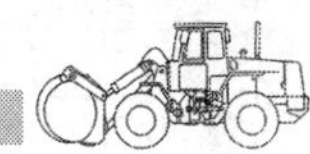

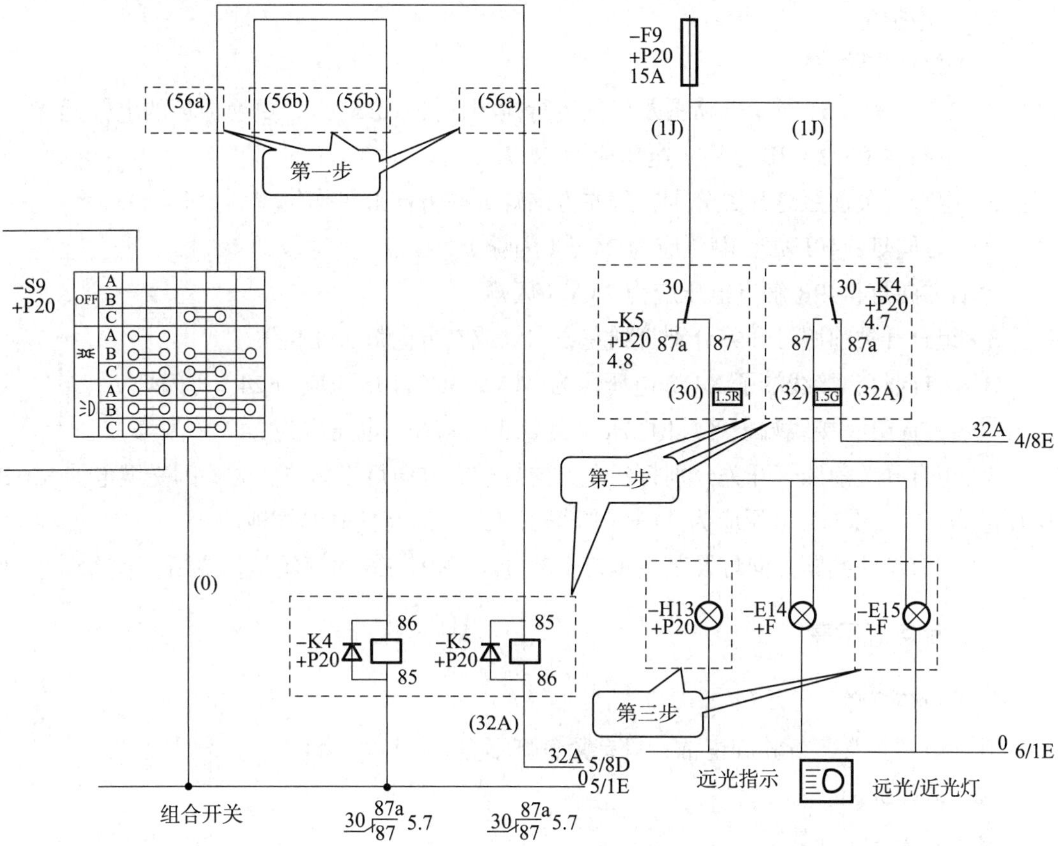

图 3—1—50 前照灯不亮的故障排除方法

2）组合开关前照灯开关扳到前照灯工作位置

远光灯位置：K5:87（30 号线）触点电压应为 24 V。

近光灯位置：K4:87（32 号线）触点电压应为 24 V。

3）用有源法判断前照灯 H13、E15 的灯丝是否烧断。

16. 无转向灯

（1）故障现象

起重机行驶转弯时，底盘前、后侧均无转向灯指示方向，且仪表盘无方向显示。

（2）故障原因

1）熔断器 F6 损坏。

2）组合开关 S9 方向灯开关损坏。

3）前接线端子 X4:1、X4:2 损坏；后接线端子 X25:1、X26:1 损坏。

4）闪光继电器 K3 损坏。

5）灯泡损坏。

（3）故障排除方法

按如图 3—1—51 所示电路图及步骤进行检测，排查故障点，更换损坏的电气元件。

1）熔断器 F6:2（3B 号线）电压应为 24 V。

2）组合开关前照灯开关分别打到左方向灯或右方向灯工作位置

①左方向灯：49L 触点电压应为 24 V（闪烁）。

②右方向灯：49R 触点电压应为 24 V（闪烁）。

3）组合开关前照灯开关分别打到左方向灯或右方向灯工作位置

①左方向灯：接线端子 X4:2 电压应为 24 V，X25:1 电压应为 24 V（闪烁）。

②右方向灯：接线端子 X4:1 电压应为 24 V，X26:1 电压应为 24 V（闪烁）。

4）组合开关前照灯开关分别打到左方向灯或右方向灯工作位置时：闪光继电器 K3:B 电压应为 24 V，K3:L 电压应为 24 V（闪烁）；K3:E 应有良好的接地。

5）用有源法判断方向灯及其指示灯 H8、E3、H9、E6 的灯丝是否烧断。

17. 紧急灯不亮

（1）故障现象

其他电器正常，行驶灯正常，只有紧急灯不亮。

（2）故障原因

紧急开关 S11 损坏。

（3）故障排除方法

按如图 3—1—52 所示电路图及步骤进行检测，排查故障点，更换损坏的电气元件。

1）紧急灯光开关 S11 扳到工作位置

①左方向灯：接线端子 X4:2 电压应为 24 V，X25:1 电压应为 24 V 闪烁。

②右方向灯：接线端子 X4:1 电压应为 24 V，X26:1 电压应为 24 V 闪烁。

2）行驶灯亮说明灯泡完好，用通断法判断紧急灯光开关是否完好。

18. 行车灯不亮

（1）故障现象

其他灯光正常，行车灯（含侧灯）、示廓灯、水平仪照明、仪表盘照明不亮。

（2）故障原因

1）熔断器 F5 损坏。

2）行车灯开关 S10 损坏。

3）接线端子 X4:3（接前行车灯）损坏。X4:3 还控制牌照灯、后行车灯等灯光。

4）X27:1（接牌照灯）、X25:2、（接左后行车灯）、X26:2（接右后行车灯）损坏。

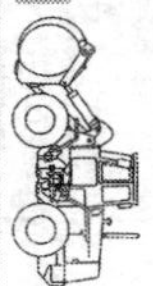

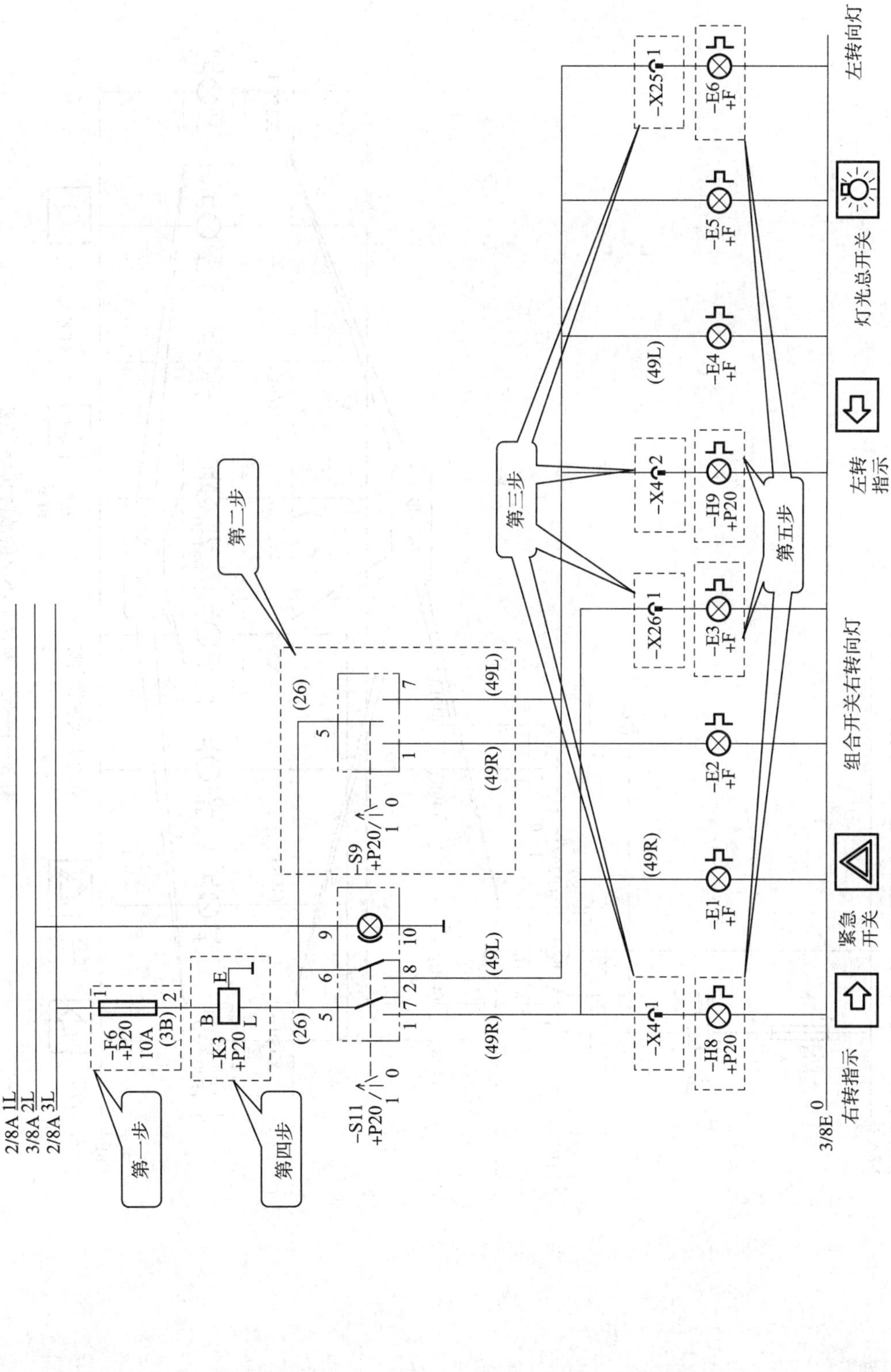

图 3—1—51　无转向灯的故障排除方法

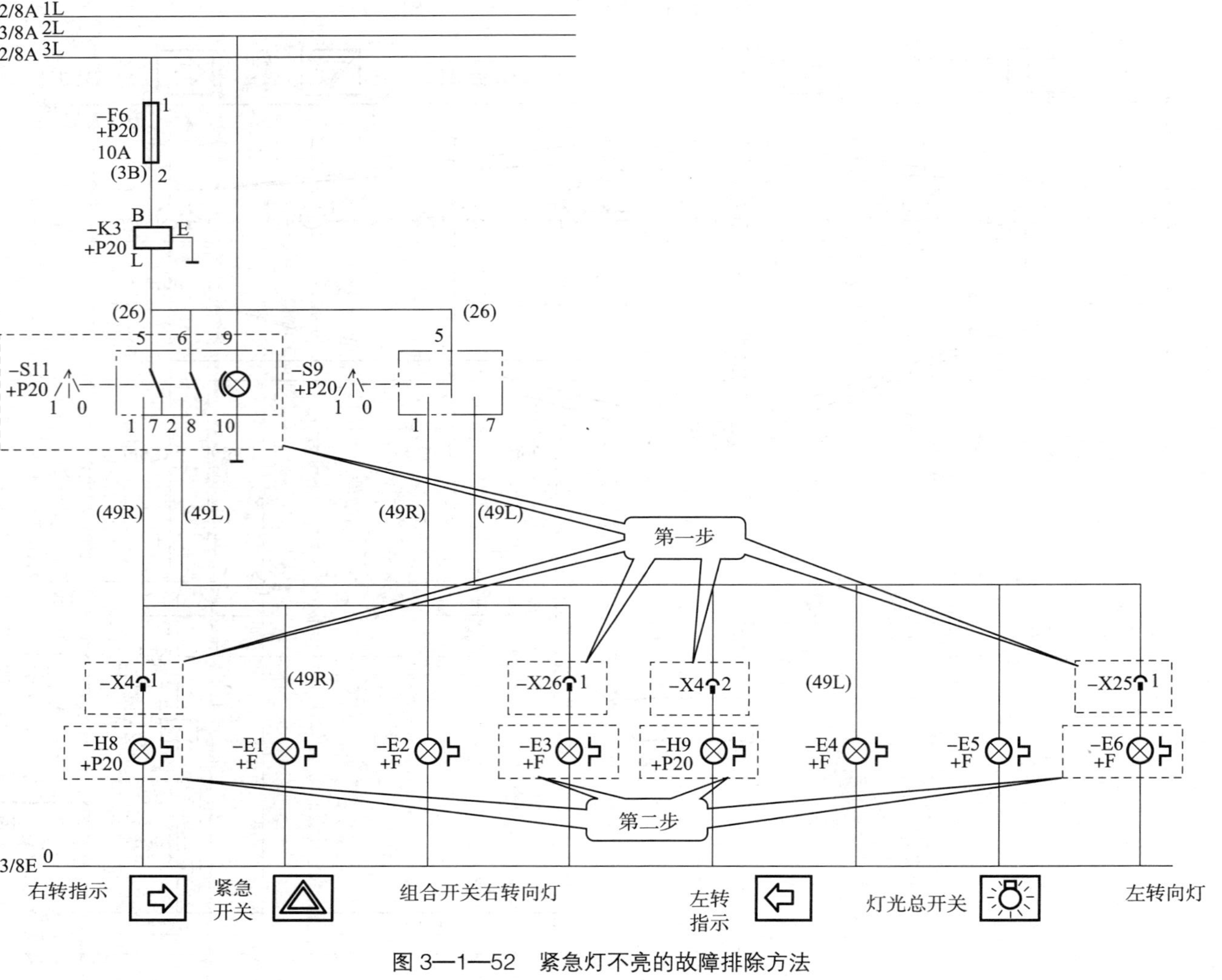

图 3—1—52　紧急灯不亮的故障排除方法

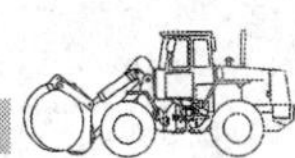

（3）故障排除方法

正常通电后，按如图 3—1—53 所示电路图及步骤进行检测，排查故障点，更换损坏的电气元件。

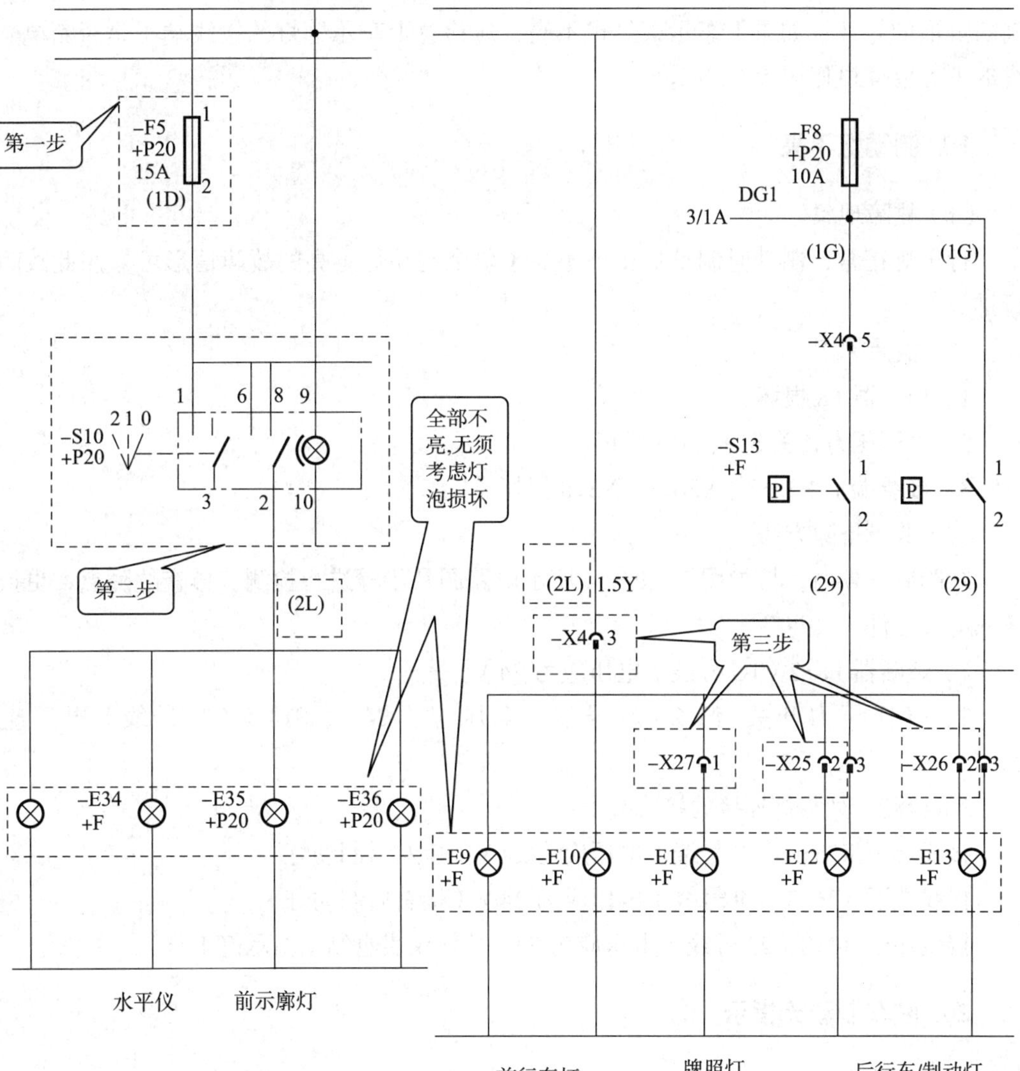

图 3—1—53　行车灯不亮的故障排除方法

1）熔断器 F5:2（1D 号线）电压应为 24 V。

2）行车灯开关 S10:1（1D 号线）电压应为 24 V，S10:2（2L 号线）电压应为 24 V。

3）行车灯接通状态

①接线端子 X4:3（2L 号线）电压应为 24 V（接前行车灯）。

②接线端子 X27:1（2L 号线）电压应为 24 V（接牌照灯）。

③接线端子 X25:2（2L 号线）电压应为 24 V（接左后行车灯）。

④接线端子 X26:2（2L 号线）电压应为 24 V（接右后行车灯）。

只要不出现全部灯（前、后行车灯，牌照灯等）不亮，就说明线路没有问题，只须判断灯泡的好坏；如果上车示廓灯也不亮，应检查上车示廓灯的接线端子是否断电（接线端子 X29:4 电压应为 24 V）。

19. 制动灯不亮

（1）故障现象

行车灯正常，制动时制动灯全部不亮（单个制动灯不亮的故障情形可参照此故障进行排查）。

（2）故障原因

1）熔断器 F8 损坏。

2）气压压力开关 S13、S14 损坏。

3）接线端子 X25:3、X26:3、X3:8 损坏。

（3）故障排除方法

踩踏制动器时，按如图 3—1—54 所示电路图及步骤进行检测，排查故障点，更换损坏的电气元件。

1）熔断器 F8:2（1G 号线）电压应为 24 V。

2）气压压力开关 S13:2（29 号线）电压应为 24 V，S14:2（29 号线）电压应为 24 V。

3）检测下列与灯连接的接线端子：

接线端子 X25:3（29 号线）电压应为 24 V（接左后制动灯）。

接线端子 X26:3（29 号线）电压应为 24 V（接右后制动灯）。

接线端子 X3:8（29 号线）电压应为 24 V（接仪表盘制动指示灯）。

20. 驻车制动无指示

（1）故障现象

发动机起动后，其他显示正常，气压也满足，但是驻车制动时仪表盘上对应的驻车制动指示灯不亮。

（2）故障原因

1）驻车制动压力开关 S6 损坏。

2）接线端子 X3:2（23 号线）损坏。

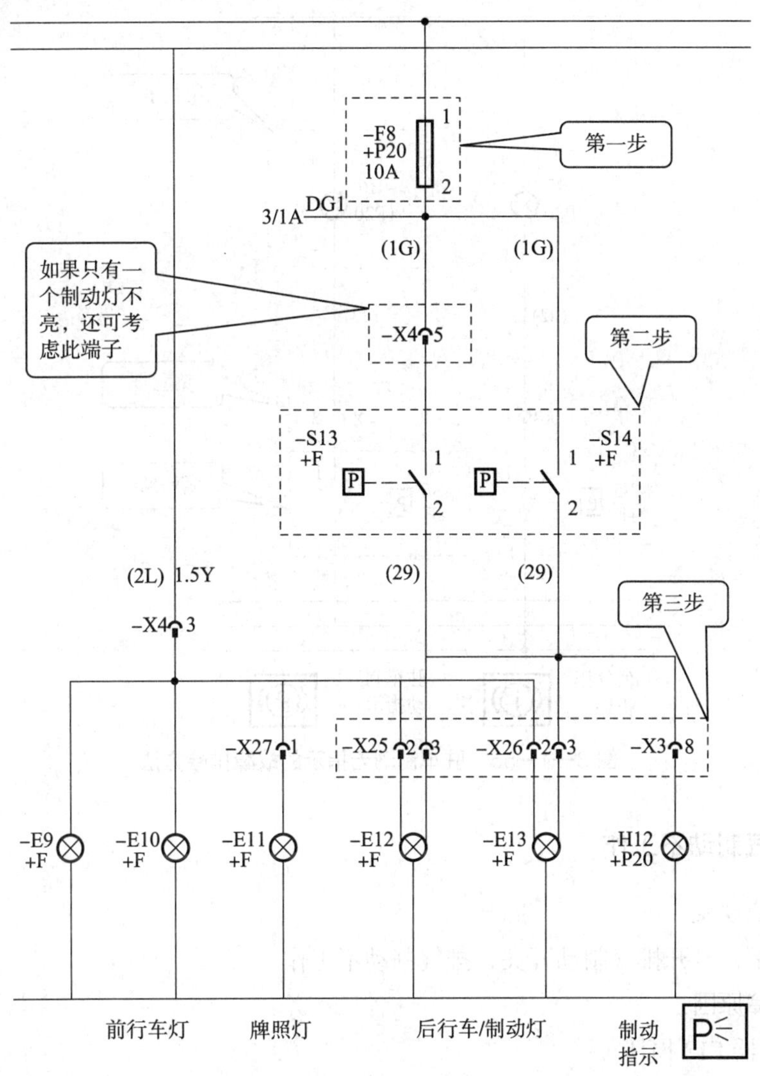

图 3—1—54 制动灯不亮的故障排除方法

3）灯泡损坏。

（3）故障排除方法

按如图 3—1—55 所示电路图及步骤进行检测，排查故障点，更换损坏的电气元件。

1）当驻车制动手柄处于制动位置时，驻车制动压力开关 S6:1 电压为 0 V，指示灯 H5 亮，说明开关 S6 损坏。

2）检查接线端子 X3:2(23 号线)，电压应为 24 V，说明灯泡完好；如果电压值不符，说明灯泡损坏。

3）检查并更换损坏的灯泡。

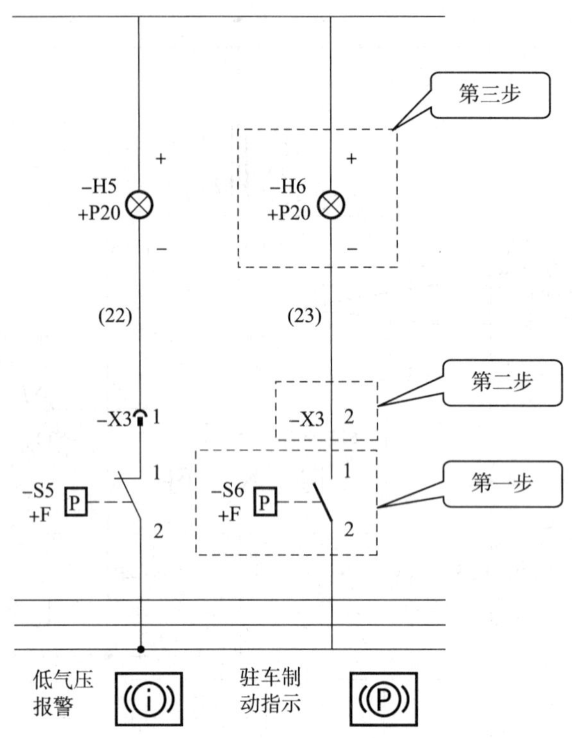

图 3—1—55　驻车制动无指示的故障排除方法

21. 排气制动不工作

（1）故障现象

电源正常，打开排气制动开关，排气制动不工作。

（2）故障原因

1）熔断器 F12 损坏。

2）排气制动开关 S16 损坏。

3）接线端子 X5:6 损坏。

4）电磁阀 Y5 损坏。

（3）故障排除方法

按如图 3—1—56 所示电路图及步骤进行检测，排查故障点，更换损坏的电气元件。

1）检查熔断器 F12:2（1N 号线），电压应为 24 V。

2）检查排气制动开关 S16:5（50 号线），电压应为 24 V。

3）检查接线端子 X5:6（50 号线），电压应为 24 V。

4）用有源法判断 Y5 电磁阀是否完好。

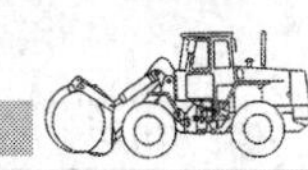

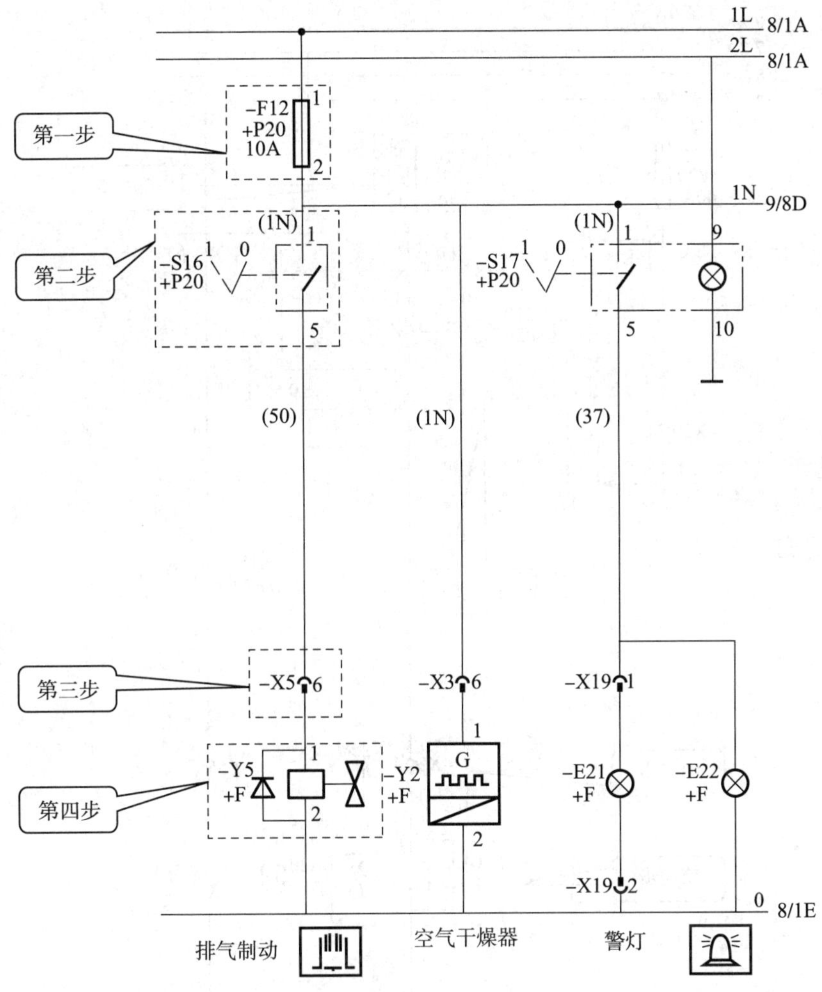

图 3—1—56　排气制动不工作的故障排除方法

22. 差速阀不工作

（1）故障现象

当电源正常时打开差速开关，差速阀不工作。

（2）故障原因

1）熔断器 F16 损坏。

2）差速开关 S19 损坏。

3）接线端子 X5:4 损坏。

4）差速电磁阀 Y3 损坏。

（3）故障排除方法

按如图 3—1—57 所示电路图及步骤进行检测，排查故障点，更换损坏的电气元件。

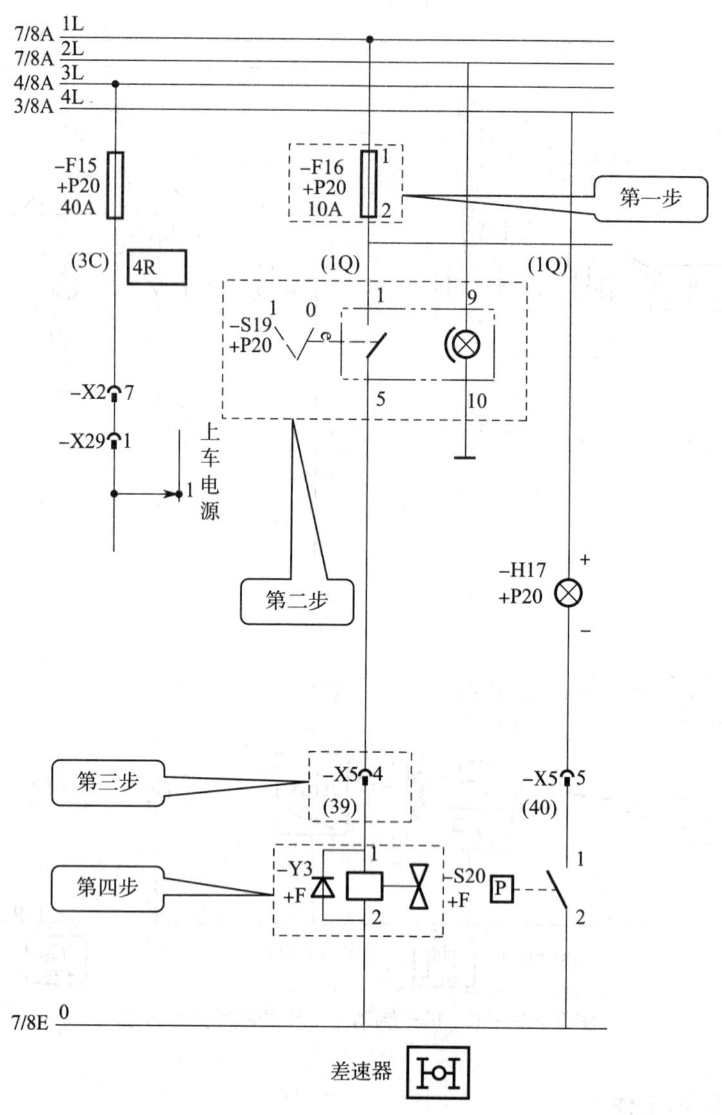

图 3—1—57 差速阀不工作的故障排除方法

1）检查熔断器 F16:2（1Q 号线），电压应为 24 V。

2）检查差速开关 S19:5，电压应为 24 V。

3）检查接线端子 X5:4（39 号线），电压应为 24 V。

4）用有源法判断 Y3 电磁阀是否完好。

23. 刮水器、洗涤器工作异常

（1）故障现象

钥匙开关旋转通电以后，打开刮水器开关，刮水器不工作或只有一个速度，或洗涤

器无法工作。其他电器正常。

（2）故障原因

1）熔断器 F11 损坏。

2）刮水器开关或洗涤器开关损坏。

3）刮水器电动机或洗涤器电动机损坏。

（3）故障排除方法

按如图 3—1—58 所示电路图及步骤进行检测，排查故障点，更换损坏的电气元件。

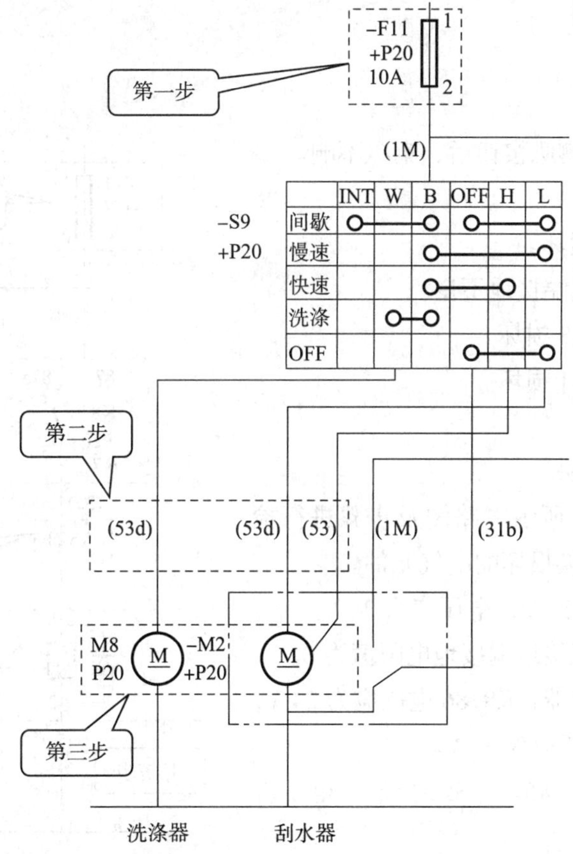

图 3—1—58　刮水器、洗涤器工作异常的故障排除方法

1）检查熔断器 F11:2（1M 号线），电压应为 24 V。

2）检测刮水器、洗涤器开关 S9 的接头电压（具体产品应根据原理图检测），见表 3—1—5。

3）检测刮水器电动机 M2、洗涤器电动机 M8。

表 3—1—5　　刮水器、洗涤器开关的接头电压

挡位	接头电压（V）			工作状态
	53 线	53b 线	53d 线	
0	0	0	0	不工作
Ⅰ	24	0	0	Ⅰ挡速度刮水
Ⅱ	0	24	0	Ⅱ挡速度刮水
提挡	0	0	24	洗涤

24. 喇叭不响

（1）故障现象

电源正常，按下喇叭按钮后，喇叭不响。

（2）故障原因

1）熔断器 F11 损坏。

2）喇叭按钮接地端接地不良。

3）喇叭继电器 K8 损坏。

4）接线端子 X5:1 损坏。

5）喇叭损坏。

（3）故障排除方法

按如图 3—1—59 所示电路图及步骤进行检测，排查故障点，更换损坏的电气元件。

1）检查熔断器 F11:2，电压应为 24 V。

2）检查喇叭按钮接地端接地电阻值为 0。

3）检查喇叭继电器，K8:86 电压应为 24 V，K8:30（35 号线）电压应为 24 V。

4）检查接线端子 X5:1（35 号线），电压应为 24 V。

5）用有源法判断喇叭 H15 是否完好。

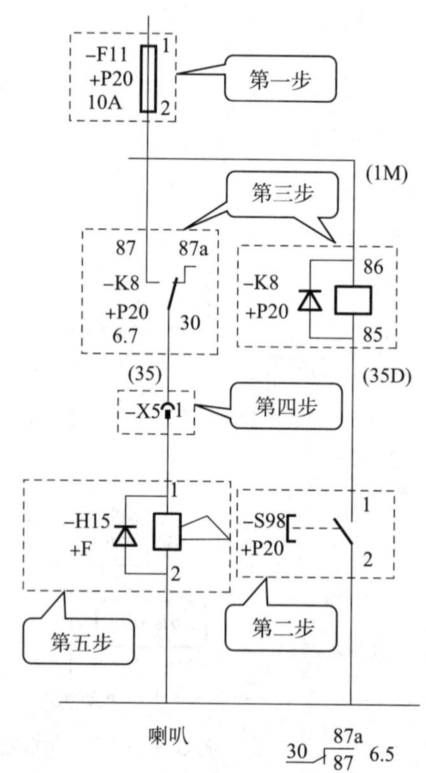

图 3—1—59　喇叭不响的故障排除方法

25. 驾驶室电动门窗无动作

（1）故障现象

其他电器正常，按下驾驶室控制门窗玻璃的电动开关，门窗玻璃无动作。

（2）故障原因

1）熔断器 F17 损坏。

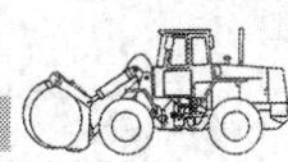

2）左门开关 S27、S28 损坏；右门开关 S29 损坏。

3）左电动机 M5 损坏；右电动机 M6 损坏。

（3）故障排除方法

按如图 3—1—60 所示电路图及步骤进行检测，排查故障点，更换损坏的电气元件。

1）检查熔断器 F17:2 电压应为 24 V。

2）检查电动门窗开关挡位

中位：S27:0 电压应为 24 V，S28:0 电压应为 24 V，S29:0 电压应为 24 V。

Ⅰ挡：S27:1 电压应为 24 V，S28:1 电压应为 24 V，S29:1 电压应为 24 V。

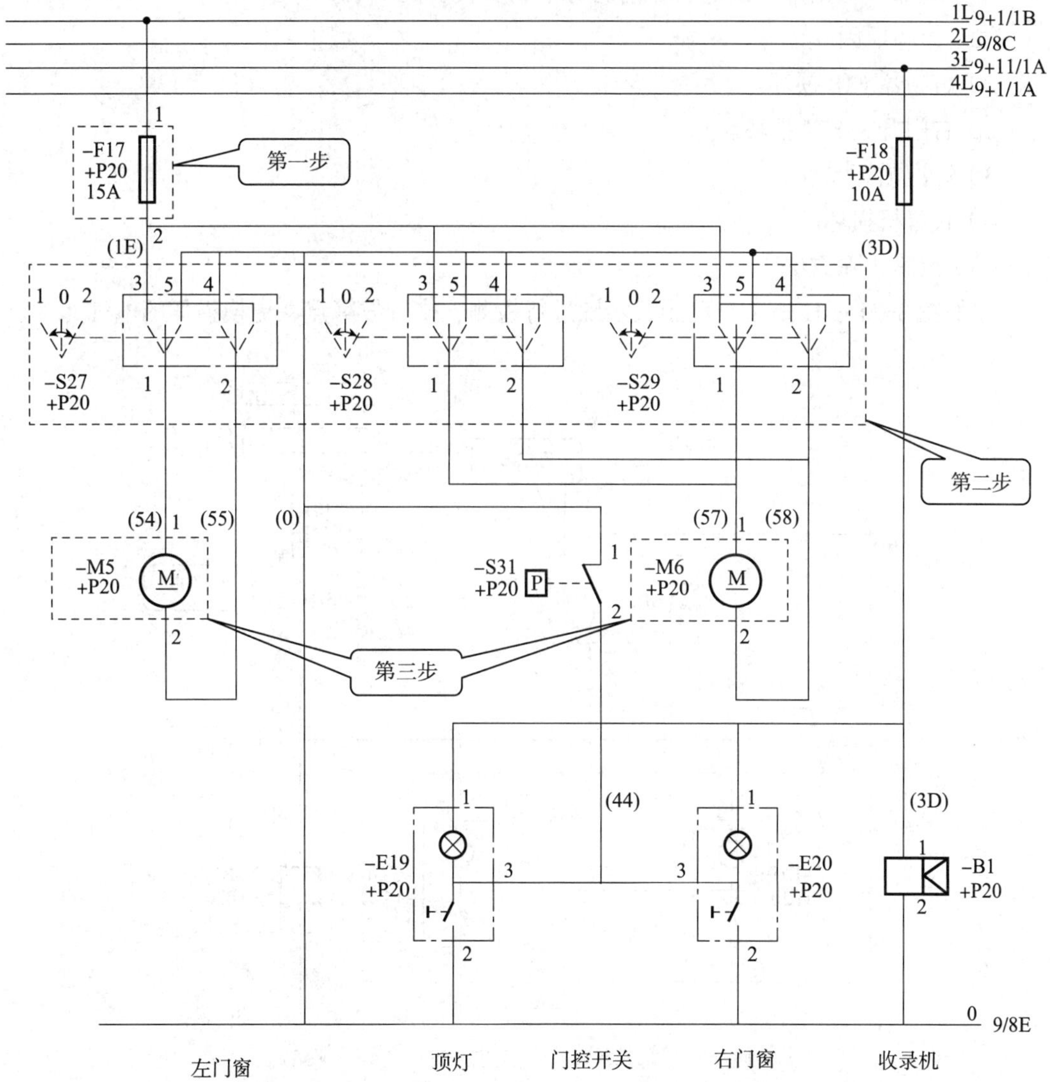

1L 9+1/1B
2L 9/8C
3L 9+11/1A
4L 9+1/1A
–F17 +P20 15A
第一步
–F18 +P20 10A
(1E)
(3D)
–S27 +P20
–S28 +P20
–S29 +P20
第二步
(54) 1 (55)
(0)
(57) 1 (58)
–M5 +P20
–S31 +P20
–M6 +P20
第三步
(44)
(3D)
–E19 +P20
–E20 +P20
–B1 +P20
0 9/8E
左门窗　顶灯　门控开关　右门窗　收录机

图 3—1—60　驾驶室电动门窗无动作的故障排除方法

Ⅱ挡：S27:2 电压应为 24 V，S28:2 电压应为 24 V，S29:2 电压应为 24 V。

3）检查电动机开关挡位

Ⅰ挡：M5:1（54 号线）或 M6:1（57 号线）电压应为 24 V。

Ⅱ挡：M5:2（55 号线）或 M6:2（58 号线）电压应为 24 V。

说明：图 3—1—60 中开关 S27、S28、S29 的 4、5 接线端子为地线。

26. 顶灯、右门窗灯不亮及收音机不响

（1）故障现象

下车电器一切正常，顶灯、右门窗灯不亮及收音机不响。

（2）故障原因

1）熔断器 F18 损坏。

2）右门开关 S31 损坏。

3）灯泡损坏。

4）收音机损坏。

（3）故障排除方法

按如图 3—1—61 所示电路图及步骤进行检测，排查故障点，更换损坏的电气元件。

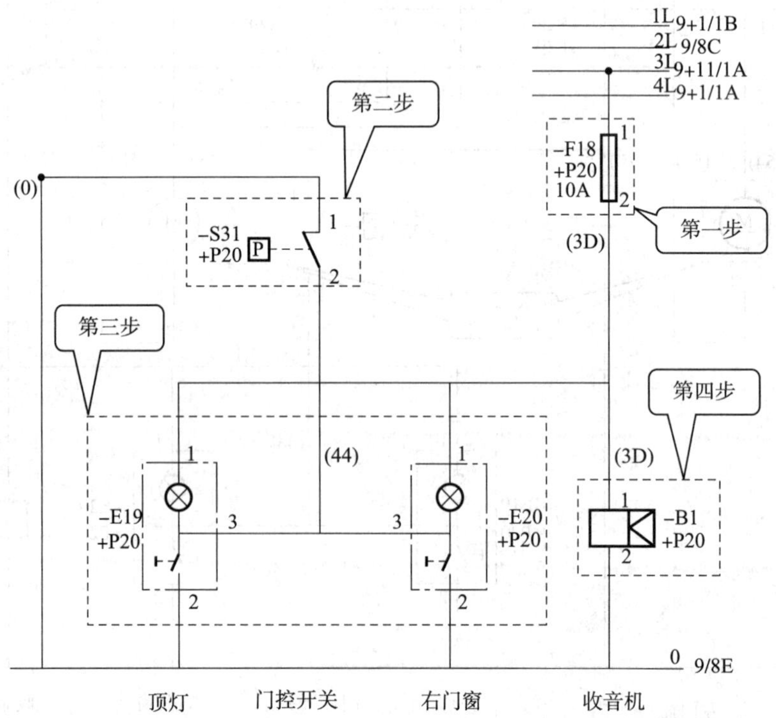

图 3—1—61　顶灯、右门窗灯不亮及收音机不响的故障排除方法

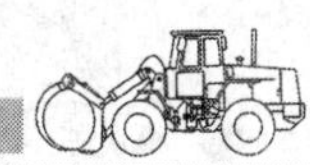

1）检查熔断器 F18:2，电压应为 24 V。

2）用通断法检查门开关是否完好。

3）用有源法判断灯泡是否完好。

4）检查收音机 B1 是否损坏。

27. 车速里程表无显示

（1）故障现象

其他电器正常，车速里程表无显示。

（2）故障原因

1）熔断器 F4、F8 损坏。

2）车速里程表损坏。

3）车速里程传感器损坏。

4）接线端子 X2:4 损坏。

（3）故障排除方法

按如图 3—1—62 所示电路图及步骤进行检测，排查故障点，更换损坏的电气元件。

1）检查上车熔断器，F4:2 电压应为 24 V，F8:2（1G 号线）电压应为 24 V。

2）检查车速里程表 P5:I，电压应为 24 V。

3）检查车速里程传感器 1（UE）号端子电压为 24 V，2（UD）号端子电压为 0 V。

4）当把 X2:4 端子拔下时，3（A1）号端子电压：DC 6 ~ 16 V。

28. 发动机故障指示灯不显示

（1）故障现象

发动机发生故障时，发动机故障指示灯不显示警告。

（2）故障原因

1）熔断器 F4 损坏。

2）接线端子 X79:13 损坏。

3）指示灯损坏。

（3）故障排除方法

按如图 3—1—63 所示电路图及步骤进行检测，排查故障点，更换损坏的电气元件。

1）检查熔断器 F4:2，电压应为 24 V。

2）检查接线端子 X79:13（21 号线），电压应为 24 V。

3）用有源法判断指示灯 H4 是否完好。

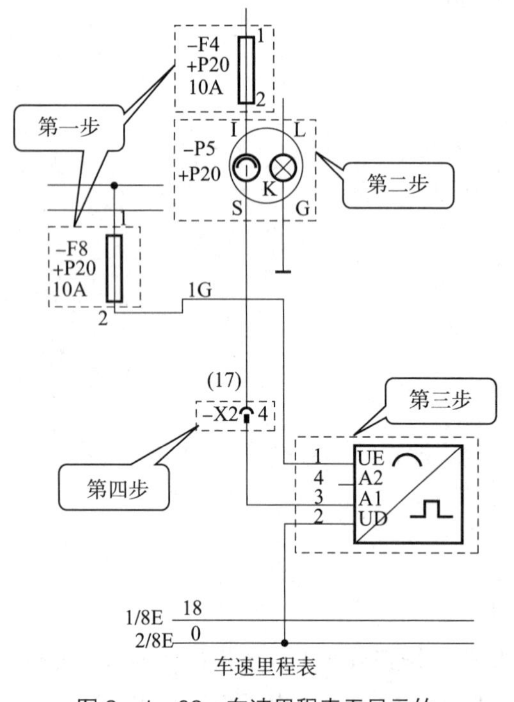

图 3—1—62　车速里程表无显示的故障排除方法

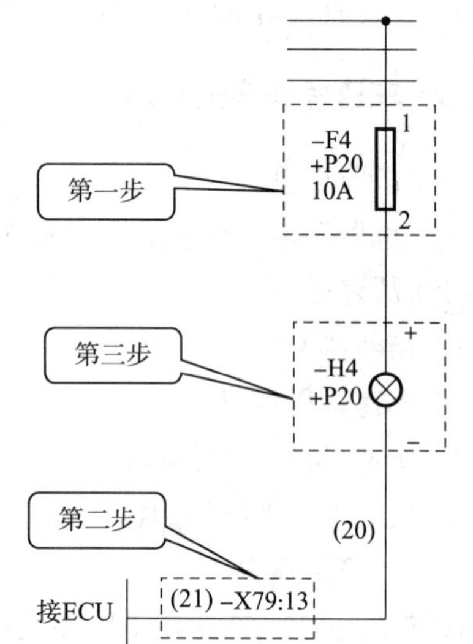

图 3—1—63　发动机故障指示灯不显示的故障排除方法

二、中、小吨位汽车起重机上车电气系统常见故障分析与排除

1. 上车无电

（1）故障现象

下车供电正常，但当钥匙开关转到 I 挡（送电）时，上车无电。

（2）故障原因

1）钥匙开关 S0 损坏。

2）继电器 K0 损坏。

（3）故障排除方法

正常通电后，按如图 3—1—64 所示电路图及步骤进行检测，排查故障点，更换损坏的电气元件。

1）钥匙开关旋转通电后，S0:BR（10 号线）电压应为 24 V。

2）继电器 K0:85（10 号线）电压应为 24 V，K0:87（101 号线）电压应为 24 V，上车供电。

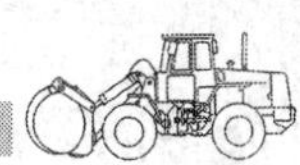

2. 上车无法起动

（1）故障现象

下车供电正常，但钥匙开关旋转至Ⅱ（起动）挡时，上车无法起动。

（2）故障原因

1）钥匙开关 S0 损坏。

2）至滑环接线端子 X4:1、X10:2 损坏。

3）接线端子 X15:9 损坏。

（3）故障排除方法

正常通电后，按如图 3—1—65 所示电路图及步骤进行检测，排查故障点，更换损坏的电气元件。

1）钥匙开关旋转至Ⅱ（起动）挡后，S0:R2（2 号线）电压应为 24 V。

2）至滑环接线端子 X10:2（2 号线）电压应为 24 V，接线端子 X4:1 电压应为 24 V。

3）接线端子 X15:9 电压应为 24 V。

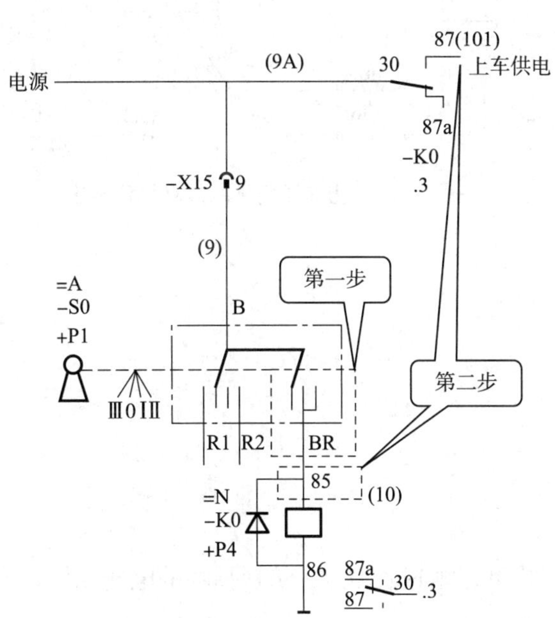

图 3—1—64　上车无电的故障排除方法

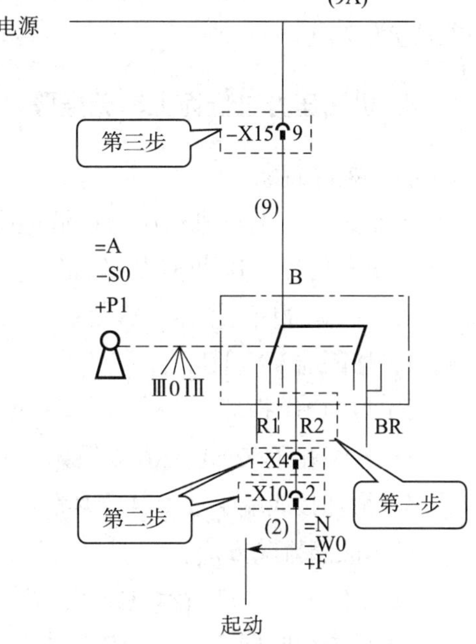

图 3—1—65　上车无法起动的故障排除方法

3. 上车不熄火

（1）故障现象

下车供电正常，但钥匙开关转至熄火（0）挡时，上车没有熄火。

（2）故障原因

1）钥匙开关 S0 损坏。

2）至滑环接线端子 X10:3 损坏。

3）接线端子 X15:9 损坏。

4）下车接线端子 X79:21 损坏。

（3）故障排除方法

正常通电后，按如图 3—1—66 所示电路图及步骤进行检测，排查故障点，更换损坏的电气元件。

1）钥匙开关旋转至通电后，S0:R1（3 号线）电压为 24 V。

2）至滑环接线端子 X10:3（3 号线）电压应为 24 V（接到下车 X29:14）。

3）接线端子 X15:9 电压应为 24 V。

4）下车接线端子 X79:21（36 号线）电压应为 24 V。

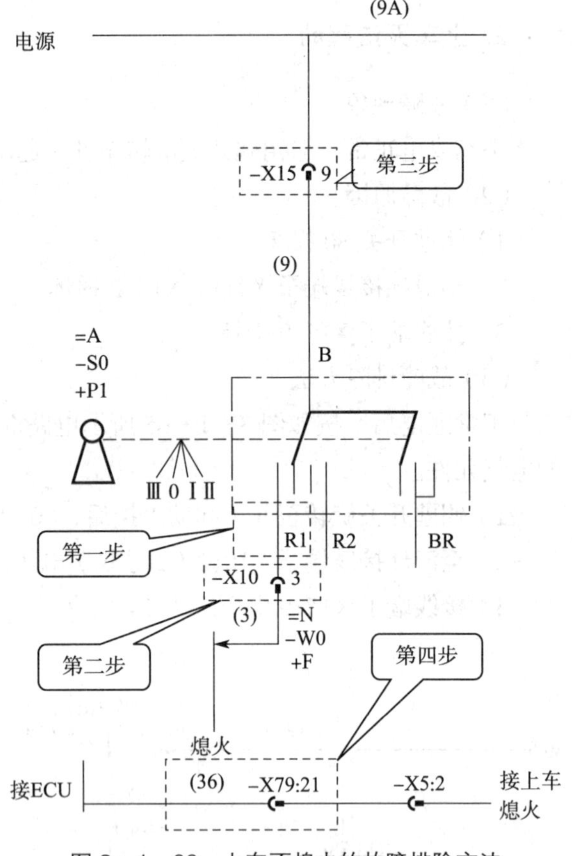

图 3—1—66　上车不熄火的故障排除方法

4. 机油压力过低而上车无报警

（1）故障现象

下车正常，上车机油压力过低但是上车无报警信号，其他电器一切正常。

（2）故障原因

1）熔断器 F2 损坏。

2）灯泡 H1 损坏。

3）接线端子 X5:1、X6:4 损坏。

4）滑环接线端子 X10:4 损坏。

（3）故障排除方法

按如图 3—1—67 所示电路图及步骤进行检测，排查故障点，更换损坏的电气元件。

1）检查熔断器 F2:4（11B 号线），电压应为 24 V。

2）用有源法判断灯泡（H1）是否完好。

3）检查接线端子 X5:1、X6:4，电压应为 24 V。

4）检查滑环接线端子 X10:4，电压应为 24 V。

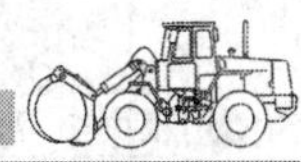

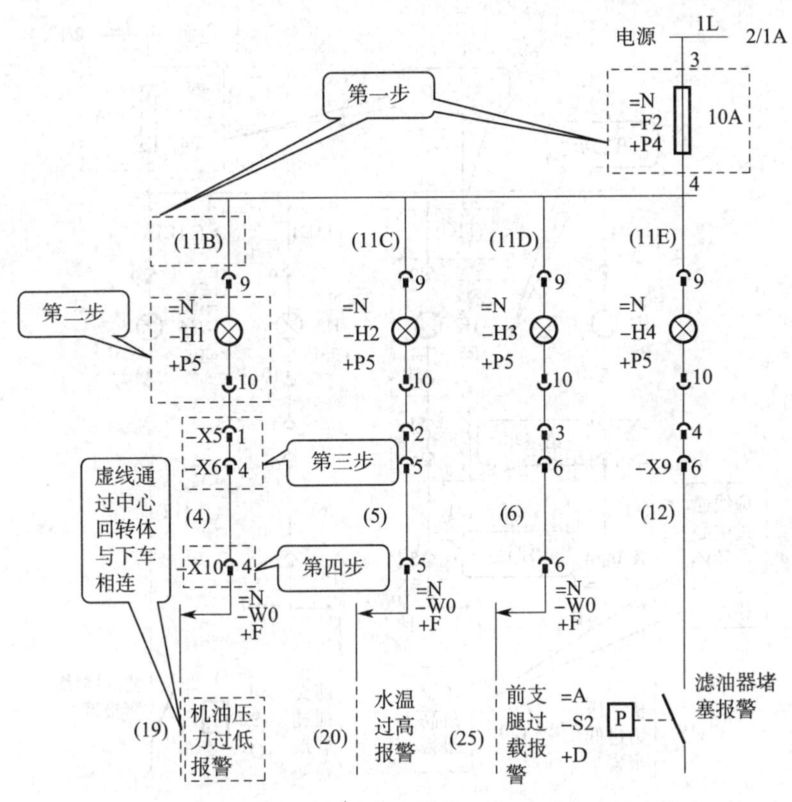

图 3—1—67　机油压力过低而上车无报警的故障排除方法

5. 水温过高而上车无报警

（1）故障现象

下车正常，上车水温过高不报警，其他电器一切正常。

（2）故障原因

1）熔断器 F2 损坏。

2）灯泡 H2 损坏。

3）接线端子 X5:2、X6:5 损坏。

4）滑环接线端子 X10:5 损坏。

（3）故障排除方法

按如图 3—1—68 所示电路图及步骤进行检测，排查故障点，更换损坏的电气元件。

1）检查熔断器 F2:4（11C 号线），电压应为 24 V。

2）用有源法判断灯泡（H2）是否完好。

3）检查接线端子 X5:2、X6:5，电压应为 24 V。

4）检查滑环接线端子 X10:5，电压应为 24 V。

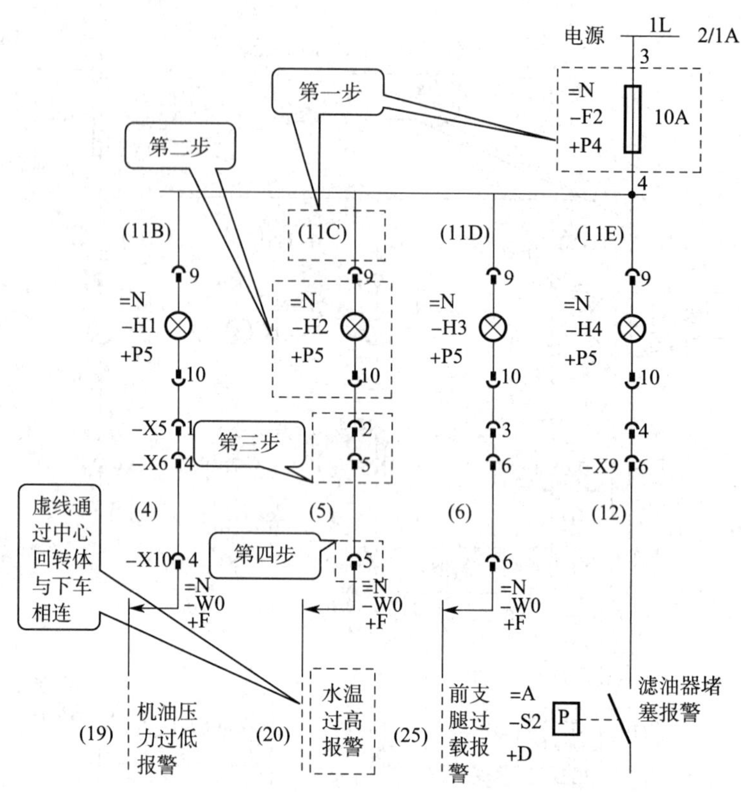

图 3—1—68　水温过高而上车无报警的故障排除方法

6. 第五支腿过载而上车不报警

（1）故障现象

其他电器正常，第五支腿过载，但是没有发出报警信号。

（2）故障原因

1）下车原因分析

①压力开关 S8 损坏。

②滑环接线端子 X29:7 损坏。

2）上车原因分析

①熔断器 F2 损坏。

②灯泡 H3 损坏。

③接线端子 X5:3、X6:6 损坏。

④滑环接线端子 X10:6 损坏。

（3）故障排除方法

1）下车故障排除方法

按如图 3—1—69 所示电路图及步骤进行检测，排查故障点，更换损坏的电气元件。

①用通断法判断压力开关 S8 是否完好。

②检查滑环接线端子 X29:7 连接是否可靠。

2）上车故障排除方法

按如图 3—1—70 所示电路图及步骤进行检测，排查故障点，更换损坏的电气元件。

①检查熔断器 F2:4（11D 号线），电压应为 24 V。

②用有源法判断灯泡（H3）是否完好。

③检查接线端子 X5:3、X6:6，电压应为 24 V。

④检查滑环接线端子 X10:6，电压应为 24 V。

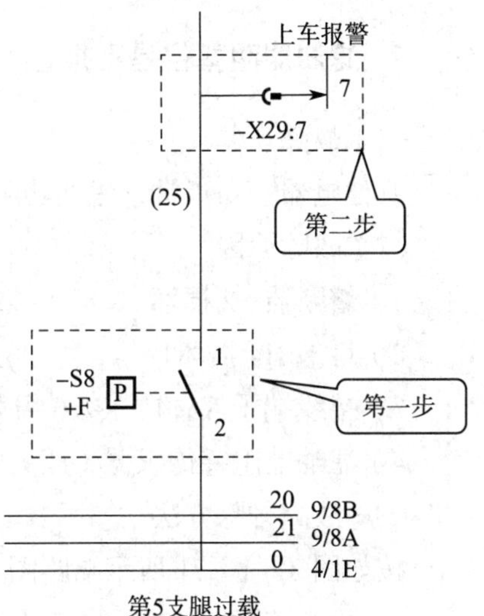

图 3—1—69　第五支腿过载而上车不报警的下车故障排除方法

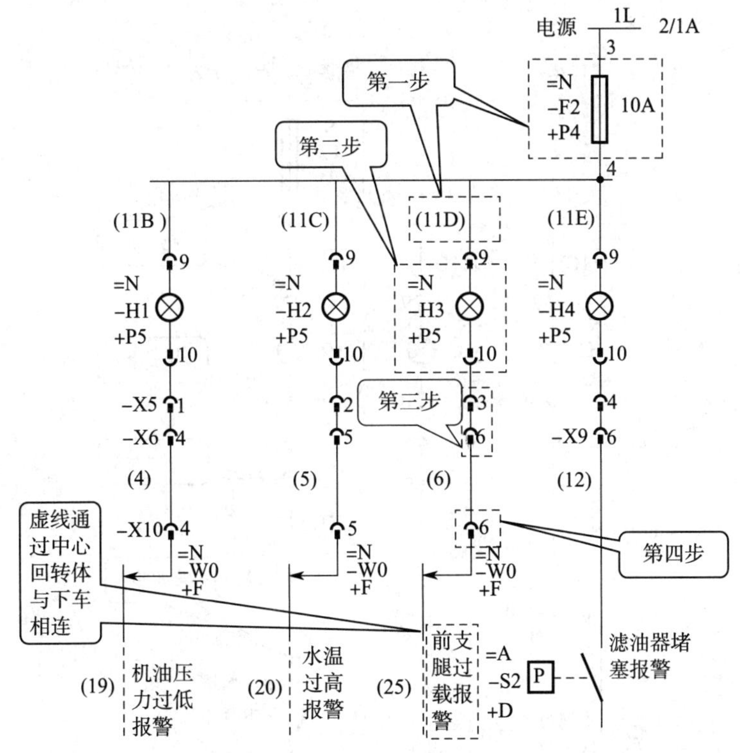

图 3—1—70　第五支腿过载而上车不报警的上车故障排除方法

7. 滤油器阻塞但是不报警

（1）故障现象

其他电器一切正常，滤油器阻塞，但是上车不报警。

（2）故障原因

1）熔断器 F2 损坏。

2）灯泡 H4 损坏。

3）接线端子 X5:4、X9:6 损坏。

4）滤油器阻塞传感器（压力开关）S2 损坏。

（3）故障排除方法

按如图 3—1—71 所示电路图及步骤进行检测，排查故障点，更换损坏的电气元件。

1）检查熔断器 F2:4（11E 号线），电压应为 24 V。

2）用有源法判断灯泡（H4）是否完好。

3）检查接线端子 X5:4（参见图 3—1—70）、X9:6，电压应为 24 V。

4）检查滤油器阻塞传感器（压力开关）S2 是否完好。

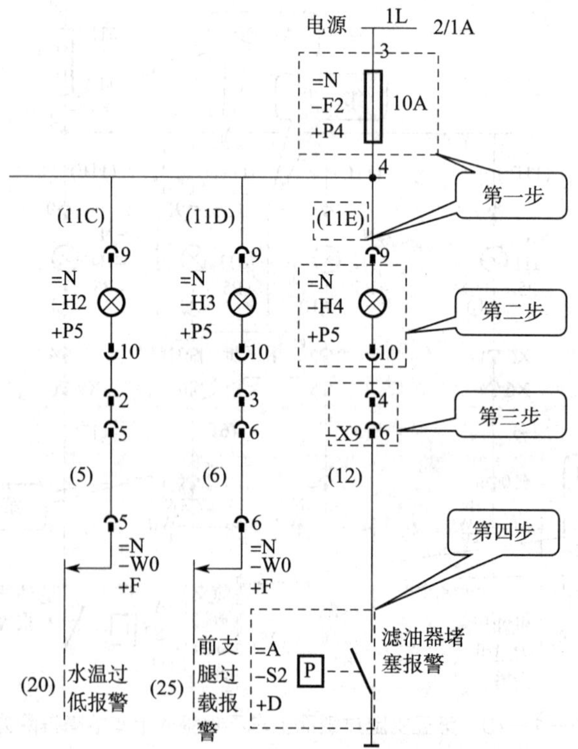

图 3—1—71　滤油器堵塞但是不报警的故障排除方法

8. 操作上车时，下车有油门（电子油门）

（1）故障现象

如果汽车起重机使用国Ⅲ标准发动机，这要求上车工作时下车不应有油门，但操作上车时，下车却有油门。

（2）故障原因

1）熔断器 F2 损坏。

2）滑环 X10:13 损坏。

3）滑环下接线端子 X29:13 损坏。

4）下车接线端子 X79:19 损坏。

（3）故障排除方法

正常通电后，按如图 3—1—72 所示电路图及步骤进行检测，排查故障点，更换损坏的电气元件。

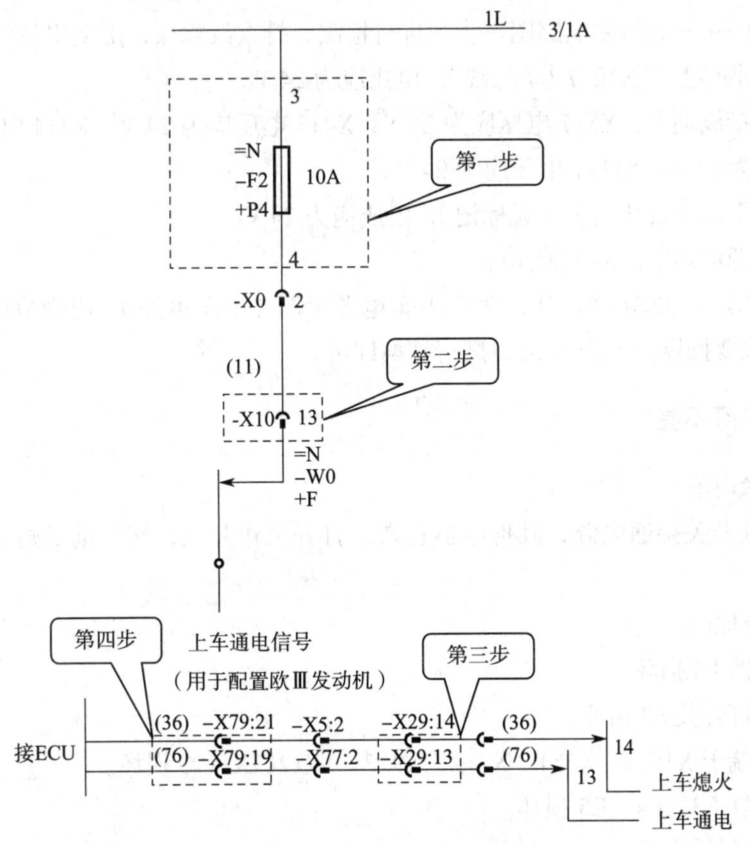

图 3—1—72　操作上车时下车有油门的故障排除方法

（1）熔断器 F2:4（11 号线）电压应为 24 V。

（2）滑环上接线端子 X10:13（11 号线），电压应为 24 V。

（3）滑环下接线端子 X29:13（76 号线），电压应为 24 V。

（4）下车接线端子 X79:19 电压应为 24 V。

9. 上车示廓灯不亮

（1）故障现象

下车电器一切正常，上车示廓灯不亮。

（2）故障原因

1）滑环上方接线端子 X10:7 损坏。

2）接线端子 X6:7、X4:3、X4:4、X7:1、X11:1 损坏。

3）平衡重接线端子（无标记）损坏。

4）灯泡损坏。

（3）故障排除方法

按如图 3—1—73 所示电路图及步骤进行检测，排查故障点，更换损坏的电气元件。

1）检查滑环上方 X10:7（7 号线），电压应为 24 V。

2）检查接线端子，X6:7 电压应为 24 V，X4:3 电压应为 24 V，X4:4 电压应为 24 V，X7:1 电压应为 24 V，X11:1 电压应为 24 V。

3）检查平衡重接线端子（无标记），电压应为 24 V。

4）用有源法判断灯泡是否完好。

上车示廓灯开关 S1 默认状态为用下车电源示廓（下车可控）。出现故障后可用上车电源，这时只要操纵一下开关 S1，进行切换即可。

10. 工作灯不亮

（1）故障现象

旋转钥匙开关接通电源，其他电器正常；打开工作开关，转台前照灯及起重臂臂灯不亮。

（2）故障原因

1）熔断器 F3 损坏。

2）工作灯开关 S3 损坏。

3）接线端子 X15:3、X3:1、X3:2、X9:2、X7:2、X11:3 损坏。

4）工作灯 E3、E4、E5 损坏。

（3）故障排除方法

按如图 3—1—74 所示电路图及步骤进行检测，排查故障点，更换损坏的电气元件。

1）检查上车熔断器 F3:6（14 号线），电压应为 24 V。

2）检查工作灯开关，S3:1（16 号线）电压应为 24 V，S3:6（15 号线）电压应为 24 V，S3:8（15B 号线）电压应为 24 V。

3）检查接线端子，X15:3 电压应为 24 V，X3:1 电压应为 24 V，X3:2 电压应为 24 V，X9:2 电压应为 24 V，X7:2 电压应为 24 V，X11:3 电压应为 24 V。

4）用有源法判断前照灯 E3、E4、E5 是否完好。

11. 收音机不响

（1）故障现象

其他电器正常，收音机不响。

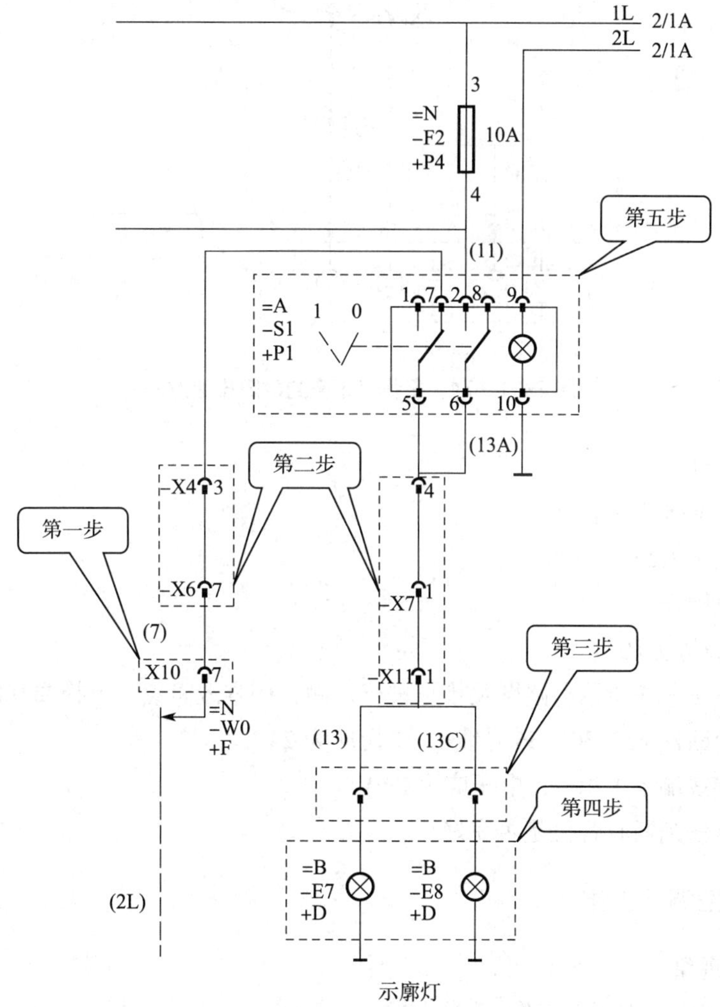

图 3—1—73　上车示廓灯不亮的故障排除方法

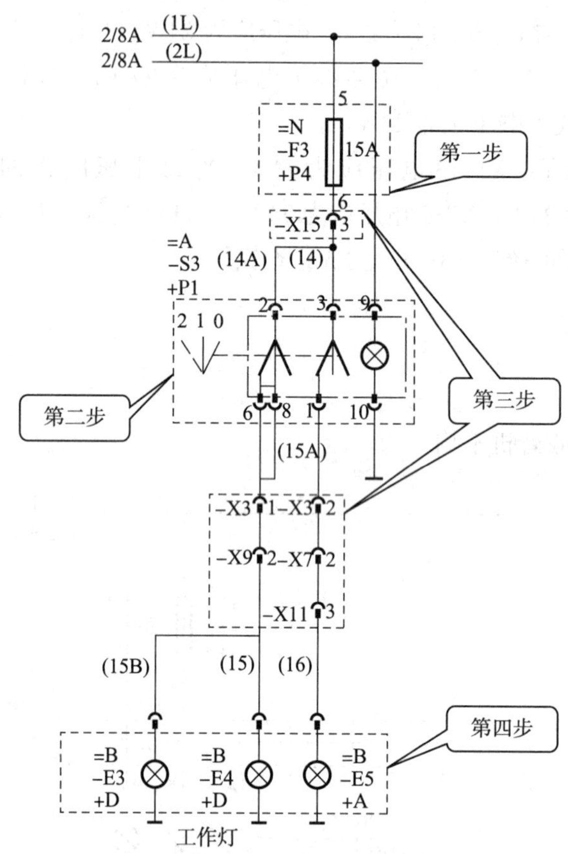

图 3—1—74　工作灯不亮的故障排除方法

（2）故障原因

1）熔断器 F15 损坏。

2）接线端子 X20:2 损坏。

3）收音机损坏。

（3）故障排除方法

按如图 3—1—75 所示电路图及步骤进行检测，排查故障点，更换损坏的电气元件。

1）检查熔断器 F15:30（56 号线），电压应为 24 V。

2）检查接线端子 X20:2，电压应为 24 V。

3）用有源法判断收音机是否完好。

12. 上车空调不工作

（1）故障现象

其他电器正常，空调不工作。

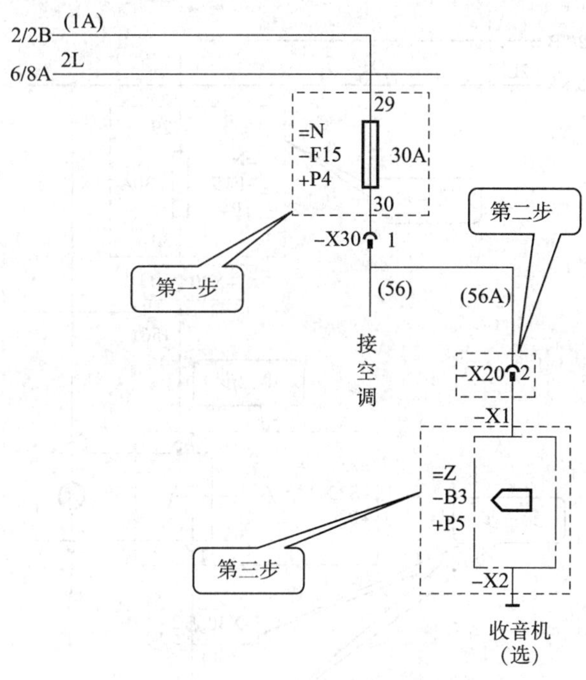

图 3—1—75　收音机不响的故障排除方法

（2）故障原因

1）熔断器 F15 损坏。

2）空调开关 S23 损坏。

3）接线端子 X30:2、X31:1 损坏。

4）空调损坏。

（3）故障排除方法

按如图 3—1—76 所示电路图及步骤进行检测，排查故障点，更换损坏的电气元件。

1）检查熔断器 F15:30（56 号线），电压应为 24 V。

2）检查空调开关 S23:1，电压应为 24 V。

3）检查接线端子，X30:2 电压应为 24 V，X31:1 电压应为 24 V。

4）用有源法判断空调是否完好。

13. 上车刮水器不工作

（1）故障现象

上车刮水器不工作，其他工作正常。

（2）故障原因

1）刮水器熔断器 F5 损坏。

2）刮水器开关 S6、S27 损坏。

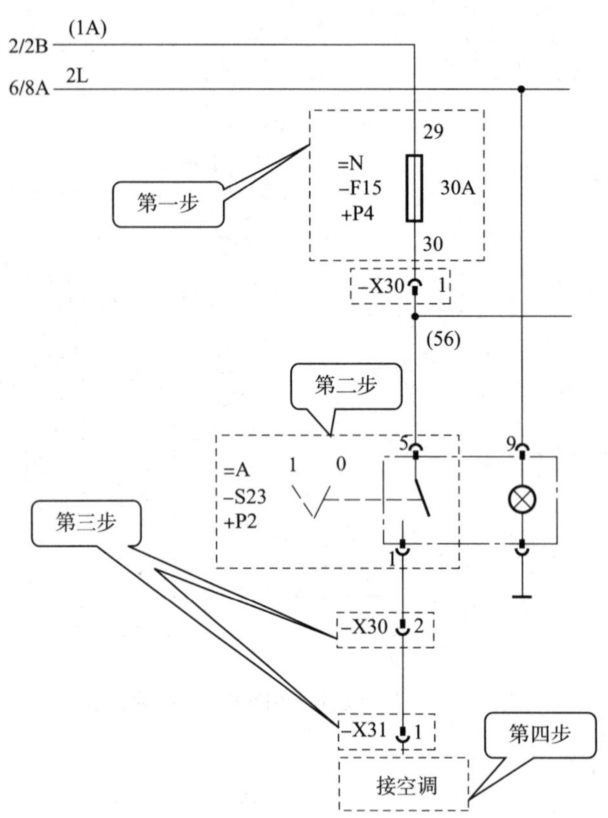

图 3—1—76　上车空调不工作的故障排除方法

3）刮水器电动机损坏。

（3）故障排除方法

按如图 3—1—77 所示电路图及步骤进行检测，排查故障点，更换损坏的电气元件。

1）检查刮水器熔断器 F5:10（19 号线），电压应为 24 V。

2）检测刮水器开关 S6、S27（具体产品应根据原理图检测）。前风挡、天窗的刮水器不同挡位的接头电压值见表 3—1—6。

3）检测刮水器电动机 M2 和 M4。

表 3—1—6　　　　刮水器的接头电压值

挡位	前风挡刮水器的接头电压（V）				天窗刮水器的接头电压（V）			
	19 线	20 线	21 线	22 线	19B 线	120 线	121 线	122 线
0	24	24	24	0	24	24	24	0
Ⅰ	24	24	0	0	24	24	0	0
Ⅱ	24	0	24	0	24	0	24	0

注：在 0 挡位时，前风挡刮水器的 20 线（或 21 线）、天窗刮水器的 120 线（或 121 线）任意一个接头测量均为无电压，说明与之对应的刮水器电动机已损坏。

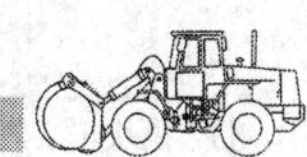

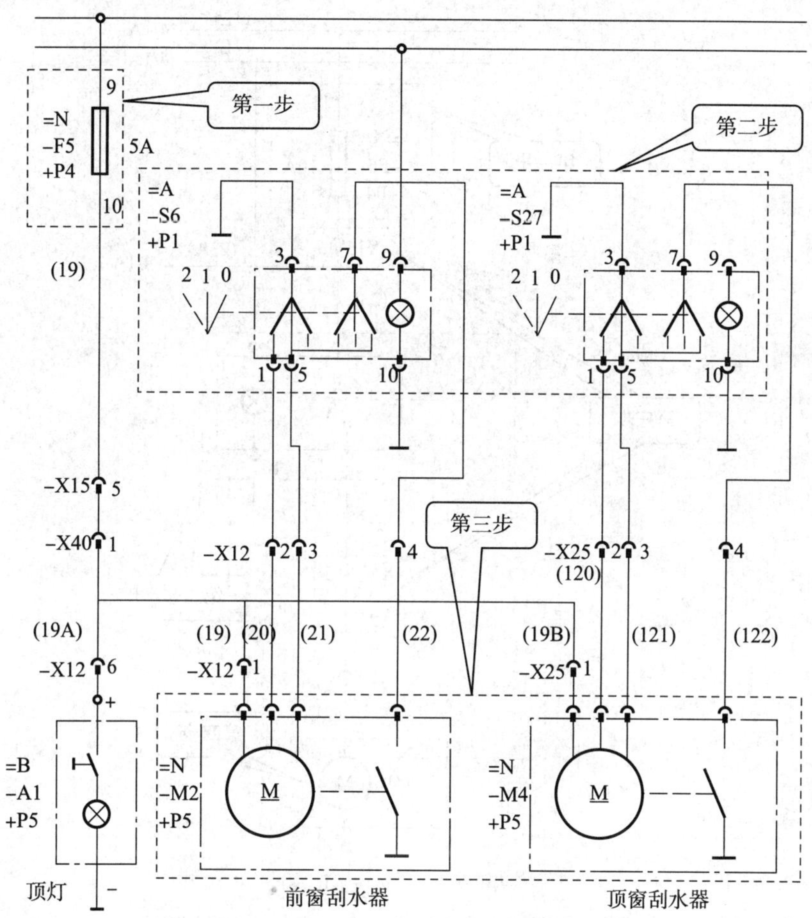

图 3—1—77　上车刮水器不工作的故障排除方法

14. 上车洗涤器不工作

（1）故障现象

上车洗涤器不工作，其他工作正常。

（2）故障原因

1）洗涤器熔断器 F6 损坏。

2）洗涤器开关 S7 损坏。

3）接线端子 X15:6、X12:5 损坏。

4）洗涤器电动机损坏。

（3）故障排除方法

按如图 3—1—78 所示电路图及步骤进行检测，排查故障点，更换损坏的电气元件。

1）检查洗涤器的熔断器 F6:12（23 号线），电压应为 24 V。

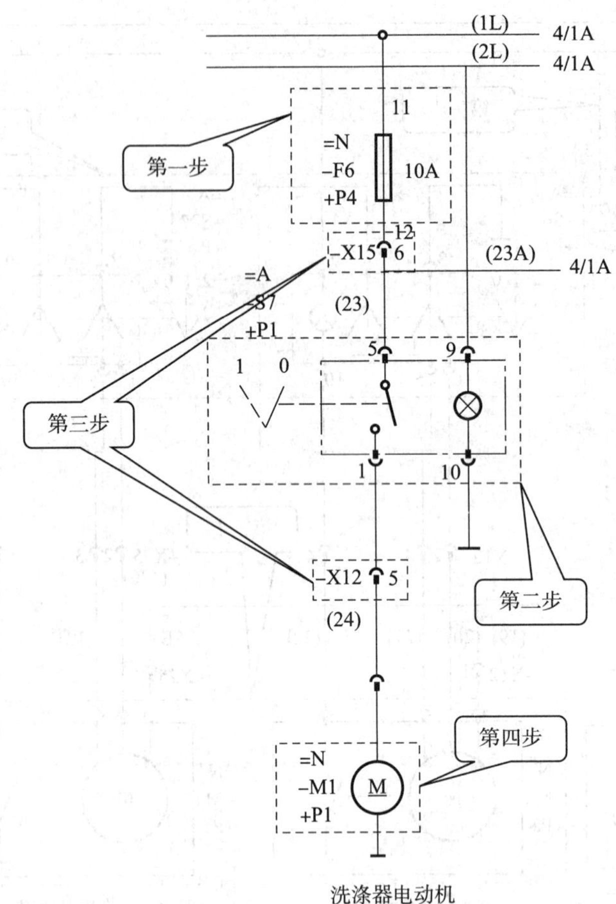

图 3—1—78　上车洗涤器不工作的故障排除方法

2）检测洗涤器开关 S7。

3）检测接线端子，X15:6 电压应为 24 V，X12:5 电压应为 24 V。

4）检测洗涤器电动机 M1。

15. 开关照明不亮

（1）故障现象

上车电源正常，开关照明不亮。

（2）故障原因

1）熔断器 F4 损坏。

2）开关 S4 损坏。

（3）故障排除方法

按如图 3—1—79 所示电路图及步骤进行检测，排查故障点，更换损坏的电气元件。

（1）检查熔断器 F4:8，电压应为 24 V。

（2）打开开关时，工作灯开关 S4:9（2L 号线）电压应为 24 V。

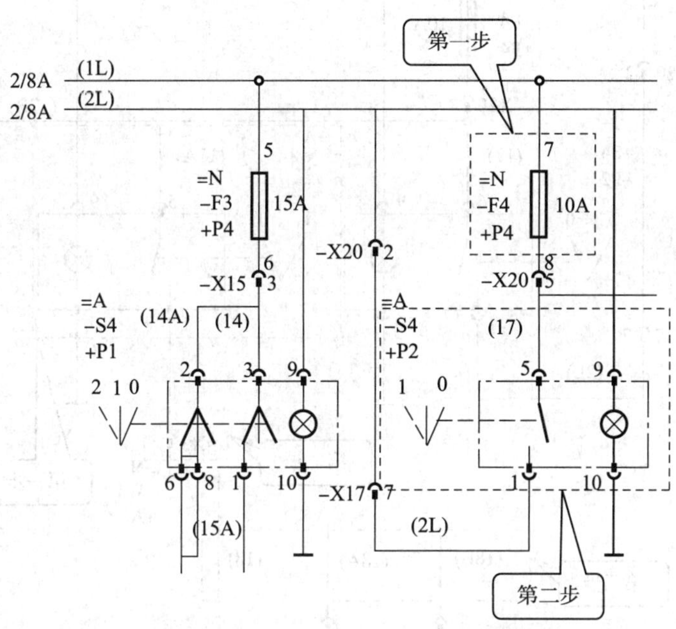

图 3—1—79　开关照明不亮的故障排除方法

16. 警示灯不亮

（1）故障现象

打开开关后，开关照明正常，警示灯不亮。

（2）故障原因

1）开关 S5 损坏。

2）接线端子 X3:3 损坏。

3）上车卷线盒 18 号线断路。

4）灯泡损坏。

（3）故障排除方法

按如图 3—1—80 所示电路图及步骤进行检测，排查故障点，更换损坏的电气元件。

1）检查开关 S5:1（17A 号线），电压应为 24 V。

2）检查接线端子 X3:3，电压应为 24 V。

3）检查上车卷线盒 18 号线，电压应为 24 V。

4）用有源法判断灯泡是否完好。

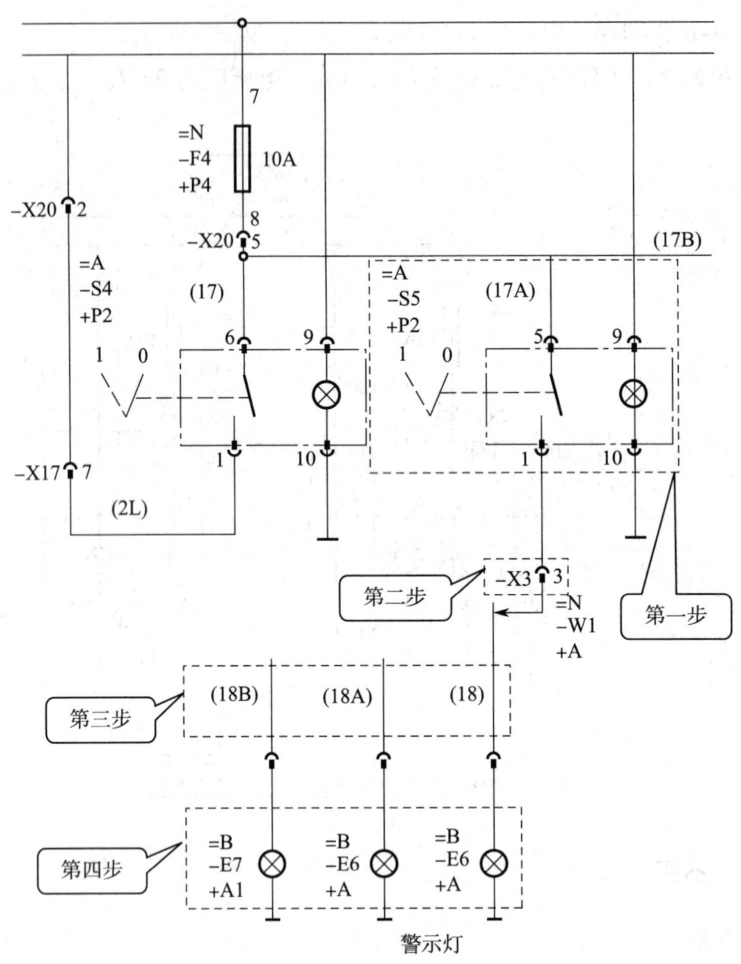

图 3—1—80　警示灯不亮的故障排除方法

17. 卸荷无法解除

（1）故障现象

解除危险状态或按下强制解除开关时，卸荷仍无法解除。

（2）故障原因

1）熔断器 F11 损坏。

2）卸荷解除开关 S20 损坏。

3）继电器 K5 损坏。

4）力矩限制器强制开关损坏。

5）卸荷电磁阀 Y6 损坏。

（3）故障排除方法

按如图 3—1—81 所示电路图及步骤进行检测，排查故障点，更换损坏的电气元件。

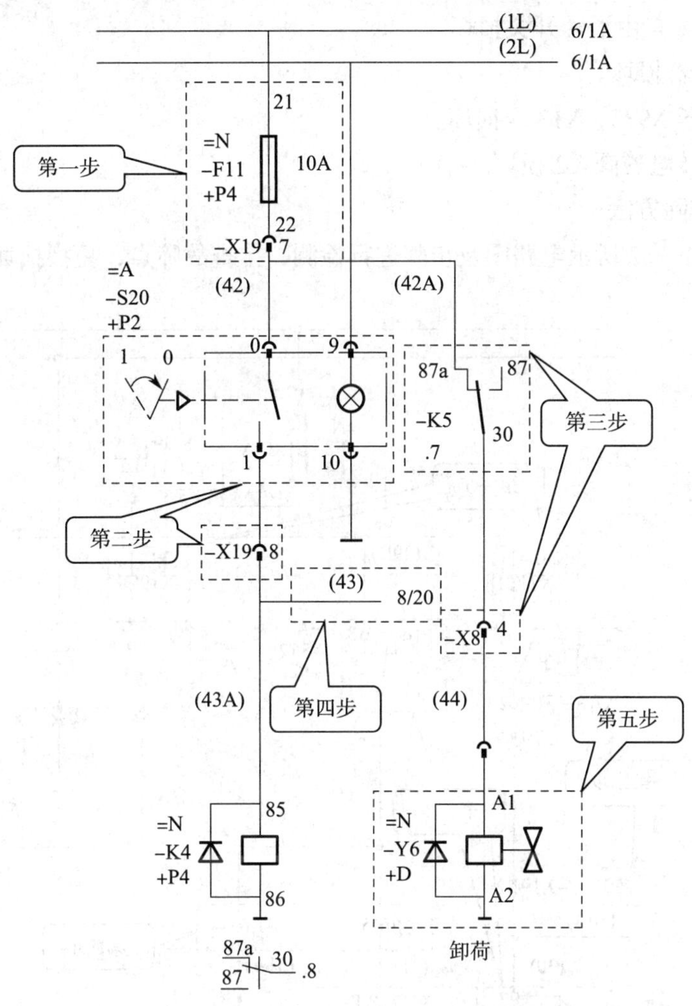

图 3—1—81 卸荷无法解除的故障排除方法

1）检查熔断器 F11:22（42 号线），电压应为 24 V（X19:7 电压应为 24 V）。

2）检查卸荷解除开关 S20:1（43A 号线），电压应为 24 V（X19:8 电压应为 24 V）。

3）检查继电器 K5:30（44 号线），电压应为 24 V（X8:4 电压应为 24 V）。

4）打开力矩限制器强制开关，检查 43 号线，电压应为 24 V。

5）用有源法判断卸荷电磁阀 Y6 是否完好。

18. 无自由滑转

（1）故障现象

先导电磁阀工作正常，但是上车无自由滑转。

（2）故障原因

1）接线端子 X21:1、X19:1 损坏。

2）S11、S17 自由滑转开关损坏。

3）K1 继电器损坏。

4）接线端子 X9:5、X13:4 损坏。

5）自由滑转电磁阀 Y2 损坏。

（3）故障排除方法

按如图 3—1—82 所示电路图及步骤进行检测，排查故障点，更换损坏的电气元件。

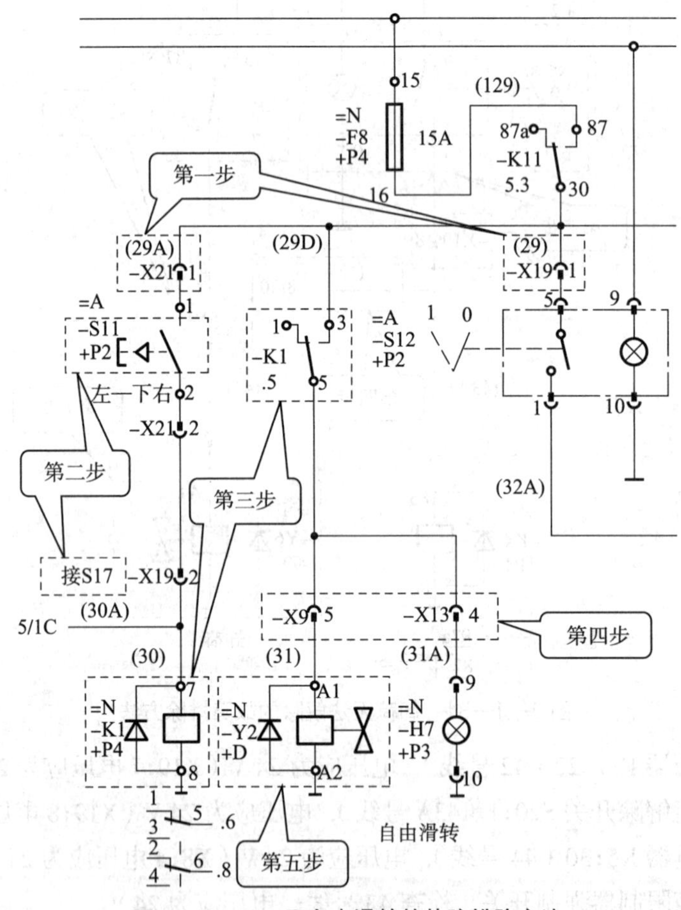

图 3—1—82　无自由滑转的故障排除方法

1）检查接线端子，X21:1（29A 号线）电压应为 24 V，X19:1（29 号线）电压应为 24 V。自由滑转的同时，解除回转制动。

2）检查自由滑转开关，S11:2（30 号线）电压应为 24 V，S17:2（30A 号线）电压应为 24 V。

3）检查继电器，K1:7（30 号线）电压应为 24 V，K1:5 电压应为 24 V。

4）检查接线端子，X9:5（31 号线）电压应为 24 V（至 Y2 阀），X13:4（31A 号线）

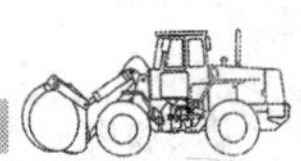

电压应为 24 V（至面板指示灯 H7）。

5）用有源法判断自由滑转电磁阀 Y2 是否完好。

19. 无回转制动解除

（1）故障现象

先导电磁阀工作正常，但回转制动无法解除。

（2）故障原因

1）接线端子 X19:1 损坏。

2）S12、S13 回转制动解除开关损坏。

3）K2 继电器损坏。

4）接线端子 X8:2、X50:1 损坏。

5）回转制动解除电磁阀 Y3 损坏。

（3）故障排除方法

按如图 3—1—83 所示电路图及步骤进行检测，排查故障点，更换损坏的电气元件。

1）检查接线端子，X19:1（29 号线）电压应为 24 V。

2）检查制动解除开关，S12:1（32A 号线）电压应为 24 V，S13:2（32 号线）电压应为 24 V。

3）检查继电器，K2:85（32 号线）电压应为 24 V，K2:30（33 号线）电压应为 24 V。

4）检查接线端子，X8:2（33 号线）电压应为 24 V（至 Y3 电磁阀），X50:1（33B 号线）电压应为 24 V（至面板指示灯 H14）。

5）用有源法判断回转制动解除电磁阀 Y3 是否完好。

20. 上车喇叭不响

（1）故障现象

其他电器正常，按下（喇叭按钮）上车喇叭不响。

（2）故障原因

1）熔断器 F6 损坏。

2）喇叭面板开关 S26 及喇叭手柄开关损坏。

3）喇叭损坏。

（3）故障排除方法

按如图 3—1—84 所示电路图及步骤进行检测，排查故障点，更换损坏的电气元件。

1）检查熔断器，F6:12（23 号线）电压应为 24 V。

2）按下喇叭面板开关时，S26:9 电压应为 24 V。

3）按右上喇叭手柄开关时，接线端子 X18:6（25B 号线）电压应为 24 V。

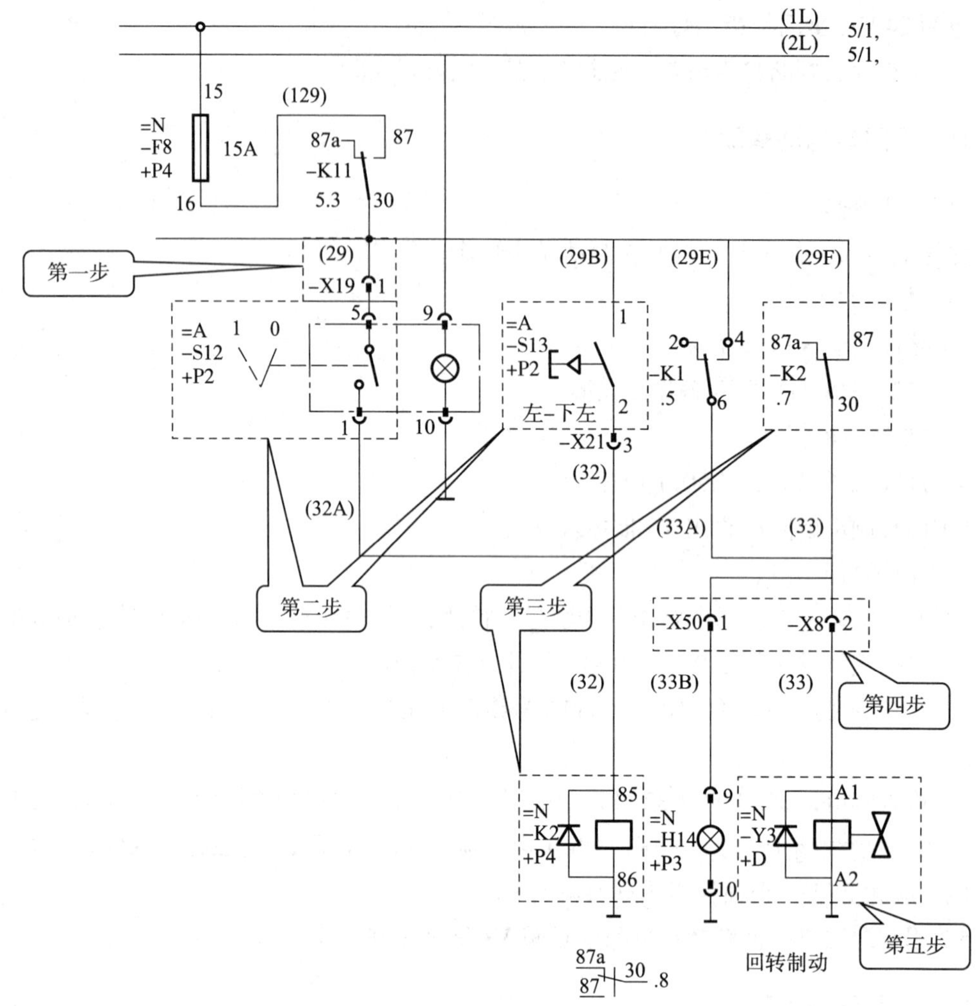

图 3—1—83　无回转制动解除的故障排除方法

4）按左上喇叭手柄开关时接线端子 X21:7（25A 号线）电压应为 24 V。

5）无论按哪个开关时，接线端子 X8:1（25 号线）电压均应为 24 V。

6）用有源法判断喇叭 B1 是否完好。

喇叭的另一个常见故障是电源接通但喇叭声音不响亮或难听，可将喇叭振动间隙调整到合适为止。

21. 液压油散热器不工作

（1）故障现象

其他电器正常，液压油散热器不转动（即不工作）。

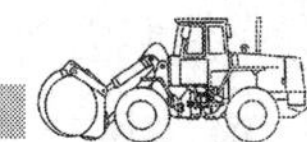

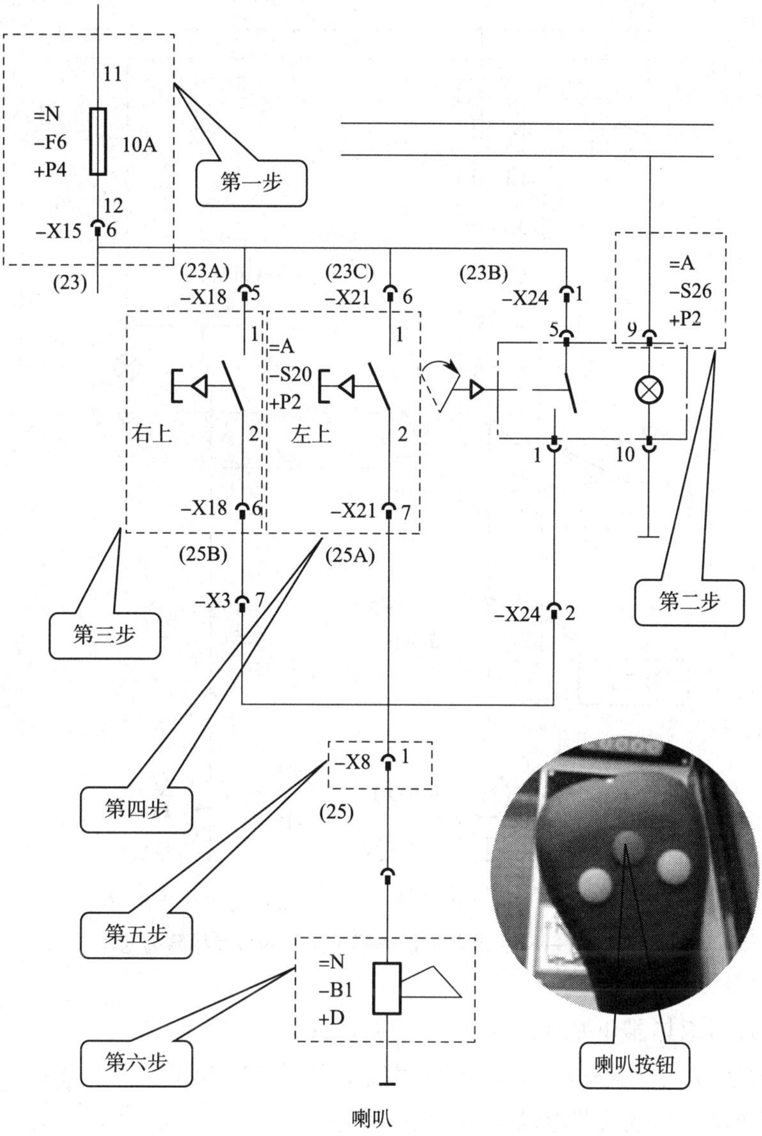

11
=N
–F6
+P4
10A
12
–X15 6
(23)
第一步
(23A)
–X18 5
(23C)
–X21 6
(23B)
–X24 1
=A
–S26
+P2
9
5
1
=A
–S20
+P2
1
右上
2
左上
2
1
10
–X18 6
–X21 7
(25B)
(25A)
–X3 7
–X24 2
第二步
第三步
–X8 1
(25)
第四步
第五步
=N
–B1
+D
第六步
喇叭按钮
喇叭

图 3—1—84　上车喇叭不响的故障排除方法

（2）故障原因

1）熔断器 F7 损坏（X16:1 接线端子损坏）。

2）散热器开关 S9 损坏。

3）接线端子 X3:4、X9:3 损坏。

4）散热器电动机损坏。

（3）故障排除方法

按如图 3—1—85 所示电路图及步骤进行检测，排查故障点，更换损坏的电气元件。

1）检查熔断器，F7:14（26 号线）电压应为 24 V（X16:1 电压应为 24 V）。

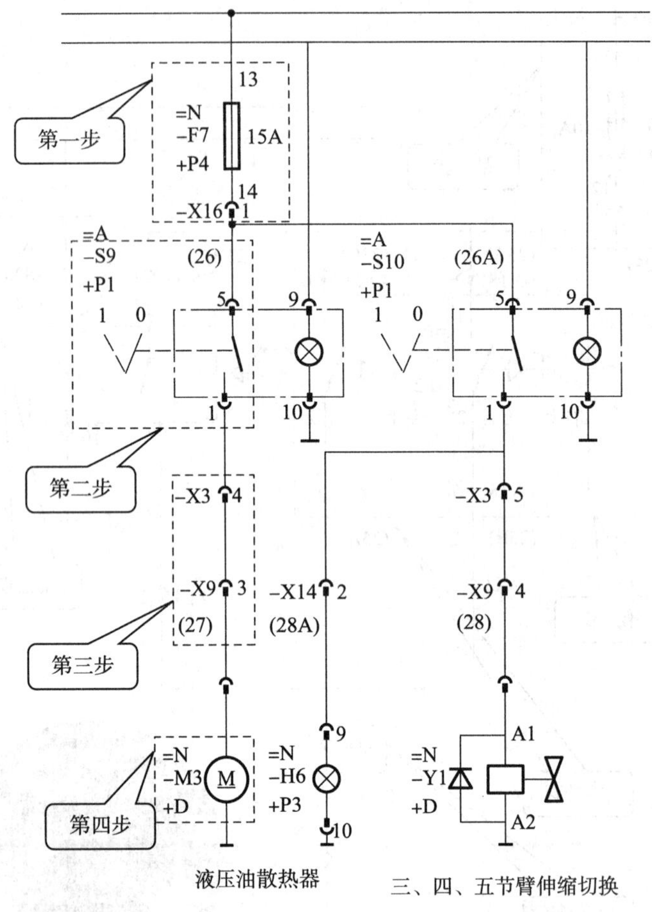

图 3—1—85　液压油散热器不工作的故障排除方法

2）按下面板散热器开关时，S9:1 电压应为 24 V。

3）检查接线端子，X3:4、X9:3（27 号线）电压应为 24 V。

4）用有源法判断散热器电动机 M3 是否完好。

22. 伸缩油缸（二级油缸）不切换

（1）故障现象

其他电器正常，伸缩油缸（二级油缸）不切换导致二节臂与三、四、五臂的伸缩无法切换。

（2）故障原因

1）熔断器 F7 损坏（X16:1 接线端子损坏）。

2）切换开关 S10 损坏。

3）接线端子 X3:5、X9:4（28 号线）、X14:2（28A 号线）损坏。

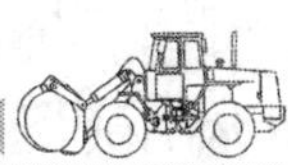

4）切换电磁阀 Y1 损坏。

（3）故障排除方法

按如图 3—1—86 所示电路图及步骤进行检测，排查故障点，更换损坏的电气元件。

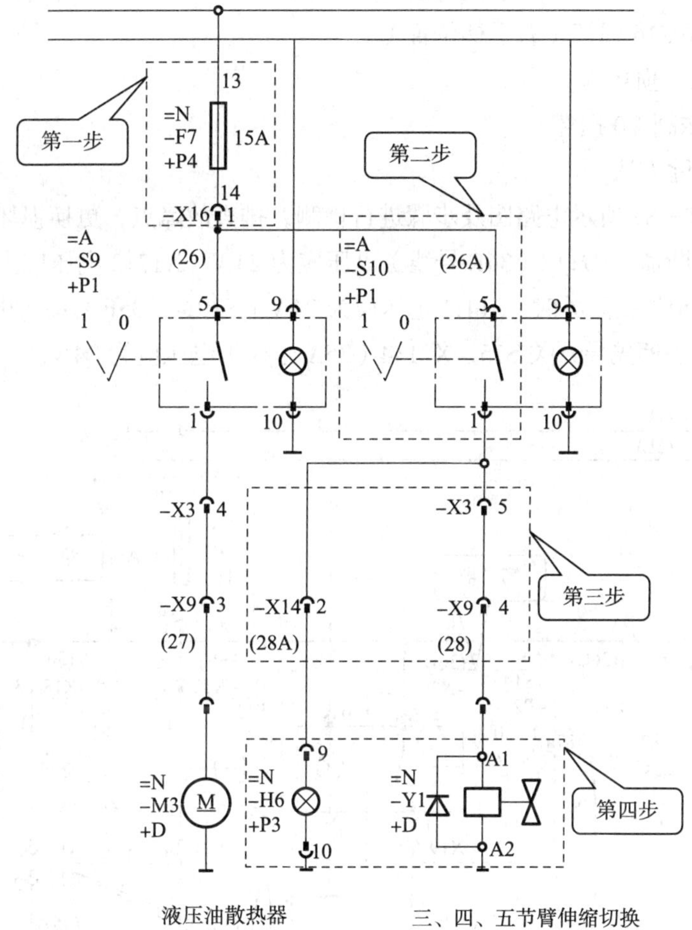

图 3—1—86　伸缩油缸（二级油缸）不切换的故障排除方法

1）检查熔断器，F7:14（26A 号线）电压应为 24 V（X16:1 电压应为 24 V）。

2）按下面板切换开关 S10 时，S10:1 电压应为 24 V。

3）接线端子 X3:5、X9:4（28 号线）、X14:2（28A 号线）电压应为 24 V。

4）用有源法判断切换电磁阀 Y1（含指示灯 H6）是否完好。

23. 无先导压力

（1）故障现象

其他电器正常，测量先导系统无压力显示。

（2）故障原因

1）熔断器 F9 损坏。

2）面板先导开关 S14 损坏。

3）先导开关 S15 损坏（左手柄位置）。

4）先导开关 S16 损坏（右手柄位置）。

5）继电器 K3 损坏。

6）先导电磁阀 Y0 损坏。

（3）故障排除方法

按如图 3—1—87 所示电路图及步骤进行检测，排查故障点，更换损坏的电气元件。

（1）检查熔断器，F9:18（36E 号线）电压应为 24 V（X17:3 电压应为 24 V）。

（2）按下面板切换开关时，S14:1 电压应为 24 V［X19:4（35B 号线）电压应为 24 V］。

（3）按下左手柄先导开关 S15，X21:4（35A 号线）电压应为 24 V。

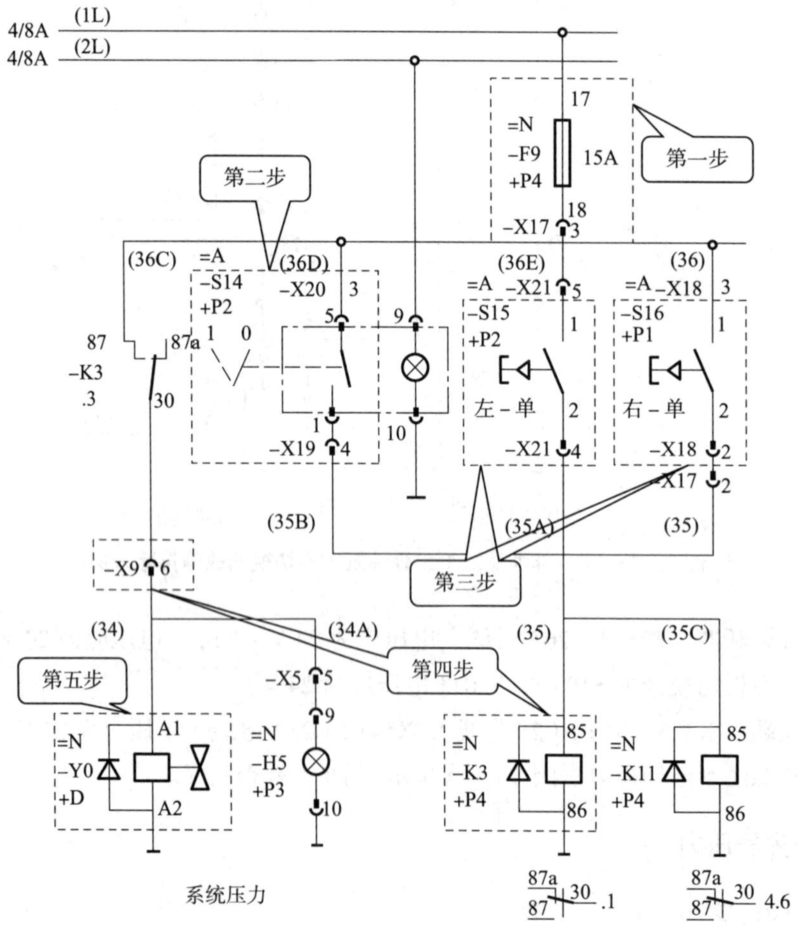

图 3—1—87　无先导压力的故障排除方法

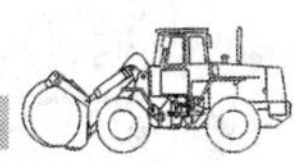

（4）按下右手柄先导开关 S16，X18:2、X17:2（35 号线）电压应为 24 V。

（5）检查继电器，K3:85（35 号线）电压应为 24 V、X9:6（34 号线）电压应为 24 V。也可以检查继电器常开触点 K3:30，电压应为 24 V。

（6）用有源法判断先导电磁阀 Y0 是否完好。

24. 无伸缩、变幅切换

（1）故障现象

其他电器正常，但伸缩、变幅无法实现切换。

（2）故障原因

1）熔断器 F10 损坏。

2）面板伸缩、变幅切换开关 S19 损坏。

3）伸缩、变幅切换开关 S18 损坏（右手柄）。

4）伸缩、变幅切换继电器 K4 损坏。

5）切换电磁阀 Y4、Y5 损坏。

（3）故障排除方法

按如图 3—1—88 所示电路图及步骤进行检测，排查故障点，更换损坏的电气元件。

1）检查熔断器 F10:20（38 号线），电压应为 24 V（X16:2 电压应为 24 V）。

2）按下面板切换开关时，S19:1 电压应为 24 V，S19:2 电压应为 24 V，X17:5（39A 号线）电压应为 24 V。

3）按下右手柄切换开关时，S18:2 电压应为 24 V。同时，检查 X18:4、X17:4（37 号线）电压应为 24 V。

4）继电器 K4:7（37 号线）电压应为 24 V，K4:5（39D 号线）电压应为 24 V。同时，检查 X3:6、X8:3（39 号线）电压应为 24 V。

5）用有源法判断切换电磁阀 Y4、Y5 是否完好。

25. 前方区域不报警且力矩限制器不受限

（1）故障现象

滑环安装位置正确，上车电源无故障，前方区域不报警，力矩限制器不受限。

（2）故障原因

1）熔断器 F12、F14 损坏。

2）继电器 K9、K10 损坏。

3）滑环触点损坏。

4）闪光继电器 K8 损坏。

5）蜂鸣器指示灯损坏。

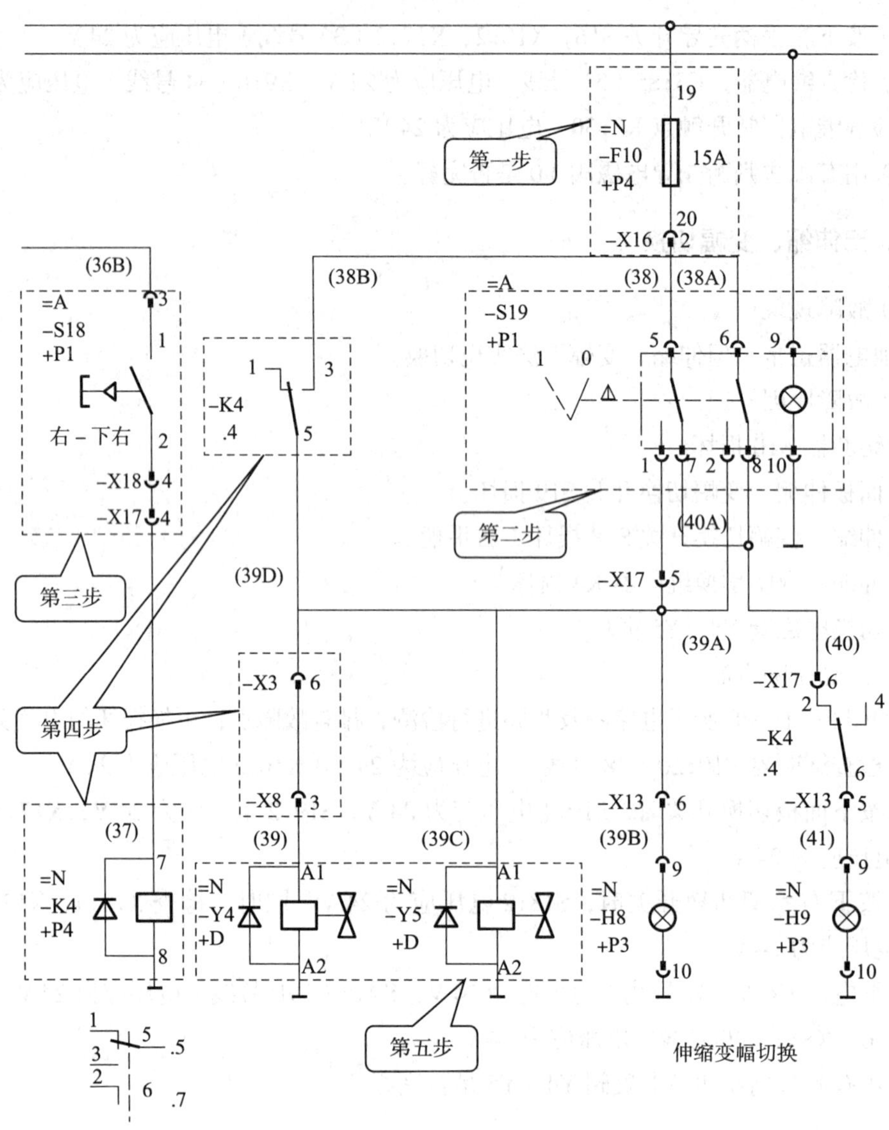

图 3—1—88　无伸缩、变幅切换的故障排除方法

（3）故障排除方法

当滑环进入前方区域后，X6:8（08 号线）电压应为 24 V，按如图 3—1—89 所示电路图及步骤进行检测，排查故障点，更换损坏的电气元件。

1）检查熔断器，F12:24 电压应为 24 V、F14:28 电压应为 24 V。

2）检查继电器，K9:85（8 号线）电压应为 24 V，K10:85（45B 号线）电压应为 24 V。

3）检查 S22:2、X1:5（54 号线）断电，力矩限制器受限。

4）检查闪光继电器，K8:B 电压应为 24 V，K8:L 断续闪动。此时，蜂鸣器 B3 断续鸣响，报警灯 H13 断续闪动。

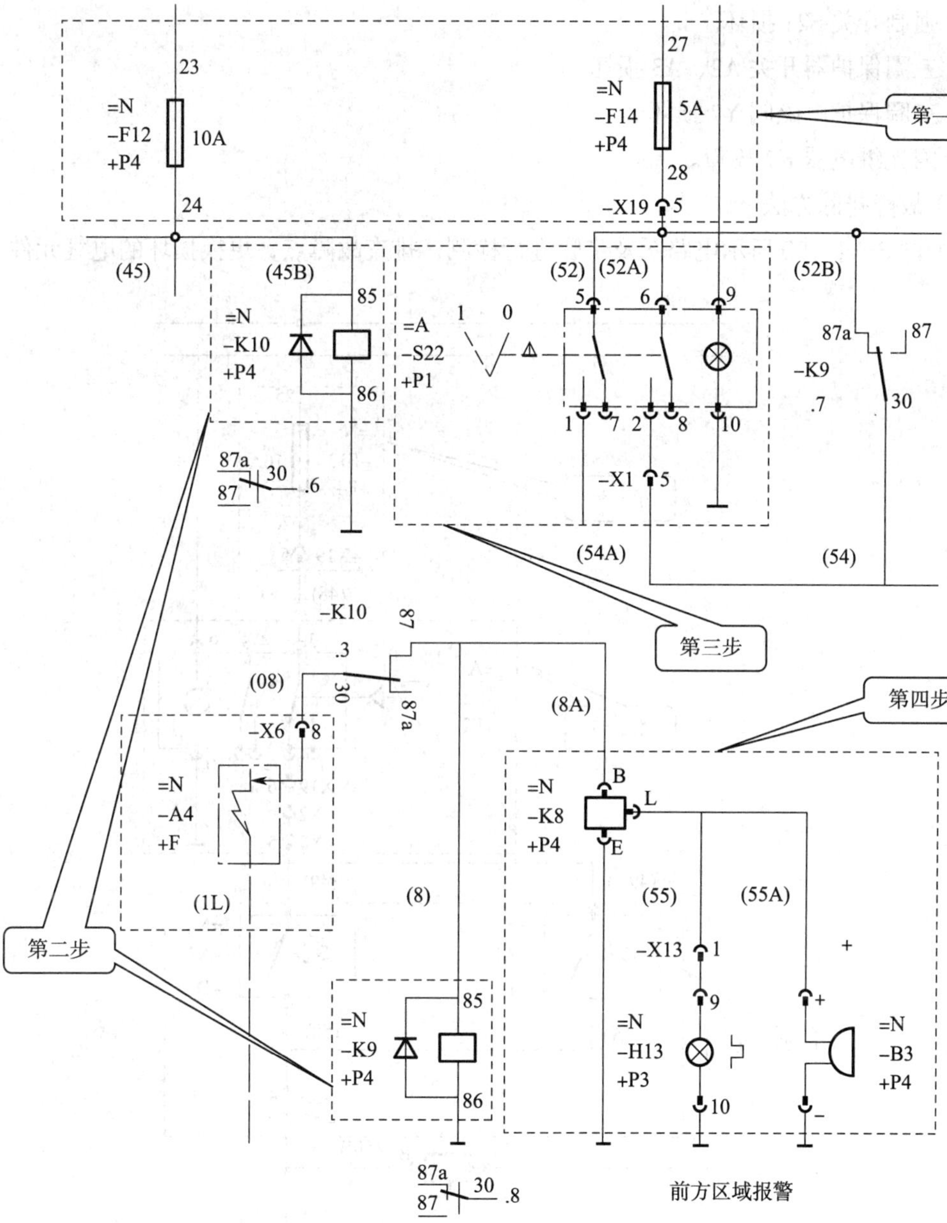

图 3—1—89　前方区域不报警且力矩限制器不受限的故障排除方法

26. 三圈保护器不起作用

（1）故障现象

当钢丝绳下降至卷筒上仅剩余最后三圈时，三圈保护器不发出声光警示，无卸荷。

（2）故障原因

1）熔断器 F13 损坏。

2）强制开关 S21 损坏。

3）三圈保护器开关 A2、A3 损坏。

4）三圈保护电磁阀 Y7 损坏。

5）闪光继电器 K7 故障。

（3）故障排除方法

按如图 3—1—90 所示电路图及步骤进行检测，排查故障点，更换损坏的电气元件。

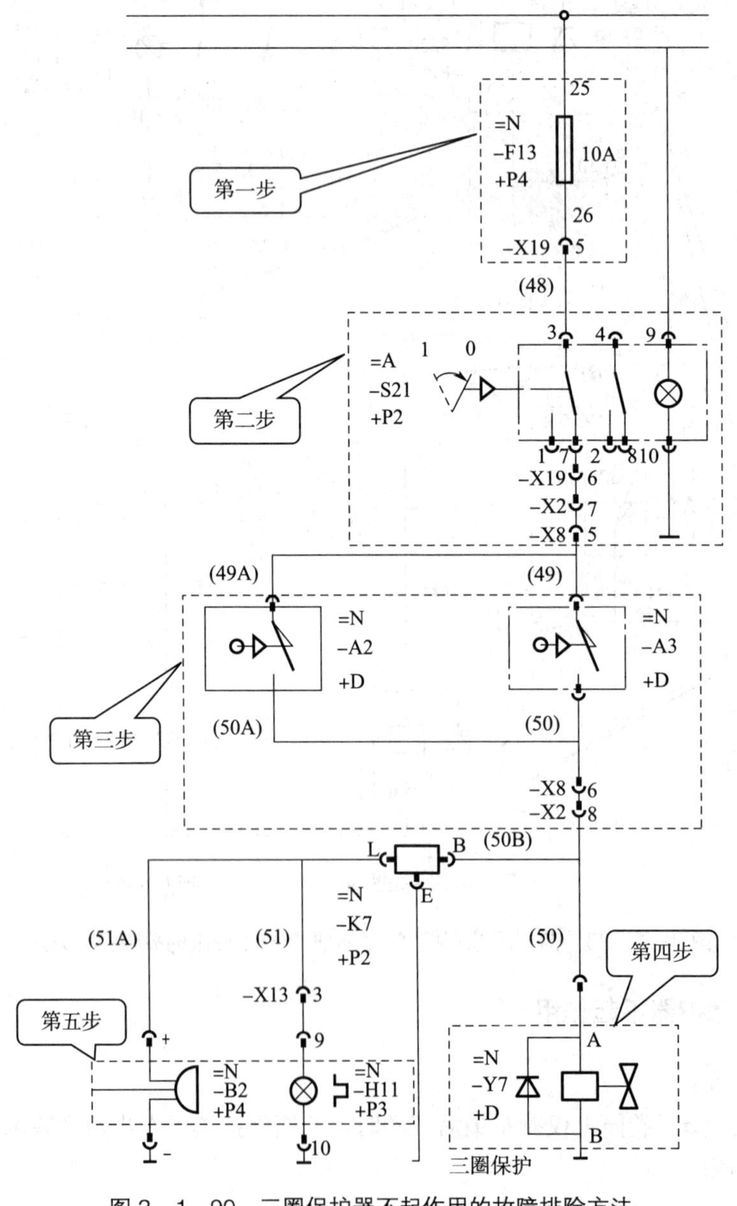

图 3—1—90 三圈保护器不起作用的故障排除方法

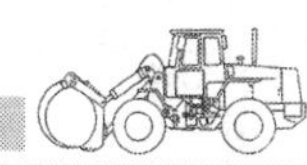

1）检查熔断器 F13:26，电压应为 24 V（X19:5 电压应为 24 V）。

2）检查强制开关，S21:7 电压应为 24 V。同时，检查 X19:6、X2:7、X8:5（49 号线），电压应为 24 V。

3）检查开关 A2、A3 通断情况。同时，检查 X2:8 电压应为 24 V，X8:6（50 号线）电压应为 24 V。

4）三圈保护电磁阀 Y7 电压应为 24 V，同时停止卷扬下降动作。

5）闪光继电器 K7:B 电压应为 24 V，K7:L 断续带电，以带动蜂鸣器 B2 和信号灯 H11 报警。

27. 副卷扬无动作（副卷选择油路断路）

（1）故障现象

其他电器一切正常，副卷扬选择油路断路，导致副卷扬无动作。

（2）故障原因

1）熔断器 F12 损坏。

2）脚踏开关 S29 损坏。

3）继电器 K12 损坏。

4）副卷选择电磁阀 Y8 损坏。

（3）故障排除方法

按如图 3—1—91 所示电路图及步骤进行检测，排查故障点，更换损坏的电气元件。

1）检查熔断器 F12:24（45C 号线），电压应为 24 V。

2）检查脚踏开关，S29:1、X7:5（45C 号线）电压应为 24 V，S29:2、X7:3（158 号线）电压应为 24 V。

3）检查继电器，K12:85 和继电器 K12:30、X7:6（58 号线）电压应为 24 V。

4）检查副卷扬选择电磁阀，Y8:A（58 号线）电压应为 24 V。同时，用有源法判断副卷扬选择电磁阀 Y8 是否完好。

28. 半伸支腿工况选择无输出信号

（1）故障现象

半伸支腿工况选择没有输出信号，导致力限器显示屏未显示半伸支腿，参数无变化。

（2）故障原因

1）熔断器 F14 损坏。

2）半伸支腿工况选择开关 S28 损坏。

（3）故障排除方法

按如图 3—1—92 所示电路图及步骤进行检测，排查故障点，更换损坏的电气元件。

1）检查熔断器，F14:28、X16:3（17B 号线）电压应为 24 V。

2）检查半伸支腿工况选择开关，S28:1、X24:4（71 号线）电压应为 24 V（接信号灯）。

3）检查半伸支腿工况选择开关，S28:1、X24:3（70 号线）电压应为 24 V（接力矩限制器半伸支腿工况选择开关，作为信号源）。

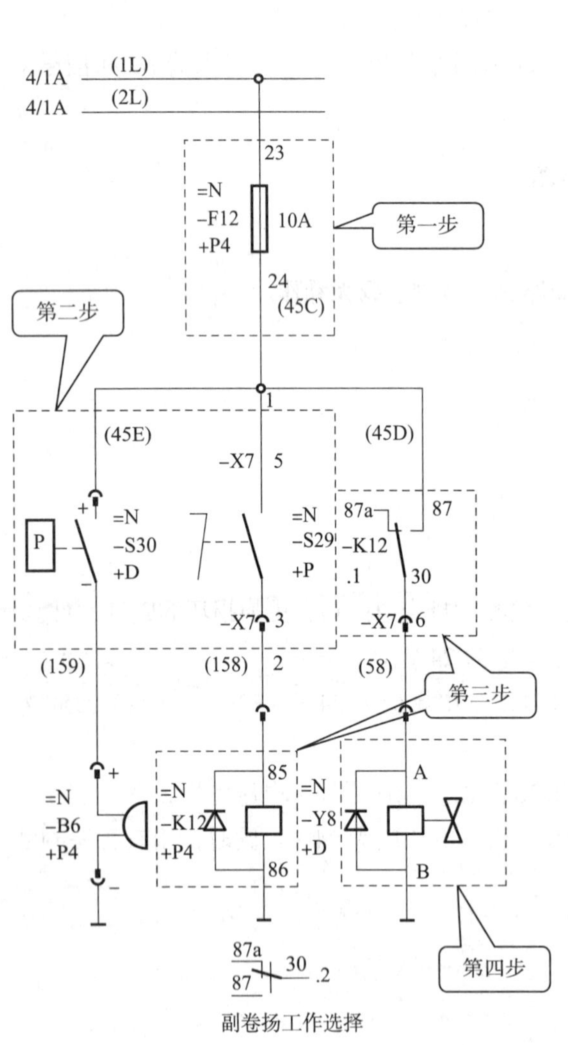

图 3—1—91　副卷扬无动作的故障排除方法

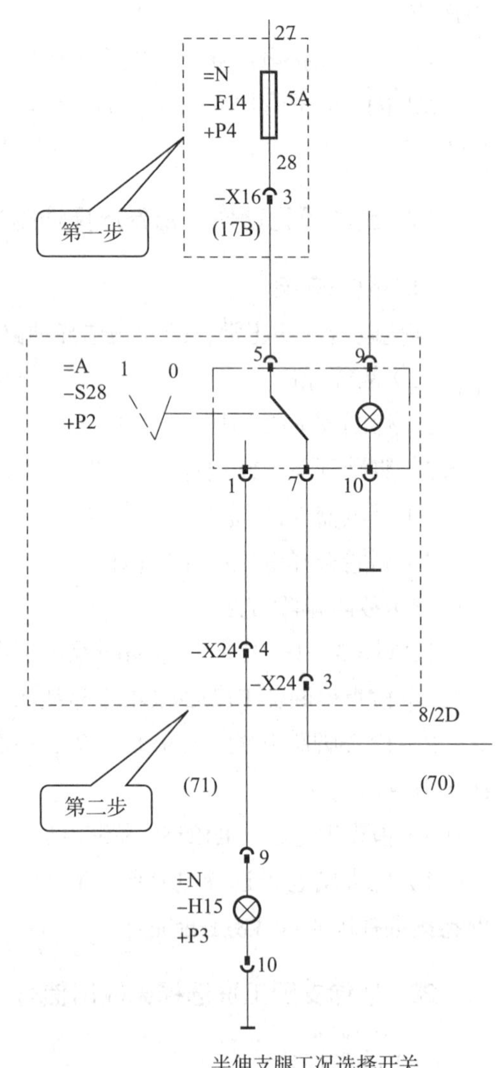

图 3—1—92　半伸支腿工况选择没有输出信号的故障排除方法

复习思考题

1. 简述整车无电的故障原因与排除方法。

2. 简述低温不起动的故障原因与排除方法。

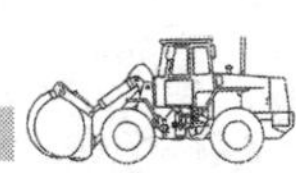

3. 简述发动机燃油表不显示数据的故障原因与排除方法。
4. 简述无低气压报警的故障原因与排除方法。
5. 简述车速表不显示的故障原因与排除方法。
6. 简述上车无电源的故障原因与排除方法。
7. 简述支腿无油门的故障原因与排除方法。
8. 简述下车无远光的故障原因与排除方法。
9. 简述无转向灯的故障原因与排除方法。
10. 简述紧急灯光不亮的故障原因与排除方法。
11. 简述手制动无指示的故障原因与排除方法。
12. 简述排气制动不工作的故障原因与排除方法。
13. 简述喇叭不响的故障原因与排除方法。
14. 简述车速里程表不显示的故障原因与排除方法。
15. 简述卸荷无法解除的故障原因与排除方法。
16. 简述无自由滑转的故障原因与排除方法。
17. 简述无回转制动解除的故障原因与排除方法。
18. 简述液压油散热器不工作的故障原因与排除方法。
19. 简述伸缩油缸不切换的故障原因与排除方法。
20. 简述无先导压力的故障原因与排除方法。
21. 简述三圈保护器不起作用的故障原因与排除方法。
22. 简述无副卷扬选择的故障原因与排除方法。

课题 2　大吨位汽车起重机电气系统维修

子课题 1　大吨位汽车起重机电气系统组成及元件认知

学习目标

1. 了解大吨位汽车起重机底盘电气系统组成及电气元件名称、作用。
2. 掌握大吨位汽车起重机上车电气系统组成及电气元件的作用、工作原理。

一、大吨位汽车起重机底盘电气系统组成及元件

大吨位汽车起重机的底盘电气系统由驾驶室电器、底盘照明系统、大梁线束、下车电气系统、蓄电池箱等部件组成。其与中、小吨位汽车起重机的电气系统组成相似，区别主要在驾驶室电器。

驾驶室电器为人机交流提供平台。在驾驶室内驾驶员可以实现对发动机、变速器、车身电气元件的工作状态进行监控，包括各种操作开关、指示灯、报警灯、仪表、熔断器、继电器，以及发动机、变速器、ABS，还有空调、音响设备等。驾驶员还可以通过故障诊断显示器对汽车起重机的电气故障进行诊断、运行参数查询等操作。大吨位汽车起重机驾驶室中特有的电器如图 3—2—1 所示。

故障诊断显示器

熄火开关

轴间、轮间差速开关

组合仪表

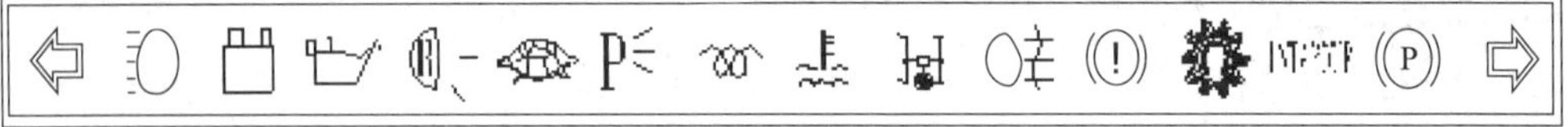

指示、报警灯

图 3—2—1　大吨位汽车起重机驾驶室中特有的电器

二、大吨位汽车起重机上车电气系统及元件

上车电气系统由操纵室电气系统、转台系统、力矩限制器系统和起重臂电气系统等组成。

1. 操纵室电气系统

操纵室电气系统是操作人员进行起重操纵的平台，可以通过各种开关、手柄实现起重作业，包括变幅、回转、伸缩、升降等。操作人员可以通过安装在操纵室前端的三色报警灯了解工作是否超重，还可以通过安装在操纵室内的显示器了解车辆的其他工作状态，如物体质量、工作幅度、工作臂长等。操纵室电气系统的元件如图 3—2—2 所示。

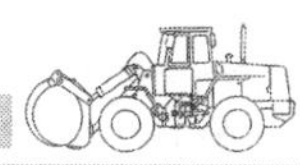

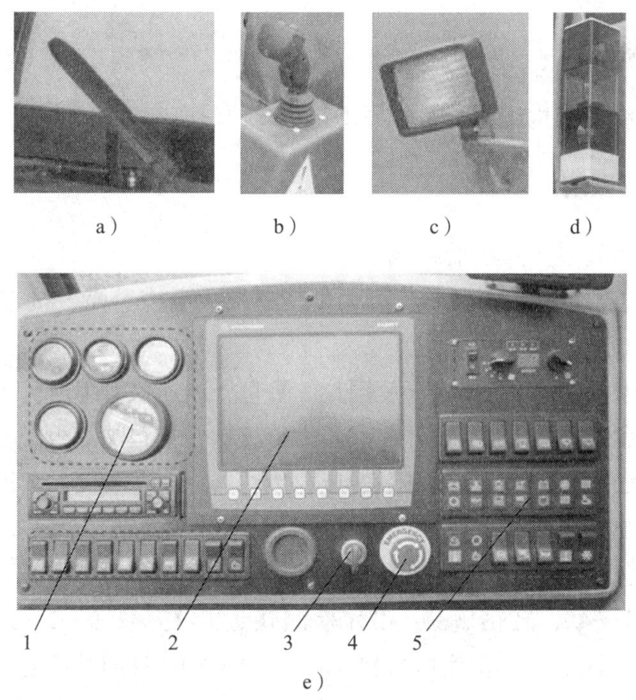

a)　b)　c)　d)

1　2　3　4　5

e)

图 3—2—2　操纵室电气系统

a) 油门踏板　b) 操纵手柄　c) 工作灯　d) 三色报警灯　e) 仪表盘

1—显示仪表　2—显示器　3—起动钥匙　4—急停开关　5—控制开关及指示灯

2. 转台电气系统

转台电气系统主要完成对各种动作的控制及检测，其主要元件包括遥控盒、检测开关、压力传感器、三圈保护器等，如图 3—2—3 所示。

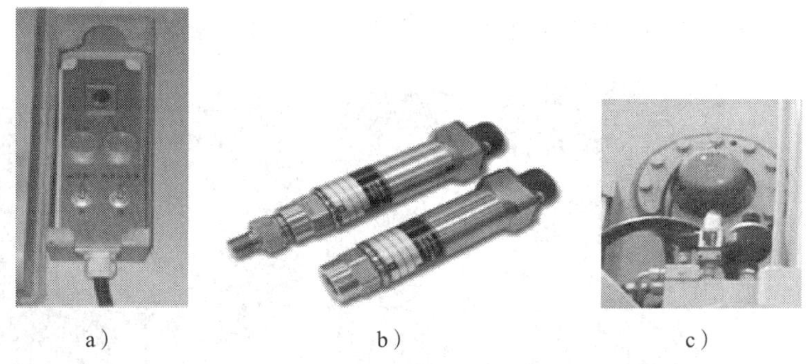

a)　b)　c)

图 3—2—3　转台电气系统主要元件

a) 遥控盒　b) 压力传感器　c) 三圈保护器

3. 力矩限制器系统

力矩限制器系统的结构组成、工作原理与小吨位汽车起重机相同，这里不再重复。

4. 起重臂电气系统

（1）大吨位起重臂电气系统的组成

1）主起重臂电气元件。主要由长度角度传感器、电缆卷筒、接近开关、高度限位、警灯、风速仪等组成。

2）副起重臂电气元件。主要由高度限位、警灯、风速仪等组成。

3）超起电气元件。主要由接近开关、压力传感器、电磁阀等组成。

4）塔臂电气元件。主要由接近开关、压力传感器、电缆卷筒、角度传感器等组成。

（2）起重臂油缸电气系统

起重臂油缸电气系统主要由臂销解锁 / 锁死检测接近开关（图 3—2—4）、臂位检测接近开关（图 3—2—4）、缸销解锁 / 锁死检测接近开关（图 3—2—5）、缸销检测开关（图 3—2—5）、臂内缸销臂销切换电磁阀（图 3—2—6）、臂内油缸连接器（用于开关连接）（图 3—2—6）、臂销检测块（图 3—2—7）等元件组成，其外形介绍如下。

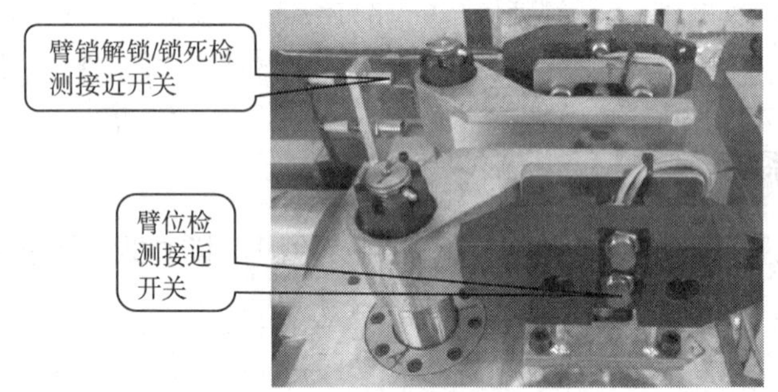

图 3—2—4　臂销解锁 / 锁死检测接近开关和臂位检测接近开关

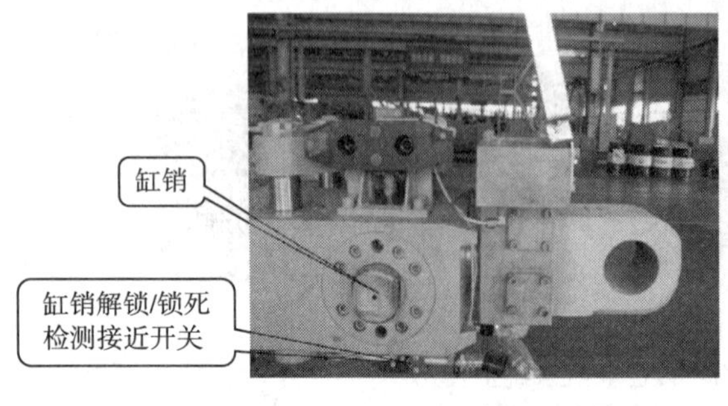

a）

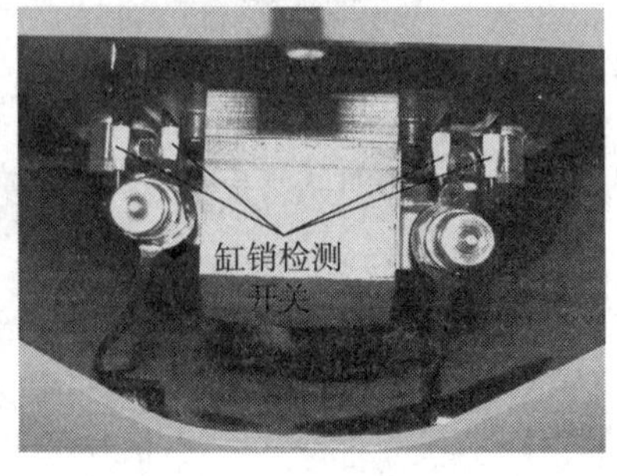

b）

图 3—2—5　缸销和缸销解锁 / 锁死检测接近开关、缸销检测开关

a）侧面视图　b）正面视图

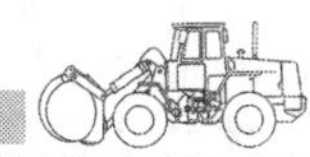

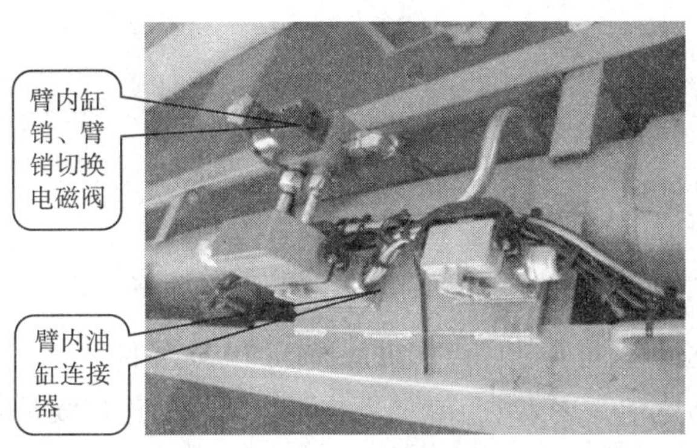

图 3—2—6　缸销、臂销切换电磁阀和油缸连接器外形图

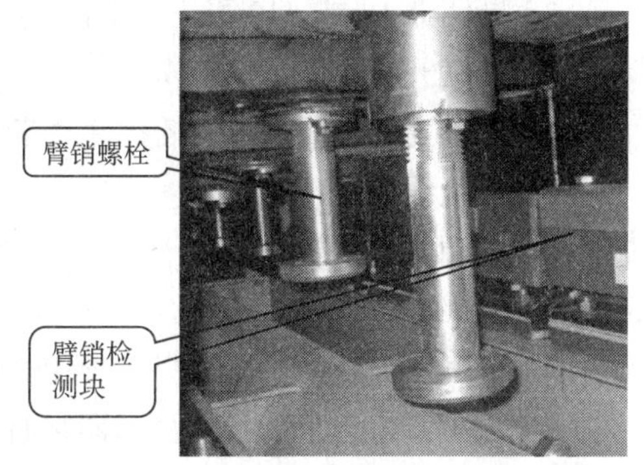

图 3—2—7　臂销螺栓和臂销检测块

复习思考题

1. 简述大吨位汽车起重机驾驶室电气系统组成。
2. 简述大吨位汽车起重机操纵室电气系统组成。
3. 简述大吨位汽车起重机转台电气系统组成。
4. 简述大吨位汽车起重机起重臂电气系统组成。
5. 简述起重臂油缸电气系统的组成。

子课题 2　大吨位汽车起重机电气系统常见故障分析与排除

学习目标

1. 熟悉大吨位汽车起重机电气系统的常见故障现象。
2. 掌握大吨位汽车起重机电气系统常见故障的故障原因与故障排除方法。

一、大吨位汽车起重机底盘电气系统常见故障分析与排除

1. 全车无电

（1）故障现象

全车电气系统无供电，因此无法工作。

（2）故障原因

1）蓄电池无电或连接线松动脱落。

2）断路器 F1 或 F19 不正常工作。

3）起动开关不能正常工作。

4）元件之间导线断开，插接件脱落。

5）接地线接触不良。

6）电源开关故障。

（3）故障排除方法

按如图 3—2—8 所示元件及步骤进行检测，排查故障点，更换损坏的电气元件。

1）根据蓄电池上的状态显示器判断蓄电池是否有电，检查蓄电池上所有的连接线是否松动或脱落，如图 3—2—8a 所示。根据检查结果，给蓄电池充电或紧固连接线。

2）打开驾驶室内电器盒盖，接通断路器并通电，查看驾驶室内显示器是否正常，检查熔断器是否烧断，如图 3—2—8b 所示。如果断路器、熔断器损坏，应进行修复或更换。

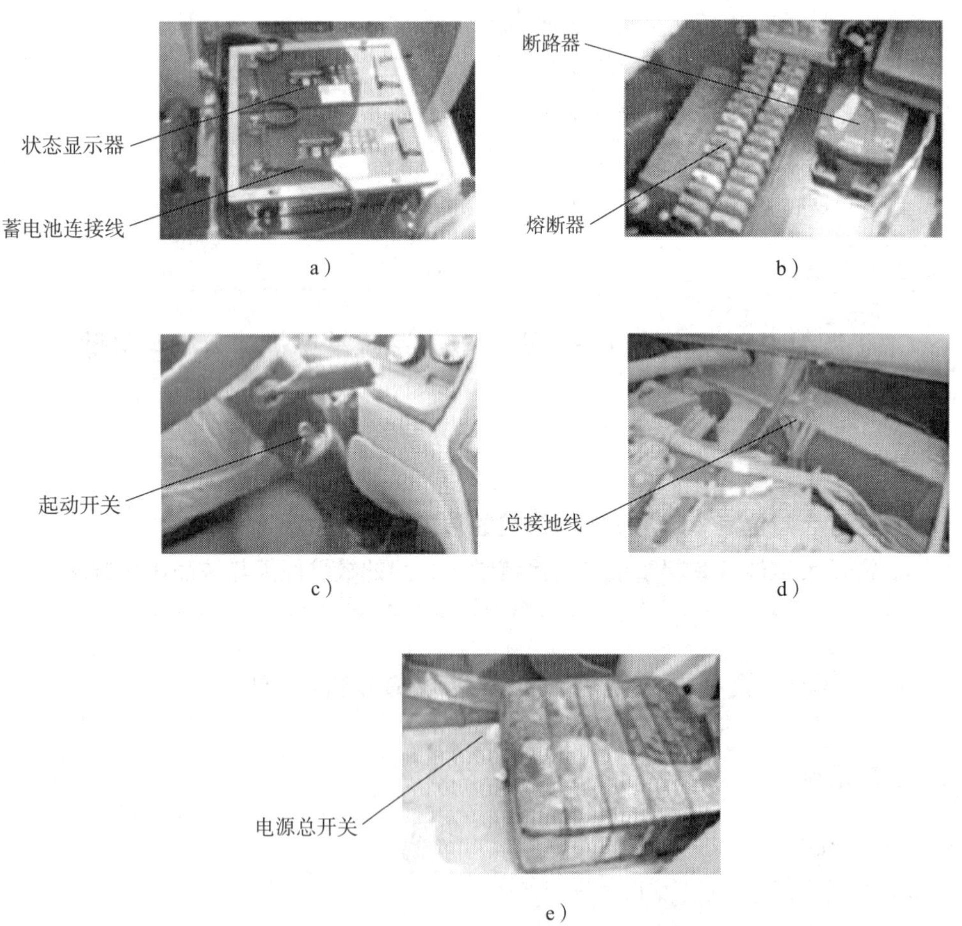

图 3—2—8 全车无电的故障排除方法

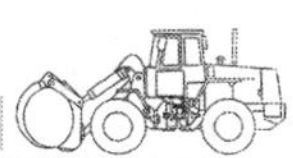

3）检查起动开关是否正常。如果不正常，则修复或更换起动开关（图 3—2—8c）。

4）打开驾驶室前盖板，检查元件之间是否有导线断开或插接件脱落的现象。如果存在上述问题，应重新敷线或重新固定插接件。

5）检查总接地线（图 3—2—8d）是否接触不良。如果接触不良，应将总接地线重新接地。

6）先用万用表检查电源总开关（图 3—2—8e）是否通电，再检查其接地线是否符合要求。如果存在问题，应对电源总开关、接地线进行修复或更换。

2. 转速表工作异常

（1）故障现象

转速表工作出现不正常现象。

（2）故障原因

1）无电源，或熔丝烧断。

2）转速表损坏。

3）转速表传感器损坏。

（3）故障排除方法

按如图 3—2—9 所示元件及步骤进行检测，排查故障点，更换损坏的电气元件。

1）检查电源并做相应处理。如果熔丝损坏，就更换该熔断器。

2）用万用表测量转速表（图 3—2—9a）的阻值和电压。如果测量后发现参数与标准值相差较大，更换转速表。

3）用万用表测量发电机上转速传感器（图 3—2—9b）的阻值和电压。如果测量后发现参数与标准值相差较大，更换传感器。

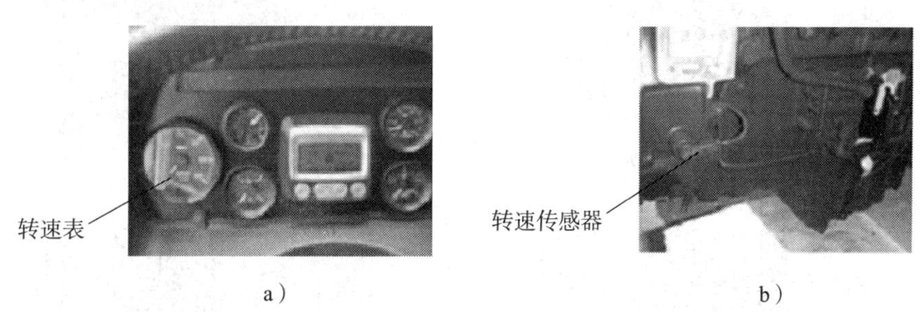

a）　　　　b）

图 3—2—9　转速表工作异常的故障排除方法

因为仪表电路构成线路为电源→熔丝→仪表→传感器→搭铁，所以汽车起重机上的其他仪表如果出现异常，也可参照转速表的故障排除方法。

二、大吨位汽车起重机上车电气系统常见故障分析与排除

1. 上车无电

（1）故障现象

上车无法送电。

（2）故障原因

1）蓄电池亏空或连接点不牢靠。

2）蓄电池开关断路或连接点不牢靠。

3）熔丝烧断。

4）接线端口断路。

（3）故障排除方法

按如图 3—2—10 所示元件及步骤进行检测，排查故障点，更换损坏的电气元件。

（1）首先对蓄电池（图 3—2—10a）进行检查并测量电压是否正常，再检查蓄电池处的接线是否牢靠。

（2）检查蓄电池开关（图 3—2—10b）是否断路。

（3）检查熔丝是否烧断。如果熔丝烧断，应对相应的端口及线路进行排查。故障点排除后，更换熔断器（图 3—2—10c）。

（4）根据电路图检查相应的接线端口及线路（图 3—2—10d）。如果端口或线路松动或存在连接不可靠处，进行排查，并紧固处理。

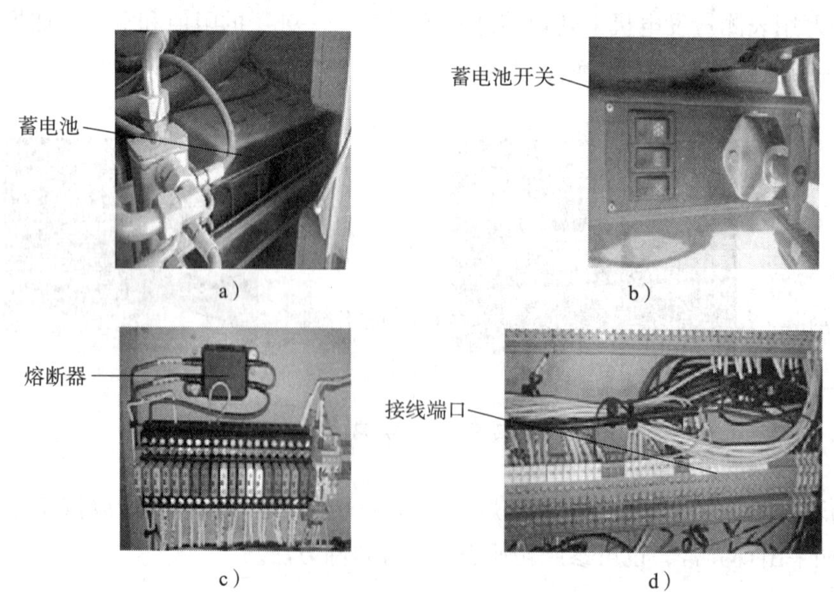

图 3—2—10　上车无电的故障排除方法

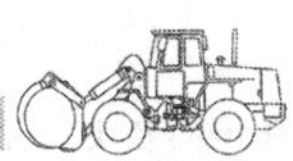

2. 上车无法正常起动

（1）故障现象

上车有电，但无法正常起动。

（2）故障原因

1）电源正常，转动起动开关，如果不能听到电动机吸合的声音，则判断为起动开关故障。

2）熔断器及相关的起动线路损坏。

3）如果熔断器、起动开关及起动线路工作正常，则检查起动继电器供电情况及继电器线圈、触点结合是否正常。

4）如果以上各项工作正常，应检查起动电动机供电情况。如果供电正常仍不能起动，应更换起动电动机或电动机线圈。

5）起动电动机转动有力但无法起动，一是油路问题（需排气、泵油），二是熄火线路可能出现问题。检查起动时候熄火电磁阀是否通电。如果熄火电磁阀无电，应检查无电原因。如果其有电，应检查熄火电磁阀线圈是否损坏。如果电磁阀有电，应更换电磁阀。

（3）故障排除方法

按如图 3—2—11 所示元件及步骤进行检测，排查故障点，更换损坏的电气元件。

（1）检查起动开关（图 3—2—11a）。

（2）检查熔断器及相关的起动线路（图 3—2—11b）。

（3）检查起动继电器（图 3—2—11c）供电情况及继电器线圈、触点结合是否正常。

（4）检查起动电动机（图 3—2—11d）供电情况。如果供电正常仍不能起动，更换起动电动机或电动机线圈。

（5）检查熄火电磁阀（图 3—2—11e）线圈是否损坏。如果电磁阀通电，应更换电磁阀。

3. 缸销、臂销无动作

（1）故障现象

缸销、臂销无动作。

（2）故障原因

控制缸销和臂销运动的电磁阀或相关线路有故障。

（3）故障排除方法

按如图 3—2—12 所示电路图进行检测，排查故障点，更换损坏的电气元件。

按下缸销、臂销切换开关，查看 Y6b、Y10、Y11 电磁阀指示灯是否点亮；拔臂销时，Y6b、Y10 应工作；拔缸销时，Y6b、Y10、Y11 应工作。否则，排查相关线路及开关是否存在故障。

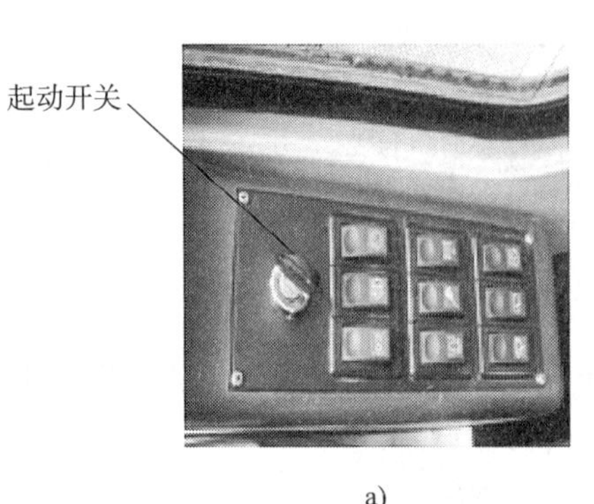

a)

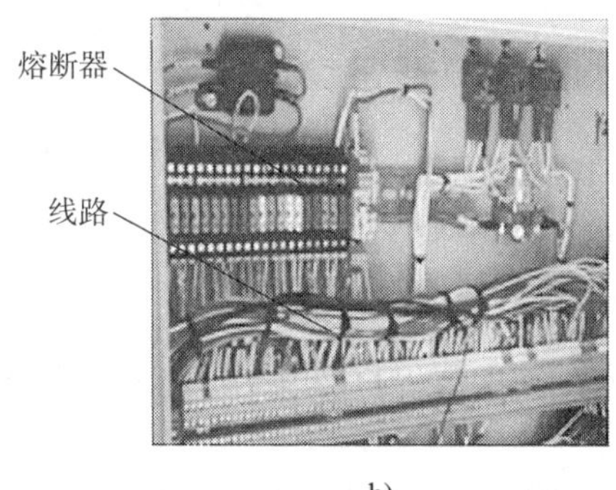

b)

起动继电器

c)

起动电动机

电动机线圈

d)

熄火电磁阀

e)

图 3—2—11　上车无法正常起动的故障排除方法

4. 缸销无法缩回

（1）故障现象

臂销工作正常，而缸销无法缩回。

（2）故障原因

控制缸销运动的 Y11 电磁阀或相关线路有故障。

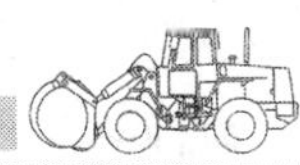

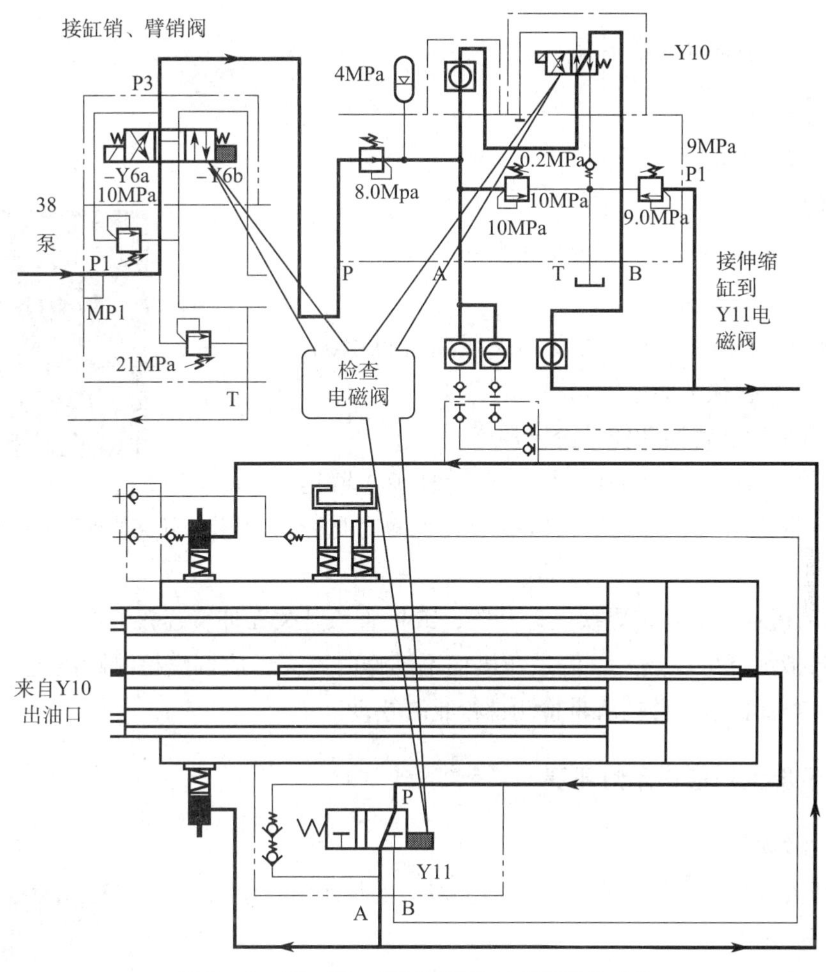

图 3—2—12　缸、臂销无动作的故障排除方法

（3）故障排除方法

按如图 3—2—13 所示元件及相关线路进行检测，排查故障点，更换损坏的电气元件。

1）拔缸销时，查看 Y11 电磁阀指示灯是否点亮，如图 3—2—13 所示。如果不亮，应排查插头及相关线路故障。

2）用万用表测量 Y11 电磁阀接线端是否带电。如果接线端子无电，查看电磁阀插头接线及插头是否松动。

3）如果 Y11 电磁阀正常工作，应检查伸缩内部缸销、臂销机械锁死机构是否卡死。

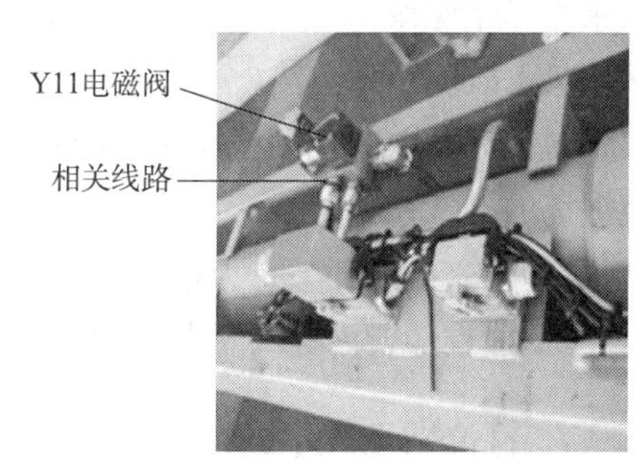

图 3—2—13　缸销无法缩回的故障排除方法

5. 缸销、臂销指示灯不亮

（1）故障现象

缸销、臂销指示灯不亮。

（2）故障原因

接近开关或相关线路、元件出现故障。

（3）故障排除方法

按如图 3—2—14 所示元件及相关线路进行检测，排查故障点，更换损坏的电气元件。

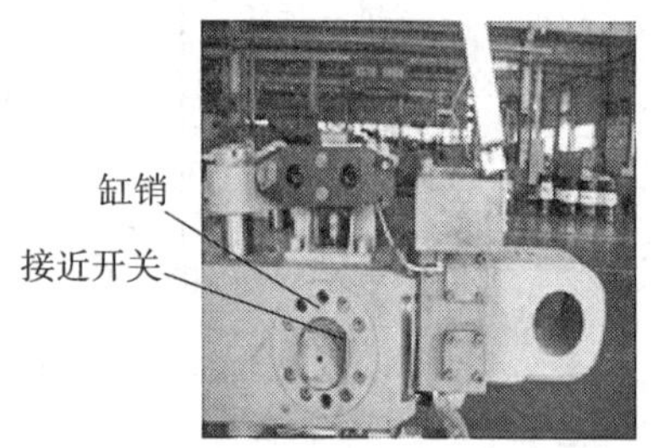

图 3—2—14　缸销、臂销指示灯不亮的故障排除方法

1）查看缸销、臂销动作是否正常。

2）如果缸销、臂销动作正常，查看缸销、臂销接近开关自带指示灯，有金属物体接触其表面时是否点亮。

3）如果指示灯不亮，更换接近开关，或检查该开关在伸臂连接件中电源、地线是否正常。如果指示灯可以点亮，但是在机构不动作时不亮，应调整检测距离至额定检测范围以内；或查看缸销、臂销所带检测螺栓是否松动。

6. 显示器上对应指示灯不亮

（1）故障现象

接近开关自带指示灯点亮，显示器上对应的指示灯不亮（图 3—2—15）。

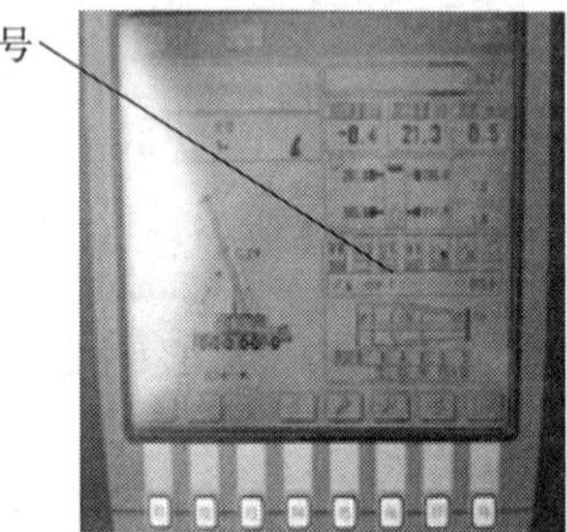

图 3—2—15　显示器上对应指示灯不亮的故障排除方法

（2）故障原因

1）接近开关损坏。

2）伸臂内插头及电缆卷筒、转台插头、控制箱、仪表盘线路连接松动。

（3）故障排除方法

对接近开关及相关线路进行检测，排查故障点，更换损坏的电气元件。

1）检查接近开关是否损坏。

2）检查伸臂内插头及电缆卷筒、转台插头、控制箱、仪表盘线路连接是否可靠。

7. 臂位指示灯不亮

（1）故障现象

臂位指示灯不亮。

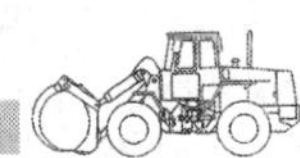

（2）故障原因

臂位接近开关或相关线路、元件出现故障。

（3）故障排除方法

对图 3—2—16 所示元件及相关线路进行检测，排查故障点，更换损坏的电气元件。

1）使伸缩油缸在空缸状态下缩回，打开基本臂上的盖板。

2）当有金属物体接触臂位接近开关表面时，查看臂位接近开关自带指示灯是否点亮。

3）如果指示灯不亮，更换接近开关，再检查该开关在伸臂连接的插头电源、地线是否正常。

4）如果指示灯点亮，显示器上对应的缸销、臂销指示灯不亮，应检查臂内插接件、电缆卷筒、转台插接件、控制箱、仪表盘线路连接是否可靠。

5）如果与臂位检测板接触时指示灯不亮，调整检测距离至额定检测范围以内。

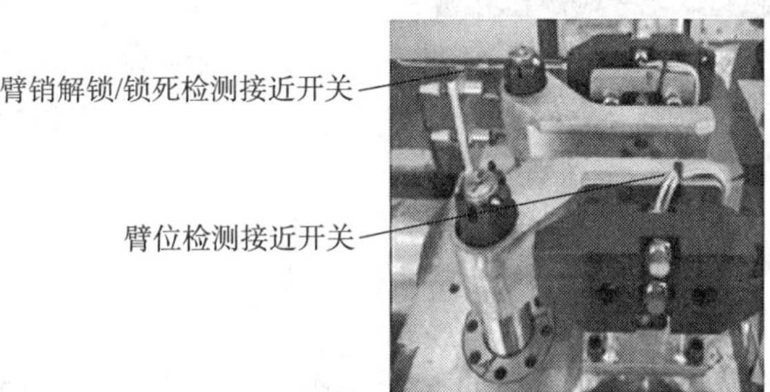

图 3—2—16　臂位指示灯不亮的故障排除方法

8. 臂长百分比未显示

（1）故障现象

起重臂全缩时，操纵室操作面板未显示臂长百分比 +30% ~ −30% 的范围。

（2）故障原因

伸缩油缸长度传感器故障。

（3）故障排除方法

如图 3—2—17 所示，检查测长线是否松动或复位不完全，及是否产生严重乱绳现象。如果有上述问题，应修整或更换测长传感器。

9. 电缆卷筒的电缆挤断或松脱

（1）故障现象

电缆卷筒电缆被挤断或松脱。

（2）故障原因

1）电缆卷筒因爬绳掉道。

2）电缆引线装置松脱。

（3）故障排除方法

按如图 3—2—18 所示元件及相关线路进行检测，排查故障点，更换损坏的电气元件。

1）检查电缆卷筒转动是否灵活，是否与主起重臂干涉，是否掉道。

2）将电缆卷筒电缆引线装置紧固，清洁电缆表面油污，将电缆重新张紧。

图 3—2—17　臂长百分比未显示的故障排除方法

伸缩油缸长度传感器

电缆卷筒

图 3—2—18　电缆卷筒电缆挤断或松脱的故障排除方法

10. 缸销、臂销不能回缩到位

（1）故障现象

缸销、臂销不能回缩到位，导致伸臂无动作或伸缩时有异响。

（2）故障原因

1）Y10 电磁阀电压不足 24（1 ± 10%）V。

2）伸缩控制阀到油缸之间的两道阀门未全开，导致供油不足。

（3）故障排除方法

如图 3—2—19 所示，调整 Y10 电磁阀电压至 24（1 ± 10%）V。

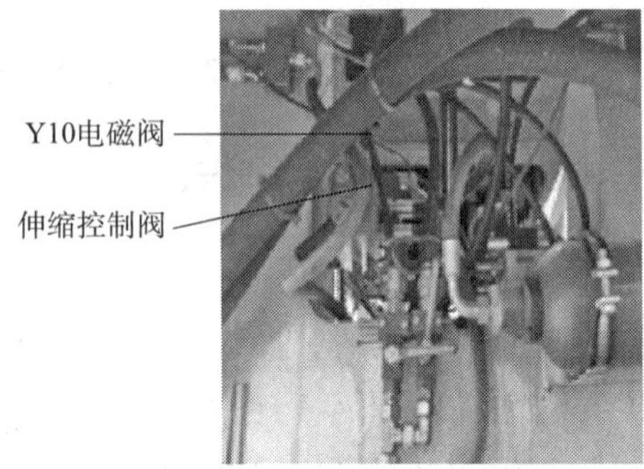

图 3—2—19　缸销、臂销不能回缩到位的故障排除方法

11. 伸缩油缸不能运动

（1）故障现象

伸缩油缸不能运动。

（2）故障原因

伸缩油缸不同动作的压力没有达到所设定值。

1）F4（8 MPa）：伸缩油缸空缸伸出的压力值，即 Y32 断电时的压力。

2）F5（13 MPa）：伸缩油缸带臂伸出和空缸缩回的压力值，即 Y32 通电时的压力。

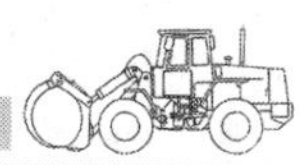

3）F7（24 MPa）：伸缩油缸带臂缩回的压力值，即 Y32、Y30 同时通电时的压力。

（3）故障排除方法

按如图 3—2—20 所示电路图进行检测，排查故障点，更换损坏的电气元件。

1）调整各阀的压力至规定的压力值。检查各调整阀的锁紧螺母是否松动。

2）检查各相应电磁阀是否通电，电磁阀的电压和电流值是否在规定范围之内。

3）如果各阀的压力调整到规定的压力值，伸缩油缸仍然无动作，应该适当提高各动作相应的压力。

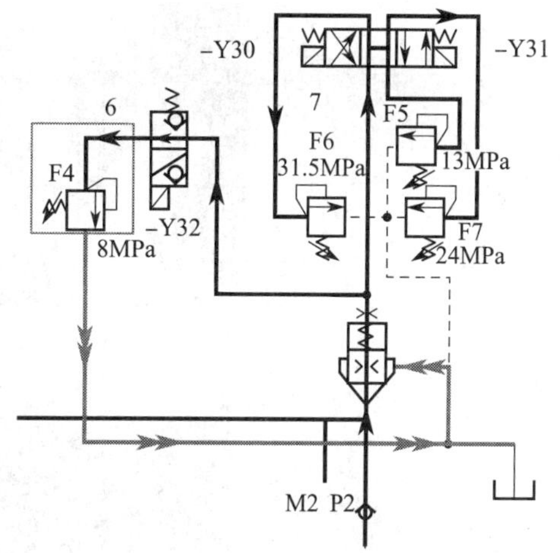

图 3—2—20 伸缩油缸不能运动的故障排除方法

12. 主卷扬无法起落

（1）故障现象

操纵主卷扬起落，都不动作。

（2）故障原因

1）右操纵手柄故障。

2）接线端口线路故障。

3）控制器故障。

4）遥控模块或起升下降电磁阀故障。

（3）故障排除方法

1）检查右操纵手柄（图 3—2—21a）电源及总线控制信号，用万用表检查操纵手柄有无 24 V 电源及接地是否牢靠，总线信号是否正常。如果总线信号异常，应更换操纵手柄。

2）检查控制箱内接线端口（图 3—2—21b）线路是否脱落或虚接。如果有脱落或虚接现象，应对故障点进行紧固。

3）检查控制器（图 3—2—21c）输出端口的电压是否正常。如果没有电压输出，对控制器进一步检查。如果控制器故障，应更换。

4）检查遥控模块比例电磁阀 Y21（图 3—2—21e）和主阀控制起升及下降电磁阀 Y18a 或 Y18b（图 3—2—21e）是否通电，电磁线圈是否正常。如果信号正常，应清洗或更换电磁阀。

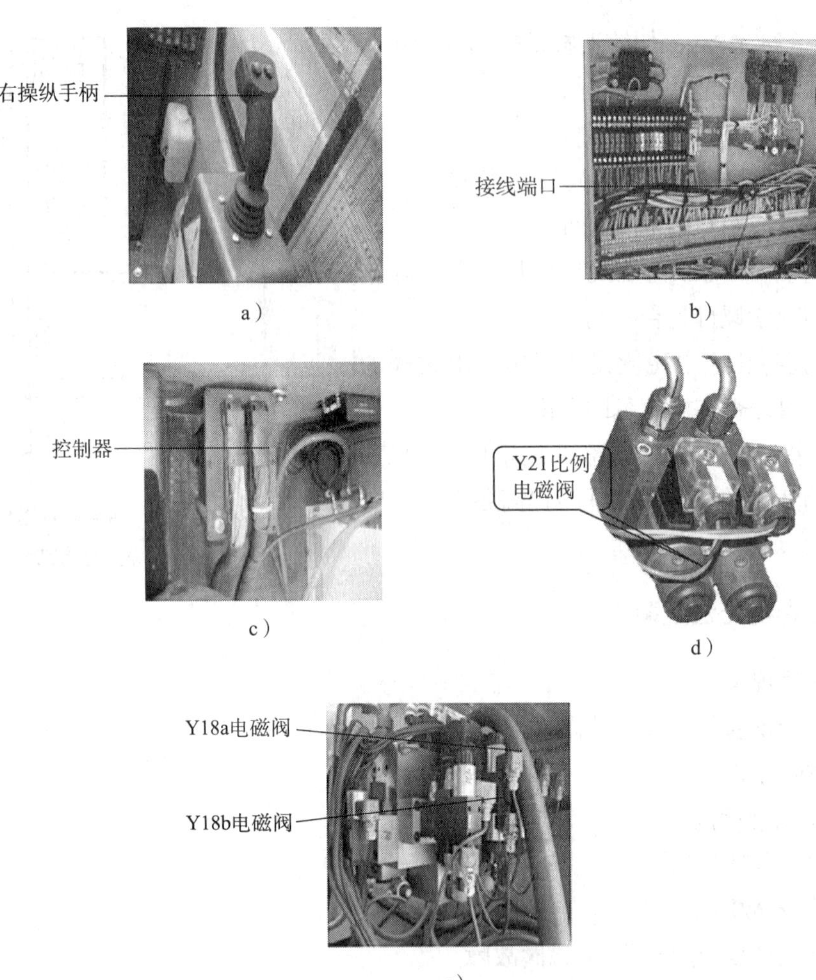

图 3—2—21　主卷扬起落都无法工作的故障排除方法

13. 灯光电路工作异常

（1）故障现象

灯光电路工作异常。

（2）故障原因

1）灯光开关 S4 的相关线路 X1:23、X1:24、X1:25 异常，接地情况异常。

2）熔断器 F6 烧断，或灯泡损坏。

3）开关 S4 异常，或开关不灵活。

4）熔断器损坏。

（3）故障排除方法

检测灯光开关 S4（图 3—2—22）及相关线路 X1:23、X1:24、X1:25、熔断器 F6、

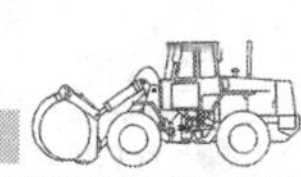

灯泡及接地情况是否异常，开关是否不灵活，熔断器是否损坏。如果熔断器烧断，应更换。如果灯泡、开关损坏，应更换。检查线路连接是否短路及断路，找出故障点，进行恢复处理。

图 3—2—22　灯光电路工作异常的故障排除方法

14. 高度限位器常鸣或过卷不停止

（1）故障现象

高度限位器持续鸣响，或测长线过卷而卷线盒不停止工作。

（2）故障原因

1）卷线盒故障。

2）臂头接线盒或高度限位开关故障。

（3）故障排除方法

1）检查卷线盒内部是否出现故障、卷线盒测长线有无划伤，如图 3—2—23a 所示。如果存在上述问题，容易造成线路短路、断路，应维修或更换。

2）检测臂头接线盒内接线是否不良、高度限位开关是否失灵，如图 3—2—23b 所示。如果接头松动，应紧固。如果高度限位开关失灵，应更换。

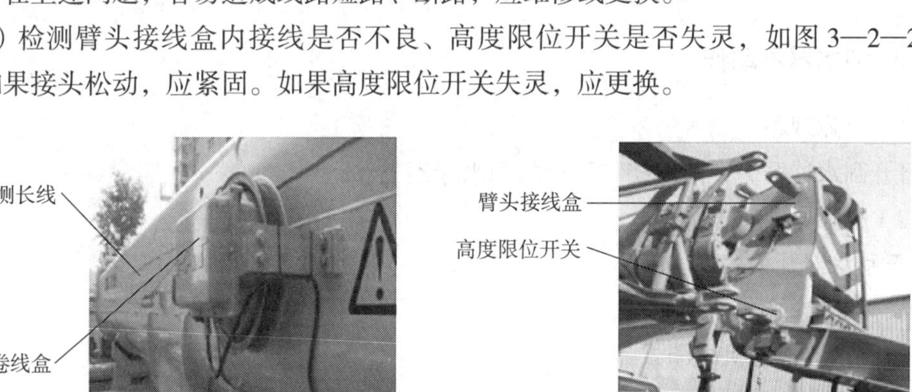

图 3—2—23　高度限位器常鸣或过卷不停止的故障排除方法

15. 三圈保护器失灵

（1）故障现象

当卷扬机构上钢丝绳下放至卷筒上仅剩三圈钢丝绳时，三圈保护器不停止卷筒旋转（不起作用），钢丝绳继续下落。

（2）故障原因

1）三圈保护器调整不当或工作失常。

2）三圈保护器内部开关故障。

（3）故障排除方法

1）检测主卷扬及副卷杨上的三圈保护器（图 3—2—24a）是否调整好。如果未调整好，应重新调整。如果其仍工作不正常，应更换。

2）打开三圈保护器，检查其中的三圈保护器开关（图 3—2—24b）工作是否正常、是否损坏。如果工作不正常，应调整到所需要求。如果开关损坏，应更换。

a）

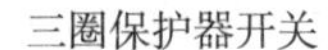

b）

图 3—2—24　三圈保护器失灵的故障排除方法

16. 刮水器不动作

（1）故障现象

打开刮水器开关，前风挡和天窗的刮水器不工作。

（2）故障原因

1）刮水器开关故障。

2）熔断器故障。

3）刮水器电动机线圈故障。

4）刮水器电动机接线故障。

（3）故障排除方法

1）检查前风挡、天窗的刮水器开关（图 3—2—25a）是否失效、地线连接是否牢靠。如果开关失效，应更换。如果地线连接不牢靠，应重新连接。

2）检查熔断器中间的控制按钮是否弹出。如果弹出，应排查线路的短路点，恢复线路，再把中间的控制按钮按下即可。

3）检测刮水器电动机的线圈（图 3—2—25b）是否损坏，机械装置是否灵活。如果刮水器电动机损坏，应更换。如果机械装置不灵活，应重新调整。检查刮水器电动机接线是否松动及电源是否正常，是否存在线路断路及虚接状况，查找故障点并排除。

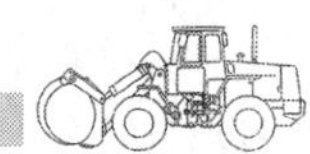

a）

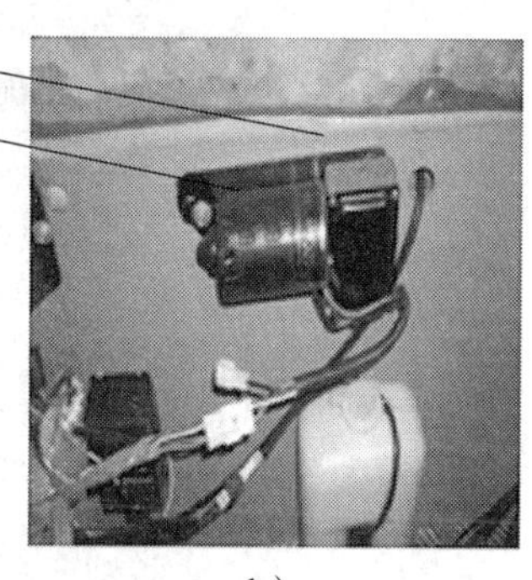

b）

图 3—2—25　刮水器不动作的故障排除方法

17. 发动机不熄火

（1）故障现象

发动机不受控制，无法熄火。

（2）故障原因

1）熔断器损坏。

2）熄火继电器线圈损坏或触点不牢固。

3）熄火开关损坏。

4）熄火电磁阀损坏。

（3）故障排除方法

1）检查熔断器中间的控制按钮是否弹出。如果弹出，排查线路短路点，恢复线路，把中间按钮按下即可。如果熄火继电器线圈损坏或触点不牢固，更换熄火继电器，如图 3—2—26a 所示。

2）检查熄火开关（图 3—2—26b）通断是否正常。如果其通断不正常，应更换。

3）检查熄火电磁阀（图 3—2—26c）在熄火的状态下是否断电。如果其断电正常而发动机仍未熄火，应更换。

18. 上车所有动作缓慢（无合流）

（1）故障现象

操纵上车作业时，各种动作均速度缓慢，检查发现上车动作均无合流。

（2）故障原因

1）接线端子 X1:69、X1:70 损坏。

2）Y23 电磁阀损坏。

（3）故障排除方法

按如图 3—2—27 所示电路图及步骤进行检测，排查故障点，更换损坏的电气元件。

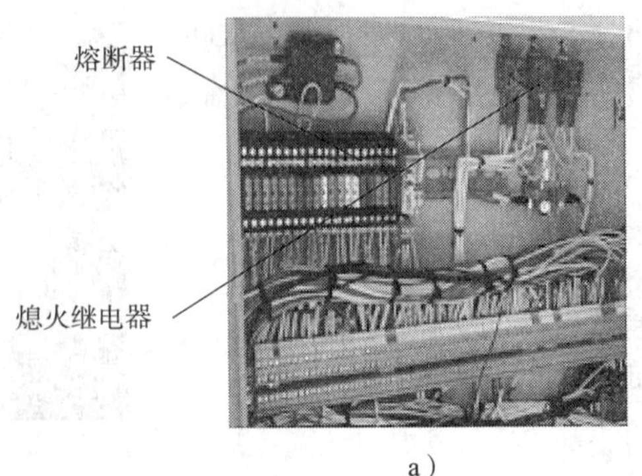

a）

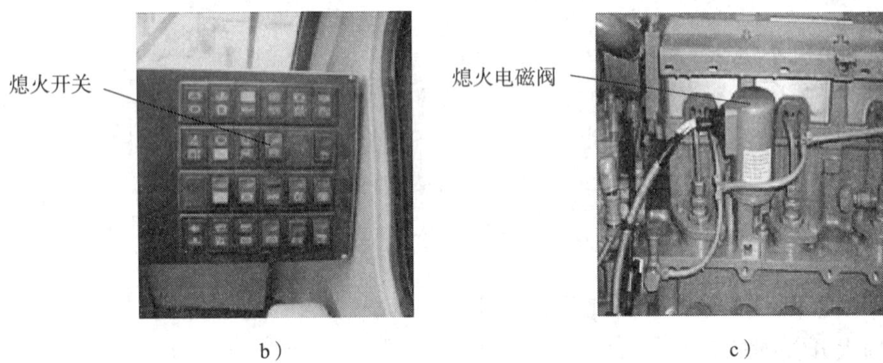

b）　　　　c）

图 3—2—26　发动机不熄火的故障排除方法

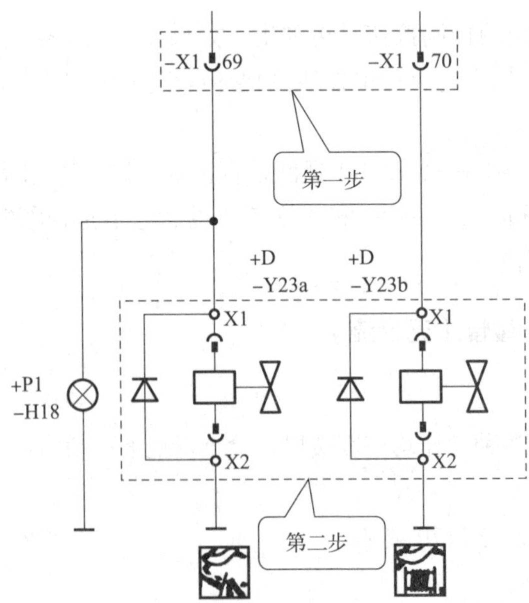

图 3—2—27　上车所有动作缓慢（无合流）的故障排除方法

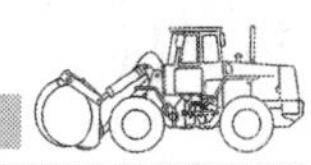

1）检测接线端子的电压，X1:69 电压应为 24 V，X1:70 电压应为 24 V。

2）检查电磁阀 Y23a、Y23b 是否损坏。

19. 无自由滑转

（1）故障现象

上车自由滑转无动作。

（2）故障原因

因为 Y14 电磁阀不工作，所以无自由滑转。造成故障的可能原因：

1）Y14 电磁阀损坏。

2）配电柜中的接线端子虚接或断路。

（3）故障排除方法

按如图 3—2—28 所示电路图进行检测，排查故障点，更换损坏的电气元件。

1）检查配电柜中的接线端子是否虚接或断路。如果存在上述问题，紧固或使用备用线。

2）检测 Y14 电磁阀插头是否正常。如果损坏，应更换。

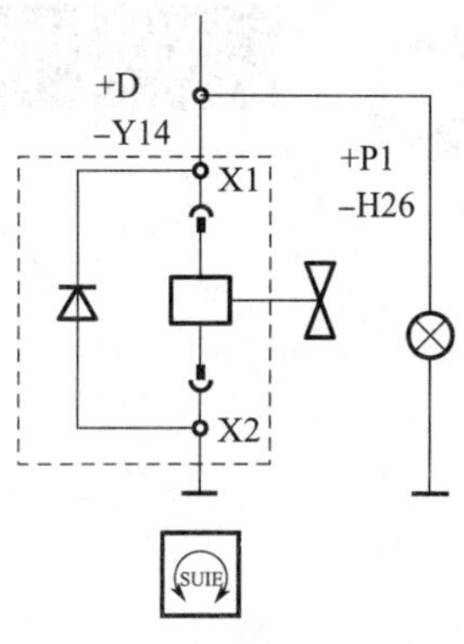

图 3—2—28　无自由滑转的故障排除方法

复习思考题

1. 简述全车无电的故障原因与排除方法。
2. 简述转速表工作异常的故障原因与排除方法。
3. 简述上车无电的故障原因与排除方法。
4. 简述上车无法正常起动的故障原因与排除方法。
5. 简述缸销、臂销无动作的故障原因与排除方法。
6. 简述缸销无法缩回的故障原因与排除方法。
7. 简述臂位指示灯不亮的故障原因与排除方法。
8. 简述缸销、臂销不能缩到位的故障原因与排除方法。
9. 简述伸缩油缸不能运动的故障原因与排除方法。
10. 简述主卷扬无法起落的故障原因与排除方法。
11. 简述三圈保护器失灵的故障原因与排除方法。
12. 简述刮水器不动作的故障原因与排除方法。

模块四 汽车起重机工作装置维修

汽车起重机工作装置主要包括支腿机构和伸臂机构两部分。支腿机构决定汽车起重机工作的稳定性和安全性，伸臂机构决定汽车起重机起重的性能、质量和安全性。所以，工作装置的工况正常与否对汽车起重机作业非常重要。本模块介绍汽车起重机的支腿系统、伸臂系统的结构组成，支腿系统、伸臂系统常见故障原因与排除方法，使学习者实现熟练掌握汽车起重机工作装置故障排除的目标。

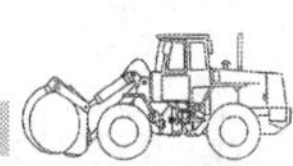

课题 1　支腿机构常见故障分析与排除

学习目标

1. 了解汽车起重机支腿机构的类型。
2. 熟悉汽车起重机支腿机构的结构组成。
3. 掌握汽车起重机支腿机构常见故障的故障原因与故障排除。

一、支腿机构结构组成

支腿机构的结构根据汽车起重机吨位级别的不同主要分为一级支腿和二级支腿两种形式。大吨位起重机采用二级支腿形式主要是满足其较大的作业范围和作业安全性。

1. 一级支腿机构结构组成

一级支腿机构主要由活动支腿、支腿垂直油缸、支腿水平油缸、支脚盘、连接销轴、锁止销和固定支腿七部分组成，如图 4—1—1 所示。

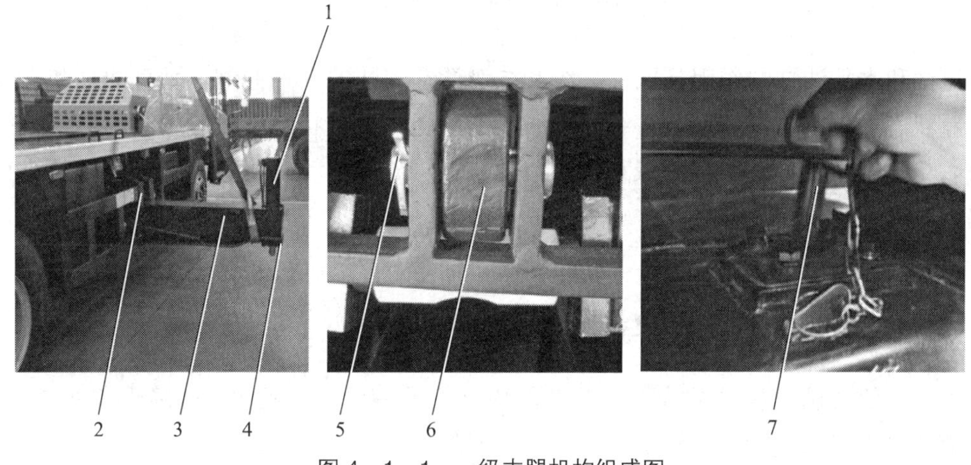

图 4—1—1　一级支腿机构组成图

1—垂直油缸　2—固定支腿　3—活动支腿　4—支腿盘　5—连接销轴　6—水平油缸　7—锁止销

水平油缸的作用是保证活动支腿的水平伸缩。垂直油缸和支脚盘在吊重状态下具有支撑作用。活动支腿在吊重状态下具有很好的抗弯抗扭能力。连接销轴的作用是连接水平油缸和活动支腿。锁止销可以防止汽车起重机在行驶过程中支腿因外力作用而甩出，避免酿成事故。

2. 二级支腿机构结构组成

二级支腿机构多采用H式活动支腿结构，其结构主要由一级活动支腿、二级活动支腿、支腿垂直油缸、支腿水平油缸、支脚盘、支腿定位销、绳排和固定支腿八部分组成，如图4—1—2所示。H式活动支腿在起重机吊重作业时外伸，承受整车重量和吊物重量，保证吊重时整车稳定性。H式活动支腿一般分为全伸和半伸两种作业状态。

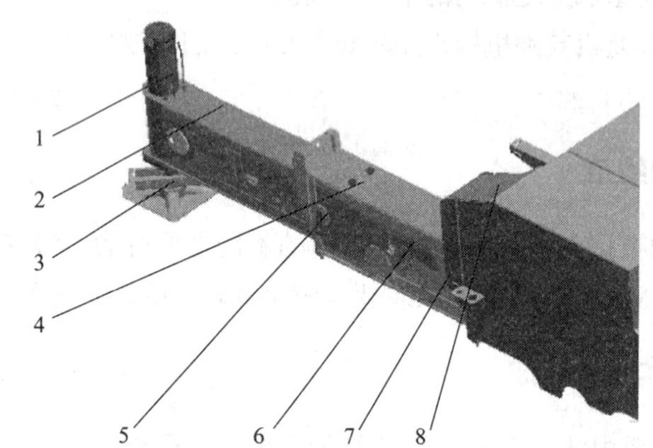

图4—1—2　二级H式支腿机构结构组成图

1—垂直油缸　2—一级支腿　3—支脚盘　4—二级支腿　5—支腿定位销　6—水平油缸　7—绳排　8—固定支腿

绳排和水平油缸的作用是保证一级和二级活动支腿的水平伸缩。垂直油缸和支脚盘在吊重状态下具有支撑作用，一级和二级活动支腿在吊重状态下具有很好的抗弯、抗扭能力。支腿定位销分别固定一级和二级活动支腿、二级活动支腿和固定支腿，防止它们之间相对滑动。

二、支腿机构常见故障分析与排除

由于二级支腿机构的结构组成及功能均涵盖了一级支腿机构，故障现象亦是如此，故本部分仅介绍二级支腿机构常见故障分析与排除。

1. 在全伸状态下活动支腿挠度过大

（1）故障现象

在全伸状态下活动支腿挠度过大，超出允许的挠度范围。

（2）故障原因

由于长时间使用，支腿滑块磨损。

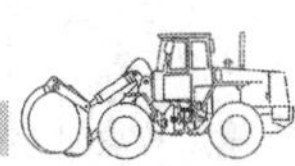

（3）故障排除方法

1）先将活动支腿在水平、垂直方向上伸出至最大限度，如图 4—1—3a 所示。

2）调整一节支腿（图 4—1—3b）下两个滑块的间隙，将调节螺杆螺母松开，拧紧螺杆，再回松半圈，最后将螺母拧紧。

3）调整二节支腿下两个滑块（图 4—1—3c）的间隙，将调节螺杆螺母松开，拧紧螺杆，再回松半圈，最后将螺母拧紧。

4）调整一节腿上两个滑块的间隙，将滑块上的圆螺母松开，拧紧滑块，再回松四分之一圈，最后将圆螺母拧紧，如图 4—1—3d 所示。

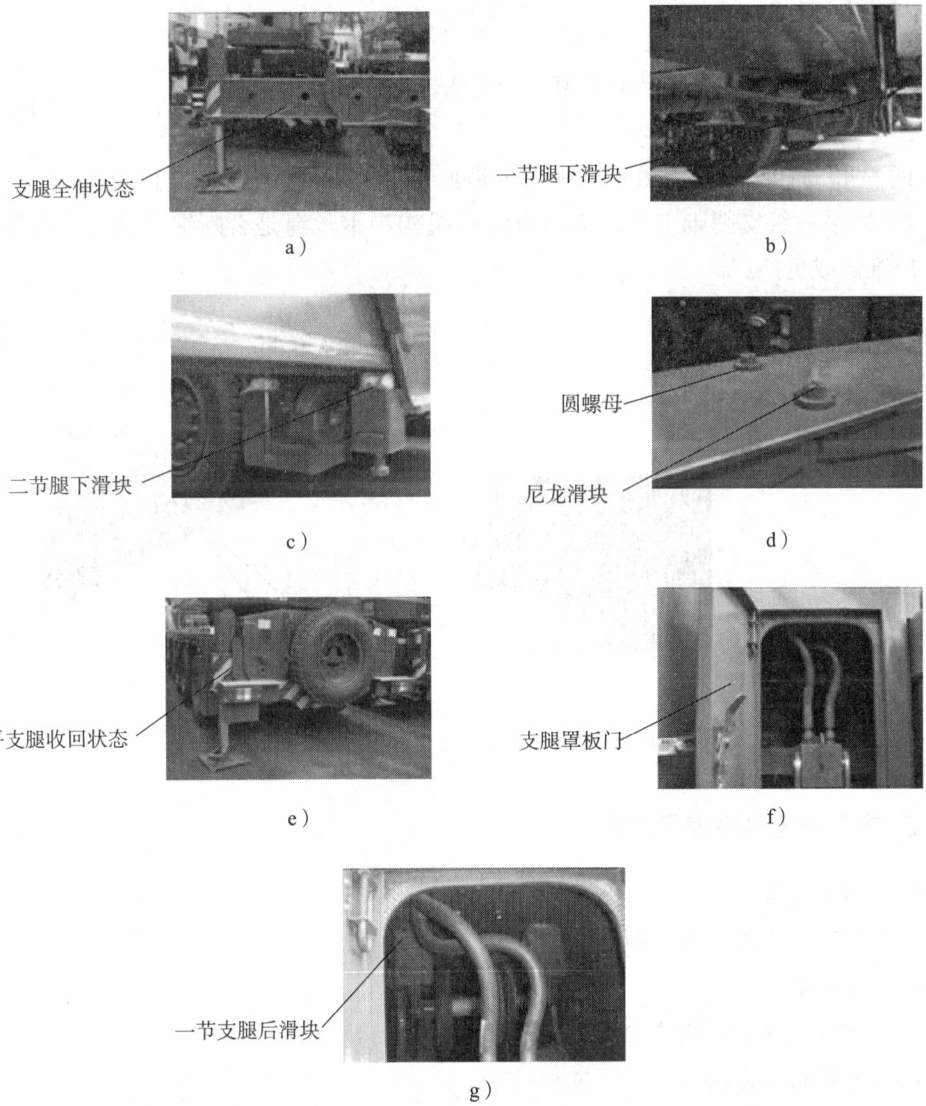

支腿全伸状态

a）

一节腿下滑块

b）

二节腿下滑块

c）

圆螺母

尼龙滑块

d）

水平支腿收回状态

e）

支腿罩板门

f）

一节支腿后滑块

g）

图 4—1—3　在全伸状态下活动支腿挠度过大的故障排除方法

5）将水平支腿收回，垂直支腿处于全缩状态，如图 4—1—3e 所示。

6）打开支腿罩板门（图 4—1—35），调节一节支腿后滑块间隙，如图 4—1—3g 所示。将调节螺杆的螺母松开，拧动螺杆，使滑块上平面与上板间隙在规定范围内（参考值为 8 ~ 10 mm），最后将螺母拧紧。

2. 一级支腿无法伸出

（1）故障现象

操纵水平支腿伸出时，二级支腿伸出正常，但一级支腿无动作。

（2）故障原因

1）一级支腿变形卡住。

2）绳排机构中钢丝绳断绳或掉道，无法带动一级支腿伸出。

（3）故障排除方法

1）先检查一级支腿（图 4—1—4a）是否卡住。如果卡住，应进行调整。

2）如果一级支腿未卡住，应检查绳排机构中钢丝绳是否断绳或掉道。如果存在问题，应维修或更换。

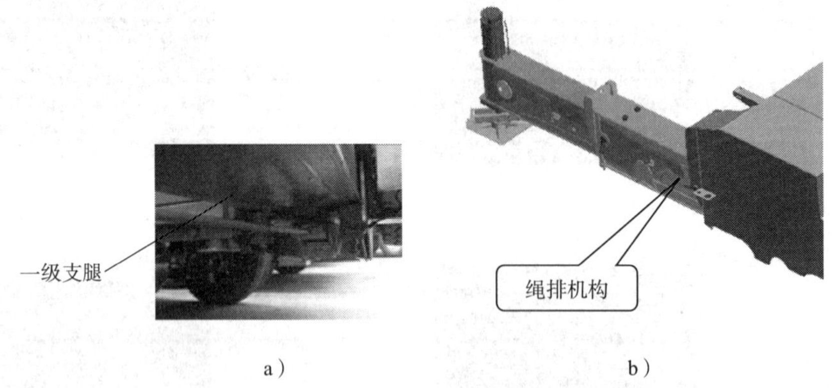

图 4—1—4 一级支腿无法伸出的故障排除方法

3. 支腿伸出时摩擦阻力大

（1）故障现象

操纵支腿伸出时，支腿两侧摩擦声音大。

（2）故障原因

活动支腿两侧变形或缺少润滑脂润滑。

（3）故障排除方法

对活动支腿两侧进行打磨或均匀涂抹润滑脂，如图 4—1—5 所示。

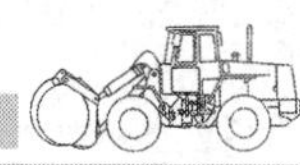

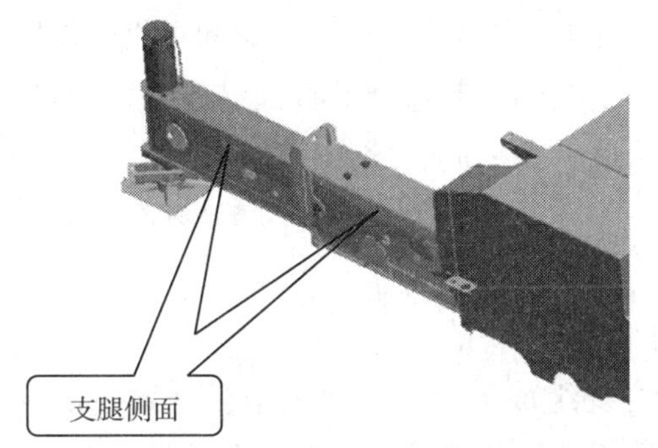

图 4—1—5　支腿伸出时摩擦阻力大的故障排除方法

复习思考题

1. 简述一级支腿机构结构组成。
2. 简述二级支腿机构结构组成。
3. 简述在全伸状态下活动支腿挠度过大的故障原因与排除方法。
4. 简述一级支腿无法伸出的故障原因与排除方法。
5. 简述支腿伸出时摩擦阻力大的故障原因与排除方法。

课题 2　中、小吨位汽车起重机伸缩机构常见故障分析与排除

学习目标

1. 了解中、小吨位汽车起重机伸缩机构的结构组成。
2. 熟悉中、小吨位汽车起重机伸缩机构的工作原理。
3. 掌握中、小吨位汽车起重机伸缩机构常见故障的故障原因与故障排除方法。

一、中、小吨位汽车起重机伸缩机构的结构组成及工作原理

1. 伸缩机构的结构组成

（1）主起重臂

汽车起重机的主起重臂是起重机的核心部件，是汽车起重机吊载作业最重要的承重

结构件。主起重臂机构的强度、刚度直接影响汽车起重机的使用性能和安全性能。

目前，大多数汽车起重机的主起重臂的截面结构是六边形、大圆角，但是在主起重臂的节数、截面尺寸、长度、臂间起支撑作用的滑块结构形状和主起重臂伸缩机构形式（绳排式和单缸插销式）等方面有差别。现以 25 t 汽车起重机主起重臂结构为例进行介绍。

1）主起重臂的结构组成

该主起重臂机构的主要组成部分为一至五节臂、臂尖滑轮、臂间滑块、分绳轮组、定滑轮组、压绳滚轮、用于托绳的滑板支架及主起重臂与转台和变幅缸上铰点的连接轴孔等，如图 4—2—1 所示。该主起重臂由一、二、三、四、五节臂套装而成，在各节臂中间采用尼龙滑块支撑，在水平或垂直方向上，滑块与臂筒间的双边间隙之和一般为 4 ~ 5 mm。组装后的主起重臂滑块间隙越大，则主起重臂使用的强度与刚度越低。如果主起重臂滑块间隙偏小，则因臂体制造误差偏大，易产生干涉，发生起重臂伸缩抖动或产生异响。

2）主起重臂机构的连接

在一节臂尾和中间下方部位，分别有两个铰接轴孔。一个为主起重臂与转台连接的尾铰点轴孔，另一个为变幅缸上铰点轴孔。在尾铰点轴套前侧有一级伸臂油缸安装轴套、在二节臂尾前侧有二级伸臂油缸安装轴套和四节臂伸臂绳固定点。二节臂的尾部有连接一级伸臂缸的缸套；三节臂的尾部有连接二级伸臂缸的缸套、五节臂伸臂绳固定点、四节臂缩臂滑轮，头部、尾部的上下两侧设有尼龙滑块及其调整机构。四节臂的尾部设有五节臂缩臂滑轮，头部设有五节臂伸臂滑轮，头部、尾部上下两侧设有尼龙滑块及其调整机构，如图 4—2—2 所示。

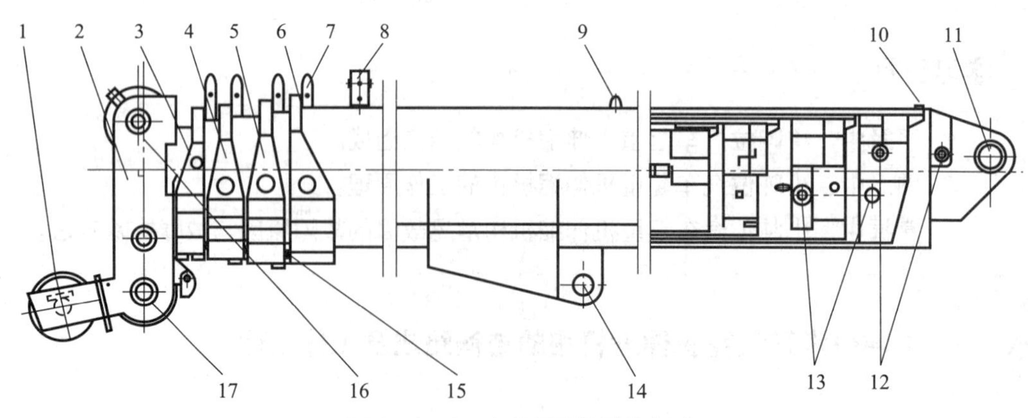

图 4—2—1　主起重臂的结构组成

1—臂尖滑轮　2—五节臂　3—四节臂　4—三节臂　5—二节臂　6—一节臂　7—拖绳架　8—压绳滚轮　9—挡板　10—绳托　11—主起重臂尾轴　12—一级伸缩油缸铰点轴　13—二级伸缩油缸铰点轴　14—变幅缸下铰点轴　15—调节垫块　16—分绳轮组　17—定滑轮组

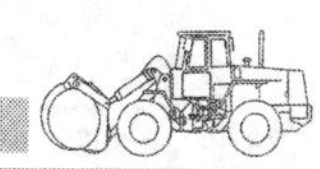

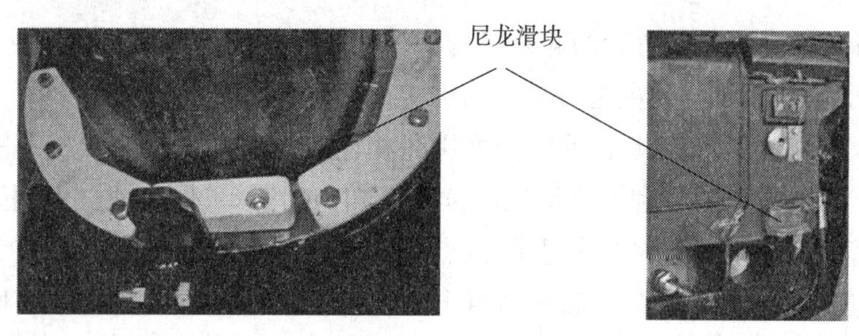

图 4—2—2　尼龙滑块

3）主起重臂的滑轮组

在第五节臂的头部设置了分绳滑轮组和定滑轮组，如图 4—2—3 所示。五节臂的尾部上侧设伸臂绳固定点，上下两侧均设有尼龙滑块，在二、三、四节臂头部的上部分别设有托绳架；在一节臂头部的上方设有压绳滚轮；在一节臂尾部的上方设有绳托（托绳滚轮）等结构部件。设置这些构件的目的是保证主起重臂在任一种工况作业时，托起主、副卷扬钢丝绳，防止钢丝绳外跳，以免造成升降作业时磨损钢丝绳或卡住钢丝绳的事故发生。在五节臂头部的前方设置了臂尖滑轮。

①分绳滑轮组。它由两个滑轮组成，中间一个滑轮用于副卷扬钢丝绳通过，靠左边滑轮用于主卷扬钢丝绳通过。

②定滑轮组。定滑轮组的滑轮数量有四片、五片和六片之分。定滑轮组滑轮的片数决定该滑轮组在使用中钢丝绳倍率。例如，四片定滑轮组与之相配合的动滑轮组（吊钩）滑轮片数也为四片，钢丝绳倍率最多为 $4 \times 2=8$。依此类推，五片滑轮钢丝绳最多为 10；六片滑轮钢丝绳最多为 12。

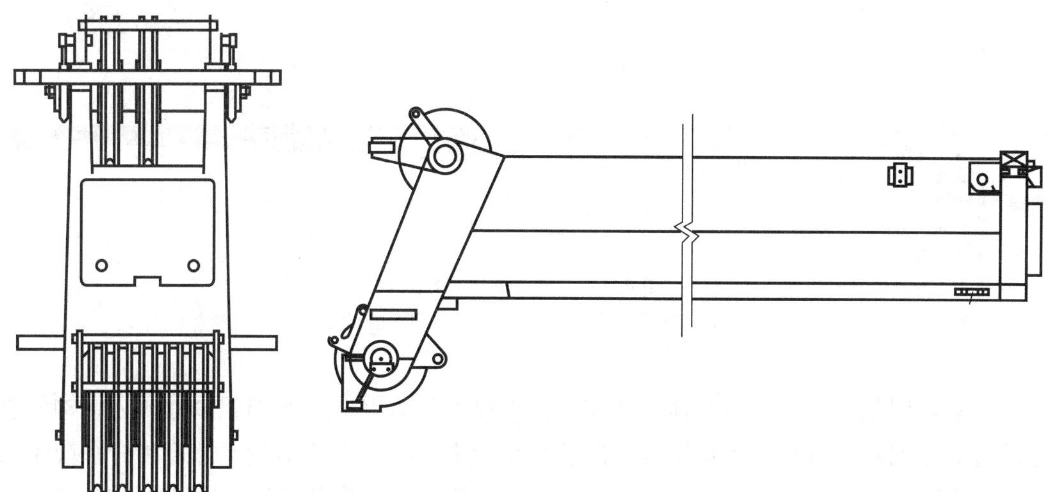

图 4—2—3　分绳滑轮组和定滑轮组

③臂尖滑轮。它属于单滑轮的起升机构。一般用于副钩单倍率升降作业。

4）中、小吨位五节臂的主起重臂伸缩机构

它由两级伸缩油缸和二组起重臂伸缩用绳相连接，实现主起重臂二、三、四、五节臂同步伸缩（同步伸缩的原理见本课题后续相关知识内容）。伸缩油缸为倒置油缸，水平安装在四节臂的臂筒之中。活塞杆上的铰点孔安装在一节臂的尾端和二节臂的尾端，油缸筒上的铰点轴安装在二节臂上和三节臂上。在伸缩油缸的伸缩过程中，伸缩油缸头部的连接架将退出或进入五节臂的尾部。为此，伸缩油缸头部的连接架和五节臂的尾部均应设置导向装置，以防止由于伸缩油缸安装偏斜而发生相撞事故。

（2）副起重臂

副起重臂是汽车起重机重要的起重部件，也是关键的钢结构件。大多数汽车起重机的副起重臂目前采用桁架式结构。副起重臂的作用是补偿主起重臂作业高度不足、扩大主起重臂作业范围。现以 QY25 型汽车起重机的副起重臂为例介绍副起重臂的结构，如图 4—2—4 所示。

副起重臂的组成部分主要有臂座、臂架、连接杆系统、臂头、支撑架、托架总成等部件。臂座是副起重臂的基础结构件，与主起重臂（四节臂）臂头相连接。

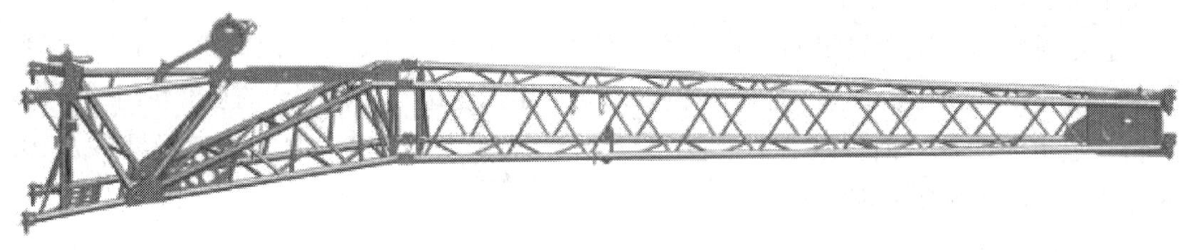

a）

b）

图 4—2—4　副起重臂结构

a）一节臂起重臂结构　b）二节臂副起重臂结构

臂架是副起重臂的结构主体，其作用是连接臂头和臂座，使副起重臂成为结构的整体。臂头是副起重臂直接吊重部件，副卷扬钢丝绳悬挂在臂头滑轮上。连接杆系统是实现副起重臂变角度安装的重要调节部件。副起重臂有三种安装角度，即 0°、15°、30° 安装，如图 4—2—5 所示。

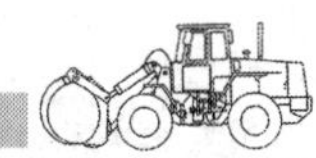

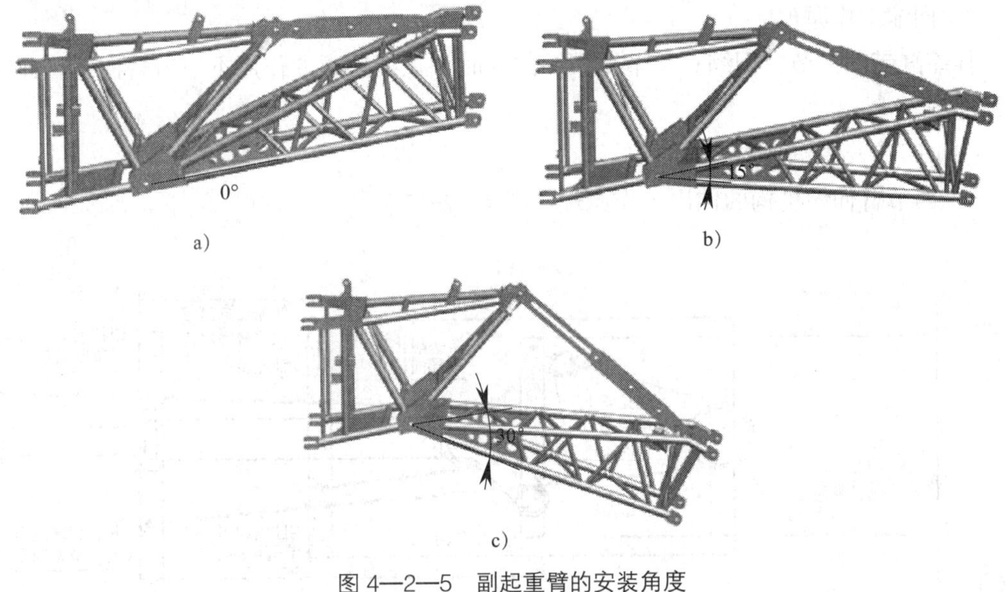

图 4—2—5　副起重臂的安装角度

a）0°　b）15°　c）30°

2. 伸缩机构工作原理

（1）三节臂伸缩机构的工作原理如图 4—2—6 所示。

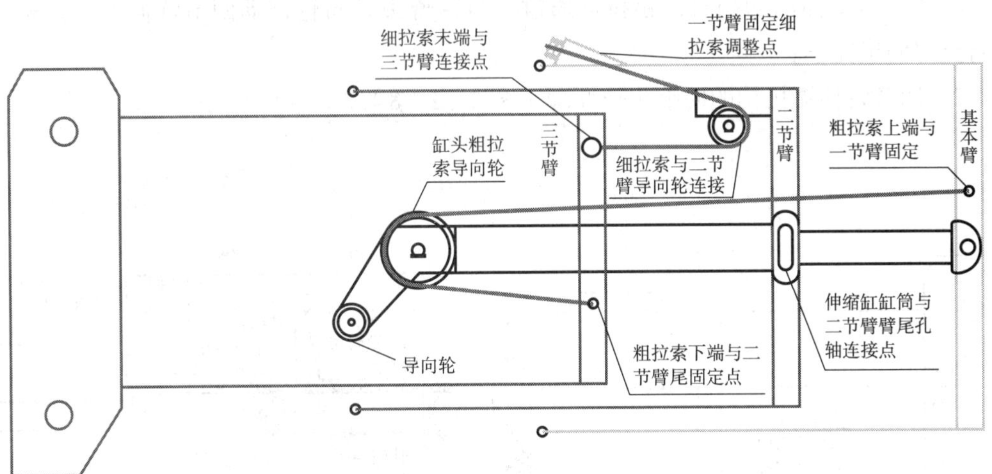

图 4—2—6　三节臂伸缩机构工作原理图

1）伸出工作原理

首先，伸缩缸带动二节臂伸出；同时，在伸缩缸和粗拉索的作用下，三节臂伸出。此时，伸出完毕。

2）回缩工作原理

伸缩缸带动二节臂回缩；二节臂回缩的同时，在细拉索的作用下三节臂回缩。此时，回缩完毕。

（2）四节臂伸缩机构工作原理

1）四节臂伸缩机构的伸出工作原理（图 4—2—7）

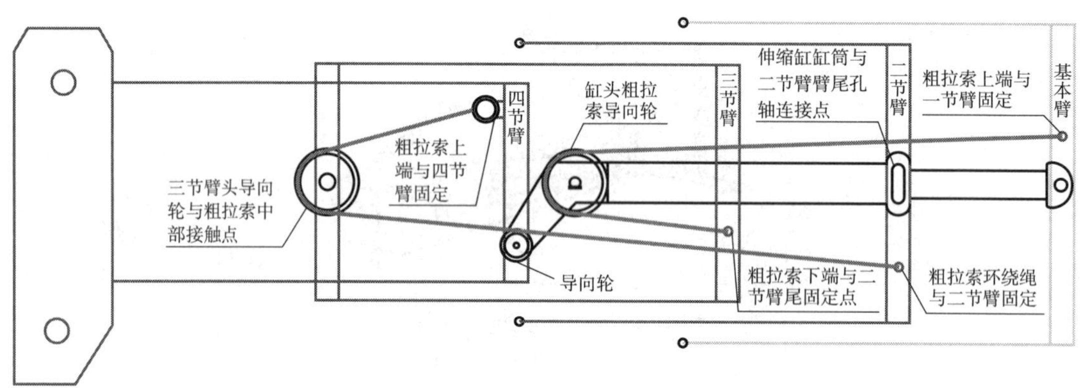

图 4—2—7　四节臂伸缩机构（伸出）工作原理图

①伸缩缸推动二节臂伸出。

②粗拉索通过缸头导向轮拉动三节臂伸出。

③在三节臂伸出的同时，粗拉索通过三节臂臂头导向轮带动四节臂伸出。此时，四节臂全部伸出完毕。

2）四节臂伸缩机构的回缩工作原理（图 4—2—8）

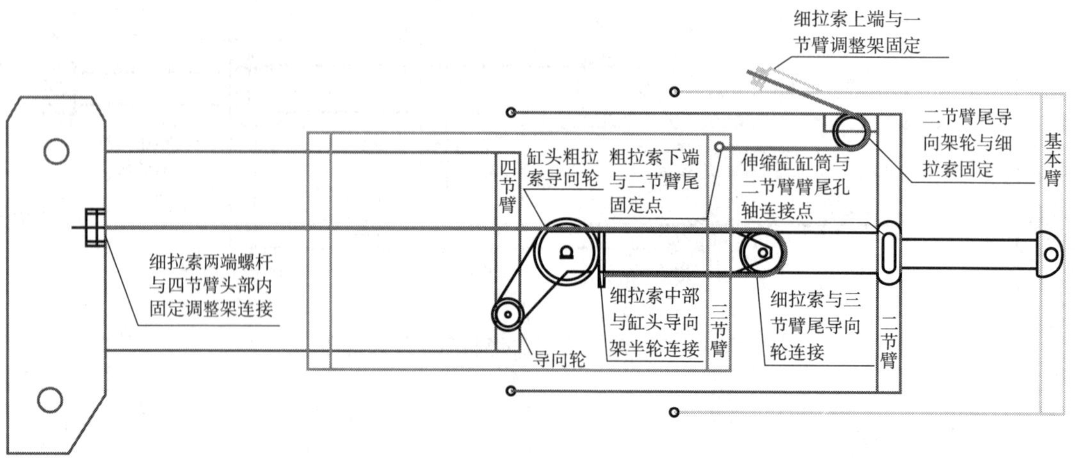

图 4—2—8　四节臂伸缩机构（回缩）工作原理图

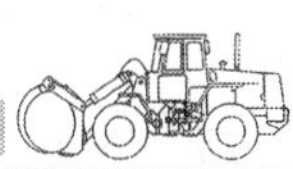

①伸缩缸回缩时，带动二节臂回缩；同时，在细拉索作用下带动三节臂回缩。

②在三节臂回缩的同时，在细拉索作用下带动四节臂回缩。此时，四节臂回缩完毕。

（3）五节臂伸缩机构工作原理

1）五节臂起重臂系统伸缩机构的伸出工作原理（图 4—2—9）

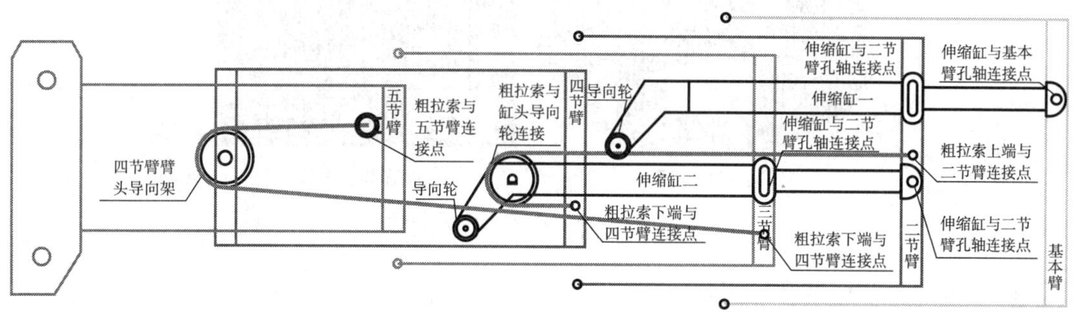

图 4—2—9　五节臂伸缩机构伸出工作原理图

①伸缩缸一伸出带动二节臂运动。

②伸缩缸二伸出带动三节臂运动；同时，在伸缩缸筒二和粗拉索的作用下，带动四节臂伸出。

③在四节臂伸出的同时，在粗拉索的作用下，带动五节臂伸出。

2）五节臂起重臂系统伸缩机构的回缩工作原理（图 4—2—10）

①伸缩缸一回缩时，带动二节臂回缩。

②伸缩缸二回缩时，带动三节臂回缩；同时，在细拉索作用下带动四节臂回缩。

③在四节臂回缩的同时，在细拉索作用下带动五节臂回缩。

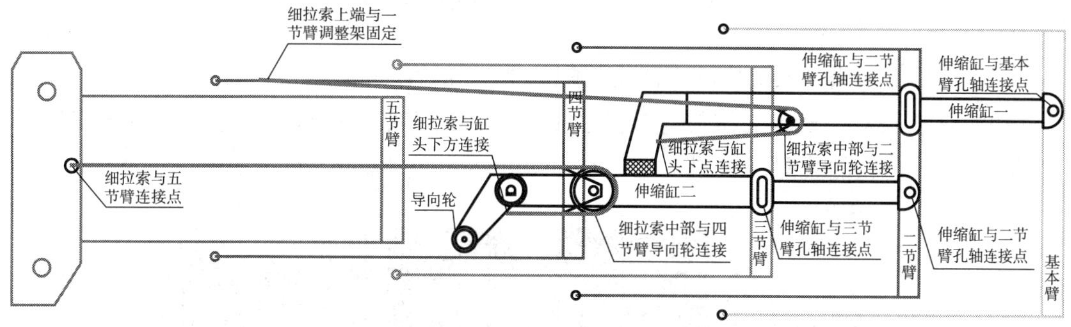

图 4—2—10　五节臂伸缩机构回缩工作原理图

3. 伸缩机构维修与装配的注意事项

（1）粗拉索维修与装配

两根粗拉索Ⅱ分别从四节臂尾部两侧孔中穿入，从四节臂头部穿出，再分别挂在五节臂后尾两侧的轮子支架上，将轮子、销轴装配在支架上，在臂尾内侧用轴挡板及螺栓紧固。在支架前后分别装上导轨和滑块，如图 4—2—11 所示。

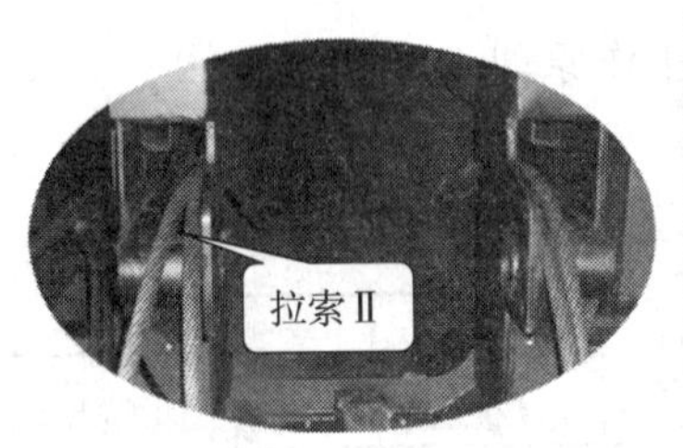

四节臂尾部

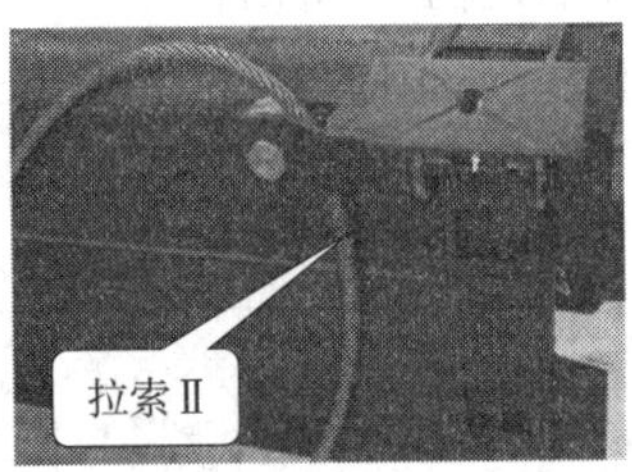

五节臂尾部

图 4—2—11　粗拉索维修装配

（2）四、五节臂维修与装配

四、五节臂维修与装配时，要保证粗拉索Ⅱ上面两根拉索位于导轨上，拉索没有打绞现象，如图 4—2—12 所示。

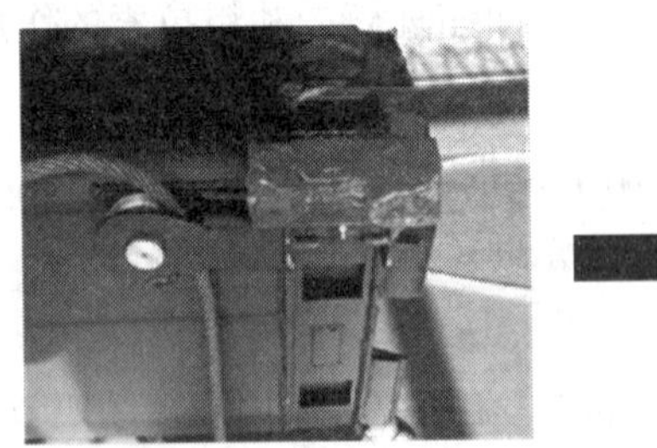
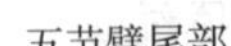
五节臂尾部

五节臂送入四节臂头部

图 4—2—12　四、五节臂维修装配

（3）伸缩缸缸头支架机构的维修与装配

伸缩缸缸头支架机构的维修与装配主要包括导向支架、一根细拉索Ⅱ、两根粗拉索Ⅰ和伸缩缸导向轮的装配，如图 4—2—13 所示。

细拉索Ⅱ走向示意图

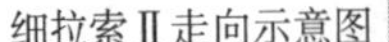
粗拉索Ⅰ

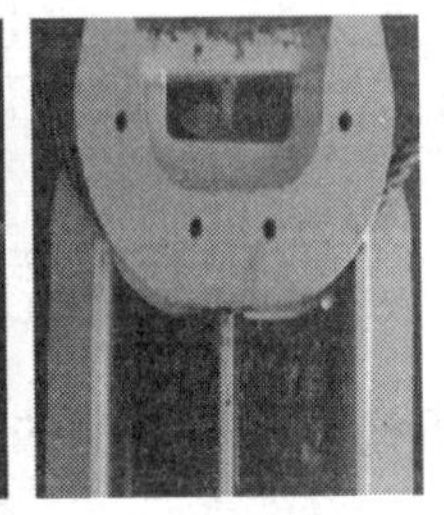
细拉索Ⅱ

图 4—2—13　伸缩缸缸头支架机构的维修与装配

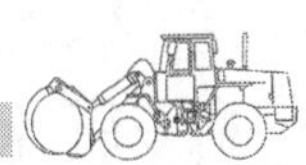

（4）四五节臂与下缸组件的维修与装配（图 4—2—14）

1）伸缩缸导向轮对着四节臂尾部，将细拉索Ⅱ两端螺杆穿过四节臂筒体，从五节臂头部穿出，拧上螺母、垫圈。

2）伸缩缸组件缓慢地进入四、五节臂筒体内，当粗拉索Ⅰ的接头接近尾部时，安装拉索座及回收滑轮。

3）粗拉索Ⅱ的拉索座固定在三节臂尾。注意：粗拉索Ⅱ的拉索座与三节臂尾连接时，拉索不得打绞。

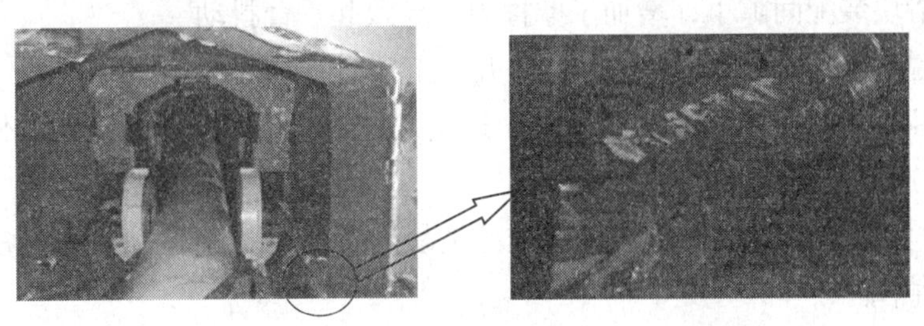

图 4—2—14　四五节臂与下缸组件维修装配

（5）细拉索Ⅰ螺杆的固定

细拉索Ⅰ装配后，细拉索螺杆的螺纹部分应完好无损，如图 4—2—15 所示。

（6）粗拉索Ⅰ的拉索座与二节臂尾的连接

粗拉索Ⅰ的拉索座与二节臂尾连接时拉索不得打绞，如图 4—2—16 所示。

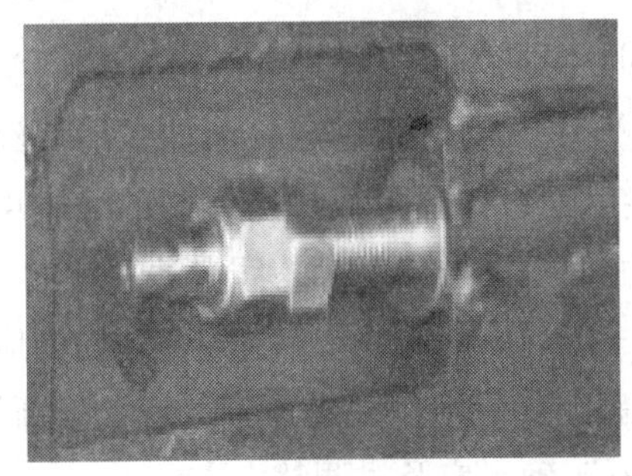

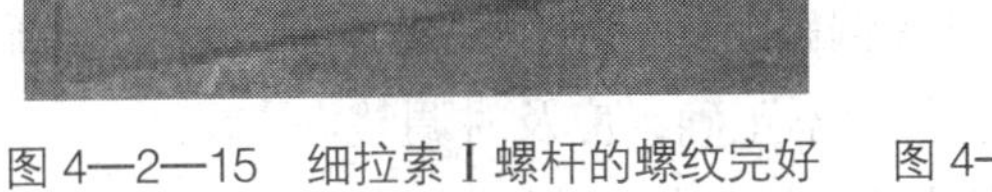
图 4—2—15　细拉索Ⅰ螺杆的螺纹完好

图 4—2—16　粗拉索Ⅰ的拉索座与二节臂尾的连接

二、中、小吨位汽车起重机起重臂常见故障分析与排除

1. 起重臂伸缩中抖动

（1）故障现象

起重臂伸缩时抖动。

（2）故障原因

1）起重臂之间摩擦面的润滑情况差。

2）滑块磨损，安装的位置不正确。

3）起重臂伸缩油缸上的托滚有故障。

4）粗拉索或细拉索一边长一边短，导致起重臂两侧摆动时产生抖动。

5）细拉索松动，在工作时弹动，导致起重臂伸缩时抖动。

6）粗拉索过长，在工作时弹动，导致起重臂伸缩时抖动。

7）支撑滑块装配间隙小，增加了摩擦力，导致起重臂抖动。

8）滑块脱落卡滞，导致摩擦力增大，出现起重臂伸缩时抖动。

9）伸缩油缸故障：伸缩油缸活塞缸套过紧，导致起重臂伸缩时振动；伸缩油缸缸杆或缸筒变形，造成起重臂伸缩时抖动。

10）臂筒变形，平面度超差，导致支撑滑块与臂筒摩擦面运动时，时松时紧，造成起重臂伸缩时抖动。

11）臂筒和臂尾拼焊后变形，装入下节臂筒内造成对角别劲，导致起重臂伸缩时抖动。

12）臂内轴、轴板或螺栓等脱落，使两臂筒间出现磨压等现象，导致起重臂伸缩中抖动。

13）起重臂伸缩油缸上的平衡阀弹簧有故障。

14）平衡阀中单向阀弹簧损坏或有异物，似卡非卡的状态造成过油量时大时小，导致起重臂伸缩时抖动。

（3）故障排除方法

1）将起重臂伸出后，观察每节臂上滑块经过的表面。如果表面润滑不良，可涂抹润滑脂，减小接触面间的摩擦力，如图 4—2—17a 所示。润滑脂一定要涂抹在滑块经过的起重臂表面上，尤其要注意涂抹上部和下部的接触面，并要形成一定厚度的油膜层。如果因为天气等因素很难形成油膜，可在起重臂接触面上添加黏度大的润滑油。

2）检查起重臂间滑块磨损情况，如图 4—2—17b 所示。如果滑块轻度磨损，应在滑块下加调整垫片，以弥补轻度磨损引起的滑块偏斜。如果滑块严重磨损，应更换新滑块。如果滑块因固定螺栓断裂或松动，造成安装位置不正确，应及时调整。

3）借助手电筒等工具，从观察孔观察伸缩油缸缸筒底部的支撑情况，检查导向部分是否松动、滚轮轴（图 4—2—17c）是否脱落等。此时，起重臂应处于全缩状态。

4）调整粗拉索或细拉索（图 4—2—17d）的两侧长度，使两侧长度一致，消除摆动引起的抖动。

5）调整细拉索的松紧度，缩短粗拉索的长度，消除工作中的弹动，从而避免抖动。

6）调整滑块的装配间隙（图 4—2—17e）至规定值（参考值为 2 mm）。

7）清理脱落滑块，并均匀涂抹润滑脂。

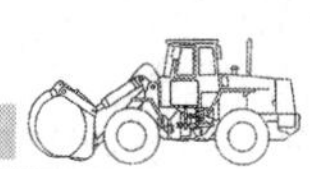

8）检查伸缩油缸活塞缸套是否过紧、缸杆或缸筒是否变形，如图 4—2—17f 所示。如果存在上述问题，应更换或修整伸缩油缸活塞缸套，更换伸缩油缸缸筒、缸杆，或整体更换伸缩油缸。

9）更换臂筒或矫正其至平面度要求范围内。

10）检查臂筒和臂尾拼焊部位、装配后对角位置是否变形，如图 4—2—17g 所示。如果变形，进行矫正，或更换臂尾。

11）清除臂内的轴、轴板或螺栓等异物（图 4—2—17h），并进行修复。

12）检查基本臂尾部与伸缩缸相连的平衡阀弹簧。因为起重臂伸缩动作频繁，弹簧发生疲劳，也会产生起重臂伸缩时抖动，应更换或修理弹簧。如果维修时没有合适的弹簧，可在弹簧支座上加一定厚度的垫片。

13）更换平衡阀中的已损坏弹簧或清理平衡阀的异物，如图 4—2—17i 所示。

2. 起重臂不能回缩

（1）故障现象

起重臂回缩时无法动作。

（2）故障原因

1）平衡阀或油管内有空气给回缩造成了阻碍。

2）平衡阀不能打开。

a）

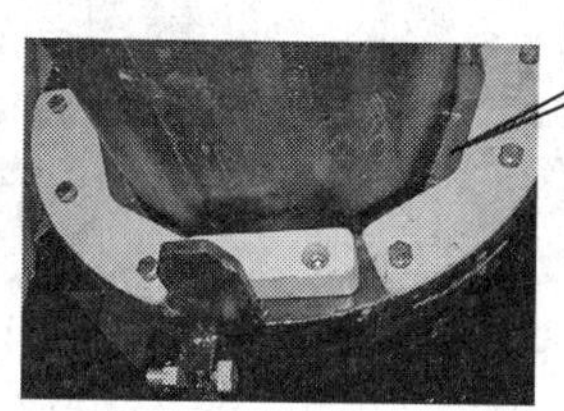

b）

c）

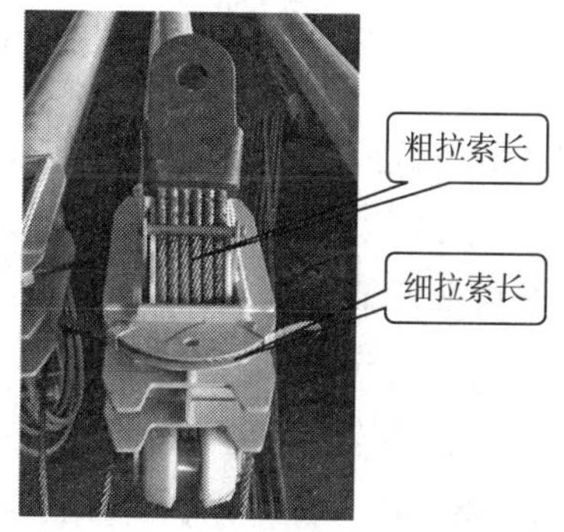

d）

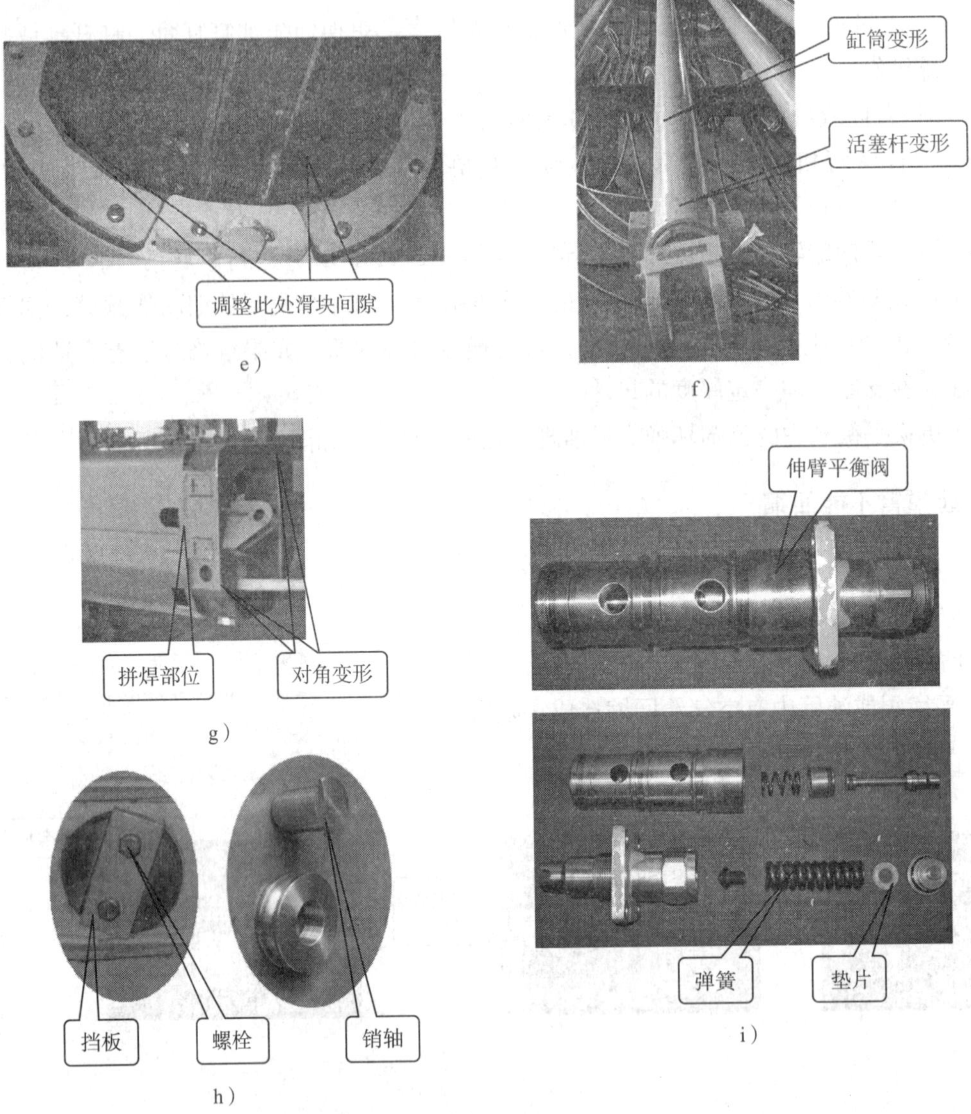

e）　f）　g）　h）　i）

图 4—2—17　起重臂伸缩中抖动的故障排除方法

3）四、五节臂或三、四节臂同时不能回缩：四、五节臂回收细拉索断，掉出导向轮后卡住。

4）四节臂或五节臂不能回缩：四节臂或五节臂回缩细拉索掉出导向轮、细拉索断或细拉索从拉索螺杆套中脱落。

5）伸缩缸底部连接的导向轮架中的两条粗拉索一侧长一侧短，导致缸及导向轮架拉偏一侧与末节臂尾内一侧干涉，因碰撞变形而卡住，造成起重臂在中长伸时伸缩不动。

6）伸缩到中长状态时，起重臂回缩不动，如果同时伴有异响和振动感，故障的主要

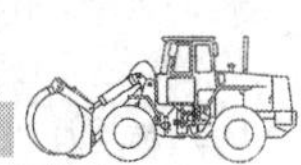

原因如下：

①末节臂不正。

②伸缩缸变形及缸头导向架变形。

③伸缩缸缸筒轴孔与臂尾连接轴间隙过大、调整垫脱落等导致伸缩缸摆动，造成缸头导向轮架歪斜，出现工作中与末节臂尾干涉。

7）伸缩缸变形卡住，伸缩缸内芯管损坏不过油，导致起重臂无法回缩。

（3）故障排除方法

1）因为进油管有泄漏，所以导致空气进入。首先，要重点观察伸缩缸小腔进油管上的接头、法兰等连接处，清除泄漏；其次，反复扳动操纵杆（或操纵手柄），使气体沿着回油方向排出。如果油变质而产生气体，应更换液压油。

2）首先，缓慢地拧松从平衡阀至油缸下腔管道上的螺栓接头（图 4—2—18a），让油从间隙中慢慢流出，便可使起重臂在自重的作用下慢慢回缩；其次，拆下平衡阀进行清洗，并检查控制油路进油口小孔。这一般是因小孔堵塞引起故障。

3）更换细拉索。

4）更换四节臂或五节臂回缩细拉索。

5）调整导向轮架中的两条粗拉索长度，使两边长度相等。

6）起重臂回缩时卡在中途且伴有异响和振动的处理：

①调整末节臂位置。

②更换伸缩缸及导向架。

③安装垫片，调整伸缩缸缸筒轴孔与臂尾连接轴间隙。

7）更换伸缩缸。

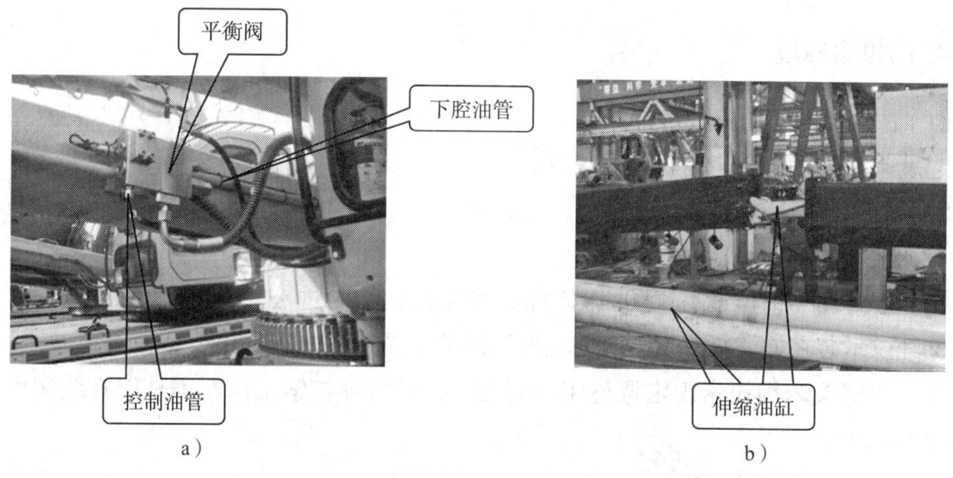

图 4—2—18　起重臂不能回缩的故障排除方法

3. 三、四、五节臂回缩不同步

（1）故障现象

三、四、五节臂在回缩时快慢不同，回缩动作不同步。

（2）故障原因

绳排机构中的细拉索松弛，造成四、五节臂的细拉索的运动与伸缩油缸的动作不同步。

（3）故障排除方法

1）拆除臂头盖板，如图 4—2—19a 所示。

2）检查并紧固五节臂头的两个细拉索紧固螺母，如图 4—2—19b 所示。

3）检查并紧固四节臂侧面的两个细拉索紧固螺母，如图 4—2—19c 所示。

注意事项：紧固细拉索时，要保证棘轮扳手能够顺利取出。

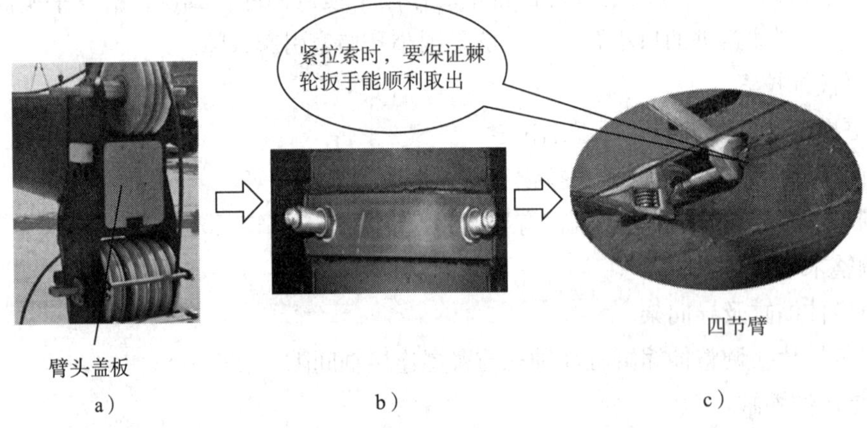

图 4—2—19　三、四、五节臂回缩不同步的故障排除方法

4. 细拉索掉道

（1）故障现象

起重臂细拉索从导向轮轨道上脱落。

（2）故障原因

1）安装间隙引起故障

①五节臂回缩细拉索在臂尾两侧的导向轮支座内挡处过松，即内挡尺寸过宽。

②细拉索装在伸缩缸底部的导向轮架两侧的细拉索板内挡距较小。

③五节臂头内细拉索固定调整座两侧孔大，导致细拉索工作时不是以直线爬出臂尾导向轮 U 形槽。

2）对称度误差引起故障

①导向轮轴架孔与臂筒中轴线不垂直。

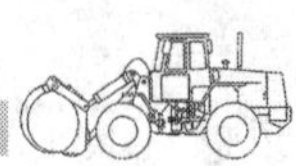

②导向轮轴架两侧与臂筒中轴线不对称。

3）细拉索没拉紧到位，在工作中产生跳动，导致其弹出导向轮 U 形槽。

4）装配中，粗拉索没装直，一侧绳长，一侧绳短，导致粗拉索铁套在起重臂伸缩时被拉歪，使铁套一侧与臂尾导向架中轮子及轮罩发生干涉，造成细拉索掉出导向轮 U 形槽。

5）伸缩缸导向轮架中细拉索挡板脱落，导致细拉索掉出伸缩缸导向轮架下方半轮 U 形槽。

（3）故障排除方法

1）安装间隙的处理

①调整臂尾两侧的导向轮支座内挡尺寸至规定要求。

②调整伸缩缸底部的导向轮架两侧的细拉索板内挡距至规定要求。

③调整五节臂头内细拉索固定调整座两侧孔的尺寸。

2）对称误差超差的处理

①加工导向轮轴架孔尺寸，使之与臂筒中轴线垂直，如图 4—2—20a 所示。

②更换导向轮轴架。

3）紧固细拉索。

4）调整粗拉索，使粗拉索两侧的长度一致。

5）更换细拉索挡板，如图 4—2—20b 所示。

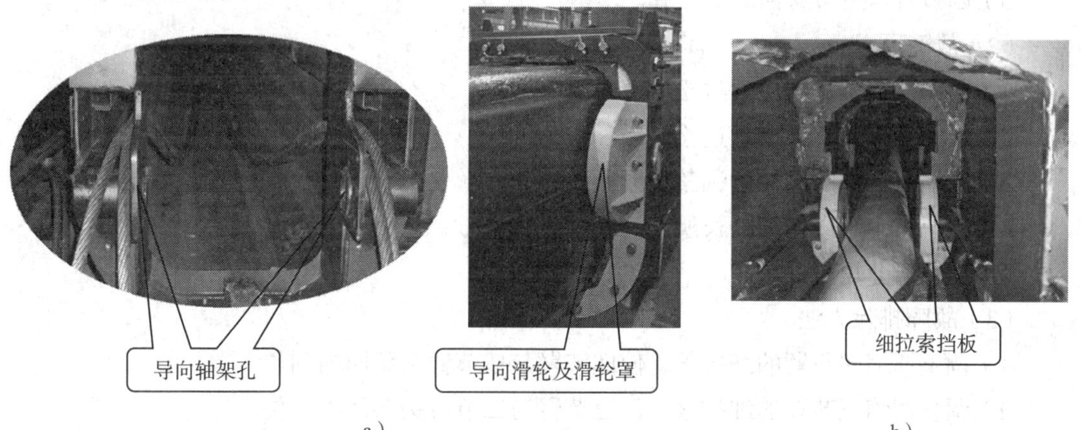

图 4—2—20　细拉索掉道的故障排除方法

5. 三节臂回缩不到位

（1）故障现象

1）三节臂头与二节臂头回缩不到位。

2）二节臂与一节臂头部回缩到位后弹出。

3）起重臂回缩到位后，三节臂弹出。

（2）故障原因

1）三节臂回缩细拉索过松。

2）三节臂回缩细拉索调整过紧。

3）起重臂用粗拉索短或伸缩缸长。

（3）故障排除方法

1）调紧三节臂回缩细拉索到三节与二节臂回缩到位为止，并把拉索螺杆锁母拧紧到位。

2）把三节臂回缩细拉索松至二节臂与一节臂回缩到位。

3）更换粗拉索或伸缩缸。

6. 四节臂回缩不到位

（1）故障现象

1）四节臂与三节臂头部回缩不到位。

2）三节臂与二节臂头部回缩不到位。

3）二节臂与一节臂头部回缩不到位。

4）三节臂与二节臂回缩后反弹。

5）四节臂与三节臂回缩后反弹。

（2）故障原因

1）回缩四节臂的细拉索过松所致。

2）回缩三节臂的细拉索过松所致。

3）回缩三节臂的细拉索调整过紧所致。

4）粗拉索Ⅰ短或伸缩缸长所致。

5）粗拉索Ⅱ短所致。

（3）故障排除方法

1）调整回缩四节臂的细拉索，使四节臂与三节臂头部回缩到位。

2）调整回缩三节臂的细拉索，使三节臂与二节臂头部回缩到位。

3）调松三节臂回收细拉索，使二节臂与一节臂头部回缩到位。

4）更换粗拉索Ⅰ或伸缩缸。

5）更换粗拉索Ⅱ。

7. 五节臂回缩不到位

（1）故障现象

1）五节臂与四节臂头部回缩不到位。

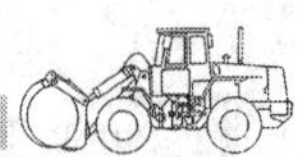

2）四节臂与三节臂头部回缩不到位。

3）三节臂与二节臂回缩不到位。

4）伸臂回缩到位后，五节臂反弹出四节臂头部。

5）伸臂回缩到位后，四节臂反弹出三节臂头部。

（2）故障原因

1）回缩五节臂的细拉索Ⅱ没调整到位，过松所致。

2）四节臂细拉索Ⅰ没调整到位，过松所致。

3）细拉索Ⅰ调整过紧所致。

4）粗拉索Ⅱ短所致。

5）粗拉索Ⅰ短所致。

6）以上所有回缩不到位的现象还有可能是由于以下两个方面的原因造成：

①起重臂滑块脱落卡在起重臂内尾部，导致起重臂回缩不到位。

②起重臂内挡板、护绳板、托绳架等件脱落而卡在臂尾部，导致起重臂回缩不到位。

（3）故障排除方法

1）调整回缩五节臂的细拉索Ⅱ，使五节臂回缩到位。

2）调整回缩四节臂的细拉索Ⅰ，使四节臂回缩到位。

3）调松回缩四节臂的细拉索Ⅰ，使三节臂回缩到位。

4）更换一条合格的粗拉索Ⅱ，使五节臂回缩到位。

5）更换一条合格的粗拉索Ⅰ，使四节臂回缩到位。

6）清理脱落的滑块、内挡板、护绳板、托绳架等件。

复习思考题

1. 简述中、小吨位汽车起重机起重臂机构的结构组成。

2. 简述中、小吨位汽车起重机主起重臂机构的结构组成。

3. 简述中、小吨位汽车起重机副起重臂机构的结构组成。

4. 简述副起重臂结构的三种安装角度。

5. 简述三节臂伸出的工作原理。

6. 简述五节臂缩回的工作原理。

7. 简述伸缩机构维修与装配的注意事项。

8. 简述起重臂伸缩中抖动的故障原因与排除方法。

9. 简述起重臂不能缩回的故障原因与排除方法。

10. 简述三、四节臂回缩不同步的故障原因与排除方法。

11. 简述四节臂回缩不到位的故障原因与排除方法。

12. 简述五节臂回缩不到位的故障原因与排除方法。

课题 3　大吨位汽车起重机伸缩机构常见故障分析与排除

学习目标

1. 了解大吨位汽车起重机伸缩机构的结构组成。
2. 熟悉大吨位汽车起重机伸缩机构的工作原理。
3. 掌握大吨位汽车起重机伸缩机构常见故障的故障原因与故障排除方法。

一、大吨位汽车起重机伸缩机构的结构组成及工作原理

1. 大吨位汽车起重机伸缩机构的结构组成

（1）主起重臂

主起重臂是汽车起重机吊装时的主要承力部分，采用多节箱形臂伸缩结构。主起重臂由伸缩油缸带动完成伸缩，可以达到不同臂长；并且在变幅油缸驱动下完成变幅动作，实现不同的起重角度；还可以跟随转台回转，在特定方向进行吊重。图 4—3—1 所示分别为主起重臂全缩、仅四节臂伸出的状态。

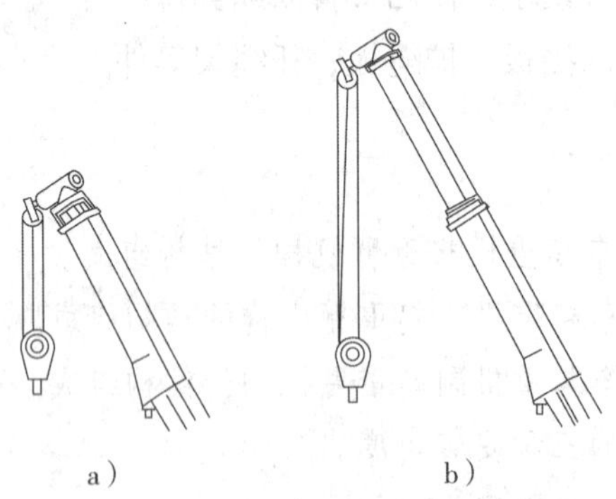

图 4—3—1　主起重臂结构状态图

a）全缩状态　b）仅四节臂伸出的状态

大吨位汽车起重机主起重臂一般由六节臂组成，还有由七节臂和八节臂组成。图 4—3—2 所示为某 160 t（大吨位）汽车起重机起重臂机构，按从外到内的顺序依次为：一节臂（又称为基本臂）、二节臂、三节臂、四节臂、五节臂、六节臂。

各节臂通过内部的伸缩油缸带动做相对伸缩运动，各节臂之间通过臂头、臂尾滑块做相对滑动，相应滑动位置需要定期涂抹润滑脂。

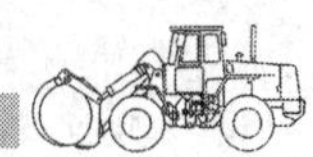

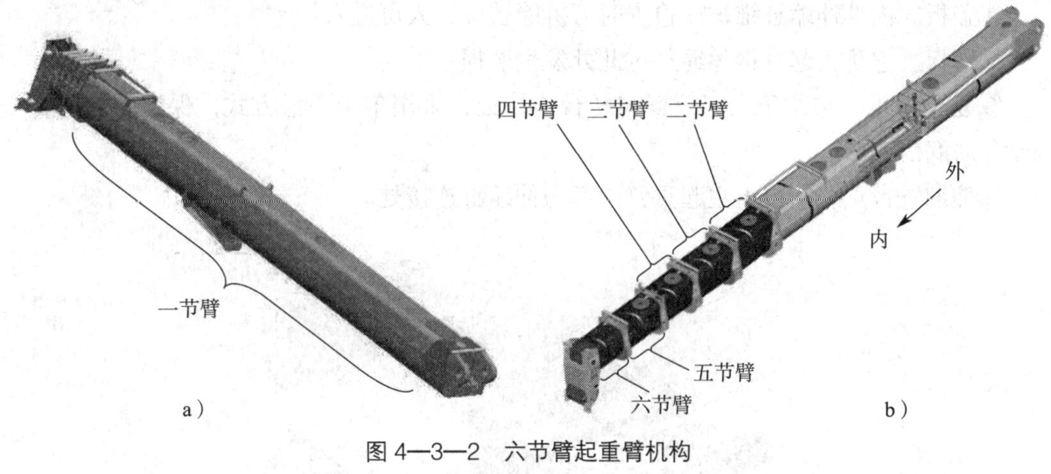

图 4—3—2　六节臂起重臂机构

a）全缩状态　b）二、三、四、五、六节臂伸出状态

1）基本臂头部的结构组成

基本臂头部主要由对中板、压绳器和滑块三个部分组成，如图 4—3—3 所示。

①对中板。与后一节臂对中装置配合，保证各节臂全缩时的节臂之间不发生扭转。

②压绳器。起升钢丝绳从其下面通过，使钢丝绳运动平稳，并防止其脱出起重臂上平面。

③滑块。它是各节臂之间相对滑动的介质。另外，节臂头部上滑块配合螺栓，可调节臂的旁弯、扭转，头部侧滑块可调节臂的旁弯。

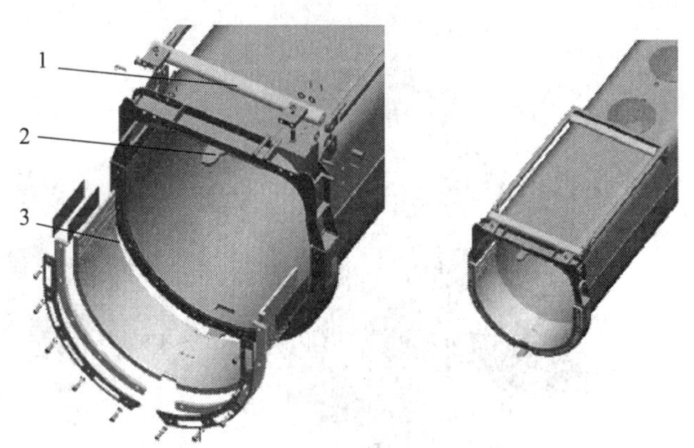

图 4—3—3　基本臂头部的结构组成

1—压绳器　2—对中板　3—滑块

2）基本臂臂尾的结构组成

基本臂臂尾主要由盖板、滑板、复合轴承和伸缩缸铰点四部分组成，如图 4—3—4 所示。

①盖板。内部伸缩缸维护或检查时可拆除盖板，人可进入。

②滑板。它防止起升钢丝绳经过此处发生磨损。

③复合轴承。它位于主起重臂与转台连接处，采用集中润滑方式，保证主起重臂变幅动作时润滑充分。

④伸缩缸铰点。它位于主起重臂内部与伸缩缸连接处。

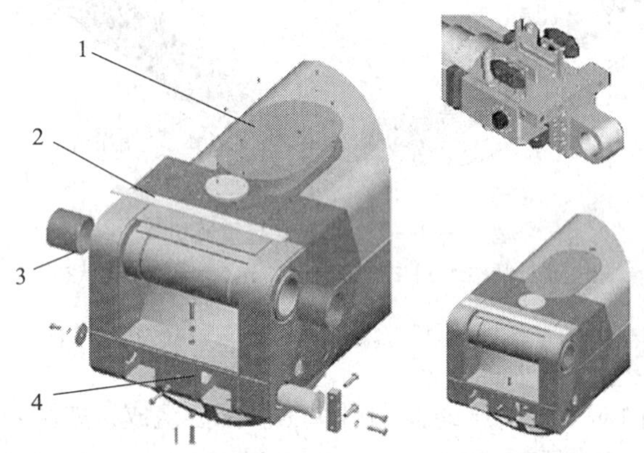

图 4—3—4 基本臂臂尾处的结构组成

1—盖板 2—滑板 3—复合轴承 4—伸缩缸铰点

3）二、三、四、五、六节臂臂尾的结构组成

二、三、四、五、六节臂臂尾主要由臂销、爬臂器、尾上滑块（含调整垫片）和检测块四部分组成，如图 4—3—5 所示。

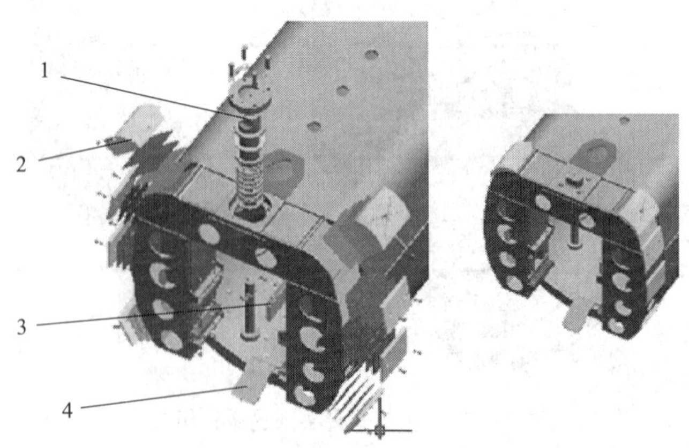

图 4—3—5 二、三、四、五、六节臂臂尾的结构组成

1—臂销 2—尾上滑块（含调整垫片） 3—检测块 4—爬臂器

①臂销。主起重臂非全缩吊重时，臂与臂之间通过臂销直接传递力。

②爬臂器。它配合伸缩缸在主起重臂内的运动，起导向作用。

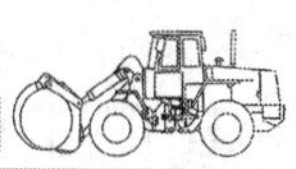

③尾上滑块（含调整垫片）。其与臂头滑块的功能相近，调整垫片用于调整臂与臂的间隙（不需要调整）。

④检测块。它用于主起重臂各节臂的臂位检测，与伸缩缸上检测块相对应。

（2）副起重臂

由于大吨位汽车起重机的副起重臂与中、小吨位的副起重臂相似，因此这里只简要介绍大吨位副起重臂的结构和工作特点。

副起重臂是大吨位汽车起重机的三大结构件之一，与主起重臂相比，其尺寸、自重较小。使用时副起重臂安装在主起重臂臂头，可以增加臂长，从而增加起重机整机的起升高度。副起重臂主要用于大起升高度作业的工况。

大吨位汽车起重机副起重臂为侧置式。由一节四边形桁架式基本节、一节四边形箱形顶节组成，结构简单；配有自动手油泵、摆臂油缸装置等，安装和使用方便。短距离行驶状态下，箱形顶节折叠到基本节侧方，再整体挂接在主起重臂右侧。

2. 大吨位起重臂伸缩机构的工作原理

（1）伸缩机构的工作原理

以单缸插销式伸缩机构为例，介绍其传感器组成及工作原理，如图 4—3—6 所示。

该伸缩机构采用 CAN 总线控制系统使单个伸缩油缸驱动起重臂多节臂实现自动伸缩。伸缩机构的控制对象是多节臂上可以运动的销轴（包括固定在伸缩油缸上的缸销和起重臂后端的臂销）。各个销轴能够按照程序设定的逻辑顺序进行各项动作，并在检测动作完成后输出反馈信号给控制器，以便控制器可以进行下一步的运动操作。

1）臂销的布置

在每个起重臂尾端的上方有一个能够把臂与臂锁定在一起并可以沿上下方向运动的销轴，称为臂销。臂销的作用是完成臂与臂之间的锁定或臂与臂之间的解锁。

①臂销初始位置。臂销在臂销弹簧弹力的作用下向上运动到另一节臂的臂孔中 46%、92% 或 100%。这样，臂与臂之间不能相对运动，以达到刚性锁定目标。当臂销受伸缩油缸上的臂销缸作用时，臂销可向下移动，并从另一节臂的臂孔中缩回。这样，臂与臂之间处于解锁状态，节臂间可以相对运动。臂销的上端有受力后锁定的倒钩结构，防止臂销受力时脱落。

②臂销上下运动到终点位置后检测开关的布置。在油缸拉动臂销的燕尾槽上安装有可以检测燕尾槽运动到两侧终点位置的接近检测开关 S44 和 S45。当臂销上移到伸出的终点位置后，S44 发出电信号，这时臂与臂处于锁定状态。当臂销下移到缩回的终点位置时，S45 发出电信号，这时臂与臂处于解锁状态。

2）缸销的布置

在伸缩油缸缸头的两侧设有可以沿左右方向运动的销轴，称为缸销。缸销的作用是

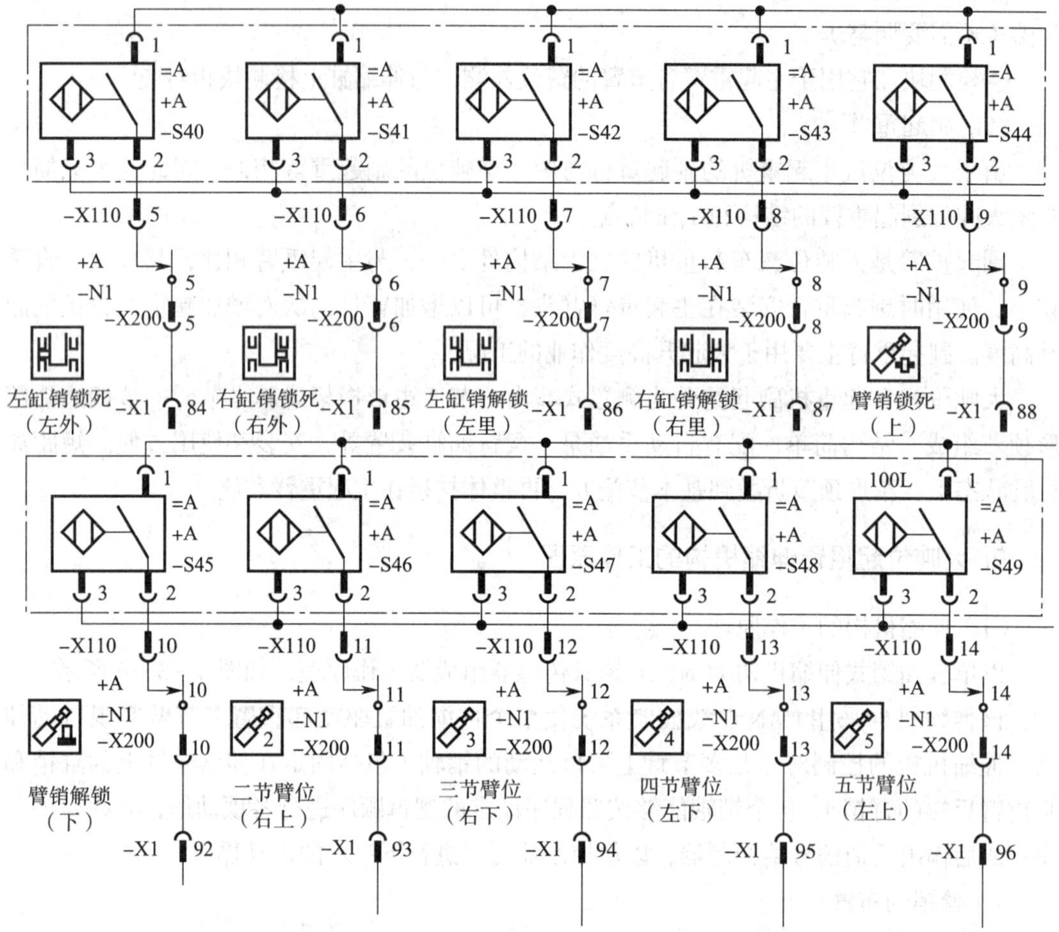

图 4—3—6　单缸插销式伸缩机构的传感器组成及工作原理图

实现油缸与起重臂之间的锁定和解锁。

①缸销初始位置。缸销在弹簧弹力的作用下可以沿左右方向运动，并可以伸进起重臂后端两侧销孔中，实现油缸与臂刚性锁定的目的。这时，油缸与起重臂锁定成为一体。当缸销在缸销油缸的作用下从缸销孔中脱出后，起重臂与伸缩油缸就成为可以相对运动的分离体。

②缸销与臂销运动方向的控制和压力的提供。由单独的齿轮泵提供的恒定压力油源是控制臂销和缸销运动的动力源。缸销和臂销的运动方向由 Y11（45 脚）电磁换向阀（图 4—3—7）控制；它们是否运动由 Y10（43 脚）电磁换向阀（图 4—3—8）来控制。压力油由伸缩油缸的中央芯管来传送。中

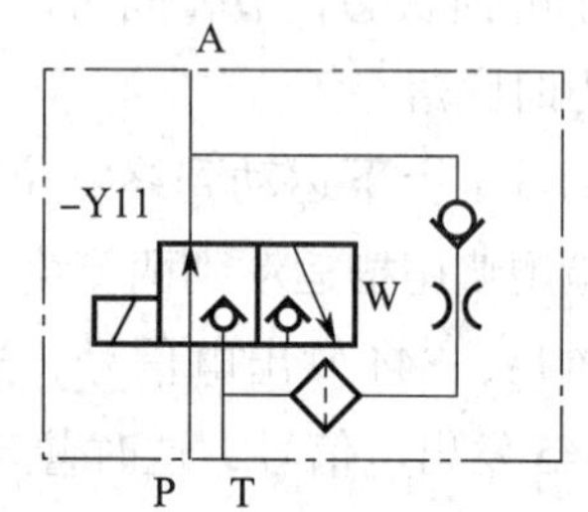

图 4—3—7　控制缸销、臂销运动方向的电磁换向阀（装在起重臂里）

央芯管既作为进油管又作为回油管使用。当芯管进油时，臂销缸或缸销缸能够动作；当从芯管中回油时，臂销缸或缸销缸复位。为了避免液压系统和管路带来的滞后现象，中央芯管保持了一定的预压力。

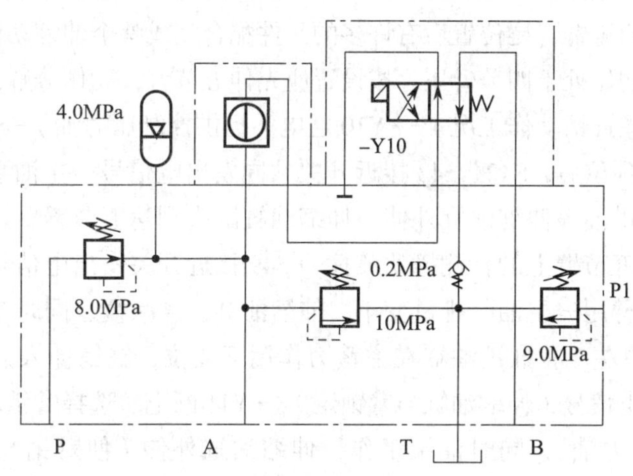

图 4—3—8　缸销、臂销伸缩控制阀（装在起重臂外）

（2）伸缩油缸运动过程

伸缩油缸运动分为手动控制和自动控制两种方式。

1）选择手动控制模式操纵起重臂的伸缩时，操作人员必须试验油缸臂位是否能检测到，臂位灯是否亮，缸销、臂销运动是否灵活，运动是否到位，是否存在卡紧现象；观察臂销在每一节臂的四个臂销孔位置是否挂得牢固可靠。

2）当选择自动控制模式（即利用自动控制伸缩系统）操纵起重臂的伸缩时，油缸会根据设置依次伸出、缩回各节臂（伸出顺序：七节臂→六节臂→五节臂→四节臂→三节臂→二节臂；缩回顺序与之相反）。自动控制系统在起重臂进行伸出运动前，先根据所要达到的工况选择伸臂控制目标，对工况进行预测后先进行目标设置，在接近臂的臂销孔位置区域内，主泵流量应减少或停止工作，用单独的齿轮泵工作，油缸减速。以起重臂伸出为例，自动控制伸缩系统需做下面几方面动作：

①预设置力矩限制器工况。每一节臂的上方有四个臂销孔位置分别为行程的 0%、46%、92%、100%，对起重臂进行伸出行程的设置。

②起重臂全部缩回并且起重臂仰角约为 50°～70°。

③ Y10 断电 、Y11 通电，臂销释放，在弹簧力的作用下臂销与臂锁定，缸销释放，伸缩油缸与臂锁定。

④当预设置确认后，系统首先利用伸缩油缸上的长度传感器确认伸缩油缸缸头所处的位置，确定伸缩油缸属于伸出状态或者缩回状态。起重臂伸出设置后，首先要伸出起

重臂的臂尾（缸销孔）位置，主油泵工作供油后伸缩油缸完成这个动作。

（3）伸缩油缸运动过程举例

1）伸缩油缸缸头初始处于四节臂尾时，伸五节臂。开始时缸销与四节臂连接，如果按设置先伸出五节臂，伸缩油缸缸头将从四节臂外伸到五节臂尾位置，当伸缩油缸缸头运动到指定要伸出起重臂臂尾位置后有许多的元件配合完成整个伸缩动作。

伸缩油缸缸头初始处于四节臂尾，按设置应先伸五节臂，动作分解如下：

Y11 通电（选择缸销动作工况）→ Y10 通电（提供控制压力油）→伸缩油缸上的左、右缸销油缸都回缩到位后，S42、S43 接近开关共同发出电信号→主油泵开始工作，通过换向阀向伸缩油缸供油→伸缩油缸外伸→伸缩油缸缸头到达五节臂臂尾后，伸缩油缸上的起重臂检测块与五节臂上的检测撞块相撞→ S49 接近开关发出电信号，检测到伸缩油缸缸头到了五节臂臂尾→主油泵排量变小，伸缩油缸速度减慢，同时 Y10 断电（释放缸销），伸缩油缸上的左、右缸销油缸在弹簧力作用下复位，缸销伸入缸销孔→ S40、S41 接近开关共同发出电信号（伸缩油缸与臂锁定）→ Y11 断电（选择臂销动作工况）→ Y10 通电（提供控制压力油），同时油泵工作，伸缩油缸外伸（使臂销与臂的锁定机构解锁）→伸缩油缸上面的臂销缸解锁后开始向下运动，臂销在臂销缸的拉力作用下向下移动到终点位置→ S45 接近开关检测出臂销下移到终点位置后发出电信号（臂销与臂解锁）→油泵排量变大，伸缩油缸转为快速运动→伸缩油缸上的长度传感器进行长度测量比较，伸缩油缸缸头接近力矩限制器设定起重臂要伸出的位置区域→主油泵排量变小，伸缩油缸速度减慢，同时 Y10 断电（释放臂销）伸缩油缸上的臂销缸释放，臂销在弹簧力的作用下向上运动，在臂销上端与要锁定一起的起重臂产生一段滑动移动后进入到臂销孔→ S44 接近开关发出电信号（臂销与臂锁定）→五节臂伸缩动作完成→寻找进入下一个要伸缩的起重臂尾端→循环开始。

2）在起重臂全伸后，伸缩油缸回缩起重臂。根据伸缩机构的设计原理，在起重臂回缩时可以进行技术上的简化处理，方法为寻找每一个起重臂尾部进行锁定。

Y11 通电→ Y10 通电→伸缩油缸上的左、右缸销油缸都回缩到位，伸缩油缸快速前进→伸缩油缸缸头向前运动到二节臂尾端，S46 检测到臂尾后发出电信号，油泵排量减小，伸缩油缸速度减慢，同时 Y10 断电，缸销油缸运动，在弹簧力作用下伸缩油缸与二节臂锁定→ Y11 断电，Y10 通电，同时油泵工作→臂销油缸向下运动，臂销移出一节臂上端，二节臂与一节臂解锁→ S45 发出电信号→伸缩油缸加速后退到力矩限制器设定的二节臂全缩位置后，Y10 断电，臂销释放，在弹簧力作用下向上移动，使二节臂与一节臂锁定→ Y11 通电→ Y10 通电→伸缩油缸上的左、右缸销油缸都回缩到位后，伸缩油缸快速前进到下一节臂的臂尾→循环开始。

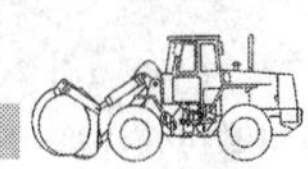

3. 大吨位伸臂机构的操作

（1）操纵注意事项

1）伸缩起重臂时，吊钩会随之升降。因此，在操纵起重臂伸缩的同时，要进行起升机构的操作，以调节吊钩离地面的高度。

2）要使起重臂的幅度处于性能表中各工况表中给出的范围之内；否则，易出翻车事故。

3）起重臂只能在吊钩不吊重的状态下进行伸缩，一般在大于50°的仰角下进行。

4）在手动方式下，只能按照六节臂→五节臂→四节臂→三节臂→二节臂的顺序伸臂，按相反的顺序缩臂。

5）在手动方式下插拔臂销、缸销时，需使伸缩油缸向前或向后微微伸缩，待指示灯正确显示（如左、右缸销状态指示灯同时亮或同时灭）后，才能进行下一步操作。在手动方式下，当伸缩油缸伸到所需臂位时，臂位灯亮，此时应释放缸销。谨慎操作伸缩油缸，应避免伸缩油缸过伸至臂位灯熄灭。否则，伸缩缸可能伸出节臂（或滑道）外，造成严重后果。

6）在手动方式下操纵各节臂前伸时，应密切注意显示器上百分比的变化，当显示值接近所需臂位时应提前释放臂销。例如，接近46%、92%、100%的位置，应提前3个百分点释放，否则将引起严重后果。

（2）伸缩操纵手柄（右手柄）操作

1）操纵主起重臂伸缩前，先按下右控制器上的伸缩变幅转换开关。主起重臂伸缩方式有自动和手动两种，一般推荐使用自动方式（选择按键在显示器上）。伸缩速度可通过操纵手柄和油门来调节。

2）选择自动方式时，只需在显示器上选择臂长伸缩代码，将右手柄向左或向右扳动，即可实现自动伸缩。

3）在手动方式下控制缸销、臂销动作时，要慢速、谨慎地操作。同样须选择臂长伸缩代码，但还要借助控制面板上“缸销、臂销锁死解锁开关”“缸销、臂销状态指示灯”“臂位指示灯”“各节臂伸缩比显示值”及“右控制手柄”共同完成。手柄向左扳，起重臂缩回；手柄向右扳，起重臂伸出。

（3）起重臂伸缩操作流程

1）伸臂流程

①向前找臂位：拔缸销→找臂位→插缸销→拔臂销→伸臂→插臂销。

②向后找臂位：拔缸销→缩缸找臂位→插缸销→拔臂销→伸臂→插臂销。

2）缩臂流程

①缩非当前臂：拔缸销→找臂位→插缸销→拔臂销→缩臂→插臂销。

②缩当前臂：拔臂销→缩臂→插臂销。

二、大吨位伸臂机构常见故障分析与排除

1. 缸销、臂销无动作

（1）故障现象

操纵缸销、臂销工作时，缸销、臂销均无动作。此时，液压、电气系统工作正常。

（2）故障原因

因为液压、电气工作正常，所以只须分析缸销、臂销的机械装置问题。

1）臂销螺栓断，造成臂销无法工作。

2）臂位检测不到，造成油缸位置不对。

3）机械互锁机构故障，造成缸臂销只有一种动作。

4）复位弹簧故障。

（3）故障排除方法

1）更换臂销螺栓。

2）调整臂位检测开关及检测块位置，如图 4—3—9 所示。

3）检查调整缸销、臂销互锁机构。

4）更换复位弹簧。

图 4—3—9　缸销、臂销无动作的故障排除方法
1—臂位检测块　2—臂销螺栓　3—臂位检测开关

2. 起重臂旁弯

（1）故障现象

起重臂向一侧倾斜。

（2）故障原因

起重臂经过一段时间的使用后，起重臂滑块发生一定程度的磨损，导致起重臂向一侧倾斜。

（3）故障排除方法

根据起重臂的旁弯量，通过滑块上调节螺杆和侧面调节螺杆（图 4—3—10），对起重臂上相应的滑块进行适量的调整。

3. 伸缩油缸碰撞头节臂前部或发生旋转

（1）故障现象

伸缩油缸碰撞头节臂前部，会损坏起重臂前部。如果伸缩油缸脱离臂尾滑道支撑，

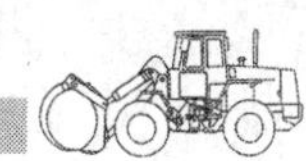

就会造成油缸旋转，无法缩回。

（2）故障原因

伸缩油缸两侧是浮动支撑在各个起重臂尾部的上、下两个滑块之间。

1）当起重臂臂头伸出距离小于油缸的行程距离时，油缸外伸过度而碰撞头节臂。

2）当起重臂头节伸出距离大于油缸的行程距离时，油缸外伸过度，使油缸脱离起重臂滑块支撑，发生旋转，无法缩回。

（3）故障排除方法

可以在头节臂尾部加装检测块。当伸缩油缸缸头达到头节臂尾部检测块时，系统切断伸缩油缸的伸出动作。如果头节臂尾部没有加装检测块，操作者在伸缩油缸到达容易过伸位置时要格外注意。

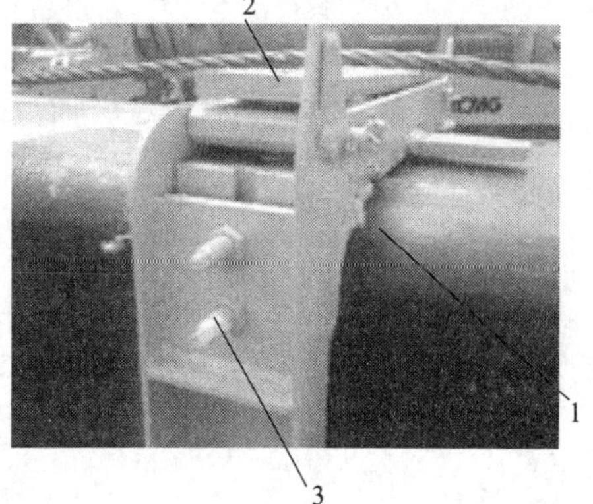

图4—3—10　起重臂旁弯的故障排除方法
1—上滑块　2—滑块上调节螺杆
3—滑块侧面调节螺杆

4. 伸缩油缸碰坏臂销

（1）故障现象

伸缩油缸在运动过程中碰坏或撞断臂销。

（2）故障原因

臂销螺栓调整不到位，导致某个臂销与其他调整到位的臂销不在一个水平面上。

（3）故障排除方法

调整臂销螺栓，使其与其他调整到位的臂销在一个水平面上。

复习思考题

1. 简述大吨位伸臂机构的结构组成。
2. 简述大吨位油缸的伸缩过程。
3. 简述大吨位伸臂机构操作的注意事项。
4. 简述起重臂伸缩操作流程。
5. 简述缸臂销无动作的故障原因与排除方法。
6. 简述起重臂旁弯的故障原因与排除方法。
7. 简述伸缩油缸碰坏臂销的故障原因与排除方法。